高职高专畜牧兽医类专业系列教材

畜产品加工

主　编　严佩峰　邢淑婕
副主编　李月英　李　彬

重庆大学出版社

内容提要

本书为高职高专畜牧兽医类专业系列教材之一，重点介绍畜产品加工的基础理论和基本加工技术。

本书共分三篇24章。第一篇肉与肉制品，主要内容包括肉用畜禽的种类、品种、屠宰分割及卫生检验、肉的组织结构特点、宰后变化和食用品质、储藏保鲜、肉制品加工技术等；第二篇乳与乳制品，主要介绍了乳的成分及性质、消毒乳、发酵乳制品、乳性冷饮、稀奶油和奶油、乳粉加工技术等；第三篇蛋与蛋制品主要介绍禽蛋的构成与理比特性、储藏保鲜、传统腌蛋制品、现代蛋制品加工技术，等等。

本书可作为高职高专畜牧兽医类专业，以及食品加工技术、农畜产品加工等专业教材，也可用作中职相关专业的教学参考书或职工培训教材。

图书在版编目(CIP)数据

畜产品加工/严佩峰，邢淑婕主编.—重庆：重庆大学出版社，2007.10(2020.8重印)
(高职高专畜牧兽医类专业系列教材)
ISBN 978-7-5624-4263-9

Ⅰ.畜… Ⅱ.①严… ②邢… Ⅲ.畜产品—食品加工—高等学校：技术学校—教材 Ⅳ.TS251

中国版本图书馆CIP数据核字(2007)第142380号

高职高专畜牧兽医类专业系列教材

畜产品加工

主　编　严佩峰　邢淑婕

副主编　李月英　李　彬

责任编辑：张立武　版式设计：梁　涛

责任校对：谢　芳　责任印制：赵　晟

*

重庆大学出版社出版发行

出版人：饶帮华

社址：重庆市沙坪坝区大学城西路21号

邮编：401331

电话：(023) 88617190　88617185(中小学)

传真：(023) 88617186　88617166

网址：http://www.cqup.com.cn

邮箱：fxk@cqup.com.cn (营销中心)

全国新华书店经销

POD：重庆新生代彩印技术有限公司

*

开本：787mm×1092mm　1/16　印张：20.25　字数：499千

2007年10月第1版　2020年8月第8次印刷

ISBN 978-7-5624-4263-9　定价：48.00元

编委会名单

序

高等职业教育是我国近年高等教育发展的重点。随着我国经济建设的快速发展，对技能型人才的需求日益增大。社会主义新农村建设为农业高等职业教育开辟了新的发展阶段。培养新型的高质量的应用型技能人才，也是高等教育的重要任务。

畜牧兽医不仅在农村经济发展中具有重要地位，而且畜禽疾病与人类安全也有密切关系。因此，对新型畜牧兽医人才的培养已迫在眉睫。高等职业教育的目标是培养应用型技能人才。本套教材是根据这一特定目标，坚持理论与实践结合，突出实用性的原则，组织了一批有实践经验的中青年学者编写。我相信，这套教材对推动畜牧兽医高等职业教育的发展，推动我国现代化养殖业的发展将起到很好的作用，特为之序。

中国工程院院士

2007 年 1 月于重庆

编者序

我国作为一个农业大国，农业、农村和农民问题是关系到改革开放和现代化建设全局的重大问题，因此，党中央提出了建设社会主义新农村的世纪目标。如何增加经济收入，对于农村稳定乃至全国稳定至关重要，而发展畜牧业是最佳的途径之一。目前，我国畜牧业发展迅速，畜牧业产值占农业总产值的32%，从事畜牧业生产的劳动力就达1亿多人，已逐步发展成为最具活力的国家支柱产业之一。然而，在我国广大地区，从事畜牧业生产的专业技术人员严重缺乏，这与我国畜牧兽医职业技术教育的滞后有关。

随着职业教育的发展，特别是在周济部长于2004年在四川泸州发表“倡导发展职业教育”的讲话以后，各院校畜牧兽医专业的招生规模不断扩大，截至2006年底已有100多所院校开设了该专业，年招生规模近两万人。然而，在兼顾各地院校办学特色的基础上，明显地反映出了职业技术教育在规范课程设置和专业教材建设中一系列亟待解决的问题。

虽然自2000年以来，国内几家出版社已经相继出版了一些畜牧兽医专业的单本或系列教材，但由于教学大纲不统一，编者视角各异，许多高职院校在畜牧兽医类教材选用中颇感困惑，有些职业院校的老师仍然找不到适合的教材，有的只能选用本科教材，由于理论深奥，艰涩难懂，导致教学效果不甚令人满意，这严重制约了畜牧兽医类高职高专的专业教学发展。

2004年底教育部出台了《普通高等学校高职高专教育指导性专业目录专业简介》，其中明确提出了高职高专层次的教材宜坚持“理论够用为度，突出实用性”的原则，鼓励各大出版社多出有特色的和专业性、实用性较强的教材，以繁荣高职高专层次的教材市场，促进我国职业教育的发展。

2004年以来，重庆大学出版社的编辑同志们，针对畜牧兽医类专业的发展与相关教材市场的现状，咨询专家，进行了多方调研论证，于2006年3月，召集了全国以开设畜牧兽医专业为精品专业的高职院校，邀请众多长期在教学第一线的资深教师和行业专家组成编委会，召开了“高职高专畜牧兽医类专业系列教材”建设研讨会，多方讨论，群策群力，推出了本套高职高专畜牧兽医类专业系列教材。

本系列教材的指导思想是适应我国市场经济、农村经济及产业结构的变化、现代化养殖业的出现以及畜禽饲养方式改变等的实践需要，培养适应我国现代化养殖业发展的新型畜牧兽医专业技术人才。

本系列教材的编写原则是力求新颖、简练，结合相关科研成果和生产实践，注重对学生的启发性教育和培养解决问题的能力，使之能具备相应的理论基础和较强的实践动手能力。在本系列教材的编写过程中，我们特别强调了以下几个方面：

第一，考虑高职高专培养应用型人才的目标，坚持以“理论够用为度，突出实用性”的原则。

第二，在广泛征询和了解学生和生产单位的共同需要，吸收众多学者和院校意见的基础之上，组织专家对教学大纲进行了充分的研讨，使系列教材具有较强的系统性和针对性。

第三，考虑高等职业教学计划和课时安排，结合各地高等院校该专业的开设情况和差异性，将基本理论讲解与实例分析相结合，突出实用性，并在每章中安排了导读、学习要点、复习思考题、实训和案例等，编写的难度适宜，结构合理，实用性强。

第四，按主编负责制进行编写、审核，再请专家审稿、修改，经过一系列较为严格的过程，保证了整套书的严谨和规范。

本套系列教材的出版希望能给开办畜牧兽医类专业的广大高职高专学校提供尽可能适宜的教学用书，但需要不断地进行修改和逐步完善，使其为我国社会主义建设培养更多更好的有用人才服务。

高职高专畜牧兽医类专业系列教材编委会

2006 年 12 月

前 言

本书是为高职高专畜牧兽医类专业而写的教材。"畜产品加工"是畜牧兽医、动物检疫等专业的一门专业选修课，长期以来，该课程很少有对口的专科教材，大多沿用本科教材，其相对高职高专学生的知识基础而言，理论偏深奥而系统，相对该课的教学时数而言，内容偏多而范围广泛。

鉴于上述原因，也为了适应高职高专教育要坚持"以就业为导向，以能力为本位"，面向市场，面向社会办学的需要，突出高职高专教育特色，我们编写了本书。本书根据高职高专人才培养目标与规格的要求，理论以够用为度，并力求通俗易懂，在内容选择上，突出实用性和可操作性，注重对学生综合职业能力和实践能力的培养。根据实际生产需要，几乎每章都编写了实训项目，便于学生练习操作，提高动手能力。

本书可作为高职高专畜牧兽医、动检、食品加工技术、农畜产品加工等专业教材，也可用作中职相关专业的教学参考书或职工培训教材，还可供食品生产与经营者参考使用。

本书由严佩峰、邢淑婕主编，李月英、李彬任副主编。编写人员分工如下：

绪论、第 4 章、第 5 章、第 12 章由严佩峰（信阳农业高等专科学校）编写；第 1 章、第 7 章由汪学荣（西南大学动物科技学院（荣昌分校区））编写；第 2 章、第 3 章、第 6 章由李殿鑫、李建柱（信阳农业高等专科学校）编写；第 8 章、第 13 章由李志成（西北农林科技大学）编写；第 9 章、第 10 章、第 11 章由邢淑婕（信阳农业高等专科学校）编写；第 14 章、第 15 章由李彬（商洛学院）编写；第 16 章、第 17 章由李月英（成都农业科技职业学院）编写；第 18 章由曾淑英（内江职业技术学院） 编写；第 19 章、第 20 章由袁仲、张伟（商丘职业技术学院）编写。

本书在编写的过程中，得到了重庆大学出版社的大力支持，并得到众多笔者老师和同行的悉心指导与帮助，瑾此表示感谢。

本书在编写时，参考了许多文献、资料（其中网上的资料，难以一一鸣谢作者，在此一并表示感谢）。

尽管编者在编写与统稿过程中做了很大的努力，但由于水平有限，书中的错误与不足在所难免，恳请读者批评指正。

编　者

2007 年 6 月

目 录

绪 论

第一篇 肉与肉制品

第 1 章 肉用畜禽种类及品种

第 2 章 肉的组成及特性

第 3 章 畜禽的屠宰加工

第三篇　蛋与蛋制品

第 16 章　蛋的概念、组成及加工特性

第 17 章　蛋的储藏保鲜

第 18 章　腌制蛋的加工

第 19 章　干蛋制品

第 20 章　湿蛋制品

参考文献

绪 论

畜产品是指畜牧生产所获得的产品，主要包括肉、乳、蛋、皮、毛等。这些畜产品虽然有的可以被人们直接利用，但是，绝大多数的畜产品，必须经过加工处理后才能利用，或提高其利用价值，这种对畜产品的加工处理过程，叫做畜产品加工，而研究这种畜产品加工的科学理论知识和加工工艺技术的学问，就是畜产品加工学。

畜产品加工学的范围很广，凡是以禽畜产品为原料的加工生产都属于它的研究范围，主要有乳品、肉品、蛋品和皮毛等的加工生产等。因此，畜产品加工学是研究肉、乳、蛋及其副产品特性、储藏、加工工艺过程的一门综合性应用学科。随着科学技术的发展，畜产品在食品、医药、毛纺、制革等领域的应用越来越多，其中，某些畜产品加工的内容已单独成为一门学科来加以研究，如毛纺学、制革学等。

本书主要介绍畜产食品工艺学，即以研究肉、乳、蛋的组成、性质、储藏与保鲜中营养成分的变化为基础，以研究肉乳蛋制品的生产工艺为重点的一门应用型学科。其内容主要包括肉制品工艺学、乳制品工艺学和蛋制品工艺学等三部分。

畜产品加工的主要任务是生产符合人类营养需求和现代食品卫生标准的肉、乳、蛋制品及其他制品，通过科学的加工达到以下目的：

①延长畜产品的保存期，热处理可杀死微生物、钝化酶，延长制品的保藏期。

②提高畜产品的营养价值。通过食物科学搭配和合理加工使营养素齐全，而且更易被人体消化吸收。

③改善畜产品的风味，例如，加热后将肉的血腥味去除、酸乳口味酸甜，凉爽适口。

④提高畜产品的附加值。畜产品经过加工提高其商品价值及综合利用价值。

⑤促进国际贸易，例如，我国的猪鬃和羽绒，在国际市场广享有盛誉，为我国赚取了很多的外汇。

人类对畜产品的加工的研究具有悠久的历史。古埃及人以盐渍和日光干燥方法储藏肉类。早期罗马人利用冰和雪储藏食品，在2 000多年前就知道利用碎肉加盐、糖制作可口的香肠，并逐渐发展了耐储藏的生火腿、培根、熏肉、发酵肉制品加工技术。

我国畜产品的加工可追溯到远古时代。早在新石器时代，我们的祖先就已发明了炊具，山顶洞人的遗址中已发现用火烤食野兽的痕迹；3 000多年前的《周礼》中有“腊人掌于肉”和“肉脯”的记载。在先秦诸子百家的著述中，“脯”、“腊”、“腌”、“熟”等字更是屡见不鲜。2 000多年前的汉文帝时代就有“奶子酒”的记载，到了北魏末期，贾思勰的《齐民要术》对当时的肉品和乳品生产工艺做了系统的介绍。李时珍的《本草纲目》是这样记述奶油(醍醐)的加工过程的:“醍醐出酥油,乃酥油之精也。好酥一石有三、四升醍醐。热拌炼,储器中待凝,使精出取之……”。相传殷商时代,马、牛、羊、鸡、犬、猪已成为家养畜禽,并已发现用埋藏法保存禽蛋。至今人们仍把畜牧业的发展称为“六畜兴旺”。

总之,我国的畜产品加工源远流长,经验丰富。各族人民依靠地理、资源优势和风俗习惯的不同,在生活实践中积累了许多畜产品加工方法,有些产品至今仍誉满全球。如浙江金华火腿、云南宣威火腿,不仅历史悠久,而且驰名中外;糟蛋风味独特,远销国外;我国的猪鬃和羽绒,在国际市场上享有盛名。

但是,在中国历史上,由于长期的封建统治,畜产品的加工长期处于分散落后的手工作坊式生产之中,发展速度较慢。直到新中国成立后,特别是 20 世纪 80 年代以来,我国先后引进了先进的技术与设备,实现了生产的机械化、自动化、集约化,畜产品加工业迅猛发展,畜产品的产量和质量有了空前的扩大和提高,产品种类也日益繁多。2000 年,肉类总产量 6 000 万 t,奶类 1 082 万 t,蛋类为 1 900 万 t。其中肉与蛋的产量已居世界第一位。近年来,人们对畜产品的消费需求不断增长,据预测到 2010 年,我国肉产量将达到 8 250 万 t,奶类 2 370 万 t,蛋类 2 500 万 t。人均占有量肉为 55 kg,奶为 15.8 kg,蛋为 15 kg。

随着生产的扩大,涌现出了大批现代化畜产品加工企业,如漯河双汇,信阳华英,陕西宴友思,光明、伊犁、蒙牛等,畜产品加工的从业人员越来越多,科学研究和人才培养也方兴未艾。

虽然我国的畜产品加工业已走入持续、快速、合理的发展轨道,但与发达国家相比,仍存在许多差距。

在肉制品方面,我国还需集中研究以下几个方面:①改进屠宰设备和工艺,提高原料肉的质量;②加快发展分割肉及肉制品的冷冻小包装;③改进工艺,引进设备,加快传统中式肉制品的工业化、自动化生产水平;④改进包装材料和包装手段,延长产品保质期;⑤改进工艺和配方,生产出既有传统中式肉制品的特色,又具有出品率高,质地、口感好的新型肉制品;⑥畜禽副产品的综合利用。

在乳制品方面,我国乳业同发达国家相比存在差距和问题:①人均占有量低,2001 年中国人均原料奶产量只有 8.01 kg ;②原料奶的成本高,乳品企业规模小;③由于检测手段和生产技术装备落后而导致产品质量差;④产品花色少、结构单一;⑤产前、产后、产中一体化经营情况差。但目前,我国已加入世界贸易组织,并正在大力推进农业生产结构调整,居民消费乳品意识不断加强,这些都为乳品工业的发展提供了广阔的空间。今后乳业的发展方向为:加强奶源基地建设,提高乳品生产总量;建设技术创新体系,提高生产装备水平;调整产品结构、改善产品质量;改革乳品生产与贸易管理体制,加强营销,开拓乳品国际市场。

在蛋制品方面,我国和世界发达国家比较差距很大。①蛋的产量高,加工的蛋制品少。我国 1995 年家禽饲养量已达 41 亿只,禽蛋总产量为 1 676.7 万 t,成为世界上最大的产蛋国,蛋产量占全球总量的 34.8%,接近占第 2、3、4 位的美、日、俄产量的总和。人均占有量达 13.9 kg,超过世界平均水平(7.6 kg),但鲜蛋加工量仅占商业收购量的 13.3%。世界蛋制品生产总量在 75 万 t 以上,主要生产国为美国、英国、加拿大、日本、法国等国家,生产能力约占总产量的 2/3。②产品质量不稳定、品种结构不合理。1993 年世界进出口贸易额分别比 1988 年增长 42.3%和 44.3%,但我国在此期间进口额增长了 3 倍,而出口额反而下降了 24%,其原因主要是产品质量不稳,品种不能满足市场需求。致使冰蛋需求量下降,国内高档食品生产企业为了保证产品质量,通常选用进口蛋制品,而中低档食品厂又选用鲜蛋为原料,导致蛋制品销路不好。发达国家蛋制品的比重已达20% ~25%,品种多达60余种,如发酵蛋白粉(丹麦)、速溶蛋粉、加碘蛋(日本)、鱼油蛋、浓缩蛋液(美国)。因此,在鲜蛋销售呈下降趋势的情况下,蛋制品消费却持续增加,将来其蛋制品的比重将提高到50%。对鲜蛋和蛋制品的要求也更加严格,并在饲料、添加剂、蛋黄、蛋壳色泽及包装形式上大做文章,以刺激和提高蛋的消费。我国蛋制品加工业将着力发展以下几个方面:①传统蛋制品(腌蛋品,如松花皮蛋、咸蛋和糟蛋)机械化生产;②引进先进技术与设备,提高干蛋品(蛋白粉、蛋黄粉和全蛋粉)、湿蛋品(如湿全蛋、湿蛋黄和湿蛋白)、冰蛋(如冰全蛋、冰蛋黄和冰蛋白)的质量和生产规模;③加快蛋的深加工产品的开发与生产。对蛋壳、蛋膜、蛋清、蛋黄进行深度开发,研制成生物溶菌酶、蛋黄油、柠檬酸钙等制品,广泛用于医疗、保健、美容食品等各个领域。如保健蛋(低胆固醇蛋、高碘蛋、高锌蛋、高铁蛋和高锗蛋)加工;从蛋中提取溶菌酶、免疫球蛋白、卵磷脂及能抑制致癌病毒的增殖的生物活性物质——光黄素(二甲基异咯素)和光色素(二甲咯素)等。

畜牧业是国民经济的重要组成部分,一个国家畜牧业产值在农业总产值中的比例,人民对畜产品(主要指肉、乳、蛋、油脂)的消耗数量,被看作一个国家的发达程度和衡量人民生活水平的重要标志之一。大力发展畜产品加工业,不仅可延长畜牧产业链,满足人民日益增长的物质生活需要,而且能为国家创取更多的外汇。因此,培养畜产品加工人才,学习畜产品加工技术是形势所需,具有非常重要的意义。

畜产品加工包括从畜禽原料生产开始到成为供人们消费的产品为止的全部环节。它是一门综合性应用学科,所涉及的基础知识范围十分广泛,包括畜牧学、微生物学、生物化学、营养学、病理学、酶学、现代生物技术、食品科学与机械等。随着科学技术的发展,各学科的互相渗透,新技术的不断出现和应用,畜产品加工的广度与深度也在不断地发展。在学习这门课时,我们必须认真学习,刻苦钻研,理论联系实际;勤于动手,勇于实践,敢干创新;吸收和借鉴国外先进的技术经验,“洋”为中用。只有这样,才能为我国畜产品加工业尽快全面赶超世界先进水平,尽一份心,出一份力。

第一篇　肉与肉制品

第1章 肉用畜禽种类及品种

本章导读:主要就肉用畜禽种类及品种做了相关的阐述,内容包括猪、牛、羊、兔、鸡、鸭、鹅等。通过学习,要求了解常见肉用畜禽种类、品种及特性,能辨别肉用畜禽种类及品种。

1.1 猪

中国的畜禽种类很多,主要有猪、牛、羊、兔、鸡、鸭、鹅、马、驴等。一般来说,这些畜禽肉均可食用,但是由于生产数量和食用习惯的不同,消费量最多的是猪、牛、羊、鸡、鸭,其中又以猪肉所占比例最大。我国地理条件和生态环境多样而复杂,农业耕作制度和社会经济条件各异,加之养猪历史悠久,在劳动人民的精心培育下,形成了许多优良地方品种,其数量达100多个,20世纪80年代进行了适当的归并,确定我国地方品种为48个。

1.1.1 猪的经济类型

我国猪种资源丰富。根据猪肉瘦肉率多少,一般将猪分为脂肪型、瘦肉型(腌肉型)、兼用型(鲜肉型)品种。猪的不同经济类型,在体质外形、生活习性、对环境条件的要求、生产性能、肉质等各个方面都有不同的特点。

1)脂肪型

脂肪型猪脂肪占胴体比例的55%~60%,瘦肉占30%左右。脂肪型猪具有早期沉积脂肪的能力,第6~7肋骨间肥膘厚在6 cm以上。外形特点是体躯宽、深而不长,全身肥满,头颈较重,四肢短,体长与胸围之比不超过2~3 cm,皮下脂肪4 cm以上。广西陆川猪、老式巴克夏猪为典型代表。

2)瘦肉型(腌肉型)

与脂肪型相反,瘦肉占胴体比例的55%~60%,脂肪占30%左右。第6~7肋骨间肥膘厚在3 cm以下。传统上我国主要用于腌肉和火腿的加工。其外形呈长线条的流线型,前躯轻,后躯重,头颈小,背腰特长,胸肋丰满,背线与腹线平直。体长比胸围长15~20 cm,生长发育快,但对饲料条件要求高,特别要求高蛋白饲料。我国金华两头乌猪、国外大约克夏猪、长白猪、汉普夏猪等均属这一类型。

3)兼用型(鲜肉型)

该类型是介于脂肪型和腌肉型中间的类型,主要供鲜肉用,其肉质优良,产肉和产脂性能均较强,胴体中肥、瘦肉各占一半左右。各种生产性能介于前述两类型之间,体型中等,胴体第6~7肋骨间肥膘厚3~5 cm,我国地方猪种大多属这一类型。国外猪种如中约克夏为典型代表。

1.1.2 猪的品种

1)我国地方猪种

我国地方猪种具有肉质好、耐粗饲、繁殖率高等优点,但是存在生长速度慢,体重较小,瘦肉率较低的缺点。

(1)民猪　民猪产于中国的东北与华北地区,主要分布在东北三省,全身黑色,肥育猪8月龄体重可达90 kg。成年公猪体重200 kg,成年母猪体重148 kg,耐酷寒,腹内脂肪生长强度大为本种的特性。

(2)金华猪　金华猪产自浙江义乌、东阳和金华等3个县。除头颈臀尾为黑色外,其他部分均为白色,故有两头乌之称。8~9月龄肉猪体重63~76 kg,屠宰率72%。成年公猪体重140 kg,成年母猪体重110 kg。该品种皮薄骨细,早熟易肥,肉质优良,适于腌制火腿,著名的金华火腿因此而得名。

(3)太湖猪　产于江苏、浙江省和上海市交界的太湖流域。被毛全黑,也有四蹄或尾尖白色者。该猪繁殖性能高,体型较大,6~10月龄肉猪体重65~90 kg,屠宰率67%左右,胴体瘦肉率达45%。成年公猪体重约140 kg,成年母猪体重114 kg。太湖猪肉质好,皮厚且胶质多,特别适合加工蹄膀。

(4)内江猪　内江猪原产于四川内江市与资中市。全身黑色,12月龄肉猪体重124 kg,屠宰率70%左右,肥膘厚5 cm。成年公猪体重175 kg,成年母猪体重179 kg。

(5)陆川猪　陆川猪产自广西陆川等县及广东高州、湛江等地。除耳、背、臀和尾为黑色外,其余部位为白色。该猪整个体躯矮短肥胖,屠宰适期为8月龄,体重70 kg左右,屠宰率68%。成年公猪体重87 kg,成年母猪体重79 kg。

(6)荣昌猪　荣昌猪原产于重庆荣昌一带。全身白色,体型中等,较高营养水平下180日龄体重可达90 kg,屠宰率70%左右,瘦肉率48%左右。

(7)乌金猪　产于云、贵、川三省接壤的乌蒙山和达、小凉山地区。毛色为黑色或棕褐色。90 kg猪屠宰率为71.8%,胴体瘦肉率为46.25%。乌金猪后腿肌肉发达,肉质坚实,是加工火腿的上等原料,由其加工的“云腿”与金华火腿齐名。

2)改良品种

(1)哈尔滨白猪　哈尔滨白猪产自哈尔滨市及其周围县。系引进巴克夏猪、约克夏猪及(前)苏联大白猪与东北民猪杂交培育而成,属于大型肉脂兼用型品种。全身被毛纯白,两耳直立,背腰平直,腹部下垂,腿臀丰满,生后8月龄体重120 kg,屠宰率72%。成年公猪体重222 kg,成年母猪176 kg。

(2)汉中白猪　汉中白猪主要分布于陕西的汉中、勉县等地。该猪系用巴克夏猪及(前)苏联大白猪与地方猪杂交培育而成的肉脂兼用型猪。被毛全白。成年公猪体重214 kg,成年母猪体重 167 kg，屠宰率 71% ~73%，肉质细嫩。

(3)湖北白猪　采用地方良种与长白猪、大约克夏猪进行三元杂交繁育而成的瘦肉型新品种。胴体瘦肉率达 58%。

(4)苏太猪　以杜洛克猪和太湖猪为亲本经杂交选育而成。该猪繁育性能高，平均产仔数 14.45 头，屠宰率和胴体瘦肉率分别为 72% 和 55%。

3)引入品种

(1)巴克夏猪(Berkshire)　原产于英国中南部的巴克县，系用中国华南猪、泰国猪与当地猪杂交育成的脂肪型猪，对世界各国脂肪型猪的发展起了积极作用。20 世纪 60 年代由于市场变化，巴克夏猪已由典型的脂肪型猪向着肉用型方向发展。"六端白全身黑"(即鼻尾四肢六端为白色)为本种的毛色特征。体格中等，头短，耳立向前。8 月龄肉猪体重约为 90 kg，屠宰率 80% 左右，臀腿占胴体的 30% 左右，胴体瘦肉率约 55%。成年公猪体重 230 ~280 kg，成年母猪体重 200 ~250 kg。

(2)长白猪(Landrace)　原名兰德瑞斯，原产于北欧的丹麦，因体躯长，全身白色，故在我国俗称为长白猪。它是用大约克夏猪与当地的土种猪杂交，经过较长时间的培育而成，至今已有 80 余年的历史。该品种被瑞典、英国、法国、比利时、加拿大、日本等国家引进选育后，又形成了许多品系。它是世界上第一个育成的瘦肉型猪种。长白猪全身被毛白色，头小，鼻嘴直、狭长，颜面平直，耳大前倾，颈部与肩部较轻；背腰平直，体躯长，体长比胸围长 20 cm 以上，有 16 对肋骨；后躯肌肉发达，全身结构紧凑，整个体形呈前窄后宽的"流线型"特征。成年公猪体重 300 ~350 kg，成年母猪体重 250 ~300 kg。长白猪增重快，胴体瘦肉率大于 65%。长白猪易发生应激反应。

(3)约克夏猪(Yolkshire)　原产于英国的约克县。经不同选育，形成大、中、小三型。后因小型不适合生产需要已被淘汰。大、中两型在经济类型、外形、生产性能等方面有本质差别。中约克夏猪(中白猪)：体躯呈方砖形，全身毛白，胸深背臀丰满，生后 215 d 平均体重为 90 kg。一般于 80 ~85 kg 时屠宰，屠宰率高，肥瘦肉比例相当，肉质优良，为鲜肉用的优良品种。成年公猪体重 230 ~280 kg，成年母猪重 200 ~250 kg。大约克夏猪：又称大白猪(Large-white)，全身毛白，背腰长，臀宽长，后躯发育良好，腹线平直。生长发育快，6 月龄平均体重 90 kg。成年公猪体重 300 ~370 kg，成年母猪体重 250 ~330 kg。大约克夏猪为大型瘦肉型猪，也是世界上数量最多分布最广的猪种，其胴体瘦肉率为 65%。大约克夏猪具有强抗应激能力，发生 PSE 肉的频率很低。

(4)杜洛克猪(Duroc)　原称杜洛克泽西(DurocJersey)，产于美国，于 19 世纪 60 年代在美国东北部育成。系由泽西红毛猪、红毛杜洛克猪和红毛巴克夏猪杂交选育的。原为脂肪型猪，现已选育成瘦肉型品种，1988 年制订品种标准，是当代世界著名瘦肉型猪种之一。杜洛克猪以全身红毛色为突出特征，色泽从金黄色到棕红色，深浅不一，以樱桃红色最受人喜爱；头较清秀，两耳中等大小，耳根硬、耳尖软，从耳中部开始下垂，称为半垂耳；嘴中等大小，面部微凹；胸宽且深，背略呈弓形；后躯肌肉丰满；四肢粗壮结实，蹄呈黑色而多直立。成年公猪体重为 300 ~400 kg，成年母猪体重 200 ~300 kg。杜洛克猪屠宰率 74%，胴体瘦肉率 63%，肉质好，抗应激能力强，未发现 PSE 肉。

(5)皮特兰猪(Pietrain)　原产于比利时的布拉帮特省皮特兰镇，是由法国的贝叶杂交猪与英国的巴克夏猪进行回交，然后再与英国的大白猪杂交育成的，是近 40 年在欧洲流行的瘦肉型新品种，是当代世界著名瘦肉型品种中瘦肉率最高的猪种。皮特兰猪毛色呈灰白色并带有不规则的深黑色斑点，偶尔出现少量棕色毛，有的还夹杂有部分棕红色斑块；头部清秀，颜面平直，腮部稍厚，嘴大且直，双耳短而大半向前略分开；体躯呈圆柱形，腹部平行于背部，肩部肌肉丰满，背中线凹陷，背直而宽大，两边明显凸出方块肌肉群；腿臀部肌肉特别发达，蹄趾强壮有力；体长1.5～1.6 m。成年公猪体重300～350 kg，成年母猪体重220～280 kg。

1.2 牛

根据牛的经济用途，牛可分为役用牛、肉用牛、乳用牛、毛用牛和兼用型牛。改革开放前，牛主要为役用，只有老牛和残牛用于屠宰生产牛肉，没有专门肉牛品种，更没有肉牛产业。20世纪80年代后，随着社会经济的发展和人们生活水平的提高，大量役用牛转为役肉兼用或者肉用，形成了一些产肉性能很好的品种。另外，还有一部分引入品种。

1.2.1 地方品种

1）黄牛

在我国，黄牛是指牦牛和水牛以外的所有家牛，包括蒙古牛、华北牛、华南牛等3个类型。蒙古牛是指内蒙古高原的牛；华北牛按地区分为东北、山东、河南、关中许多类型；华南牛主要是两广牛。我国现有28个品种，分布于全国各地，其中秦川牛、南阳牛、鲁西牛、晋南牛、延边牛和蒙古牛这六大地方品种分布最广，数量最多。黄牛的肉用性能好，是我国优质牛肉的主要品种。

（1）秦川牛　因产于陕西省关中地区的“八百里秦川”而得名，毛色有紫红、红、黄三种，紫红和红色居多。成年公牛体重600 kg，成年母牛体重400 kg，阉牛近500 kg。其肉质细致，柔软多汁，大理石纹明显。

（2）南阳牛　产于河南省南阳地区，属大型役肉兼用品种。毛色有黄、红、草白三种，深浅不等的黄色占81%。南阳牛体型高大，骨骼结实，肌肉发达，背腰宽广，皮薄毛细。成年公牛体重650 kg，成年母牛体重410 kg。

（3）鲁西牛　产于山东省西部、黄河以南、运河以西一带，属于役肉兼用品种。鲁西牛有肩峰，被毛从浅黄色到棕红色均有。其中黄色占70%以上。其产肉性能优良。屠宰率58%，净肉率51%，骨肉比1:6.9。成年公牛的体重450 kg，成年母牛的体重350 kg。

（4）晋南牛　产于山西南部汾河下游的晋南盆地，毛色以枣红为主，属大型役肉兼用品种。成年公牛体重607 kg，成年母牛体重340 kg。成年牛屠宰率平均52%，净肉率43%。

（5）延边牛　主产于吉林省延边朝鲜自治州，属寒温带山区的役肉兼用品种。毛色多呈浓淡不同的黄色。成年公牛体重466 kg，成年母牛体重365 kg。18月龄育成公牛经180 d肥育，胴体重266 kg，屠宰率58%，净肉率47%。

（6）蒙古牛　原产于内蒙古兴安岭的东西两麓，主要分布在内蒙古自治区、华北北部、东北西部和西北一带的牧区。蒙古牛的毛色较杂，以黄褐、红褐色较多，其次是黑色。蒙古牛头粗重、额宽，角细长向前上方弯曲，无肩峰，前躯大后躯小，颈细胸深，肋圆而拱起。成年公牛体重300～400 kg,母牛270～370 kg。中等营养水平的阉牛平均体重(377±44)kg,屠宰率53%±28%,净肉率45%±2.9%,骨肉比1:4.7～1:5.7,肌肉中粗脂肪含量高达43%,表明蒙古牛沉积脂肪的能力较强。

2)牦牛

牦牛产于西南、西北地区,是海拔3 000～5 000 m高山草原上的特有牛种。牦牛与当地黄牛进行种间杂交的一代杂种牛称为犏牛。以黄牛为父本者称为真犏牛(或黄犏牛),以牦牛为父本者称为假犏牛(或牦犏牛)。第1～3代雄犏牛因睾丸组织不能产生正常活力的精子而无生育力。我国的牦牛品种主要有:四川九龙牦牛、青海高原牦牛、甘肃天祝白毛牛、西藏高山牦牛。牦牛的产肉性能以九龙牦牛为例,成年阉牦牛体重471 kg,屠宰率55%,净肉率46%,骨肉比1:5.5。牦牛肉呈深鲜红色,蛋白质含量高达22%,脂肪含量低于5%。

3)水牛

我国的水牛数量仅次于印度,居世界第二位。我国地方良种水牛主要有上海水牛,江苏海子水牛,湖北汉江水牛,湖南滨湖水牛,江西鄱阳湖水牛,安徽东流水牛,重庆涪陵水牛等。大部分水牛全身为深灰色或浅灰色,随年龄增长,毛色逐渐由浅灰变为深灰或暗灰色(俗称"石板青"或"瓦灰")。部分水牛毛为白色。中国水牛成熟较晚,6岁以上体尺与体重的生长才能完成。大型公、母牛体重一般在600 kg以上,小型公、母牛体重在500 kg以下。与世界上同类型相比,中国水牛属中等体型。中国水牛在营养水平较低的牧饲条件下,增重效果仍很好。湖北用2岁龄公牛阉割后进行肥育,屠宰率49%,净肉率37%,脂肪率5.4%,骨肉比1:3.8。肌肉颜色为暗红色,脂肪为白色,肌纤维较黄牛略粗。

1.2.2　培育品种

我国以前并无专用牛品种,大约在19世纪70年代,我国才开始培育乳用牛和乳肉兼用牛。

1)三河牛

三河牛是我国优良的乳肉兼用品种,因产于内蒙古的额尔古纳右旗三河(根河、得勒布尔河、哈布尔河)而得名。三河牛由西门塔尔牛、西伯利亚牛、蒙古牛、后贝加尔牛杂交培育而成,毛色红(黄)白花。成年公牛体重1 050 kg,成年母牛体重548 kg。2～3岁的育成公牛屠宰率50%以上,净肉率44%～48%。

2)草原红牛

草原红牛主产于内蒙古、吉林、河北等地,是由乳肉兼用短角牛与蒙古牛杂交培育而成,其被毛为紫红色或红色。草原红牛体格较小,成年母牛体重453 kg,成年公牛760 kg。据内蒙古报道(1983),在以放牧为主的条件下,草原红牛屠宰前给予短期肥育后,屠宰率54%,净肉率45%。据吉林报道(1982),经短期肥育的牛,屠宰率和净肉率分别为58%和50%。

3)新疆褐牛

新疆褐牛主产于新疆天山北麓,分布于全疆的天山南北,是由瑞士褐公牛和有该牛血液的阿拉塔乌公牛及少量(前)苏联的科斯特罗姆牛杂交培育而成。毛色呈深浅不一的褐色。

1.2.3 引入品种

1)海福特牛

海福特牛产于英格兰,是英国古老的肉牛品种之一。海福特牛体型较小,肌肉发达,身体为红色,骨骼纤细,具有典型的肉用体型,并具有“六白”(即头、四肢下部、腹下部、颈下、鬐甲和尾帚出现白色)的品种特征。脂肪主要沉积于内脏,皮下结缔组织和肌肉间脂肪较少,肉质柔嫩多汁。成年公牛体重 900 ~1 000 kg,成年母牛体重 520 ~620 kg。海福特牛屠宰率一般为 60% ~65% ,净肉率为 60% 。

2)西门塔尔牛

西门塔尔牛原产于瑞士西部,是乳肉役兼用牛品种。毛色为黄白花或淡红白花。成年公牛体重 1 000 ~1 100 kg,成年母牛体重 700 ~750 kg。公牛肥育后屠宰率可达 65% 。

3)夏洛来牛

夏洛来牛起源于法国的夏洛来,体型大,全身肌肉发达,毛色白或乳白,有的呈奶油白,其最大特点是生长快。成年公牛体重 1 100 ~1 200 kg,成年母牛体重 700 ~800 kg。在良好饲养管理条件下,3 岁阉牛活重可达 830 kg,屠宰率为 67% 。

4)和牛

产于日本,以肉质细嫩著称于世。和牛肌肉间脂肪(大理石花纹)非常丰富,犹如雪花镶嵌其中,“雪花牛肉”即由此而来。成年公牛体重 800 kg,成年母牛体重 500 kg。

1.3 羊

羊可分为绵羊和山羊两大类型,绵羊大多以产毛为主,少数产肉和皮。山羊用途较多,以产乳为主的称为乳山羊,产肉为主的称为肉山羊,产绒毛为主的称为绒山羊,产皮为主的称为裘皮山羊。下面主要介绍几种产肉性能好的绵羊和山羊:

1.3.1 绵羊

绵羊品种的分类,通常有两种方法,一种是根据尾形特征(尾部脂肪沉积的形状、多少及尾的长短等)分类,一种是根据生产性能分类,即根据绵羊的生产方向和利用目的来分类。以下介绍几种我国产肉性能好的绵羊品种:

1)小尾寒羊

毛色为白色,是肉裘兼用品种。产于河北、河南、山东及皖北、苏北一带。生长发育快,产肉性能高,经测定周岁公羊体重平均 72.8 kg,胴体重 40.48 kg,屠宰率 55.6% 。

2)大尾寒羊

大尾寒羊毛色大部分为白色,产于河北、山东及河南一带,具有屠宰率和净利用率高,尾脂肪多的特点,脂尾出油率可达 80% 。

3)乌珠穆沁羊

属于肉脂兼用短尾粗毛羊。产于内蒙古的乌珠穆沁草原,成年羊(阉羊)秋季屠宰前体重平均为 60 kg,胴体重 32 kg,屠宰率 53.5%。

4)阿勒泰羊

属于肉脂兼用粗毛羊品种,毛色以棕红色为主,产于新疆。尾椎周围脂肪大量沉积而形成“臀脂”,占胴体重的 17.97%。羔羊具有良好的早熟性,生长发育快,产肉能力强,适于做肥羔生产。

1.3.2　山羊

我国山羊品种主要有黑山羊、黄淮山羊、成都麻羊、南江黄羊等,其共同特点是适应性强、肉质细嫩,体型小,出肉率低。

世界上最著名的肉用山羊是产于南非的波尔山羊,作为种用,已被非洲许多国家以及新西兰、澳大利亚、德国、美国、加拿大等国引进。现在分布于世界各地,我国自 1995 年首批从德国引进波尔山羊以来,许多地区包括江苏、山东、陕西、山西、四川、广西、广东、江西、河南和北京等地也先后引进了一些波尔山羊,并通过纯繁扩群逐步向周边地区和全国各地扩展,显示出很好的肉用特征、广泛的适应性、较高的经济价值和显著的杂交优势。波尔山羊毛色为白色,头颈为红褐色,并在颈部存有一条红色毛带。波尔山羊耳宽下垂,被毛短而稀。腿短,四肢强健,后躯丰满,肌肉多,羊肉脂肪含量适中,胴体品质好。繁殖率高,羔羊采食力强,生长发育快,有良好的生长率和高产肉能力,是目前世界上最受欢迎的肉用山羊品种。

除波尔山羊外,世界著名肉用山羊还有产于西班牙的塞云娜山羊和产于印度的比特按山羊。

1.4　兔

兔肉营养丰富,肉质细嫩,味道鲜美,容易消化。据《本草纲目》记载:兔肉性寒味甘,具有补中益气,止渴健脾,凉血解热毒,利大肠之功效,男女老少四季皆可食用,尤以 8 ~ 10 月龄食之最佳。宋朝苏东坡赋诗赞美“兔肉处处有之,为食品之上味”,“飞禽莫如鸪,走兽莫如兔”。因此兔肉已愈来愈受到人们的重视。兔有肉用、皮用、皮肉兼用和毛用之分。全世界约有兔品种 60 余种,其中大多为 20 世纪育成品种。我国现有家兔约 20 种,目前饲养较普遍的肉用及兼用兔品种有:

1.4.1　中国家兔

中国家兔又称为中国菜兔、小白兔,分布于全国各地,为皮肉兼用品种。其毛色以纯白为主,也有黑色、灰色、棕色,早熟,繁殖力高,抗病力强,耐粗饲。体型较小,成年公兔体重 1.8 ~ 2 kg,母兔 2.2 ~ 2.3 kg。中国家兔生长缓慢,产肉能力低,屠宰率 45% 左右,但是肉质鲜嫩味美,适于制作缠丝兔等传统肉制品。

1.4.2　喜马拉雅兔

喜马拉雅兔又名五黑兔,原产喜马拉雅山脉南北地区,我国是主要产地。该兔体型较小,身躯短而粗，体型紧凑。头小，耳短直立，眼睛红色，毛色纯白而柔软。鼻端、两耳、尾及四肢呈黑褐色。耐粗饲，抗病力强，容易饲养。繁殖力强，每窝产仔 8～11 只，初生体重 70 g，成年兔体重 4.0～5.0 kg。

1.4.3 青紫蓝兔

原产于法国，系利用蓝色贝韦伦兔、嘎伦兔和喜马拉雅兔杂交选育而成。青紫蓝兔是优良皮肉兼用兔，亦是最常见的试验研究用兔。青紫蓝兔被毛蓝灰色，每根毛纤维自基部向上分为5段，即：深灰色—乳白色—珠灰色—雪白色—黑色，在微风吹动下，其被毛呈现漩涡，轮转遍体，甚为美观。耳尖及尾面黑色，眼圈、尾底及腹部白色，腹毛基部淡灰色。由于其毛色特殊，酷似南美洲产的毛丝鼠，故据此读音得名为青紫蓝兔。青紫蓝兔外貌匀称，头适中，颜面较长，嘴钝圆，耳中等、直立而稍向两侧倾斜，眼圆大，呈茶褐或蓝色，体质健壮，四肢粗大。青紫蓝兔可分为三种类型：

1）标准型

较小，结实紧凑，耳短竖立，面圆，成年母兔重 2.7～3.6 kg，公兔 2.5～3.4 kg。

2）美国型

1919 年，英国由引进的标准型中选育而成。体长中等，腰臀丰满，成年母兔重 4.5～5.4 kg，公兔 4.1～5 kg。

3）巨型

与弗朗德巨兔杂交选育而成。体大，肌肉丰满，偏肉用，耳较长，有的一耳竖立，一耳垂下，均有肉髯。成年母兔重 5.9～7.3 kg，公兔 5.4～6.8 kg。

1.4.4 大白兔

大白兔是日本用中国兔选育而成的皮肉兼用型兔品种。毛色纯白，成年兔体重 4～6 kg，最高达 8 kg。

1.4.5 巨型兔

巨型兔又称德国巨型花兔或德国花巨兔。原产德国，是德国著名的大型皮肉兼用品种。体稍长呈弓形，毛色为白底黑花，背部有一条黑色背线，耳、眼圈、鼻和嘴部呈黑色，体侧从肩部到腿部散布黑花斑。巨型兔外观像熊猫，故又名“熊猫兔”。该兔抗病力强，耐寒性能好，适应性强，生长发育快，成年兔体重 5～6 kg，繁殖力强，平均每窝产仔高达 11～12 只，90 d 体重达 2.5～2.7 kg。这种兔母性不强，哺乳力较差，产仔数不够稳定。

1.5 禽

家禽体型小，空间占有率低，适宜于集约化饲养；生产单位产品所需饲料少，饲料转化率高；品种培育成本低，生产周期短。因此，家禽业成为畜牧业中发展最快的一个产业。1997 年，禽肉产量占我国肉类总产量的 14%，我国禽蛋产量占世界总产量的 41%。下面介绍几种畜产品加工中常用的禽类：

1.5.1 鸡

1)我国优良地方兼用及肉用品种

(1)兼用型品种

①北京油鸡。北京油鸡是北京地区特有的地方优良品种，距今已有300余年。北京油鸡体躯中等，羽色美观，主要为赤褐色和黄色羽色。赤褐色者体型较小，黄色者体型大。雏鸡绒毛呈淡黄或土黄色。冠羽、胫羽、髯羽也很明显，很惹人喜爱。成年鸡羽毛厚而蓬松。公鸡羽毛色泽鲜艳光亮，头部高昂，尾羽多为黑色。母鸡头、尾微翘，胫略短，体态敦实。北京油鸡羽毛较其他鸡种特殊，具有冠羽和胫羽，有的个体还有趾羽。不少个体下颌或颊部有髯须，故称为"三羽"(凤头、毛腿和胡子嘴)，这就是北京油鸡的主要外貌特征。

②狼山鸡。狼山鸡是我国古老的优良地方品种，并在世界家禽品种中负有盛名。狼山鸡原产于江苏省，其集散地为长江北岸的南通港。港口附近有一游览胜地称为狼山，由此而得名。狼山鸡1872年首先传入英国，继而传入德、法、日等国，与当地鸡杂交培育成当代著名鸡品种黑奥品顿、澳洲黑等。该鸡羽毛颜色有纯黑、黄色和白色三种。

③浦东鸡。浦东鸡(Putong Chickens)主产于上海黄浦江以东的广大地区，故名浦东鸡。因其黄羽、黄喙、黄脚，且体大，故群众称之为"九斤黄"。该鸡骨骼较大，胸相对狭窄。19世纪输往美国，选育后被定名为"九斤鸡"。国内比较著名的兼用鸡还有山东的寿光鸡、北京油鸡、浙江萧山鸡、辽宁大骨鸡等。

④肖山鸡。肖山鸡主要分布于浙江省和江苏省南部。体型大，单冠，冠、肉髯、耳叶均为红色，颈羽黄黑相间，羽毛淡黄色。该鸡适应性强，易饲养，早期生长速度快，成年公鸡体重2.5~3.5 kg，母鸡2.1~3.2 kg。

(2)肉用型品种

①惠阳胡须鸡。惠阳胡须鸡又名三黄胡须鸡，原产于广东惠阳地区，属中型肉用品种，具早熟易肥、胸肌发达的特点，与杏化鸡、清远麻鸡为广东省三大名鸡，在港澳市场久负盛名。因颔下有张开的髯羽，状似胡须而得名。该鸡具毛黄、喙黄、脚黄的特征。

②清远麻鸡。清远麻鸡原产于广东省清远县，母鸡背侧羽毛有细小黑色斑点，故称麻鸡。清远麻鸡以体型小、皮下和肌肉间脂肪发达、皮薄骨软而著称，素为我国活鸡出口的小型肉用名产鸡之一。成年公鸡体重为2.18 kg，成年母鸡体重为1.75 kg。6月龄仔母鸡体重为1.3 kg，其半净膛屠宰率85%，全净膛屠宰率76%；阉公鸡半净膛屠宰率84%，全净膛屠宰率77%。年产蛋70~80枚。

③杏花鸡。杏花鸡因主产地在广东省封开县，建国后易名杏花乡因而得名，当地又称"米仔鸡"。它具有早熟、易肥、皮下和肌肉间脂肪分布均匀、骨细皮薄、肌纤维细嫩等特点，宜作白切鸡。杏花鸡属小型肉用优良鸡种，是我国活鸡出口经济价值较高的名产鸡之一。杏花鸡具黄喙、黄羽、黄脚的特征，112日龄鸡产肉性能：公母鸡体重分别为1.3 kg和1.1 kg，半净膛屠宰率75%~76%。

2)培育品种

(1)新狼山鸡(New Langshan Chickens)　是中华人民共和国成立以后第一个育成的兼用鸡种。是利用黑色狼山鸡和澳大利亚鸡杂交培育而成，全身羽毛黑色。成年公鸡体重为3.24

kg,成年母鸡为 2.28 kg,年产蛋 180 ~200 枚。

(2)新浦东鸡(New Putong Chickens) 是以上海浦东鸡为基础,经 10 年系统选育,于 1981 年培育成的肉用型鸡新品种。其毛色仍为黄色,体型更接近肉用型,成年公鸡体重 4.0 kg,成年母鸡体重 3.26 kg,10 周龄半净膛屠宰率 85%以上,年产蛋 152 枚。

(3)北京白鸡 是我国育成的白壳蛋鸡新品系,具产蛋力高,蛋重大,外貌一致,遗传稳定等特性。冠大、鲜红、公鸡冠较厚而直立,母鸡冠薄而倒向一侧。喙、胫、趾及皮肤呈黄色,耳叶白色。在一般饲养管理水平下,开产日龄为 169.5 d,平均每只鸡年产蛋 196.3 枚,平均每只鸡年产蛋重为 11.4 kg,平均蛋重为 57 g,蛋料比为 1∶3.5。

3)引入品种

(1)科尼什鸡(Cornish) 原产于英国康瓦耳地区,是典型的肉用鸡品种,共有 3 个变种。我国引入的为深花(常称为"红色")和白色两种。另外还有一种为红羽白边科尼什鸡。该鸡标准体重:成年公鸡 4.5 ~5.0 kg,母鸡 3.5 ~4.0 kg。年产蛋 120 枚左右。

(2)白洛克鸡 全身羽毛白色,喙、胫、趾均呈深黄色,皮肤浅黄色。母鸡平均年产蛋量 150 ~160 枚,蛋重约 60 g,蛋壳褐色。成年公鸡体重 4 ~4.5 kg,母鸡 3 ~3.5 kg。屠体美观,尤其胸、腿肌肉发达,肉质优良。近代肉鸡配套品系中一般均有白洛克鸡的血缘。

(3)浅花苏赛斯鸡 体躯羽毛白色,但公母鸡颈羽、公鸡蓑羽及镰羽、母鸡鞍羽及尾羽黑色或镶白边羽,公母鸡主翼羽、主尾羽呈黑色。体躯长、深而宽,胫短,尾平而不高翘。单冠,中等大。冠、肉髯、耳叶红色,胫、趾、皮肤白色。肉用性能良好,易肥育,肉多而质美。成年公鸡平均体重 4 kg,母鸡 3 kg。母鸡平均年产蛋 150 枚,平均蛋重 56 g。蛋壳浅褐色。

1.5.2 鸭

鸭的品种按经济用途可分为蛋用型、兼用型和肉用型等 3 个类型。

1)北京鸭

北京鸭是世界著名的优良肉用鸭标准品种。具有生长发育快、育肥性能好的特点,是闻名中外"北京烤鸭"的制作原料。原产于北京西郊玉泉山一带,现已遍布世界各地,在国际养鸭业中占有重要地位。体型硕大丰满,体躯呈长方形。全身羽毛丰满,羽色纯白并带有奶油光泽。喙为橙黄色,喙豆为肉粉色,胫、蹼为橙黄色或橘红色,母北京鸭开产后喙、胫、蹼颜色逐渐变浅,喙上出现黑色斑点,随产蛋期延长,斑点增多,颜色加深。公北京鸭尾部带有 3 ~4 根卷起的性羽。成年北京鸭体重:公 3.5 ~4 kg,母 3 ~3.5 kg。北京鸭填鸭的屠宰率:半净膛,公 81.0%,母 81.0%;全净膛,公 74.0%,母 74.0%。北京鸭开产日龄 160 ~170 d,年产蛋 200 ~240枚,蛋重 85 ~92 g,蛋壳白色。

2)高邮鸭

原产江苏省高邮市,是我国有名的大型麻鸭品种,属于肉蛋兼用型。具有觅食能力强,耐粗饲,善产双黄蛋等特点。公鸭体型较大,背阔肩宽、胸深,头和颈上半部羽毛深绿色;背、腰、胸褐色芦花羽,腹部白色、尾羽黑色。母鸭颈细身长,全身羽毛褐色,有黑色细小斑点,如麻雀羽毛。成年公鸭体重 2.5 ~3.3 kg,母鸭 2 ~2.5 kg。仔鸭放养 2 月龄重达 2.5 kg。

3)樱桃谷鸭

由英国林肯郡樱桃谷农场培育的樱桃谷鸭,是世界著名的肉用型鸭种。该鸭全身羽毛洁白,公鸭成年体重 4 ~4.5 kg,母鸭 3.5 ~4 kg;7 周龄体重可达 3.3 kg. 料重比 2.6∶1,屠宰率

72.55%。信阳华英集团有限公司就是以饲养和加工樱桃谷鸭为主的大型禽业公司。

1.5.3 鹅

鹅的品种按其来源可分为中国鹅(按国外标准品种命名)和伊犁鹅。中国鹅起源于鸿雁,是我国鹅的主要品种,被引至许多国家并用以改良其他品种;伊犁鹅是我国来源于灰雁的唯一品种,是新疆伊犁哈萨克自治州少数民族直接驯养当地野雁而成的品种。

1)狮头鹅

狮头鹅是我国最大型的鹅种,因成年鹅头形似狮头而得名,产于广东省。狮头鹅前额肉瘤发达,向前突出,覆盖于喙上。两颊有左右对称的肉瘤1~2对,肉瘤黑色。领下咽袋发达。成年公鹅体重8.85 kg,母鹅7.86 kg。70日龄平均体重公鹅6.42 kg,母鹅5.82 kg。在改善饲料以及不让母鹅孵蛋的情况下,母鹅个体平均产蛋量达35~40枚。狮头鹅可在我国大部分地区饲养。

2)太湖白鹅

太湖白鹅产于江浙沿太湖一带,以苏州地区为主。羽毛洁白,体态优美,体质强健,具有觅食力强,消耗饲料少,耐青粗饲料,仔鹅成长快,成熟早等特点。一般出壳后饲养70 d,体重即可达2.5 kg。成年母鹅体重可达4 kg左右,公鹅可达4.5 kg。味美肉嫩,可制烤鹅、咸水鹅等,其鹅毛可加工成羽绒制品等,深受城乡人民喜爱。

1.5.4 其他禽类

1)鹌鹑

鹌鹑简称鹑,原为一种野生鸟类,经驯化和人工选育成为现代新兴的特种经济禽类。在国外,养鹑数仅次于鸡的饲养数,故有“第二养禽业”之称。有人把养鹑业誉为21世纪养禽业的未来。鹌鹑是体型最小的禽种。世界上家鹑的品种约有20种,比较著名的品种有东北黄鹑,英国白鹑,黑白杂色无尾鹑,北美洲鲍布门鹌鹑,美国加利弗尼亚鹌鹑,菲律宾鹌鹑(小型),澳大利亚鹑(大型)等品种。麻栗色是鹌鹑的基本毛色。此外,尚有白羽、黑羽、银黄羽、红羽等羽色。我国引入的鹌鹑有肉用型和蛋用型两种。成年蛋用型鹌鹑体重120~160 g,肉用型鹌鹑220~270 g,母鹑体重大于公鹑。鹌鹑生长速度快,屠宰率高,肉质好。

2)鸽子

肉鸽的品种比较多,主要有白羽王鸽、法国地鸽、贺姆鸽、石岐鸽等,目前推广的肉用品种主要是白羽王鸽。白羽王鸽具有繁殖力强、体形大、生长快、肉质鲜嫩等特点。饲养结果表明,白羽王鸽耐饲养、成活率高,在饲料配比好的情况下,年产可达8窝以上。乳鸽18~20 d,体重可达0.5~0.6 kg。

3)鸵鸟

鸵鸟原产非洲和阿拉伯沙漠温差较大的地区,成年鸵鸟高为2~2.3 m,体重可达150~200 kg,人工饲养的雌鸵鸟平均年产蛋80~120枚,每枚蛋重约1.5 kg。鸵鸟生长速度快,2岁性成熟,开始产蛋。一只雌鸵鸟一年可繁殖后代50~60只,可产合格种用蛋30~40枚,鸵鸟的平均寿命为70年,产蛋期为50年。鸵鸟肉色泽深红,具有高蛋白,低脂肪的特点。

复习思考题

1. 猪的经济类型和品种有哪些?
2. 牛的地方品种、培育品种和引入品种各有哪些?
3. 鸡的地方品种、培育品种和引入品种各有哪些?

第2章 肉的组成及特性

本章导读：主要对肉的组成、特性及相关方面进行了阐述，内容包括肉的组织结构、肉的化学成分及性质、肉的食用品质、肉的成熟、腐败过程及肉的新鲜度检验等。通过学习，要求深刻理解肉的四种组织及特性，在此前提下，能够深入的理解肉的嫩度、风味、肉色等对肉品的食用品质的影响。进一步掌握肉的成熟和腐败的过程及新鲜度的检验技术。

2.1 肉的组织结构

畜禽经屠宰后，除去皮、毛、头、蹄、骨及内脏后的可食部分叫作肉。在肉品工业中，畜肉可理解为胴体，即动物宰杀放血后，去毛或皮、头、蹄、尾、内脏的肉尸，俗称白条肉。它包括肌肉、脂肪、骨、筋腱、韧带、神经、血管、腺体、淋巴结等。

在肉的形态学上，肉主要有肌肉组织、结缔组织、脂肪组织和骨组织4大部分组成。它还包括神经、血管、腺体、淋巴结等。其中4大组织的构造、性质及含量的多少直接影响到肉的食用品质、加工用途和商品价值，它依动物的种类、品种、年龄、性别、营养状况不同而异。其组成的比例大致为：肌肉组织50%~60%，脂肪组织15%~45%，骨组织5%~20%，结缔组织9%~13%。在4种主要组织中，肌肉组织对肉的品质质量影响最大，本部分将作为重点来详细论述，脂肪组织、结缔组织和骨组织则做简要介绍。

2.1.1 肌肉组织(Muscle tissue)

肌肉组织在组织学上可以分为3类，即骨骼肌、平滑肌和心肌。从数量上讲，骨骼肌占大多数。与肉品加工有关的主要是骨骼肌，即俗称“瘦肉”或“精肉”，不包括平滑肌和心肌。本书所述肌肉如不加说明，即指骨骼肌。根据骨骼肌颜色的深浅，肉又可分为赤肉（如牛肉、猪肉、羊肉等）和禽肉（如鸡肉、鸭肉、鹅肉等）两大类。

在肉制品工业生产中，刚屠宰后不久体温还没有完全散失的肉称热鲜肉。经过一段时间的冷处理，使肉保持低温（0~4 ℃）而不冻结的状态称为冷却肉；而经低温冻结后（-25~-13 ℃）称为冷冻肉。肉按照不同部位分割包装称为分割肉，如经剔骨处理则称剔骨肉。由肉经过进一步的加工处理生产出来的产品称肉制品。肉品科学主要是研究屠宰后的肉转变为可食肉的质量变化规律。它包括肉的形态结构、肉的理化性质及屠宰后肉的生物化学、微生物学变化。

1)肌肉的一般结构

家畜机体上约有300块以上形状、大小各异的肌肉,但基本结构是一样的。肌肉的基本构造单位是肌纤维(即肌细胞),每根肌纤维外面包一层结缔组织膜,称作肌内膜,也叫肌纤维膜;50~150根肌纤维聚集成束,称为肌束,外面包的结缔组织膜称为肌束膜,这样形成的小肌束也称为初级肌束;由数十根初级肌束集结在一起称为次级肌束;许多次级肌束集在一起形成肌肉,再包以结缔组织称为肌外膜。这些分布在肌肉中的结缔组织既起着支架的作用,又起着保护作用,血管、神经通过三层膜穿行其中,伸入到肌纤维的表面,以提供营养和传导神经冲动。此外,还有脂肪沉积其中,使肌肉断面呈现大理石样纹理。肌束膜和肌束一起形成腱附着在骨骼上。当把肌肉横切时,在断面上表现为颗粒状,颗粒小,纹理清晰,说明结缔组织膜发达,肌纤维粗糙,肉质较低。肉颗粒的大小取决于动物的种类、品种、年龄、肥度等,同种动物肉,不同部位也不尽一致。

2)肌肉的微观结构

肌肉组织和其他组织一样,也是由细胞构成的,但肌细胞是一种相当特殊化的细胞,呈长线状,不分支,直径为10~100 μm,长度为1~40 mm,最长可达100 mm。肌纤维本身具有的膜叫肌膜,它由蛋白质和脂质组成,具有很好的韧性,因而可承受肌纤维的伸长和收缩。肌膜的性质、组成、构造相当于体内其他的细胞膜。

在肌纤维内,充满着由原生质转化的很细的肌原纤维,直径为0.5~3 μm。肌肉的收缩和伸长就是由肌原纤维的收缩和伸长所致。肌原纤维具有和肌纤维相同的横纹,横纹的结构是按一定周期重复,周期的一个单位叫肌节,肌节是肌肉收缩和舒张的最基本的功能单位,同时也是肌原纤维的基本重复构成单位。静止时的肌节长度约为2.3 μm。肌节两端是细线状的暗线称为Z线。肌原纤维由肌丝组成,肌丝可以分为粗丝和细丝。粗丝又叫肌球蛋白丝,细丝又叫肌动蛋白丝,两者平行整齐地交替排列于整个肌原纤维,细丝分布在Z线上。当肌肉收缩时,Z线上的细丝平行伸入粗丝之间,肌节变短;而当肌肉松弛时,Z线上的细丝向粗丝两边滑动,肌节变长,这就是肌肉伸缩的原理。

肌纤维的细胞质称为肌浆,填充于肌原纤维间和核的周围,是细胞内的胶体物质,呈红色,含有大量的肌溶蛋白质、肌红蛋白和参与糖代谢的多种酶类,其中肌红蛋白呈红色,是形成肉的颜色的主要因素(肉色部分会详细阐述)。由于肌肉的功能不同,在肌浆中肌红蛋白的数量不同,从而使不同部位的肌肉颜色深浅不一。

根据肌纤维外观和代谢特点的不同,可分为红肌纤维、白肌纤维和中间型纤维3类。红肌纤维颜色呈红色,肌红蛋白含量高,结缔组织少,血液供给量大,收缩、舒张时间长,不易疲劳;白肌纤维与之相反,呈白色,肌红蛋白含量低,结缔组织多,血液供给量小,收缩、舒张时间短,易疲劳;中间型纤维生理生化性质介于两者之间。

2.1.2 脂肪组织

脂肪组织是仅次于肌肉组织的第二个重要组成部分,具有较高的食用价值。对于改善肉质、提高风味均有影响。脂肪在肉中的含量变动较大,决定于动物种类、品种、年龄、性别及肥育程度。

脂肪的构造单位是脂肪细胞,脂肪细胞或单个或成群地借助于疏松结缔组织联在一起。细胞中心充满脂肪滴,细胞核被挤到周边,外层有一层膜,为胶状的原生质构成,细胞核即位于原生质中。脂肪细胞是动物体内最大的细胞,直径为 30 ~ 120 μm,最大者可达 250 μm,脂肪细胞愈大,里面的脂肪滴愈多,因而出油率也愈高。脂肪细胞的大小与畜禽的肥育程度及不同部位有关。如牛肾周围的脂肪直径:肥育牛为 90 μm,瘦牛为 50 μm;猪脂肪细胞的直径皮下脂肪为 152 μm,而腹腔脂肪为 100 μm。

脂肪在体内的蓄积,依动物种类、品种、年龄、肥育程度不同而异。猪多蓄积在皮下、肾周围及大网膜;羊多蓄积在尾根、肋间;牛主要蓄积在肌肉内;鸡蓄积在皮下、腹腔及肠胃周围。脂肪蓄积在肌束内最为理想,这样使肉的柔嫩性、致密性、风味明显改善,肉呈大理石样,肉质较好。

脂肪在活体组织内起着保护组织器官和提供能量的作用。在肉中脂肪是风味的前提物质之一。脂肪组织的成分,脂肪占绝大部分,其次为水分、蛋白质以及少量的酶、色素和维生素等。

2.1.3 结缔组织

结缔组织是将动物体内不同部位联结和固定在一起的组织,分布于体内各个部位,构成器官、血管和淋巴管的支架,包围和支撑着肌肉、筋腱和神经束,将皮肤连接于机体。结缔组织是由细胞、纤维和无定形基质组成。结缔组织含有多种细胞,有固定和游动两种细胞:固定细胞包括成纤维细胞、间充质细胞和脂肪细胞;游动细胞主要参与机体修复,有嗜酸细胞、肌浆细胞、乳腺细胞、淋巴细胞和巨噬细胞。纤维分为胶原纤维、弹力纤维和网状纤维:胶原纤维在肌腱、软骨和皮肤等白色结缔组织中分布较多;弹力纤维在血管、韧带等黄色结缔组织中较多;网状纤维主要分布在内脏的结缔组织中。基质是一种黏稠的蛋白多糖溶液,其中含有结缔组织代谢产物和底物。

结缔组织的含量决定于年龄、性别、营养状况及运动等因素。老龄、公畜、消瘦及使役的动物其结缔组织含量高;同一动物不同部位其含量也不同,一般讲,前躯由于支持沉重的头部而结缔组织较后躯发达,下躯较上躯发达。羊肉各部位的结缔组织如表 2.1 所示。

表 2.1 羊胴体各部位结缔组织含量

部 位	结缔组织含量/%	部 位	结缔组织含量/%
前肢	12.7	后肢	9.5
颈部	13.8	腰部	11.9
胸部	12.7	背部	7.0

结缔组织为非全价蛋白,不易被消化吸收,能增加肉的硬度,降低肉的食用价值,可以用来加工胶冻类食品。牛肉结缔组织的吸收率为 25%,而肌肉的吸收率为 69%。由于各部位的肌肉结缔组织含量不同,其硬度不同,剪切力值也不同。

2.1.4 骨组织

骨组织和结缔组织一样也是由细胞、纤维性成分和基质组成,但不同的是基质已经钙化,所以很坚硬,起支撑机体和保护器官的作用,同时又是钙镁、钠等元素的储存组织。

骨是由外部的硬质骨及内部的松质骨构成的。骨的化学成分中水约占40% ~50%,胶原蛋白占20% ~30%,无机质占20%,无机质的成分主要是钙和磷。不同屠宰率动物骨组织占比例为:牛肉 15% ~20%,猪肉 12% ~20%,羊肉 24% ~40%,鸡肉 8% ~17%,兔肉 12% ~15%。

就骨的食用品质来讲,骨腔内所含骨髓及烧煮后获得的骨胶原可供食用,将骨髓粉碎可以制成骨粉,作为饲料添加剂,还可以熬出骨油和骨胶。利用超微粒粉碎机制成骨泥,是肉制品的良好添加剂,也可以作为其他食品以强化钙和磷。但大量骨骼只能作工业用。

2.2 肉的化学成分及性质

肉与肉制品和其他食品一样,是由许多不同的化学物质组成,主要包括水分、蛋白质、脂肪、浸出物、维生素和矿物质等化学成分。这些化学物质大多是人体所必需的营养成分,这些营养成分的含量和性质,决定着肉的食用品质,特别是肉中的蛋白质,是人们饮食中优质蛋白的主要来源。

2.2.1 水分

水是肉中含量最多的成分,不同组织水分含量差异很大,肌肉含水70%,皮肤为60%,骨骼为12% ~15%,脂肪组织含水甚少,因此畜禽愈肥,水分的含量愈少,其胴体水分含量愈低,老年动物比幼年动物含量少。肉中水分含量多少及存在状态影响肉的品质、加工特性、储藏性、甚至风味。

肉中的水分并非像纯水那样以游离的状态存在,其存在形式大致可分为结合水、不易流动水、自由水等3种。

1)结合水

结合水约占水分总量的5%。是指和肌肉蛋白质紧密结合而形成的水层。由于它们和蛋白质分子之间的相互作用,导致该水层的性质稳定。它不能流动,冰点约为 -40 ℃,不能作为其他物质的溶剂,不易受肌肉蛋白质结构或电荷的影响,甚至在施加严重的外力的作用下,也不能改变其与蛋白质分子的紧密结合状态。

2)不易流动水

约占总水分的80%。指存在于纤丝、肌原纤维及膜之间的一部分水分。这些水分能溶解盐及溶质,并可在 -1.5 ~0 ℃稍下结冰。不易流动水易受蛋白质结构和电荷变化的影响,同时也受到外力的影响,因此,肉的保水性能主要取决于此类水的保持能力。

3)自由水

存在于细胞外间隙中能够自由流动的水,它们不依电荷集团而定位排序,仅靠毛细管作用力而保持,约占水分总量的15%。

2.2.2 蛋白质

肌肉中蛋白质约占20%,分为3类:肌原纤维蛋白,占总蛋白的40% ~60%;肌浆蛋白,占20%～30%；结缔组织蛋白，约占10%，这些蛋白质的含量因动物种类、肌肉部位不同而有一定差异，如表2.2所示。

表2.2　动物骨骼中不同种类蛋白质的含量

种　类	哺乳动物/%	禽 类/%	鱼 肉/%
肌原纤维蛋白	49～55	60～65	65～75
肌浆蛋白	30～34	30～34	20～30
结缔组织	10～17	5～7	1～3

1）**肌原纤维蛋白**（myofibrillar protein）

肌原纤维是肌肉的收缩单位，由丝状的蛋白质凝胶所构成。肌原纤维蛋白质的含量随肌肉活动而增加，并因静止或萎缩而减少。而且，肌原纤维中的蛋白质与肉的某些重要品质特性（如嫩度）密切相关。肌原纤维蛋白质占肌肉蛋白质总量的40%～60%，它主要包括肌动蛋白、肌动球蛋白和调节性结构蛋白质如肌钙蛋白、肌动素等。

肌球蛋白（Myosin）是肌肉中含量最高也是最重要的蛋白质，约占肌肉总蛋白质的三分之一，占肌原纤维蛋白的50%～55%，是粗丝的主要成分，能够形成热凝胶，该特性直接影响碎肉或肉糜类制品的质地、保水性和风味等。肌球蛋白与肌肉收缩直接有关，能够和肌动蛋白形成肌动球蛋白。肌动蛋白（Actomyosin）占肌原纤维蛋白的20%，是构成细丝的主要成分，不具备凝胶形成特性，能溶于水及稀的盐溶液，参与肌肉的收缩。肌动球蛋白（actomyosin）是肌动蛋白和肌球蛋白的复合物，是肌肉收缩时肌动蛋白和肌球蛋白的存在状态。当动物被屠宰后，由于没有充足的能量供应使其分解为肌动蛋白和肌球蛋白而形成尸僵。肌动球蛋白能形成热诱导性凝胶，影响肉制品的工艺特性。

除此之外，还包括肌钙蛋白、M蛋白、肌动素等调节性蛋白的存在。

2）**肌浆蛋白**（myogen）

肌浆是浸透于肌原纤维内外的液体，含有机物与无机物，一般占肉中蛋白质含量的20%～30%。通常将磨碎的肌肉压榨便可挤出肌浆。它包括肌溶蛋白、肌红蛋白、肌球蛋白X、肌粒蛋白和肌浆酶等。这些蛋白质易溶于水或低离子强度的中性盐溶液，是肉中最易提取的蛋白质，故称之为肌肉的可溶性蛋白质。

肌红蛋白是一种复合性的色素蛋白质，由一条肽链的珠蛋白和一分了亚铁血色素结合而成，是肌肉呈现红色的主要成分。肌溶蛋白是一种清蛋白，存在于肌原纤维中因溶于水，所以易从肌肉中分离出来。

3）**结缔组织蛋白**

结缔组织构成肌内膜、肌束膜、肌外膜和筋腱，本身由有形成分和无定形基质组成，前者主要包括胶原蛋白、弹性蛋白和网状蛋白，它们是结缔组织中的主要蛋白质。

胶原蛋白是构成胶原纤维的主要成分，约占胶原纤维固形物的85%；胶原蛋白性质稳定，具有很强的延伸力，不溶于水及稀溶液，在酸或碱溶液中可以膨胀，不易被一般蛋白酶水解，但可以被胶原蛋白酶水解；胶原蛋白遇热收缩，但当受热温度大于热收缩温度时，胶原蛋白就会变成明胶。弹性蛋白因含有色素而呈黄色，为弹力纤维的主要成分，约占弹力纤维固形物的75%；弹性蛋白不被胃蛋白酶、胰蛋白酶水解，可被弹性蛋白酶（存在于胰腺中）水解。网状蛋白为构成肌内膜的主要蛋白,对酸、碱比较稳定。

2.2.3 脂肪

动物的脂肪根据其作用可分为蓄积脂肪和组织脂肪两大类,蓄积脂肪包括皮下脂肪、肾周围脂肪、大网膜脂肪及肌间脂肪等;组织脂肪为肌肉及脏器内的脂肪。

在动物的四大组织中,脂肪的含量变动范围最大,为2% ~40%,脂肪含量的多少直接影响肉的多汁性和嫩度,脂肪酸的组成在一定程度上决定了肉的风味,因此,脂肪对肉的食用品质具有重要作用。

2.2.4 浸出物

浸出物是指除蛋白质、盐类、维生素外能溶于水的浸出性物质,包括含氮浸出物和无氮浸出物。

1)含氮浸出物

含氮浸出物为非蛋白质的含氮物质,如游离氨基酸、磷酸肌酸、核苷酸类(ATP、ADP、AMP、IMP)及肌苷、尿素等。这些物质为肉滋味的主要来源,如L-谷氨酸和L-天冬氨酸的钠盐和酰胺都是具有鲜味的物质,ATP除供给肌肉收缩的能量外,逐级降解成为肌苷酸,是肉香的主要成分,磷酸肌酸分解成肌酸,肌酸在酸性条件下加热则为肌酐,可增强熟肉的风味。

2)无氮浸出物

无氮浸出物为不含氮的可浸出的有机化合物,包括有糖类化合物和有机酸。糖类化合物包括糖原、葡萄糖、麦芽糖、核糖、糊精,有机酸主要是乳酸及少量的甲酸、乙酸、丁酸、延胡索酸等。

糖原主要存在于肝脏和肌肉中,肌肉中含0.3% ~0.8%,肝中含2% ~8%,马肉肌糖原含2%以上。宰前动物消瘦、疲劳及病态,肉中糖原储备少。糖原在动物死后的肌肉中进行无氧酵解,肌糖原含量多少对肉的pH值、保水性、颜色等均有影响,并且影响肉的加工和储藏性。

2.2.5 维生素

肉类中含有维生素A,B_1,B_2,PP,叶酸,C,D等。是人们获取B族维生素的主要食物来源,特别是尼克酸。除此外,动物器官中含有大量维生素,尤其是脂溶性维生素,如肝脏中含有大量的V_A,肉中主要维生素含量,如表2.3所示。

表2.3 肉中主要维生素含量 单位:mg/100 g

畜肉	维生素A	维生素B_1	维生素B_2	维生素PP	泛酸	生物素	叶酸	维生素B_6	维生素B_{12}	维生素D
牛肉	微量	0.07	0.20	5.0	0.4	3.0	10.0	0.3	2.0	微量
小牛肉	微量	0.10	0.25	7.0	0.6	5.0	5.0	0.3		微量
猪肉	微量	1.0	0.20	5.0	0.6	4.0	3.0	0.5	2.0	微量
羊肉	微量	0.15	0.25	5.0	0.5	3.0	3.0	0.4	2.0	微量

2.2.6　矿物质

肌肉中含有大量的矿物质如钾、磷、铁、钙、镁等，尤以钾、磷含量最多。肉制品中矿物质的含量，如表2.4所示。

哺乳动物骨骼肌的化学组成成分及其含量如表2.4所示：

表2.4　哺乳动物骨骼肌的化学组成

化学物质	含量/%	化学物质	含量/%
水分(65～80)	75.0	脂类(1.5～13.0)	3.0
蛋白质(16～20)	18.5	中性脂类(0.5～1.5)	1.5
肌原纤维蛋白	9.5	磷脂	1.0
肌球蛋白	5.0	脑苷酯类	0.5
肌动蛋白	2.0	胆固醇	0.5
原肌球蛋白	0.8	非蛋白含氨物	1.5
肌原蛋白	0.8	肌酸与磷酸肌酸	0.5
M-蛋白	0.4	核苷酸类(ATP、ADP等)	0.3
C-蛋白	0.2	游离氨基酸	
α-肌动蛋白素	0.2	肽(鹅肌肽、肌肽等)	0.3
β-肌动蛋白素	0.1	其他物质(IMP、NAD、NADP、尿素等)	0.1
肌浆蛋白	6.0	碳水化合物(0.5～1.5)	1.0
可溶性肌浆蛋白和酶类	5.5	糖原(0.5～1.3)	0.8
肌红蛋白	0.3	葡萄糖	0.1
血红蛋白	0.1	代谢中间产物(乳酸等)	0.1
细胞色素和呈味蛋白	0.1	无机成分	1.0
结缔组织蛋白	3.0	钾	0.3
胶原蛋白网状蛋白	1.5	总磷	0.2
弹性蛋白	0.1	硫	0.2
其他不可溶蛋白	1.4	氯	0.1
		钠	0.1
		其他(包括镁、钙、铁、铜、锌、锰等)	0.1

2.3　肉的食用品质

对肉及肉制品的质量，人们大都从色、香、味、嫩度等几方面来评价，具体来讲，主要包括肉色、风味、嫩度和系水力等4个方面。

2.3.1　肉色

肉色是肉重要的食用品质之一。肉色本身对肉的营养价值和风味并无多大影响，但它是肌肉的生理学、生物化学和微生物学变化的外部表现,通常给消费者以好或坏的印象,从而影响肉的食用价值。

肉色主要取决于肌肉的色素物质—肌红蛋白和血红蛋白。血红蛋白存在于血液中,肌红蛋白主要存在于肌肉中(占其总量 80% ~90%),动物宰杀后,如果放血充分,肌红蛋白占主导地位,因此,肌红蛋白的含量多少和化学状态的变化就决定了肉的色泽。不同动物、不同部位肌肉的颜色深浅不一,肉色变化多样,从紫红色到鲜红色,从褐色到灰色,有时还会出现绿色,都是肌红蛋白变化的结果。

1)肌红蛋白

肌红蛋白是一种复合蛋白质,由一条多肽链构成的珠蛋白和一个血红素组成,在肌肉中主要起载氧功能。肌肉中肌红蛋白的含量受动物种类、肌肉部位、运动程度、年龄以及性别的影响。如肌红蛋白的含量,牛 > 羊 > 猪 > 兔,颜色由深到浅也依次是牛、羊、猪、兔。一般公畜、运动多的动物或肌肉部位其肌红蛋白的含量高,颜色较深。

肌红蛋白(Mb)本身是紫红色,在高氧分压下,与氧结合可生成氧合肌红蛋白,呈鲜红色,是新鲜肉的象征;Mb 和氧合 Mb 在低氧分压环境下,均可以被氧化生成高铁肌红蛋白,呈褐色,使肉色变暗;有硫化物存在时 Mb 还可被氧化生成硫代肌红蛋白,呈绿色,是一种异质肉色;Mb 与亚硝酸盐反应可生成亚硝基肌红蛋白,呈粉红色,是腌肉的典型色泽;Mb 加热后蛋白质变性形成珠蛋白氯化血色原,呈灰褐色,是熟肉的典型色泽。

氧合肌红蛋白和高铁肌红蛋白的形成和转化对肉的色泽最为重要,前者为鲜红色,代表着肉新鲜,为消费者所钟爱;而后者为褐色,是肉放置时间长久的象征。在不采取任何措施情况下,一般肉的颜色将经过 2 个转变:第一个是由紫红色转变为鲜红色,第二个是由鲜红色转变为褐色。第一个转变很快,将肉置于空气中 30 min 内就发生,而第二个转变快者几个小时,慢者几天,主要受环境中 O_2 分压、pH 值、细菌繁殖程度和温度等诸多因素的影响。减缓第二个转变,即由鲜红色转为褐色,是保色的关键。

2)影响肉色稳定的因素

(1)氧分压　前已述及,氧分压的高低决定了肌红蛋白是形成氧合肌红蛋白还是高铁肌红蛋白,从而直接影响到肉的颜色。

(2)湿度　环境中湿度高,因在肉表面形成水汽层,影响氧的扩散,肌红蛋白氧化速度慢。湿度低且空气流速快,则加速高铁肌红蛋白的形成,使肉色褐变加快。如牛肉在 8 ℃冷藏时,相对湿度为 70% 时,2 d 变褐;而在相对湿度为 100% 时,则 4 d 变褐。所以,可通过低温的方法防止肉色的变化。

(3)微生物　细菌是加速肉色变化,特别是高铁肌红蛋白形成的重要因素。细菌消耗了肉表面的氧气,使肉表面局部氧分压降低,有利于高铁肌红蛋白的形成。有些细菌的代谢产物中含有硫化物,肌红蛋白与其结合形成的硫代肌红蛋白呈绿色。污染霉菌则在肉表面形成白色、红色、绿色、黑色等色斑或发出荧光。

(4)温度　环境温度高,一方面促进细菌的生长繁殖,从而加速高铁肌红蛋白的形成;另一方面,温度高加速肌红蛋白氧化反应进程。如牛肉 3 ~5 ℃时储藏 9 d 变褐,0 ℃时储藏 18 d才变褐。因此,为了防止肉变褐氧化,尽可能在低温下储存。

(5)pH 值　动物屠宰后,肌肉 pH 值下降的速度和程度对肉的颜色、系水力及细菌繁殖速度都有影响。pH 值较高的肉,易出现 DFD(Dark、Fim、Dry)肉,为颜色较黑、发硬、发干的肉，大多发生在牛肉上。pH 值下降过快还造成蛋白质变性、肌肉失水、肉色灰白，即所谓的PSE(pale soft exudative)肉，大多发生在猪肉上。

3)保持肉色的方法

前已叙及，通过降低储藏温度可以延缓肉色变化。除此之外，还可以通过真空包装、气调包装和加抗氧化剂等方法来保持肉色。

(1)真空包装　真空包装是目前肉品保鲜中最常用措施。真空包装一方面可以降低细菌繁殖，延长肉的保鲜时间；另一方面限制或减少了高铁肌红蛋白的形成，使肉的肌红蛋白保持在还原状态，呈紫红色，在打开包装后能像新鲜肉一样在表面形成氧合肌红蛋白，呈鲜红色。

(2)气调包装　气调包装是通过调节包装袋里的气体组成来抑制需氧微生物繁殖，从而延长肉的保存时间。气调包装也是通过控制肌红蛋白的氧合和氧化，而对肉的颜色有调节作用。没有氧气，肉的肌红蛋白是以还原状态存在的，呈紫(红)色，低氧(1%)有利于褐色的高铁肌红蛋白形成，而高氧有利于鲜红色的氧合肌红蛋白形成。

(3)抗氧化剂　在饲料中添加维生素 E 或用维生素 C 溶液处理肉，能有效地延长肉色的保持时间。维生素 C 还有抑制微生物生长的作用，在动物屠宰前注射维生素 C 也有同样的效果。

2.3.2 风味

肉的风味大都通过烹调后产生，生肉一般只有咸味、金属味和血腥味。当肉加热后，前体物质反应生成各种呈味物质，赋予肉以滋味和芳香味。鉴于肉主要由蛋白质、脂肪、碳水化合物等组成，而风味又是由这些物质反应生成，且烹调方法具有共性(如加热)，因此无论来于何种动物的肉均具有一些共性的呈味物质。当然，不同来源的肉有其独特的风味，如牛、羊、猪、禽肉有明显的不同，风味的差异主要来自于脂肪的氧化，这是因为不同种动物脂肪酸组成明显不同，从而造成氧化产物及风味的差异。另一些异味物质如羊膻味和公猪腥味分别来自于脂肪酸和激素代谢产物。

肉的风味由肉的滋味和香味组合而成，滋味的呈味物质是非挥发性的，主要靠人的舌面味蕾(味觉器官)感觉，经神经传导到大脑反映出味感。香味的呈味物质主要是挥发性的芳香物质，主要靠人的嗅觉细胞感受，经神经传导到大脑产生芳香感觉，如果是异味物，则会产生厌恶感和臭味的感觉。这些物质主要是通过美拉德(Maillard)反应、脂质氧化和硫氨素热降解这 3 种途径形成。

1)美拉德(Maillard)反应

人们较早就知道将生肉汁加热就可以产生肉香味，通过测定成分的变化发现在加热过程中随着大量的氨基酸和绝大多数还原糖的消失，一些风味物质随之产生，这就是所谓的美拉德反应：氨基酸的氨基和还原糖的羰基反应生成香味物质，也称羰氨反应。此反应较复杂，步骤很多，在大多数生物化学和食品化学书中均有陈述，此处不再一一列出。

2)脂质氧化

脂质氧化是产生风味物质的主要途径，不同种类风味的差异也主要是由于脂质氧化产物不同所致。肉在加热时的脂肪氧化(加热氧化)原理与常温相似，但产物大不相同。总的来说，常温氧化产生酸败味，而加热氧化产生风味物质。

3)硫氨素热降解

肉在烹调过程中有大量的物质发生降解,其中硫胺素(维生素 B_1)降解所产生的 H_2S(硫化氢)对肉的风味,尤其是牛肉味的生成至关重要。H_2S 本身是一种呈味物质,更重要的是它可以与呋喃酮等杂环化合物反应生成含硫杂环化合物,赋予肉强烈的香味,其中 2-甲基-3-呋喃硫醇被认为是肉中最重要的芳香物质。

2.3.3 嫩度

嫩度(tenderness)是肉的主要食用品质之一,它是消费者评判肉质优劣的最常用指标。肉的嫩度指肉在食用时口感的老或嫩,反映了肉的质地(texture),由肌肉中各种蛋白质的结构特性决定。

1)影响肉嫩度的因素

影响肌肉嫩度的实质主要是结缔组织的含量与性质及肌原纤维蛋白的化学结构状态。它们受一系列的因素影响而变化,从而导致肉嫩度的变化。这些因素主要是畜龄、肌肉部位、大理石花纹、尸僵和成熟。其影响结果如表 2.5 所示。

表 2.5 影响肉嫩度的因素

因　素	影　　响
年龄	年龄愈大,肉亦愈老
运动	一般运动多的肉较老
性别	公畜肉一般较母畜和阉畜肉老
大理石纹	与肉的嫩度有一定程度的正相关
成熟(Aging)	改善嫩度
品种	不同品种的畜禽肉在嫩度上有一定差异
电刺激	加速嫩化过程
成熟(Conditioning)	尽管和 aging 一样均指成熟,而有特指将肉放在 10 ~ 15 ℃环境中解僵,这样可以防止冷收缩
肌肉组分	肌肉不同,嫩度差异很大,源于其中的结缔组织的量和质不同所致
僵直	动物宰后将发生死后僵直,肉的嫩度下降,僵直过后,成熟肉的嫩度得到恢复
解冻僵直	导致嫩度下降,损失大量水分

2)肉的人工嫩化

人们很早就知道,通过人为破坏肉的结构和结缔组织而达到嫩化肉的目的。随着科技的发展,肉的人工嫩化方法也越来越丰富,下面简单介绍几种常用的人工嫩化方法:

(1)酶法　利用蛋白酶类作用于特定的蛋白质如肌动球蛋白、胶原蛋白、弹性蛋白等,从而使肉嫩化,常用的酶为植物蛋白酶,主要有木瓜蛋白酶、菠萝蛋白酶和无花果蛋白酶,商业上使用的嫩肉粉多为木瓜蛋白酶。

(2)电刺激　对动物胴体进行电刺激,可引起肌肉的痉挛性收缩,导致肌纤维结构破坏,同时电刺激可加速家畜宰后的代谢速率,是肌肉的尸僵和解僵发展加快,缩短成熟时间。电刺激对牛羊肉的嫩度改善较大,而对猪肉的改善较差,据报道,对牛肉进行电刺激,可使嫩度提高 20%,而猪肉通常只提高 3% 左右。

(3)醋渍法　将肉在酸性溶液中浸泡可以改善肉的嫩度,据试验,溶液pH值介于4.1~4.6时嫩化效果最佳,用酸性红酒或醋来浸泡肉较为常见,它不但可以改善嫩度,还可以增加肉的风味。

(4)压力法　给肉施加高压可以破坏肉的肌原纤维结构,使肉变嫩。同时可以破坏肌膜,使大量Ca^{2+}释放,使得蛋白水解活性增强,一些结构蛋白质被水解,从而导致肉的嫩化。

2.3.4　系水力

系水力是指当肌肉受到外力作用时,其保持原有水分与添加水分的能力。所谓的外力指压力、切碎、冷冻、解冻、储存、加工等。

肉的保水性能以肌肉系水力来衡量,因而系水力是肌肉的一项重要品质特性,它不仅影响肉的色香味、营养成分、多汁性、嫩度等食用品质,而且有着重要的经济价值。利用肌肉有系水潜能(表示肌肉在外力的影响下超量保持水的能力)这一特性,在其加工过程中可以添加水分,从而提高出品率。如果肌肉保水性能差,那么从家畜屠宰后到肉被烹调前这一段过程中,肉因为失水而失重,造成经济损失。美国20世纪80年代因部分猪肉系水力较差(如PSE肉)而造成每年几亿美元的损失,我国2000年肉类产量约为6 000万t,如果肉的保水性能不良而损失1%的肉质量,那么全国当年就损失60万t食肉。

1)影响肌肉系水力的因素

影响系水力的因素很多,宰前因素包括品种、年龄、宰前运输、囚禁和饥饿、能量水平、身体状况等。宰后因素主要有屠宰工艺、胴体储存、尸僵开始时间、熟化、肌肉的解剖学部位、脂肪厚度、pH值的变化、蛋白质水解酶活性和细胞结构,以及加工条件如切碎、盐渍、加热、冷冻、融冻、干燥、包装等。而最主要的是pH值(乳酸含量)、ATP(能量水平)、加热和盐渍。比如,蛋白质在接近等电点(pH值为5.0~5.4)时,肌肉的系水力最低;尸僵导致系水力下降,而成熟使其重新回升;加热时系水力明显下降;盐对肉系水力的影响取决于肉的pH值,当pH值>等电点时,盐可以提高系水力,反之,盐起脱水作用使系水力下降。

2)测定方法

测定肌肉系水力的方法主要有压力法和滴水损失法。压力法主要是通过施加一定的压力测定被压出的水分重量来衡量肉的系水力;而滴水损失法是在没有任何外力下在一定时间内测定肉样的滴水损失。

2.4　肉的成熟

畜禽屠宰后,胴体的肌肉内部仍在发生一系列的生物化学变化。动物刚屠宰后,肉温还没有散失,肌肉柔软具有较小的弹性,这种处于生鲜状态的肉称作热鲜肉。经过一定时间,肉的伸展性消失,肉体变为僵硬状态,这种现象称为死后僵直,此时加热,肉不易煮熟,保水性差,加热后重量损失大,不适于加工肉制品。随着储藏时间的延长,僵直缓解,经过自身解僵,肉变得柔软,同时保水性增加,风味提高,此过程称为肉的成熟。经过成熟的肉,在不良条件下储存,经酶和微生物的作用,分解变质称作肉的腐败。畜禽屠宰后肉的变化分为尸僵、成熟、腐败几个过程。在肉品工业生产中,要控制尸僵、促进成熟、防止腐败。

2.4.1 尸僵

尸僵指胴体在屠宰后一定时间内,肉的弹性和伸展性消失,肉变成紧张、僵硬的状态。这种现象主要归因于肌肉的肌动蛋白和肌球蛋白间永久性横桥的形成。在动物屠宰前,动物体内有足够的 ATP 将肌动蛋白和肌球蛋白间的横桥打开;当动物屠宰后,ATP 逐渐被消耗,没有其他生化反应来生成,肌动球蛋白不能被解离成肌动蛋白和肌球蛋白使肌肉再伸长,也就是说反应是不可逆的,肌肉的伸展性逐渐消失,形成尸僵。

1)尸僵的三个阶段

根据尸僵外在变化表现,可将肌肉从屠宰至达到最大僵直的过程分为三个阶段:僵直迟滞期(delay phase)、僵直急速形成期(rapid phase)和僵直后期(post-rigor phase)。由上述知,尸僵并不是在动物屠宰后立即发生,我们把肌肉这段还具有一定延展性和弹性的时期称为尸僵迟滞期,在这个阶段,肌肉僵直进展的速度非常缓慢;随着时间的延长,肌肉弹性消失,迅速进入僵硬阶段,这阶段称为僵直急速形成期,此阶段进展速度非常快;肌肉在急速形成期后,其延展性非常小的状态要保持一段时间,这个阶段称为僵直后期,在此阶段,肉的硬度可增加到原来的 10 ~40 倍,并保持较长时间。

2)死后僵直与温度的关系

死后僵直的缩短程度与温度有很大关系。一般来说,在 15 ℃以上,肌肉的收缩程度与温度呈正相关,温度越高,肌肉收缩越剧烈,这就是所谓的热收缩;在 15 ℃以下,肌肉的收缩程度与温度呈负相关,也就是说,温度越低,收缩程度也越大,所谓的冷收缩(cold-shortening)就是在低温条件下形成的。经测定在 2 ℃条件下肌肉的收缩程度与 40 ℃一样大。如果宰后迅速冷冻,这时肌肉还没有达到最大僵直,则在解冻时会发生肌肉收缩僵直,这种现象称为解冻僵直(thaw rigor)。解冻僵直时收缩剧烈,肉变得很硬,并有很多汁液流出。因此为了避免解冻僵直现象的发生,最好在肉的最大僵直后期进行冷冻。

2.4.2 自溶

动物因本身的分解酶(组织蛋白酶)作用而分解的过程称为自溶。

高度的自溶,在无菌条件下,无外来微生物的蛋白质分解酶的介入,其作用十分显著。肉在自溶过程中,虽有种种变化,但主要是蛋白质的分解,除产生氨基酸外,有时还会有硫化氢和硫醇等有不良气味的挥发性物质产生,但一般没有氨或含量极微。自溶不同于腐败,自溶过程一般只分解蛋白质到氨基酸为止,即分解达到某种程度平衡就不再分解了。自溶表现为肌肉松弛,缺乏弹性,无光泽,带有酸味。

2.4.3 成熟对肉质的影响

尸僵完全的肉在冰点以上温度条件下放置一定时间,使其僵直解除、肌肉变软、系水力和风味得到很大改善的过程,称为成熟(ageing 或 conditioning)。成熟对肉质的影响主要包括以下几方面:

1)嫩度改善

随着肉成熟的发展,肉的嫩度产生显著的变化。刚屠宰后的肉嫩度最好,在极限 pH 值时嫩度最差。成熟的肉嫩度有所改善。

2)提高保水性

肉在成熟时,保水性又有回升。一般屠宰后 2 ~ 4 d,pH 值下降,极限 pH 值在 5.5 左右,此时水合率为 40% ~50%;最大尸僵期以后 pH 值为 5.6 ~5.8,水合率可达 60%。因此成熟时 pH 值偏离了等电点,肌动球蛋白解离,扩大了空间结构和极性吸引,使肉的吸水能力增强,肉汁的流失减少。

3)蛋白质的变化

肉成熟时,肌肉中许多酶类对某些蛋白质有一定的分解作用,从而促使成熟过程中肌肉中盐溶性蛋白质的浸出性增加。伴随肉的成熟,蛋白质在酶的作用下,肽链解离,使游离的氨基增多,肉水合力增强,变得柔嫩多汁。

4)风味的变化

成熟过程中改善肉风味的物质主要有两类,一类是 ATP 的降解物次黄嘌呤核苷酸(IMP),另一类则是组织蛋白酶类的水解产物—氨基酸。随着成熟,肉中浸出物和游离氨基酸的含量增加,多种游离氨基酸存在,但是谷氨酸、精氨酸、亮氨酸、缬氨酸和甘氨酸较多,这些氨基酸都具有增加肉的滋味或有改善肉质香气的作用。

2.4.4　影响肉成熟的因素

1)物理因素

(1)温度　温度对嫩化速率影响很大,它们之间成正相关,在 0 ~40 ℃范围内,每增加 10 ℃,嫩化速度提高 2.5 倍。当温度高于 60 ℃后,由于有关酶类蛋白变性,导致速率迅速下降,所以加热烹调就终断了肉的嫩化过程。据测试牛肉在 1 ℃完成 80% 的嫩化需 10 d,在 10 ℃缩短到 4 d,而在 20 ℃只需要 1.5 d。在卫生条件好的环境中,适当提高温度可以缩短成熟期。

(2)电刺激　在肌肉僵直发生后进行电刺激可以加速僵直发展,嫩化也随着提前,减少成熟所需要的时间,如一般需要成熟 10 d 的牛肉,应用电刺激后则只需 5 d。

(3)机械作用　肉成熟时,将跟腱用钩挂起,此时主要是腰大肌受牵引。如果将臀部用钩挂起,不但腰大肌短缩被抑制而半腱肌、半膜肌、背最长肌均受到拉伸作用,可以得到较好的嫩化效果。

2)化学因素

屠宰前注射肾上腺素、胰岛素等使动物在活体时加快糖的代谢过程,肌肉中糖原大部分被消耗或从血液排除,屠宰后肌肉中糖原和乳酸含量减少,肉的 pH 值较高,高 pH 值能提高中性蛋白质水解酶的活性,使游离氨基酸增多,加速成熟。Ca^{2+} 促进组织蛋白酶的活性,使肉易成熟,因此,在最大尸僵期,注入 Ca^{2+} 可以促进软化。

3)生物学因素

基于肉内蛋白酶活性可以促进肉质软化考虑,采用添加蛋白酶强制其软化。用微生物和植物酶,可使固有硬度、尸僵硬度都减少,常用的有木瓜蛋白酶。方法可以采用在屠宰前静脉注射或屠宰后肌肉注射,屠宰前注射能够避免脏器损伤和休克死亡。木瓜酶的作用最适温度 ≥50 ℃,低温时也有作用。

2.5 肉的腐败

2.5.1 腐败的概念

成熟后的肉如果没有及时进行加工和食用,在自身酶和微生物的作用下,会有发黏、变色、霉斑、变味等现象发生,这种现象称肉的腐败。腐败发生的主要原因是微生物的生长、繁殖。肉在成熟过程中的分解产物,为腐败微生物生长、繁殖提供了良好的营养物质。一旦温度和湿度等条件适宜,微生物大量繁殖而导致肉中的蛋白质、脂类、及糖类的分解,形成低级产物,使肉的质量发生根本性的变化。据报道,每平方厘米内的微生物数量达到 5 000 万个时,肉的表面便产生明显的发黏,并能嗅到腐败的气味。

2.5.2 腐败的原因

肉的腐败主要是由于肉中的蛋白质、脂肪、糖类等化学成分在微生物和酶的作用下发生分解造成的。

1)肉中蛋白质的分解

肉中的蛋白质在芽孢杆菌属、假单胞菌属、球菌属等分泌的蛋白酶和肽链内切酶作用下,首先分解成多肽,后断裂成氨基酸。氨基酸进一步分解成相应的胺类、有机酸和各种碳氢化合物,肉品出现腐败特征。如甘氨酸产生的甲胺,具有强烈氨臭气体;含硫氨基酸蛋氨酸分解产生的硫化氢具有臭鸡蛋的气味;色氨酸分解产生吲哚等。这些都是肉类出现腐败特征的原因。

2)肉中脂肪的分解

肉中脂肪的变质,主要是经水解和氧化产生相应的分解产物。脂肪的水解主要是脂肪组织本身所含酶及微生物代谢产生酶的作用。而脂肪的氧化主要在空气中氧的作用下发生的酸败作用。酶将中性脂肪分解为甘油和脂肪酸,脂肪酸进一步断链而形成不愉快味道的酮类或酮酸,不饱和脂肪酸还可以形成过氧化物;脂肪酸也可以分解成具有特异臭味的醛类和醛酸,即所谓的“油哈”味。

3)肉品中糖类的分解

肉品中的糖类在微生物及酶的作用下发生水解并进而形成低级产物,如醛、酮、酸直到最后生成二氧化碳和水。在分解或降解的同时,使肉带有这些产物所具有的特殊气味。

污染肉类的微生物可分为两大类群,一大类群是腐生微生物;另一大类群是病原微生物。腐生微生物中的细菌、酵母、霉菌都可以污染肉品,这些微生物主要使肉品发生腐败变质,如假单胞菌、无色杆菌等。病原微生物不仅可使肉腐败变质,还能传播疾病,造成食物中毒,如沙门氏菌、金黄色葡萄球菌等。

2.6　肉的新鲜度检验

肉新鲜度的检查,一般是以感官、理化和微生物等3方面指标进行鉴定的。肉的腐败是一个渐进的过程,有时我们可通过感官指标进行鉴定,而有时却需要通过对实验室检验即理化指标和微生物指标的检验才能得出结论。下面就几种方法简单加以介绍:

2.6.1　感官检验

感官鉴定对肉品加工选择原料方面,有重要的作用。感官鉴定主要从以下几个方面进行:视觉——观察肉的组织状态、粗嫩、黏滑、干湿、色泽等;嗅觉——检查气味的有无、强弱、香、臭、腥臭等;味觉——检查滋味的鲜美、香甜、苦涩、酸臭等;触觉——感觉肉的坚实、松弛、弹性、拉力等;听觉——检查冻肉、罐头的声音的清脆、混浊及虚实等。

1)新鲜肉

外观、色泽、气味都正常,肉表面有稍带干燥的“皮膜”,呈浅玫瑰色或淡红色;切面稍带潮湿而无黏性,并具有各种动物肉特有的光泽;肉汁透明肉质紧密,富有弹性;用手指按摸时凹陷处立即复原;无酸臭味而带有鲜肉的自然香味;骨骼内部充满骨髓并有弹性,带黄色,骨髓与骨的折断处相齐;骨的折断处发光;腱紧密而具有弹性,关节表面平坦而发光,其渗出液透明。

2)陈旧肉

肉的表面有时带有黏液,有时很干燥,表面与切口处都比鲜肉发暗,切口潮湿而有黏性。如在切口处盖一张吸水纸,会留下许多水迹。肉汁混浊无香味,肉质松软,弹性小,用手指按摸,凹陷处不能立即复原,有时肉的表面发生腐败现象,稍有酸霉味,但深层还没有腐败的气味。

密闭煮沸后有异味,肉汤混浊不清,汤的表面油滴细小,有时带腐败味。骨髓比新鲜的软一些,无光泽,带暗白色或灰色,腱柔软,呈灰白色或淡灰色,关节表面为黏液所覆盖,其液混浊。

3)腐败肉

表面有时干燥,有时非常潮湿而带黏性。通常在肉的表面和切口有霉点,呈灰白色或淡绿色,肉质松软无弹力,用手按摸时,凹陷处不能复原,不仅表面有腐败现象,在肉的深层也有浓厚的酸败味。

密闭煮沸后,有一股难闻的臭味,肉汤呈污秽状,表面有絮片,汤的表面几乎没有油滴。骨髓软弱无弹性,颜色黯黑,腱潮湿呈灰色,为黏液所覆盖。关节表面由黏液深深覆盖,呈血浆状。

2.6.2　理化指标检验

虽然感官检验方法简便、准确,但仍有一定的局限性,而此时就需要辅以实验室检验来鉴定肉的腐败。理化检验是实验室常用的检验方法,对肉而言,主要是测定挥发性盐基氮、pH

值以及硫化氢实验来检查肉是否腐败变质。

1)挥发性盐基氮(TVBN)的测定

蛋白质水解产生的碱性含氮物质氨、胺类等,在碱性环境中易挥发,故称为挥发性盐基氮。挥发性盐基氮反映了肉中氨基酸的分解程度,有规律的反映了肉品质量新鲜变化,新鲜肉、冷鲜肉、冷冻肉、变质肉之间差异非常明显,并与感官变化一致,是常用评定肉品质量的客观指标。具体如表2.6所示。

表2.6 各类肉挥发性盐基氮卫生标准(GB 2706—94,GB 2780—94)

种 类	指标/[mg·(100 g)$^{-1}$]
猪 肉	≤20
牛肉、羊肉	≤20

2)pH值

肉变质时,肉中的蛋白质被分解为氨、胺类碱性物质,使肉的pH值升高,所以,变质肉的pH值高于新鲜肉的pH值,因此肉中pH值的升高幅度,在一定范围内可以反映肉的新鲜度程度,但不能作为判定肉的新鲜度的绝对指标。判断标准如表2.7所示。

表2.7 肉质量卫生指标综合表

项 目	纯瘦肉		
	一级鲜度	二级鲜度	变质肉
挥发性盐基氮/[mg·(100 g)$^{-1}$]	≤15	≤20	>20
粗氨/[mg·(100 g)$^{-1}$]	-	+,+ +	+ + +
球蛋白沉淀试验	-	+	+ +
硫化氢反应	-	+,±	+ +
pH值	5.8~6.2	6.3~6.6	>6.7
细菌菌落总数	≤5*10^{4}	5*10^{4}~5*10^{6}	>5*10^{6}
触片镜检(个/视野)	看不到细菌,或只看到个别的细菌	表层20~30个,中层20个,球、杆菌都有	30个以上,以杆菌为主

3)硫化氢实验

前已叙及,肉在腐败时,会有硫化氢的产生,而硫化氢和醋酸铅(特别是在碱性溶液中)发生反应,生成黑色的硫化铅。如不变色,表示肉新鲜。由于硫化氢的定性反应尚不敏感,故该指标仅作为肉的新鲜度综合评定的辅助指标。

2.6.3 微生物指标检验

肉的腐败是由于微生物的大量繁殖,导致蛋白质等成分分解的结果,因此检验肉的细菌污染情况,不仅是判断其新鲜度的依据,也是反映肉在产、运、销过程中的卫生状况,为及时采取有效措施提供依据。在新鲜度的检验中,除非比较明显的病畜,一般不对病原菌进行检验。主要是对微生物数量进行测定。主要包括触片镜验和测定菌落总数两种方法。

1)触片镜验

(1)采样　应从胴体的不同部位采取立方形的肉快,重约 250 g。两腿内侧肌肉或背最长肌;肩胛部或股部的深层和表面的肉;兼取病变或感官部位可疑和正常部位的肉样。取样后,检样放入无菌容器内,贴上标签,立即送检。

(2)方法　以无菌手续分别从肉样的表层、中层和下层的新切面上直接触片。也可剪取蚕豆大小肉块在载玻片上制备触片。每层触片三张,触片自然干燥、火焰固定、革兰氏染色、镜检。每张触片检视五个以上视野,分别记录每个视野中所见到的球菌和杆菌,然后分别累计,并求平均数。肉新鲜度的检验判定标准如表 2.7 所示。

2)细菌总数的测定

用中华人民共和国国家标准 GB 4789.2—84(菌落总数测定)。判定标准如表 2.7 所示。

复习思考题

1. 简述肉的组织结构。
2. 什么是冷冻肉、冷却肉和热鲜肉?
3. 肉中的水分是如何分类的?
4. 肌肉中的蛋白质主要分为哪几类?它们起什么作用?
5. 形成肉色的物质是什么?影响肉色变化的因素有哪些?
6. 简述影响肉嫩度的因素?肉的嫩化技术有哪些?
7. 何谓肉的系水力?影响因素主要有哪些?
8. 影响肉风味的主要因素有哪些?
9. 何谓肉的尸僵?尸僵肉有哪些特征?
10. 何谓肉的成熟?影响肉成熟的因素有哪些?
11. 简述肉变质的原因及影响肉变质的因素。

实　训

肉的新鲜度检查

1)感官评定

(1)仪器用具

检肉刀 1 把、外科剪刀 1 把、温度计 1 支、100 mL 量筒 1 个、200 mL 烧杯 1 个、表面皿 1 个、石棉网 1 个、天平 1 台、电炉 1 个。

(2)评定方法

①用视觉在自然光线下,观察肉的表面及脂肪的色泽,有无污染附着物,用刀顺肌纤维方

向切开,观察断面的颜色。

②在常温下嗅其气味。

③用食指按压肉表面,触感其指压凹陷恢复情况、表面干湿及是否发黏。

④称取切碎肉样 20 g,放在烧杯中加水 100 mL,盖上表面皿置于电炉上加热至 50 ~ 60 ℃时,取下表面皿,嗅其气味。然后将肉样煮沸,静置观察肉汤的透明度及表面的脂肪滴情况。

(3)评定标准

按下列表(表 2.8 ~ 表 2.10)中国家标准进行评定。

表 2.8 猪肉卫生标准(感官指标)【GB 2707—1994】

项　目	鲜猪肉	冻猪肉
色泽	肌肉有光泽,红色均匀,脂肪乳白色	肌肉有光泽,红色或稍暗,脂肪白色
组织状态	纤维清晰,有坚韧性,指压后凹陷立即恢复	肉质紧密,有坚韧性,解冻后指压凹陷恢复较慢
黏度	外表湿润,不黏手	外表湿润,切面有渗出液,不粘手
气味	具有鲜猪肉固有的气味,无异味	解冻后具有鲜猪肉固有气味,无异味
煮沸后肉汤	澄清透明,脂肪团聚于表面	澄清透明或稍有浑浊,脂肪团聚于表面

2)肉的理化检验

制备肉浸液。从被检肉样表层和深层取一小块肉(为 20 ~ 30 g),除去脂肪和筋腱,然后用组织捣碎机搅碎或用刀切碎。称取 10 g 碎肉放置于 250 mL 烧杯中,加入蒸馏水 100 mL,静置 30 min,每隔 5 min 用玻棒搅拌一次,然后用滤纸过滤至 100 mL 的三角瓶中备用。

(1)pH 值测定

①仪器与试剂。组织捣碎机、玻璃棒一支、100 mL 三角瓶、100 mL 量筒、50 mL 烧杯、温度计、脱脂棉、25 型酸度计、pH 值缓冲溶液(配制方法见缓冲溶液配制表 2.11)。

表 2.9 牛肉、羊肉、兔肉卫生标准【GB 2708—1994】

项　目	鲜牛肉、羊肉、兔肉	冻牛肉、羊肉、兔肉
色泽	肌肉有光泽,红色均匀,脂肪洁白或微黄色	肌肉有光泽,红色或稍暗,脂肪洁白或微黄色
组织状态	纤维清晰,有坚韧性	肉质紧密、坚实
黏度	外表微干或湿润,不粘手,切而湿润	外表微干或有风干膜或外表湿润不粘手
弹性	指压后凹陷立即恢复	解冻后指压凹陷恢复较慢
气味	具有鲜牛肉、羊肉、兔肉固有的气味,无臭味、无异味	解冻后具有牛肉、羊肉、兔肉固有的气味,无臭味
煮沸后肉汤	透明澄清,脂肪团聚于表面,具特有的香味	澄清透明或稍有混浊,脂肪团聚于表面,具特有香味

表 2.10　鲜(冻)禽肉卫生标准【GB 2710—1996】

项　目	指　　标
眼球	眼球饱满、平坦或稍凹陷
色泽	皮肤有光泽,肌肉切面有光泽,并有该禽固有色泽
黏度	外表微干或微湿润、不粘手
弹性	有弹性,肌肉指压后的凹陷立即恢复
气味	具有该禽固有的气味
煮沸后肉汤	透明澄清、脂肪团聚于表面,具固有香味

表 2.11　标准缓冲溶液的配制

项　目	试剂与方法
A1　20 ℃时,pH 值为 4.00 的缓冲溶液制备	称取苯二甲酸氢钾[$KHC_6H_4(COO)_2$]10.211 g,预先在 125 ℃下烘干至恒重,溶于水中,稀释至 1 000 mL 该溶液的 pH 值在 10 ℃时为 4.00,而在 30 ℃时为 4.01
A2　20 ℃时,pH 值为 5.45 的缓冲溶液制备	取 0.2 N 柠檬酸水溶液 500 mL 和 0.2 N 氢氧化钠水溶液 375 mL 混匀; 该溶液的 pH 值在 10 ℃时为 5.42,而在 30 ℃时为 5.48
A3　20 ℃时,pH 值为 6.88 的缓冲溶液制备	称取磷酸二氢钾(KH_2PO_4)3.402 g 和磷酸氢二钠(Na_2HPO_4)3.549 g,溶解于水中,稀释至 1 000 mL; 该溶液的 pH 值在 10 ℃时为 6.92,而在 30 ℃时为 6.85

注:所用试剂均为分析纯,所用水为蒸馏水或相当纯度的水。

②操作方法。用酸度计测定 pH 值,酸度计是以甘汞电极为参比电极,玻璃电极为指示电极组成电池,测定在 25 ℃下产生的电位差,电位差每改变 59.1 mV,被检液中的 pH 值相应地改变 1 个单位,可直接从电表刻度上读取 pH 值。测试前先将玻璃电极用蒸馏水浸泡 24 h 以上,然后按说明书将玻璃电极、甘汞电极安装好(使甘汞电极略高于玻璃电极),接通电源,启动开关,预热30 min,用选定的 pH 值缓冲溶液校正酸度计,使两个电极均浸泡在校正液中,1 min 后,调整酸度计指针,使其位于该校正液的 pH 值处,取肉浸液 40 mL,注入 50 mL 烧杯内,将电极用蒸馏水冲洗 2 ~ 3 次,用脱脂棉吸干,然后放入肉浸液中,1 min 后读取 pH 值。

③评定标准。

表 2.12　肉的新鲜度评定标准

鲜肉	5.8 ~ 6.2
次鲜肉	6.3 ~ 6.6
腐败肉	6.7 以上

(2)挥发性盐基氮的测定

①半微量定氮法

A. 原理。蛋白质在酶和细菌的作用下分解后产生碱性含氮物质，有氨、伯胺、仲胺等，此类物质具有挥发性，可在碱性溶液中被蒸馏出来，用标准酸滴定，计算含量。

B. 试剂。

a. 氧化镁混悬液；

b. 2% 硼酸溶液(吸收液)；

c. 0.2% 甲基红乙醇液；

d. 0.1% 亚甲蓝水溶液，临用时将 C D 等量混合为混合指示液；

e. 0.010 0 N 盐酸标准溶液或 0.010 0 N 硫酸标准溶液。

C. 仪器。半微量定氮装置：Markhan 氏式；微量滴定管：最小分度 0.01 mL。

D. 操作方法：

a. 样液的制备：将样品除去脂肪、骨头及筋腱后，切碎搅匀，称取 10 g 于锥形瓶中，加 100 mL 水，不时振摇，浸渍 30 min 后过滤，滤液置于冰箱中备用。

b. 测定：预先将盛有 10 mL 吸收液并加有 5 ~6 滴混合指示液的锥形瓶置于冷凝管下端，并使其下端插入锥形瓶内吸收的液面下，精密吸取 5 mL 上述样品滤液于蒸馏器反应室内，加 5 mL 1% 氧化镁混悬液，迅速盖塞，并加水以防漏气，通入蒸汽，待蒸汽充满蒸馏器内时即关闭蒸汽出口管，由冷并行管出现第一滴冷凝水开始计时，蒸馏 5 min 即停止，吸收液用 0.010 0 N 盐酸标准溶液或 0.010 0 N 硫酸标准溶液滴定，终点呈蓝紫色。同时做试剂空白试验。

E. 计算：

$$X_1 = \frac{(V_1 - V_2) \times N_1 \times 14}{m_1 \times 5/100} \times 100$$

式中，X_1——样品中挥发性盐基氮的含量，mg/100 g；

V_1——测定用样液消耗盐酸或硫酸标准溶液体积，mL；

V_2——试剂空白消耗盐酸或硫酸标准溶液体积，mL；

N_1——盐酸或硫酸标准溶液的摩尔浓度，mol/L；

m_1——样品质量，g；

14——1 N 盐酸或硫酸标准溶液 1 mL 相当氮的毫克数。

②微量扩散法：

A. 原理：挥发性含氮物质在碱性溶液中释出，在扩散皿中于 37 ℃时挥发后吸收于吸收液中，用标准酸滴定，计算含量。

B. 试剂：

a. 饱和碳酸钾溶液：称取 50 g 碳酸钾，加 50 mL 水，微加热助溶，使用时取上清液。

b. 水溶性胶：称取 10 g 阿拉伯胶，加 10 mL 水，再加 5 mL 甘油及 5 g 无水碳酸钾(或无水碳酸钠)，研匀。

c. 吸收液：混合指示液、0.010 0 N 盐酸或硫酸标准溶液，与半微量定氮法相同。

C. 仪器：

a. 扩散皿(标准型)：玻璃质，内外室总直径 61 mm，内室直径 35 mm；外室深度 10 mm，内室深度 5 mm；外室壁存 3 mm，内室壁存 2.5 mm，回壁纱厚玻璃盖，如图 2.1 所示，其他型号亦可用。

b. 微量滴定管：最小分度 0.01 mL。

③操作方法：

A. 将水溶性胶涂于扩散皿的边缘，在皿中央内室加入 1 mL 吸收液及 1 滴混合指示液。在皿外室一侧加入 1.00 mL 按半微量定氮法制备的样液，另一侧加入 1 mL 饱和碳酸钾溶液，注意勿使两液接触，立即盖好；密封后将皿于桌面上轻轻转动，使样液与碱液混合。

B. 将扩散皿置于 37 ℃温箱内放置 2 h，揭去盖，用 0.01 N 盐酸标准溶液或硫酸标准溶液滴定，终点呈蓝紫色。同时做试剂空白试验。

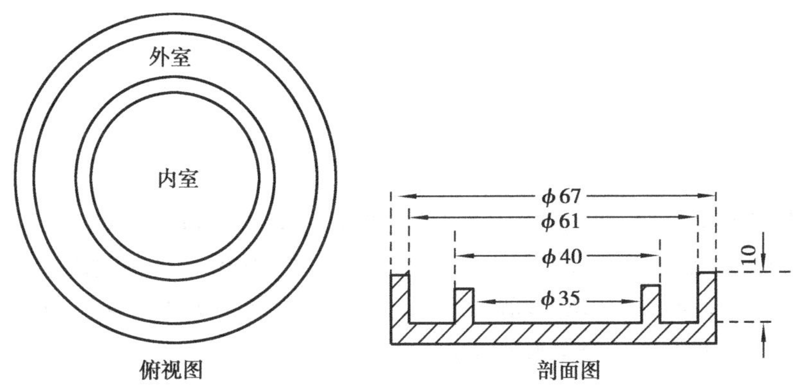

图 2.1　微量扩散皿（标准型）

④说明：

A. 加碳酸钾时应小心加入，不可溅入内室。

B. 扩散皿应洁净、干燥，不带酸碱性。

C. 检样测定与空白试验均需各作 2 份平行试验。

D. 计算：

$$X_2 = \frac{(V_3 - V_4) \times N_1 \times 14}{m_1 \times 100/5} \times 100$$

式中，X_2——样品中挥发性盐基氮的含量，mg/100 g；

V_3——测定用样液消耗盐酸或硫酸标准溶液体积，mL；

V_4——试剂空白消耗盐酸或硫酸标准溶液体积，mL；

N_1——盐酸或硫酸标准溶液的摩尔浓度，mol/L；

m_1——样品质量，g；

14——1 N 盐酸或硫酸标准溶液 1 mL 相当氮的毫克数。

第3章 畜禽的屠宰加工

本章导读：主要对肉的屠宰加工的过程进行了阐述，内容包括屠宰前的准备与管理、屠宰加工、宰后检验及处理、畜禽的分割及分割肉的冷加工等。通过学习，要求理解肉宰前检验的目的和意义、方法、检验后的处理，掌握家畜家禽的屠宰过程和加工要点，了解宰后检验的方法和过程，以及畜禽的分割及分割肉的冷加工过程。

3.1 屠宰前的准备与管理

屠宰的畜禽，必须符合国家颁布的《家畜家禽防疫条例》、《肉品检验规程》的有关规定，经检疫人员出具检疫证明，保证健康无病，方可作为屠宰对象。动物在屠宰前，都要进行宰前检验和宰前管理。

3.1.1 宰前检验及处理

1)宰前检验的目的和意义

屠畜的宰前检验与管理是保证肉品卫生质量的重要环节之一。它在贯彻执行病、健隔离，病、健分宰，防止肉品污染，提高肉品卫生质量，保障人民身体健康方面，起着重要的把关作用。屠畜通过宰前临床检查，可以初步确定其健康状况，尤其是能够发现许多在宰后难以发现的传染病，如破伤风、狂犬病、李氏杆菌病、脑炎、胃肠炎、脑包虫病、口蹄疫以及某些中毒性疾病，因宰后一般无特殊病理变化或因解剖部位的关系，在宰后检验时常有被忽略和漏检的可能。相反，对这些疾病，依据其宰前临床症状是不难做出诊断的。从而做到及早发现，及时处理，减少损失，还可以防止牲畜疫病的传播。此外，合理地宰前管理，不仅能保障畜禽健康，降低病死率，而且也是获得优质肉品的重要措施。

2)宰前检验的步骤和程序

当屠畜由产地运到屠宰加工企业以后，在未卸下车、船之前，兽医人员应查验检疫证明书、牲畜的种类和头数，了解产地有无疫情和途中病死情况。如发现产地有严重疫病流行或途中病死的头数很多时，即将该批牲畜转入隔离圈，并做详细的临床检查和实验室诊断，待确诊后根据疾病的性质，采取适当措施（急宰或治疗）。经过初步视检和调查了解，认为基本合格的畜群允许卸下，并将其赶入预检圈休息。逐头观察其外貌、步态、精神状况等。若发现有异常，立即剔出隔离，待验收后再进行详细检查和处理。赶入预检圈的牲畜，必须按产地、批次，分圈饲养，不可混杂。对进入预检圈的牲畜，给予充分的饮水，待休息一段时间后，再进行较详细的临床检查。经检查凡属健康的牲畜，可允许进入饲养场（圈）饲养。病畜禽或疑似病畜禽赶入隔离圈，按《肉品卫生检验试行规程》中有关规定处理。

3）宰前检验的方法

畜禽宰前检验的方法可依靠兽医临床诊断，再结合屠宰厂（场）的实际情况灵活应用。生产实践中多采用群体检查和个体检查相结合的办法。其具体做法可归纳为动、静、食的观察三大环节和看、听、摸、检四大要领。首先从大群中挑出有病或不正常的畜禽，然后再详细地逐头检查，必要时应用病原学诊断和免疫学诊断的方法。一般对猪、羊、禽等的宰前检验都应用群体检查为主，辅以个体检查；对牛、马等大家畜的宰前检验是以个体检查为主，辅以群体检查。

（1）群体检查　群体检查是将来自同一地区或同批的牲畜作为一组，或以圈作为一个单位进行检查。检查时可以下列方式进行：

①静态观察。在不惊扰牲畜使其保持自然安静的情况下，观察其精神状态、睡卧姿势、呼吸和反刍，有无咳嗽、气喘、战栗、呻吟、流涎、痛苦不安、嗜睡和孤立一隅等反常现象。对有上述症状的畜禽标上记号。

②动态观察。可将畜禽轰起，观察其活动姿势，如有无跛行、后腿麻痹、打晃踉跄和离群掉队等现象。发现异常时标上记号。

饮食状态的观察指观察其采食和饮水状态。注意有无停食、不饮、少食、不反刍和想食又不能咽等异常状态，发现异常亦标上记号。

（2）个体检查　个体检查是对群体检查中被剔出的病畜和可疑病畜，集中进行较详细的个体临床检查。即使已经群体检查并判为健康无病的牲畜，必要时也可抽10%做个体检查，如果发现传染病时，可继续抽验10%，有时甚至全部进行个体检查。

①眼观。就是观察病畜的表现。这是一种既简便易行又非常重要的检查方法，要求检查者要有敏锐的观察能力和系统检查的习惯。观察精神、被毛和皮肤；观察运步姿态；观察鼻镜和呼吸动作；观察可见黏膜；观察排泄物。

②耳听。可以耳朵直接听取或用听诊器间接听取牲畜体内发出的各种声音，听叫声，听咳嗽，听呼吸音，听胃肠音，听心音。

③手摸。用手触摸畜体各部，并结合眼观、耳听，进一步了解被检组织和器官的机能状态。摸耳、角根；摸体表皮肤；摸体表淋巴结；摸胸廓和腹部。

④检温。重点是检测体温。体温的升高或降低，是牲畜患病的重要标志。在正常情况下，各种畜禽的体温、脉搏数等。各种动物的体温、呼吸和脉搏变化等，如表3.1所示。

表3.1　畜禽正常体温、呼吸和脉搏变化

畜　别	体温/℃	呼吸次数/(次·min^{-1})	脉搏次数/(次·min^{-1})
猪	38.0~40.0	12~20	60~80
牛	37.5~39.5	10~30	40~80

续表

畜 别	体温/℃	呼吸次数/(次·min^{-1})	脉搏次数/(次·min^{-1})
绵羊、山羊	38.0~40.0	12~20	70~80
马	37.5~38.5	8~16	26~44
骆驼	36.5~38.5	5~12	32~52
兔	38.5~39.5	50~60	120~140
鸡	40.0~42.0	15~30	140
鸭	41.0~42.0	16~28	120~200
鹅	40.0~41.0	20~25	120~200
鹿	38.0~38.5	16~24	24~48
犬	37.5~39.0	10~30	60~80

4)宰前检验后的处理

经宰前检验健康合格、符合卫生质量和商品规格的畜按正常工艺屠宰;对宰前检验发现病畜禽时,根据疾病的性质、病势的轻重及有无隔离条件等做如下处理:

(1)禁宰　经检查确诊为炭疽、鼻疽、牛瘟、恶性水肿、气肿疽、狂犬病、羊快疫、羊肠毒血症、马流行性淋巴管炎、马传染性贫血等恶性传染病的牲畜,采取不放血法扑杀。肉尸不得食用,只能工业用或销毁。其同群全部牲畜,立即进行测温。体温正常者在指定地点急宰,并认真检验;不正常者予以隔离观察,确诊为非恶性传染病的方可屠宰。

(2)急宰　确认为无碍肉食卫生的一般病畜及患一般传染病而有死亡危险的病畜,立即开急宰证明单,送往急宰。凡疑似或确诊为口蹄疫的牲畜立即急宰,其同群牲畜也应全部宰完。患布氏杆菌病、结核病、肠道传染病、乳房炎和其他传染病及普通病的病畜,均须在指定的地点或急宰间屠宰。

(3)缓宰　经检查确认为一般性传染病,且有治愈希望者,或患有疑似传染病而未确诊的牲畜应予以缓宰。但应考虑有无隔离条件和消毒设备,以及病畜短期内有无治愈的希望,经济费用是否有利成本核算等问题。否则,只能送去急宰。此外,宰前检查发现牛瘟、口蹄疫、马传染性贫血及其他当地已基本扑灭或原来没有流行过的某些传染病,应立即报告当地和产地兽医防疫机构。

3.1.2 动物的宰前管理

1)待屠宰畜禽的饲养

畜禽运到屠宰场经兽医检验后,按产地、批次及强弱等情况进行分圈分群饲养。对肥度良好的畜禽所喂饲量,以能恢复由于途中蒙受的损失为原则。对瘦弱畜禽的饲养应当采取肥育饲养的方法进行饲养,以在短期内达到迅速增重、长膘、改善肉质为目的。

2)宰前休息

屠宰前休息有利于放血和消除应激反应,减少动物体内淤血现象,提高肉质。目前国内外所采用的当日运输当日屠宰的方法显然是不科学的。在驱赶时禁止鞭棍打、惊恐及冷热刺激。现在常用电动驱赶棒来赶牲畜,另外也可采用摇铃方式驱赶。

3)宰前禁食、供水

屠宰畜禽在宰前12~24 h断食。断食时间必须适当。一般牛、羊宰前断食24 h,猪12 h,家禽18~24 h。断食时,应供给足量的1%的食盐水,使畜体进行正常的生理机能活动,调节体温,促进粪便排泄,以便放血完全,获得高质量的屠宰产品。为了防止屠宰畜禽倒挂放血时胃内容物从食道流出污染胴体,屠宰前2~4 h应停止给水。

4)猪屠宰前的淋浴

水温20 ℃,喷淋猪体2~3 min,以洗净体表污物为宜。淋浴使猪有凉爽舒适的感觉,促使外周毛细血管收缩,便于放血充分。

3.2 屠宰加工

在肉类生产工业中,有各种形式的加工,如屠宰加工、肉制品加工、油脂加工、血液、骨等副产品的加工。屠宰加工是各种加工的基础,肉类工业原料或称肉用畜禽,经过刺杀、放血、解体等一系列处理过程,最后加工成胴体(俗称白条肉)的过程称为屠宰加工。它是进一步深加工的前处理,因此也叫初步加工。屠宰加工的方法和程序虽受各种条件的影响而有不同,其基本工艺过程总结如下:淋浴、致昏、放血、剥皮或脱毛、开膛、劈半和胴体整理。

3.2.1 家畜屠宰工艺

各种家畜的屠宰工艺都包括有致昏、刺杀放血、煺毛或剥皮、开膛解体、屠体整修、检验盖印等工序。

1)致昏

应用物理的(如机械的、电击的、枪击的)、化学的(吸入CO_2)方法,使家畜在宰杀前短时间内处于昏迷状态,谓之致昏,也叫击晕。击晕能避免宰杀时因嚎叫、挣扎而消耗过多的糖原,使宰后肉尸保持较低的pH值,同时可减少屠畜应激的发生,防止异质肉的发生,增强肉的储藏性。

(1)电击晕　生产上称作“麻电”。它是使电流通过屠畜,以麻痹中枢神经而晕倒。此法还能刺激心脏活动,便于放血。

我国使用的麻电器,猪有手握式和自动触电式两种。手握式麻电器使用时工人穿胶鞋并带胶手套,手持麻电器,两端分别浸沾5%的食盐水(增加导电性),但不可将两端同时浸入盐水,防止短路。用力将电极的一端按在猪眼与耳根交界处1~4 s即可。自动麻电器为猪自动触电而晕倒的一种装置。麻电时,将猪赶至狭窄通道,打开铁门,猪一头一头按次序由上滑下,头部触及自动开闭的夹形麻电器上,倒后滑落在运输带上。牛麻电器有两种形式:手持式和自动麻电装置,如图3.1所示。羊的麻电器与猪的手持式麻电器相似,如图3.2所示。

电击晕要依动物的大小、年龄,注意掌握电压、电流和麻电时间。电压、电流强度过大,时间过长,引起血压急剧增高,造成皮肤、肌肉和脏器出血,甚至休克死亡;电压、电流强度过低,时间过短,达不到致昏的目的。我国多采用低电压,而国外多采用高电压。低电流短时间可

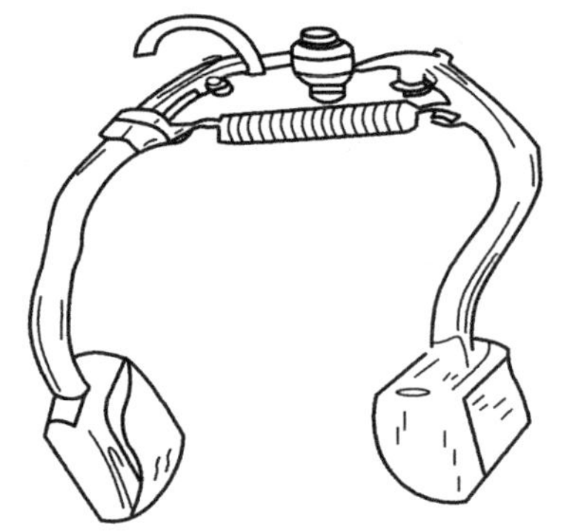

图 3.1 牛手提式麻电器

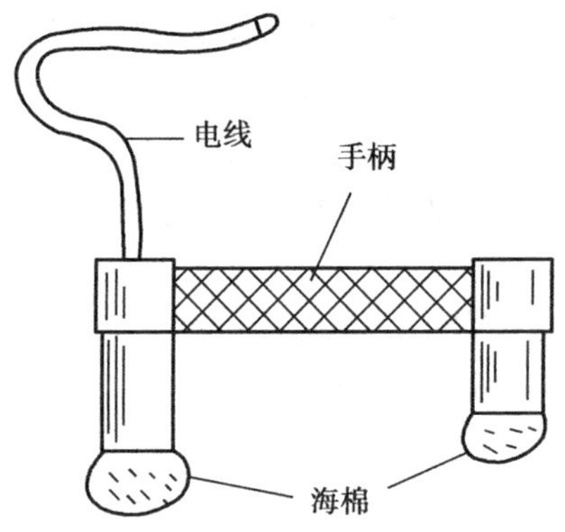

图 3.2 猪手提式麻电器模式图

避免应激反应,具体条件如表 3.2 所示:

表 3.2 畜禽屠宰时的电击晕条件

畜 种	电压/V	电流强度/A	麻电时间/s
猪	70 ~ 100	0.5 ~ 1.0	1 ~ 4
牛	75 ~ 120	1.0 ~ 1.5	5 ~ 8
羊	90	0.2	3 ~ 4
兔	75	0.75	2 ~ 4
家禽	65 ~ 85	0.1 ~ 0.2	3 ~ 4

(2) CO_2 麻醉法　丹麦、德国、美国、加拿大等国应用该法。室内气体组成:CO_2 65% ~ 75%,空气 25% ~35%。将猪赶入麻醉室 15 s 后,意识即完全消失。CO_2 麻醉猪,使猪在安静状态下进入昏迷,因此肌糖原消耗少,最终 pH 值低,肌肉处于弛缓状态,避免肉出血。此种方法效果好、而且无副作用,但成本较高,在我国应用较少。

除了以上两种常用击晕方法外,还存在着机械击晕,就是用机械的方法将牲畜击晕。主要有锤击、棒击及枪击等方法。此法易使家畜产生应激,现在多不使用。

2)刺杀放血

家畜致昏后将后腿栓在滑轮的套脚或铁链上。经滑车轨道运到放血处进行刺杀、放血。家畜致昏后应快速放血,以 9 ~12 s 为最佳,最好不超过 30 s,以免引起肌肉出血。

(1)刺颈放血　此法比较合理,普遍应用于猪的屠宰。刺杀部位,猪在第一对肋骨水平线下方 3.5 ~4.5 cm 处,放血口不大于 5 cm,切断前腔静脉和双颈动脉,不要刺破心脏和气管。这种方法放血彻底。每刺杀一头猪,刀要在 82 ℃的热水中消毒一次。牛的刺杀部位在距离胸骨 16 ~20 cm 的颈下中线处斜向上方刺入胸腔 30 ~ 35 cm,刀尖再向左偏,切断颈总动脉。羊的刺杀部位在右侧颈动脉下颌骨附近,将刀刺入,避免刺破气管。

(2)切颈放血　应用于牛、羊,为清真屠宰普遍采用的方法。用大脖刀在靠近颈前部横刀切断三管(血管、气管和食管),俗称大抹脖。此法操作简单,但血液易被胃容物污染。

(3)心脏放血　在一些小型屠宰场和广大农村屠宰猪时多用,是从颈下直接刺入心脏放血。优点是放血快,死亡快,但是放血不全,且胸腔易积血。倒悬放血时间:牛为 6 ~8 min,猪为5~7 min,羊为5~6 min,平卧式放血需延长2~3 min。如从牛取得其活重5%的血液,猪为3.5%,羊为3.2%,则可计为放血效果良好。放血充分与否影响肉品质量和储藏性。

3)浸烫、煺毛或剥皮

家畜放血后解体前,猪需烫毛、煺毛,牛、羊需进行剥皮,猪也可以剥皮。

(1)猪的烫毛和煺毛　放血后的猪经6 min沥血,由悬空轨道上卸入烫毛池进行浸烫,使毛根及周围毛囊的蛋白质受热变性收缩,毛根和毛囊易于分离。同时表皮也出现分离达到脱毛的目的。猪体在烫毛池内大约5 min。池内最初水温70 ℃为宜,随后保持在60~66 ℃。如想获得猪鬃,可在烫毛前将猪鬃拔掉。生拔的鬃弹性强,质量好。

煺毛又称刮毛,分机械刮毛和手工刮毛。刮毛机国内有滚筒式刮毛机、拉式刮毛机和螺旋式刮毛机三种。我国大中型肉联厂多用滚筒式刮毛机。刮毛过程中刮毛机中的软硬刮片与猪体相互摩擦,将毛刮去。同时向猪体喷淋35 ℃的温水。刮毛30~60 s即可。然后再由人工将未刮净的部位如耳根、大腿内侧的毛刮去。

刮毛后进行体表检验,合格的屠体进行燎毛。国外用烤炉或用火喷射,温度达1 000 ℃以上,时间为10~15 s,可起到高温灭菌的作用。我国多用喷灯燎毛,要求全身燎烤,而后用刮刀刮去焦毛,故称之为刮黑。最后进行清洗,脱毛检验,从而完成非清洁区的操作。

(2)剥皮　牛、羊屠宰后需剥皮。剥皮分手工剥皮和机械剥皮。

(3)割颈肉　割颈肉是根据GB 99591平头规格处理。由颈部向耳根处割一刀,然后由放血口入刀,沿下颌骨向上割到耳根。同样方法割另一侧,使颈部皮肤在第一颈椎处与肉体分开。用手抓住尾突将头提起,下颌骨不多不少全被颈肉盖住叫“平头”。下颌骨未被颈肉盖住叫“枯头”。下颌骨全部被颈肉覆盖而多多有余叫“肥头”。“枯头”和“肥头”都不符合国标要求。

4)开膛解体

(1)剖腹取内脏　煺毛或剥皮后开膛最迟不超过30 min,否则对脏器和肌肉质量均有影响。

(2)劈半　开膛后,将胴体劈成两半(猪羊)或四分体(牛)称为劈半。劈半前,先将背部皮肤用刀从上到下割开是谓“描脊”或“划背”。然后用电锯沿脊柱正中将胴体劈为两半。如为桥式劈半机劈半,则先将头去掉;用手提式电锯劈半时,可将头连在半肉尸上,以便检验咬肌,劈半时注意不要劈偏。目前常用的是往复式劈半电锯。

5)检验、盖印、称重、出厂

屠宰后要进行宰后兽医检验。合格者,盖以“兽医验讫”的印章。然后经过自动吊秤称重、入库冷藏或出厂。

3.2.2　家禽屠宰工艺

1)电昏

电昏条件:电压35~50 V,电流0.5 A以下,时间(禽只通过电昏槽时间):鸡为8 s以下,鸭为10 s左右。电昏时间要适当,以电昏后马上将禽只从挂钩上取下,在60 s内能自动苏醒为宜。过大的电压、电流会引起锁骨断裂,心脏停止跳动,放血不良,翅膀血管充血。

2)宰杀放血

美国农业部建议电昏与宰杀作业之间距,夏天为12~15 s,冬天则需增加到18 s。宰杀可以采用人工作业或机械作业,通常有三种方式:口腔放血、切颈放血(用刀切断气管、食管、血管)及动脉放血。禽只在放血完毕进入烫毛槽之前,其呼吸作用应完全停止,以避免烫毛槽内之污水吸进禽体肺脏而污染屠体。

放血时间鸡一般为 90 ~ 120 s,鸭 120 ~ 150 s。但冬天的放血时间比夏天长 5 ~ 10 s。血液一般占活禽体重的 8%,放血时约有 6% 的血液流出体外。

3)烫毛

水温和时间依禽体大小、性别、重量、生长期以及不同加工用途而改变。根据水温,主要包括下面 3 种方法:

(1)高温烫毛　71 ~ 82 ℃,30 ~ 60 s。高温热水处理便于拔毛,降低禽体表面微生物数量,屠体呈黄色,较诱人,便于零销。但由于表层所受到的热伤害,反而使储藏期比低温处理短。同时,温度高易引起胸部肌肉纤维收缩使肉质变老,而且易导致皮下脂肪与水分的流失,故尽可能不采用高温处理。

(2)中温烫毛　58 ~ 65 ℃,30 ~ 75 s。国内烫鸡通常采用 65 ℃,35 s;鸭 60 ~ 62 ℃,120 ~ 150 s。中温处理羽毛较易去除,外表稍黏、潮湿,颜色均匀、光亮,适合冷冻处理,适合裹浆、裹面之炸禽。但由于角质脱落,失去保护层,在储藏期间微生物易生长。

(3)低温烫毛　50 ~ 54 ℃,90 ~ 120 s。这种处理方法羽毛不易去除,必须增加人工去毛,而且部分部位如脖子、翅膀需再予较高温的热水(62 ~ 65 ℃)处理。此种处理禽体外表完整,适合各种包装,而且适合冷冻处理。

4)脱毛

机械拔毛主要利用橡胶指束的拍打与摩擦作用脱除羽毛。因此必须调整好橡胶指束与屠体之间的距离。另外应掌握好处理时间。禽只禁食超过 8 h,脱毛就会较困难,公禽尤为严重。若禽只宰前经过激烈的挣扎或奔跑,则羽毛根的皮层会将羽毛固定得更紧。此外,禽只宰后 30 min 再浸烫或浸烫后 4 h 再脱毛,都将影响到脱毛的速度。

5)去绒毛

禽体烫拔毛后,尚残留有绒毛,其去除方法有三种:一为钳毛;二为松香拔毛:挂在钩上的屠禽浸入溶化的松香液中,然后再浸入冷水中(约 3 s)使松香硬化。待松香不发粘时,打碎剥去,绒毛即被粘掉。松香拔毛剂配方:11% 的食用油加 89% 的松香,放在锅里加热至 200 ~ 230 ℃充分搅拌,使其溶成胶状液体,再移入保温锅内,保持温度为 120 ~ 150 ℃备用。松香拔毛操作不当,使松香在禽体天然孔或陷窝深处未被除掉,食用时可引起中毒;三为火焰喷射机烧毛:此法速度较快,但不能将毛根去除。

6)清洗、去头、切脚

(1)清洗　屠体脱毛后,在去内脏之前需充分清洗。经清洗后屠体应有 95% 的完全清洗率。一般采用加压冷水(或加氯水)冲洗。

(2)去头　应视消费者是否喜好带头的全禽而予增减。

(3)切脚　目前大型工厂均采用自动机械从胫部关节切下。如高过胫部关节,称之为“短胫”。这不但外观不佳和易受微生物污染,而且影响取内脏时屠体挂钩的正确位置;若是切割位置低于胫部关节,称之为“长胫”,必须再以人工切除残留的胫爪,使关节露出。

7)取内脏

取内脏前需再挂钩。活禽从挂钩到切除爪为止称为屠宰去毛作业,必须与取内脏区完全隔开。此处原挂钩链转回活禽作业区,而将禽只重新悬挂在另一条清洁的挂钩系统上。

8)检验、修整、包装

掏出内脏后,经检验、修整、包装后入库储藏。库温为 -24 ℃情况下,经 12 ~24 h 使肉温达到 -12 ℃,即可储藏。

3.3 宰后检验及处理

通过宰后检验,宰前检验漏检的病畜当作健康畜屠宰解体后,经过对肉尸,脏器所呈现的病理变化和异常现象进行综合分析,判断而检出,并做相应的处理。宰后检验肉尸是整个肉品检验工作极为重要的一环。对消灭家畜疫病,防止传染以及保证肉品卫生质量具有重要意义。

3.3.1 检验方法

宰后检验的方法以感官检查和剖检为主,对胴体和脏器进行病理学诊断与处理。即主要通过"视检"、"剖检"、"触检"和"嗅检"等方法来实现:

1)视检

即观察肉尸的皮肤、肌肉、胸腹膜、脂肪、骨骼、关节、天然孔及各种脏器的色泽、形态、大小、组织状态等是否正常。这种观察可为进一步剖检提供线索,如结膜、皮肤、脂肪发黄,表明有黄疸可疑,应仔细检查肝脏和造血器官,甚至剖检关节的滑液囊及韧带等组织,注意其色泽的变化;如喉颈部肿胀,应考虑检出炭疽和巴氏杆菌病;特别是皮肤的变化,在某些疾病(如猪瘟、猪丹毒、猪肺疫、痘症等)的诊断上具有指征性。

2)剖检

借助检验器械,剖开观察肉尸、组织、器官的隐蔽部分或深层组织的变化。这对淋巴结、肌肉、脂肪、脏器和所有病变组织的检查以及疾病的发现和诊断是非常重要的。

3)触检

借助于检验器械触压或用手触摸,以判定组织器官的弹性和软硬度,这对于发现软组织深部的结节病灶具有重要意义。

4)嗅检

对于不显特征变化的各种局外气味和病理性气味,均可用嗅觉判断出来。如屠畜生前患尿毒症,肉组织必带有尿味;芳香类药物中毒或芳香类药物治疗后不久屠宰的畜肉,则带有特殊的药味。

在宰后检验中,检验人员在剖检组织脏器的病损部位时,还应采取措施防止病料污染产品、地面、设备、器具以及卫检人员的手和检验刀具。卫检人员应备两套检验刀具,以便遇到病料污染时,可用另一套消过毒的刀具替换,被污染的刀具在清除病变组织后,应立即置于消毒药液中进行消毒。

3.3.2 检验程序和要点

在屠宰加工的流水作业中,宰后检验的各项内容作为若干环节安插在加工过程中。一般分为头部、内脏及肉尸三个基本检验环节，对猪尚需增设皮肤与旋毛虫检验两个环节。

1）头部检验

（1）猪头部检验　分两步进行：第一步，在放血之后、浸烫之前，剖检两侧颌下淋巴结（查炭疽、结核病）。同时视检鼻盘、唇和齿龈（注意口蹄疫、水泡病）。

（2）牛头部检查　首先观察唇、齿龈及舌面，注意有无水泡、溃疡或烂斑（注意牛瘟、口蹄疫等），触摸舌体，观察上下颌骨的状态（注意放线菌肿）。接着顺舌骨枝内侧，纵向剖开舌肌和内外咬肌（检查囊尾蚴，水牛尚需注意舌肌上的住肉孢子虫）。

（3）羊头、家兔头、禽头部检查　一般不检淋巴结，主要检查皮肤、唇及口腔黏膜，注意有无痘疮或溃疡等病变。禽头、冠、髯及各天然孔有无异常。

（4）马属牲畜头部检验　马、骡、驴基本上相同，先视检鼻腔黏膜和鼻中隔有无充血红晕、鼻疽结节、溃疡或星芒状斑痕，剖检颌下淋巴结，切开喉头检查其黏膜。马不患囊虫病，不必切检咬肌。

2）皮肤检验

为了及早发现传染病，避免扩大污染范围，在胴体解体开膛之前，对带皮猪施行皮肤检验十分必要。当发现有传染病可疑时，打上记号，不进行解体，由岔道转到病猪检验点，进行全面的剖检与诊断。

3）内脏检验

（1）猪、马、牛、羊的内脏检验

①胃、肠、脾的检查。首先视检胃肠浆膜及肠系膜，并剖检肠系膜淋巴结（注意肠炭疽）。注意色泽是否正常，有无充血、出血、水肿、胶样浸润、痈肿、糜烂、溃疡等病变。在牛、羊，尚需检查食道，以发现住肉孢子虫。然后检查脾脏（牛羊的脾脏检查，可于开膛后首先进行），注意其形态大小及色泽，触检其弹性及硬度，必要时剖检。

②心、肝、肺的检查。从肺开始，先观其外表，再剖检支气管淋巴结及纵膈后淋巴结（马、牛、羊），然后触摸两侧肺叶，剖检其中硬结部分，必要时剖开支气管。注意有无结核、寄生虫及各种炎症变化；接着剖检心脏。首先仔细检查心包，然后剖开心包，观察心脏外形及心包腔、心外膜，确定肌僵程度，并于左心室肌肉上做一纵斜切口（检查囊尾蚴），露出心腔，观察心肌、心内膜、心瓣膜及血液凝固状态。在猪应特别注意二尖瓣上有无菜花样赘生物（慢性猪丹毒）。最后检查肝脏，先观其外表，触检其弹性和硬度，注意大小、色泽、表面损伤及胆管状态。然后剖检肝淋巴结，并以浅刀横断胆管，压出内容物（检查肝片吸虫），必要时剖检肝实质和胆囊。当检查牛肝，发现横膈膜与肝连在一起时，要小心剥离横膈膜，触摸结合部肝的质地，因为这个部位时常发现脓肿。

③肾脏的检查。一般连在胴体上同胴体检验一并进行。首先剥离肾包膜，然后观其外表，触检其弹性和硬度（不许切开）。如果发现某些病变时，或在其他脏器发现有某种传染过程（如结核等）时，可剖开检查。

④子宫、睾丸和乳房的检查。在公畜和母畜需剖检子宫和睾丸，特别是有布氏杆菌病嫌疑时：乳房的检验可与胴体检验一道进行或单独进行，注意结核、放线菌肿和化脓性乳房炎。

（2）家兔的内脏检验　视检肺脏的色泽、形态，并触检其硬度，应注意肺实质和气管，看有无炎性水肿、出血、化脓和结节；从外表观察心膜和心肌，尤其要注意心耳部分有无充血、出血、变性、浸润等病变，一般不剖检心脏；触检肝脏的硬度，并观察其大小、色泽有无异常，肝表面和切面上有无灰白色、淡黄色小结节(球虫变化、吸虫变化);检查胃肠时,应先视检胃肠浆膜有无病变,特别注意观察盲肠末端的蚓状突和回盲肠交界处的圆形小囊有无病变,重症为结核时,蚓突肥厚如小香肠,圆形小囊肿大变硬,浆膜下有无数灰白色乳脂样或干酪样小结节,轻症的小结节少。并拿起肠管,展开肠系膜,对光观察肠系膜中的小血管,看有无吸虫(日本血吸虫)或该虫的虫卵存在;视检脾脏的大小、色泽、硬度有无变化,有无充血、出血、结节和坏死等。兔患假性结核时,往往仅在脾脏上出现较明显的感官变化(灰白色坏死结节)。

(3)禽的内脏检验　禽的屠宰加工根据需要一般为全净膛、半净膛和不净膛,随其加工形式的不同,宰后内脏检验技术亦稍有不同,以视检为主。

①全净膛。内脏应全部检验。检验肝脏表面、色泽、大小有无异常,胆囊有无变化,是否完整,脾脏是否充血、肿大、有无灰黄色结节,腺胃、肌胃有无异常,必要时切开检验,看腺胃乳头有无出血、溃疡,撕去肌胃角质膜,视检角质膜下有无出血和溃疡。视检整个肠系膜表面有无变化,应特别注意检验盲肠。禽副伤寒时,盲肠有溃疡和坏死灶;新城疫时盲肠基部淋巴滤泡溃疡;鸡单胞虫病时,盲肠肿大,肥厚,肠内充满黄色干酪样渗出物,形成干硬的栓子,剖开时见中心呈黑色血凝块;鸡球虫病时,盲肠肿大,必要时剖检肠管。母禽应检验卵巢有无异常现象。

②半净膛。可用开张器开张泄殖孔,并借手电筒照射加以检验,如发现腹腔内有血块、粪污或胆囊破碎等情况,应灌入清水洗净后,再进行检验。

③不净膛。内脏一般不做检验。但检验肉尸有可疑时,可从泄殖孔伸进手指触检体腔中各脏器的情况,也可以从腹腔中拉出肠管进行检验,必要时还可开膛检验。

4)胴体检验

(1)猪、马、牛、羊的胴体检验　首先判定其放血程度,因为这是评价肉品卫生质量的重要指标之一。放血不良的特征是:肌肉的颜色发暗,皮下静脉血液滞留;当切开肌肉时,切面上可见到暗红色区域,挤压切面有少量血滴流出。如果胴体的放血不良,则需进行细菌学检查。

在判定胴体放血程度的同时,尚需仔细检查皮肤、皮下组织、肌肉、脂肪、胸腹膜、骨骼(尤其是剖开脊椎骨、骨盆及胸骨)、关节及腱鞘的状态,剖检具有代表性的淋巴结,注意可能发生的各种变化(出血、皮下和肌肉水种、脓肿、蜂窝织炎、肿瘤、外伤、肌肉色泽异常、四肢病变等),并剖开两侧腰肌,检查有无囊尾蚴。如果在被检淋巴结发现可疑病变,或在检查头部和内脏时发现有某种传染病或疾病全身化可疑时,必须增加对其他一些有关淋巴结的检查。在检查腰肌,或在检查头部和内脏时,发现有囊尾蚴寄生时,应进一步剖检肩胛部、腰部、股臀部及腹部肌肉,以查明虫体的分布情况和感染程度。

(2)兔检验　先观察胸腹腔内壁有无炎症、出血、化脓、结节、坏死等病变,肾脏有无异常(正常兔肾脏呈板栗样褐色),然后检验四肢内侧有无脓肿、坏死等病变,并拨转肉尸以视检背部,注意颈部和后腿有无出血、创伤、脓肿、坏死等。检验中应注意整个兔肉尸肌肉的颜色,借以判定放血程度。放血良好的肉尸呈粉红色,放血不良(或老龄的)的肉尸呈深红色或暗红色,且往往表面湿润,不易形成干膜。

(3)禽检验　先判定放血程度,正常皮肤应呈淡黄略带微红色而稍有光泽,如皮下血管充血,则为放血不良。再观察体表皮肤的完整性和清洁度。并注意检验体表和四肢关节有无水肿、斑疹、赘生物和肿瘤等。

5）旋毛虫检验

患旋毛虫病的病猪、山羊，生前常无任何临床症状，故需在宰后逐头检验，由横膈膜脚肌采取小样品（两侧各重约 15 g），编上与胴体一致的号码，送与检验室做成压片，用显微镜检查。

胴体经上述初步检验后，还需经过一道复检（即终点检验）。这项工作通常用胴体的打等级、盖检印结合起来进行。当出现单凭感官检查不能做出确诊时，应进行细菌学、病理组织学等检验。

3.3.3 检后处理

胴体和内脏经过卫生检验后，分别做出如下处理：

1）正常肉品的处理

胴体和内脏经检验确认来自健康牲畜，且肉质良好，内脏正常的，准许食用。在肉联厂或屠宰场加盖“兽医验讫”印后即可出场销售。

2）异常肉品的处理

（1）气味异常肉品

①性臭。未阉割的公畜肉，常带性臭，公猪肉和公羊肉尤为强烈。性臭强烈的胴体，不适于人食用。经感官鉴定认为胴体性臭不很显著者，可加工制成食用时不需加热的细碎肉制品（如红肠）。

②尿臭。宰前因膀胱破裂或患尿毒症，或由局部污染而引起，致全身肌肉带有尿味。处理：如局部污染，割除污染部分，其他部分不受限制出厂。尿臭严重的肉品作工业用。

③酸臭。由于新鲜胴体的冷凉条件不好，内部温度不易散发，引起自体溶解，发生肉的酸臭性发酵。处理：酸臭程度较轻的肉，可切成小块，置冷、通风处，气味消失后可以食用；或用流动冷水冲洗干净，即行烧煮加工。酸臭发酵强烈的肉，则不应食用。

④氨臭。因宰后胴体或剔骨肉，未经充分冷凉即堆迭，致自体溶解，蛋白质分解产生氨且肉色变黑者，应立即摊开冷凉，吹冷风，使氨散发尽，仍可食用；由腐败菌致氨臭者，不可供食用。

⑤微生物引起的异样气味。在腐败性细菌所引起的牛创伤性心包炎的晚期，心包内积存大量黑色、污浊发臭的液体，可被机体吸收，使肉带有腐臭气味。屠畜生前患大面积的脓肿、坏死及溃疡者，亦可引起附近的肌肉沾染腐臭气。腐臭的肉一般应作工业用。

⑥药物臭。屠畜生前服用过有强烈气味的药物，或胴体或肉块污染或吸收了化学药品的臭气。对此类肉进行煮沸试验，如气味强烈者，则不能供食用；如气味虽不强烈，但经烹饪而仍不能除去者，也不能供食用。

⑦饲料气味。牲畜长期饲喂腐烂块根（萝卜、甜菜）、油渣饼、鱼粉、蚕蛹等，其肉可带各种异常气味。处理：同药物臭。

（2）色泽异常肉品

①黄膘和黄疸猪肉。黄膘是指猪胴体脂肪组织的黄染现象，其他组织不发黄。黄疸是由于胆汁排泄发生障碍，或机体发生大量溶血现象致有大量胆红素进入血液，使全身各个组织如脂肪、皮肤、黏膜、组织液等均染上黄色。处理：黄膘肉如无其他异常或不良气味，可酌情作鲜肉出售，或加工后出厂。对黄疸肉应查明原因（传染性还是非传染性）并注意是否与钩端螺

旋体病有关。传染病者按各传染病处理,非传染性者可加工后食用。

②红膘和红皮肉。红膘是指宰后胴体的皮下脂肪发红色。红皮则指宰后胴体的皮肤发红,弥漫性红染。处理:进行细菌学检验以查明是否与感染有关,如系感染所致,则应依照有关的传染病处理。如因一般性原因引起的大面积皮肤发红,应剥去红皮,肉可作鲜肉销售。

③白肌病肉。白肌病即营养性肌萎缩,常见于牛、羔羊和猪。在心肌与骨骼肌上有分散的淡红色到白色的条纹或斑块,肌纤维透明变性或已钙化;病肌的外表一般干枯或像鱼肉样。白肌病猪生前呈现运动麻痹或维生素 E 缺乏症,这是与 PSE 猪肉的猪不同之处。处理:病变轻微者可食用,因失重大,不宜腌制。

④PSE 猪肉。指苍白、松软及有渗出液的猪肉。处理:同白肌病肉。

⑤肉色变绿。对于氧化性变绿的肉,应尽快加工或制成熟肉出售;病理性变绿的肉,局部严重者应切除作工业用,轻微者则加热处理后出售;腐败性变绿的肉,应酌情对胴体予以全部或局部作次品处理,但对野味肉食应考虑实际情况,妥善处理。

⑥肉色变黑。轻度黑色素沉着的肌肉或器官可以食用,但重度的应作工业用或加工为宜;因腐败而变黑的肉,常有毒性,不可食用。

⑦骨血色素沉着。为一种遗传性的血红蛋白代谢障碍致使骨质有含铁色素(卟啉)沉着。宰后胴体的胸骨、肋骨呈暗棕色或褐色,而胸膜颜色正常。脊椎、头骨甚至牙齿的牙骨质(釉质除外),以及肺、肾、肝与淋巴结均显同样颜色。处理:将骨骼和皮肤病变部切除,肌肉和脂肪可供食用。

(3)条件可食肉品的处理　指屠宰后的畜禽胴体和内脏,经检验认为畜禽虽患非恶性传染病、轻症寄生虫病或一般性疾病,但其肉质尚好,仅少数内脏有轻的病变,故按有关规定经无害处理后利用。

①高温处理法。这是杀灭一切病原体的最有效、最彻底的方法。因此,必要时所有"条件可食肉"均可依此处理:

高压蒸煮法。把肉切成重约 2 kg,厚不超过 8 cm 的肉块,置密封的高压锅内,以1.32×10^5 Pa压力蒸煮 1.5 ~2 h。

一般煮沸法。将肉切成上述同样大小的肉块,放在普通锅内煮沸 2 h,猪肉块深层切面呈灰白色,牛肉块深层切面呈灰色,无血色液体流出,即达到无害。

②冷冻处理。仅适用于轻度囊虫病的猪、牛肉尸(在肌肉切面每 40 cm^2 上 3 个孢囊以下者):处理猪肉尸时,先使肌肉 7 ~10 cm 深处冷到 0 ℃,再在 -2 ℃库温下持续 10 昼夜,猪囊虫就可完全冻死。处理牛肉尸时,先使肌肉深层冷到 -2 ℃,然后再在 -3 ℃下持续冷冻 24 h,可冻死牛囊虫。

为了保证食肉安全,经上述处理的肉尸,在利用前应进行囊尾蚴活力测定,在证实虫体已死亡时方可利用。

③盐腌处理。适用于轻度囊虫病和布氏杆菌病畜肉的处理。分干腌和湿腌两种。将肉尸切成重不超过 2.5 kg 的肉块,干腌时,加入肉尸重量 15% 的食盐;湿腌时,盐水的浓度为 21% ~25%。轻度囊虫病肉腌 21 d,布氏杆菌病肉腌 30 d。

④病、死畜禽的处理。

作工业用油。凡病情严重的非恶性传染病和一般性疾病,或寄生虫过多的肉尸和内脏,且肉质低劣以及自行死亡的牲畜肉尸和内脏等,应做熬工业用油处理。

销毁。确认为恶性传染病(炭疽、鼻疽、牛瘟、恶性水肿、气肿疽、狂犬病、羊快疫、羊肠毒血症、马流行性淋巴管炎及马传染性贫血等)的屠畜的整个尸体和内脏,有条件的地方可用湿化剂把整个畜体投入化制;无条件的地方必须焚毁或深埋。

(4)病畜附属产品的处理　凡做无害处理的病畜肉尸和内脏,其附属产品也应消毒,以保证安全。

①血液。对恶性传染病畜的血液,可用漂白粉消毒,漂白粉:血液 =1:4 充分搅匀,放置24 h后掩埋。对一般病畜的血液用高温处理,将凝固的血块切块,放入沸水中煮后压去其中的水分,晒或烘干后,磨成血粉,作饲料或肥料用。

②骨骼。高温或产酸处理时剔出的病畜骨骼,入高温蒸煮锅蒸煮,使骨骼脱胶、脱脂,然后晒干磨成骨粉,可作饲料或肥料用。

③毛皮。对炭疽等恶性传染病畜的毛皮,绝对禁止消毒利用,应予销毁。对被这类病畜皮所污染的毛皮和多数病畜毛皮,可用盐酸食盐液(每 100 mL 25% 食盐液加入盐酸 1 mL),在15 ℃下浸泡48 h。皮:消毒液为1:4。取出待皮不滴水时,再加入1% NaOH 液中浸泡,使皮上的酸与碱中和,然后取出晾干或直接送皮革加工厂。也可用3%来苏尔水浸泡消毒。

经检验后的产品,应加盖特定的印戳,如图 3.3 所示。

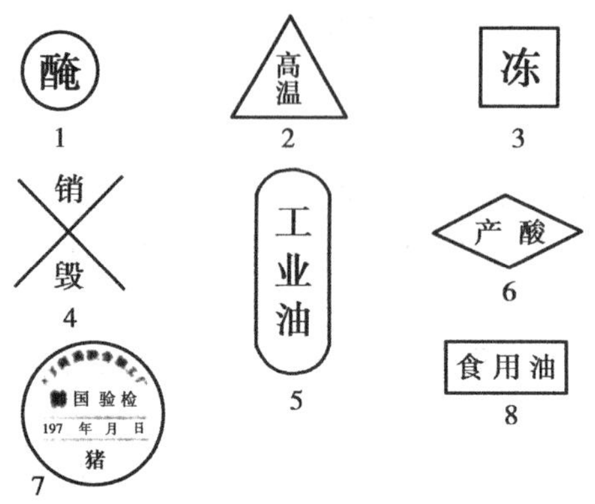

图3.3　检验后对产品处理用印戳

1. 圆形直径8 cm　2. 等边三角形边长4.5 cm　3. 正方形边长各8 cm　4. 对角线各长6 cm
5. 椭圆形边长8 cm,宽8 cm　6. 菱形边长各3.5 cm,长轴长5 cm,短轴长3 cm
7. 圆形长5.5 cm,宽2 cm　8. 长方形长4.5 cm,宽2 cm

注:印色应用食用色素。

3.4　畜禽的分割及分割肉的冷加工

肉的分割是按不同国家、不同地区的分割标准将胴体进行分割,以便进一步加工或直接供给消费者。分割肉是指宰后经兽医卫生检验合格的胴体,按分割标准及不同部位肉的组织结构分割成不同规格的肉块,经冷却、包装后的加工肉。

3.4.1　猪肉的分割及分割肉的冷加工

1)我国猪肉分割方法

我国供内、外销的猪胴体通常分为背颈肌肉、臀腿部、背腰部、肋腹部、前臂和小腿部、颈部等 6 大部分(如图 3.4 所示):

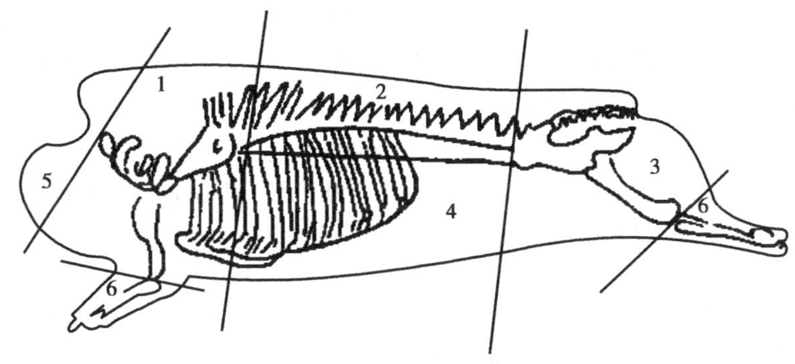

图 3.4　我国猪胴体部位分割图

1. 肩颈部　2. 背腰部　3. 臀腿部　4. 肋腹部　5. 前颈肉　6. 肘子肉

(1)肩颈部(俗称前槽、夹心、前臂肩)　前端从第 1 颈椎,后端从第 4 ~5 胸椎或第 5 ~6 根肋骨间,与背线成直角切断。下端如做火腿则从腕关节截断,如做其他制品则从肘关节切断,并剔除椎骨、肩胛骨、臂骨、胸骨和肋骨。

(2)臀腿部(俗称后腿、后丘、后臂肩)　从最后腰椎与荐椎结合部和背线成直角垂直切断,下端则根据不同用途进行分割:如作分割肉、鲜肉出售,从膝关节切断,剔除腰椎、荐椎骨、股骨、去尾;如做火腿则保留小腿后蹄。

(3)背腰部(俗称外脊、大排、硬肋、横排)　前面去掉肩颈部,后面去掉臀腿部,余下的中段肉体从脊椎骨下 4 ~6 cm 处平行切开,上部即为背腰部。

(4)肋腹部(俗称软肋、五花)　与背腰部分离,切去奶脯即是。

(5)前臂和小腿部(俗称肘子、蹄膀)　前臂上从肘关节,下从腕关节切断,小腿上从膝关节下从跗关节切断。

(6)颈部　从第 1 ~2 颈椎处,或 3 ~4 颈椎处切断。

2)我国猪肉分割肉的冷加工

在分割肉的基础上进一步进行冷加工。

(1)剔骨　剔骨时根据工艺要求进行剔骨。

(2)修整　修整时必须注意修割伤斑、出血点、碎骨、软骨、血污、淋巴结、脓疱等;如果在一块肌肉上发现囊虫,立即通知兽医检验人员,将其同号猪上的肉挑出,按规定处理,不得出厂。

3.4.2　牛、羊肉的分割

1)牛肉的分割

我国牛胴体的分割方法(试行)是在总结了国内不同分割方法的基础上,如图 3.5 所示,结合国家“九五”公关课题研究成果,并考虑到与国际接轨而制订的。

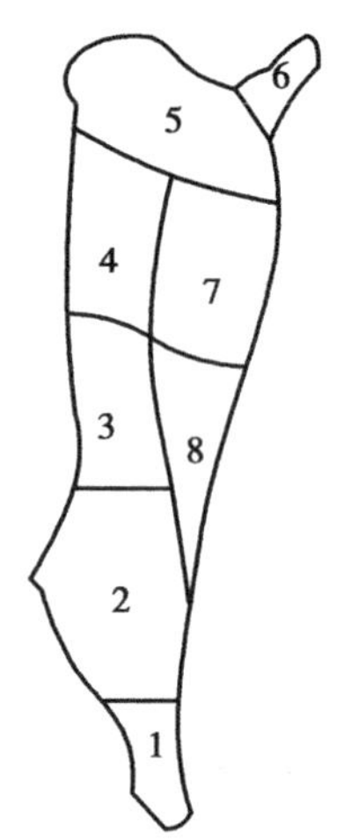

图3.5 我国牛胴体分割部位图

1. 后腿肉 2. 臀腿肉
3. 后腰肉 4. 肋部肉
5. 颈肩肉 6. 前腿肉
7. 胸部肉 8. 腹部肉

将标准的牛胴体二分体首先分割成臀腿肉、腹部肉、腰部肉、胸部肉、肋部肉、肩颈肉、前腿肉、后腿肉共8个部分，如图3.5所示。在此基础上再进一步分割成牛柳、西冷、眼肉、上脑、嫩肩肉、胸肉、腱子肉、腰肉、臀肉、膝圆、大米龙、小米龙、腹肉等13块不同的肉块，如图3.6所示。

(1)牛柳　牛柳又称里脊，即腰大肌。分割时先剥去肾脂肪，沿耻骨前下方将里脊剔出，然后由里脊头向里脊尾逐个剥离腰横突，取下完整的里脊。

(2)西冷　西冷又称外脊，主要是背最长肌。分割时首先沿最后腰椎切下，然后沿眼肌腹壁侧(离眼肌5～8 cm)切下。再在第12～13胸肋处切断胸椎，逐个剥离胸、腰椎。

(3)眼肉　眼肉主要包括背阔肌、肋最长肌、肋间肌等。其一端与外脊相连，另一端在第5～6胸椎处，分割时先剥离胸椎，抽出筋腱，在眼肌腹侧距离为8～10 cm处切下。

(4)上脑　上脑主要包括背最长肌、斜方肌等。其一端与眼肉相连，另一端在最后颈椎处。分割时剥离胸椎，去除筋腱，在眼肌腹侧距离为6～8 cm处切下。

(5)嫩肩肉　主要尽三角肌。分割时沿着眼肉横切面的前端继续向前分割，可得一圆锥形的肉块，便是嫩肩肉。

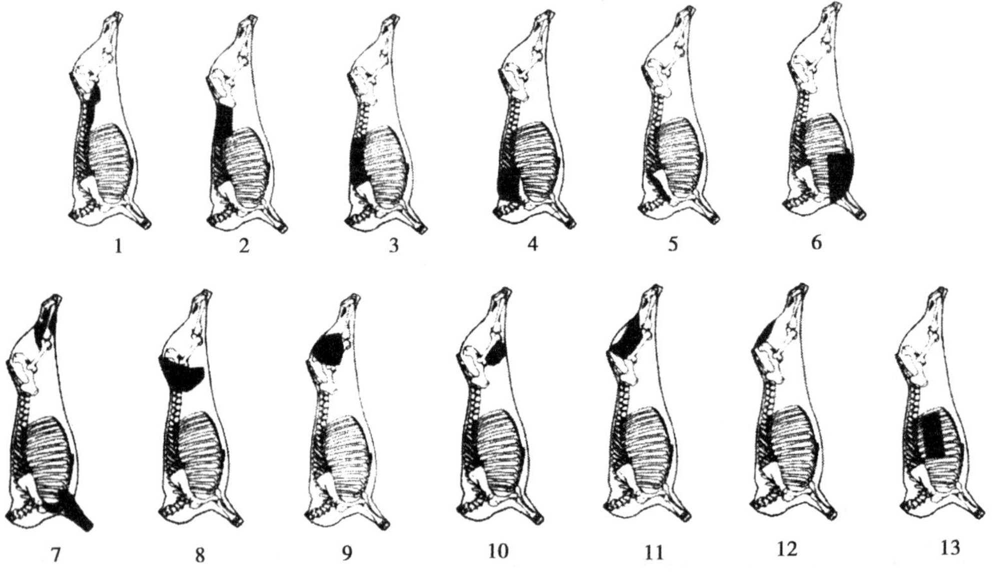

图3.6 我国牛肉分割图

1. 牛柳 2. 西冷 3. 眼肉 4. 上脑 5. 嫩肩肉 6. 胸肉 7. 腱子肉
8. 腰肉 9. 臀肉 10. 膝圆 11. 大米龙 12. 小米龙 13. 腹肉

(6)胸肉　主要包括胸升肌和胸横肌等。在剑状软骨处，随胸肉的自然走向剥离，修去部分脂肪即成一块完整的胸肉。

(7)腱子肉　腱子分为前、后2部分，主要是前肢肉和后肢肉。前牛腱从尺骨端下刀，剥离骨头,后牛腱从胫骨上端下切,剥离骨头取下。

(8)腰肉　腰肉主要包括臀中肌、臀深肌、股阔筋膜张肌。在臀肉、大米龙、小米龙、膝圆取出后,剩下的一块肉便是腰肉。

(9)臀肉　臀肉主要包括半膜肌、内收肌、股薄肌等。分割时把大米龙、小米龙剥离后便可见到一块肉,沿其边缘分割即可得到臀肉。也可沿着被切的盆骨外缘,再沿本肉块边缘分割。

(10)膝圆　膝圆主要是臀股四头肌。当大米龙、小米龙、臀肉取下后,能见到一块长圆形肉块,沿此肉块周边(自然走向)分割,很容易得到一块完整的膝圆肉。

(11)大米龙　大米龙主要是臀股二头肌。与小米龙紧接相连,故剥离小米龙后大米龙就完全暴露,顺着该肉块自然走向剥离,便可得到一块完整的四方形肉块即为大米龙。

(12)小米龙　小米龙主要是半腱肌,位于臀部。当牛后腱子取下后,小米龙肉块处于最明显的位置。分割时可按小米龙肉块的自然走向剥离。

(13)腹肉　腹肉主要包括肋间内肌、肋间外肌等,也即肋排,分无骨肋排和带骨肋排。一般包括第4~7根肋骨。

2)羊肉的分割

羊胴体不同部位的肌肉、脂肪、结缔组织及骨骼的组成是不同的,它不仅反映了可食部分的数量,而且使肉的品质和风味也有所差异。胴体切块的目的是通过测定不同部位肉所占比例,来评定胴体优质肉块的比例,能进一步阐明整个胴体的品质和实现销售中的优质优价。目前,羊胴体的切块分割法有2段切块、5段切块、6段切块和8段切块等4种,其中以5段切块和8段切块最为实用。具体分割法,如图3.7所示。

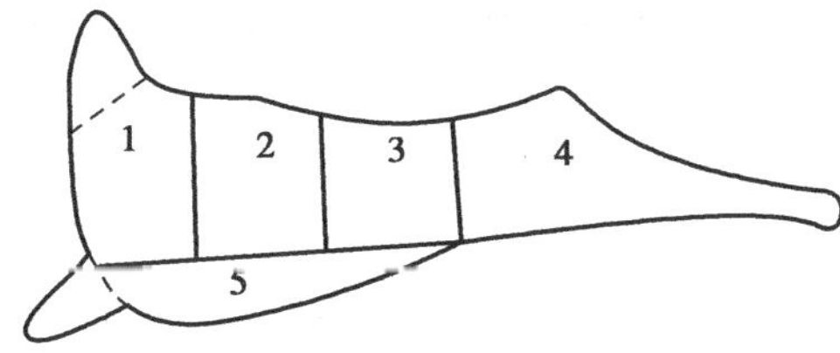

A.羊胴体的5块部分

1.肩颈肉　2.肋肉　3.腰肉　4.后腿肉　5.胸下肉

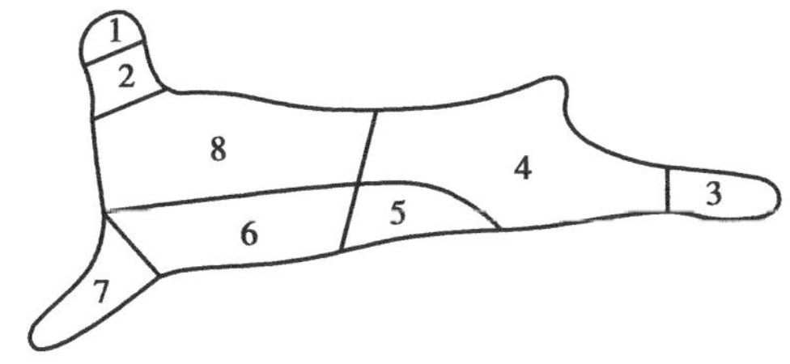

B.羊胴体的8块部分

1.血脖　2.颈　3.后小腿　4.腰腿部　5.下腹　6.胸　7.前小腿　8.肩背部

图3.7　羊胴体的分割方法

3.4.3 禽肉分割

我国禽肉分割刚发展不久，目前尚无统一标准，发展较早的主要是鹅(鸭的分割)，而鸡的分割是近几年来参考鹅的分割方法发展起来的，其基本分割方法大同小异。目前分割方法有3种：平台分割法，悬挂分割法和按片分割法。前两种方法适合于鸡，后一种方法适合于鹅、鸭。禽类的分割，亦是按照不同禽类提出不同要求进行的。如鹅的个体较大，可以分割成8件；鸭的个体较小，可以分成6件；至于鸡，可以再适当的分成更少的分割件数。

1)鸭

鸭、鹅分割为头、颈、爪、胸、腿等8件；鹅躯干部分成四快(1号胸肉、2号胸肉、3号腿肉、4号腿肉)。鸭躯干部分为两块(1号鸭肉、2号鸭肉)。

2)肉鸡

日本将分割鸡肉分为主品种、副品种及二次品种3类共30种。我国分类没有这么详细，大体上分为腿部、胸部、翅爪及脏器类。

3.4.4 分割肉的包装

1)预冷

将修整好的分割肉放在平盘中，送入冷却间内进行冷却。冷却间内的温度为 -3 ~ -2 ℃。在24 h内，肉温降至0 ~4 ℃。

现在欧洲一些国家实行二段冷却法：第一段室温 -10 ~ -5 ℃，时间2 ~4 h，肉中心温度降到20 ℃左右；第二段室温2 ~4 ℃，时间14 ~18 h，肉中心温度冷却到4 ~6 ℃。这种方法的优点是外观良好，肉表面干燥，肉味好，干耗比一次冷却少40% ~50%。

2)包装

包装间的温度要求在0 ~4 ℃之间，以保证冷却肉温度不回升。

3)冻结与冷藏

纸箱包装后进行冻结。冻结室的温度 -25 ~ -18 ℃，时间不超过72 h，肉中心温度不高于 -15 ℃。冷藏库温 -18 ℃以下，肉温在 -12 ℃或 -15 ℃以下；相对湿度控制在95% ~98%，空气为自然循环。

复习思考题

1. 畜禽屠宰前检验的具体方法有哪些？发现病畜禽如何处理？
2. 畜禽屠宰前为什么要休息、禁食、饮水？有何具体要求？
3. 畜禽屠宰前电昏有何好处？电压、电流及电昏时间有何要求？
4. 影响畜禽放血的因素有哪些？放血不良对制品会产生何种影响？
5. 畜禽烫毛对水温有何要求？不同的水温对屠体产生什么影响？
6. 畜禽屠宰后检验的具体内容有哪些？检验后的肉主要有几种处理方法？

第4章 肉类的储藏保鲜

本章导读：通过本章的学习，了解肉中的微生物及其对肉品质的影响，掌握肉腐败的原因和特征，重点掌握冷却保鲜、冷冻保鲜、辐射保鲜、气调保鲜、真空保鲜、化学防腐剂用于肉类保鲜的技术和方法。

肉中有丰富的营养物质，极易被微生物污染而导致腐败变质。肉的安全和卫生性越来越受到消费者的重视，保持其良好的食用价值和商品价值，必须把它很好的储藏起来。

4.1 肉类的储藏原理

4.1.1 肉中的微生物及肉的腐败

1）肉中的微生物

在正常的条件下，刚屠宰的动物深层组织通常是无菌的，但在屠宰和加工过程中，肉的表面受到微生物的污染。在一开始，肉表面的微生物只有经循环系统或淋巴系统才能穿过组织，进入肌肉深部。当肉表面的微生物的数量很多，出现明显的腐败或肌肉组织的整体性受到破坏时，表面的微生物便可直接进入肉中。

动物胴体表面初始污染的微生物主要来源于动物的皮表和被毛及屠宰环境，皮表和被毛的微生物来源于土壤、水、植物以及动物粪便等。胴体表面初始污染的微生物大多是革兰氏阳性嗜温菌，主要有小球菌、葡萄球菌和芽孢杆菌，主要来自粪便和表皮。少部分是革兰氏阴性菌，主要为来自土壤、水和植物的假单孢杆菌，也有少量来自粪便的肠道致病菌。在屠宰期间，屠宰工具、工作台和人体也会将细菌带给胴体。在卫生状况良好的条件下屠宰的肉，每平方厘米表面上的初始细菌数为 $10^2 \sim 10^4$ cfu/cm^2（cfu：菌落形成单位），其中1% ~10%能在低温下生长。

动物体的清洁状况和屠宰车间卫生状况影响微生物的污染程度，肉的初始载菌量越大，保鲜期越短，肉越易腐败变质。

2)肉腐败的特征

肉类腐败变质时,往往在肉的表面产生明显的感官变化。

(1)发黏　微生物在肉的表面大量繁殖后,使肉体表面有黏液状物质产生,拉出时如丝状,并有较强的臭味,这是微生物繁殖后形成的菌落,以及微生物分解蛋白质的产物。当肉的表面有发黏、拉丝现象时,其表面含菌数一般为 10^7 cfu/cm^2。

(2)变色　肉类腐败时肉的表面常出现各种颜色变化。最常见的是绿色,这是由于蛋白质分解产生的硫化氢与肉中的血红蛋白结合后形成的硫化氢血红蛋白,这种化合物积蓄在肌肉和脂肪表面即显示暗绿色。另外,黏质赛氏杆菌在肉表面产生红色斑点,深蓝色假单孢杆菌能产生蓝色,黄杆菌能产生黄色。有些酵母菌能产生白色、粉红色、灰色等斑点。

(3)霉斑　肉体表面有霉菌生长时,往往形成霉斑,特别是干腌制肉制品,更为多见。如枝霉和刺枝霉在肉表面产生羽毛状菌丝;白色侧孢霉和白地霉产生白色霉斑;扩展青霉、草酸青霉产生绿色霉斑;蜡叶芽枝霉在冷冻肉上产生黑色斑点。

(4)变味　肉类腐烂时往往伴有一些不正常或难闻的气味,最明显的是肉类蛋白质被微生物分解产生的恶臭味;还有乳酸菌和酵母菌的作用下产生的挥发性有机酸的酸味;霉菌生长繁殖产生的霉味等。

4.1.2　肉类的储藏原理

引起肉腐败变质的主要原因是微生物作用、酶的作用及氧化作用 3 个方面。因此肉的储藏主要是抑制或延缓这 3 个方面的作用,延长储藏期。

1)微生物的作用

尽管在屠宰分割过程中尽量减少污染,但不可能完全杜绝,所以在储藏过程中,常用杀菌、控制肉的水分含量和温度来防止微生物的生长繁殖。

2)酶的作用

酶来源于肉本身和微生物的分泌物,而酶的活性主要受温度的影响。可采用破坏酶或控制温度来防止其作用,如降温。

3)氧化作用

对此可采取隔绝氧或限制氧化进程,把氧化作用降到最低,如罐藏法、包装等。

根据储藏原理,常用的储藏方法有干燥法、盐藏法、低温储藏法、放射线杀菌法、罐藏法、气调保鲜法、加防腐剂法,等等,有些储藏方法实际上也是加工方法,在实际生产中,常把几种方法同时采用,以保证储藏效果。但任何储藏都是有时间限制的,不能无限期的储藏,否则会降低肉的食用价值。

4.2　低温储藏法

4.2.1　低温储藏的原理

低温,可以抑制微生物的生长繁殖,延缓肉内各化学成分之间的反应,控制酶的活性。如

当温度降到 -15 ~ -10 ℃时，除了少数嗜冷菌外，大多数细菌都已停止发育。原因是:在这种低温下，肌肉中的大部分水分已经冻结，微生物不能通过水分获得营养来进行正常的生理活动，从而阻碍了微生物的生长发育。低温储藏法能较好的保持肉的色泽与状态，操作简单易行，因而被广泛应用于原料肉的保藏。

4.2.2　低温储藏的种类

根据所采用低温的不同，低温储藏可分为冷却法和冷冻法。

1)冷却储藏法

使肉深层温度降到 -1 ~0 ℃，再把肉放在 0 ℃左右的环境中储藏的方法，叫冷却储藏法。冷却肉由于有低温菌的活动，储藏期不长。猪肉一般可储存 1 周左右。为了延长冷却肉的保质期，可使产品深处的温度降低到 -6 ℃左右。但由于原料种类的不同，冷却处理的条件也有差异。

(1)冷却的方法　每次进肉前，将冷却间的温度预先降低到 -3 ~ -2 ℃，进肉后约经 12 ~24 h，使肉的温度降低到 0 ℃左右，保持冷却间的温度为 0 ~1 ℃进行储存。冷却肉的储藏期，如表 4.1 所示。

表 4.1　冷却肉的储藏条件和储藏期

品　名	温度/℃	相对湿度/%	储藏期/d
牛肉	-1.5 ~0	90	28 ~35
小牛肉	-1 ~0	90	7 ~21
羊肉	-1 ~0	85 ~90	7 ~14
猪肉	-1.5 ~0	85 ~90	7 ~14
全净膛鸡	0	80 ~90	7 ~11
腊肉	-3 ~1	80 ~90	30
腌猪肉	-1 ~0	80 ~90	120 ~180

(2)冷却肉在冷藏中的变化　冷却肉在储藏中会发生一些物理化学变化，包括硬变、重量减轻、色泽变暗等。

①硬度的变化。肉在冷藏期间会完成尸僵过程和成熟过程，其硬度随之产生相应的变化。

②重量的变化。肉在冷却的最初阶段，随水分蒸发较多，重量损失也较大。但肉体表面产生干燥层后，水分蒸发量相对减少，但在增加空气的循环速度和降低空气的湿度时，则肉体的失重量增加。肉体的表面积与体积之比愈大，水分的蒸发量愈多。此外，瘦肉比肥肉的水分的蒸发量多。

③肉色的变化。肉在冷藏过程中，由于肌肉组织吸收空气中的氧而使颜色发生变化。在储藏的最初几天，肌红蛋白形成了氧合肌红蛋白而使肉呈现出鲜红色，以后则形成稳定的使肉具有暗红色的高铁肌红蛋白。另一方面由于表面干燥，造成肌肉组织色素浓度的增加。冷藏温度越低，肉保持自然色泽的时间越长。

除此之外，还有少数会变成绿色、黄色、青色等，这都是由于细菌、霉菌的繁殖，使蛋白质分解产生的特殊现象。

④发黏、发霉。发黏和发霉是冷却肉污染微生物的结果，它取决于肉最初的污染程度、冷却条件及加工前的质量等。0 ℃时，当最初肉表面污染的细菌数达到每平方厘米 100 个，16 d 肉就发黏，当达到 105 个时，只有 7 d 肉就发黏。当温度提高，肉发黏的时间明显缩短。

(3) 延长冷却肉储藏期的方法　将 CO_2、紫外线照射或臭氧与低温结合使用，可延长冷却肉的储藏期。

①CO_2　在低温条件下，CO_2 浓度在 10% 时可使肉表面的霉菌生长减慢，20% 可使霉菌活动停止。CO_2 具有很大的溶解性，还能很好地透过细胞膜。肉中的蛋白质、脂肪和水都能很好地吸收 CO_2。CO_2 不仅能抑制肉表面微生物的生长，而且能抑制肉组织深部的微生物生长。由于 CO_2 在脂肪中有很好的溶解性，脂肪中氧气的浓度就会降低，从而减缓了脂肪的氧化和水解。在温度为 0 ℃，CO_2 浓度为 10% ~20% 时储藏冷却肉，储藏期可延长 1.5 ~2.0 倍。

CO_2 法的缺点是：当 CO_2 浓度超过 20% 时，由于 CO_2 与血红蛋白和肌红蛋白的结合，而使肉的颜色变暗。此外，CO_2 法储藏需要特殊结构的储藏室。

②紫外线照射：在空气温度为 2 ~8 ℃，相对湿度为 85% ~95% 时，用紫外线照射冷却肉，可使储藏期延长一倍。

紫外线照射的缺点是：只能使肉表面灭菌；照射会使肉中的维生素损失；肉的颜色发暗；由于形成臭氧，脂肪的氧化进程显著增强；胴体难以被均匀照射；紫外线对人的眼睛与皮肤有害。

2) 冷冻储藏法

把肉的温度降低到 -18 ℃以下，使肉中绝大部分水分变成冰晶，在 -21 ~ -18 ℃的环境下储藏的方法叫肉的冷冻储藏法，简称冻藏。

冷却肉由于其储藏温度在肉的冰点以上，微生物和酶的活动只受到部分的抑制，冷藏期短。当肉在 0 ℃以下冷藏时，随着冻藏温度的降低，肌肉中冻结水的含量逐渐增加，肉的 A_w 逐渐下降，使细菌的活动受到抑制。当温度降到 -10 ℃以下时，冻肉则相对于中等水分食品。大多数细菌在此下不能生产繁殖。当温度下降到 -30 ℃时，肉的 A_w 值在 0.75 以下，霉菌和酵母菌的活动也受到抑制。所以冻藏能有效地延长肉的保藏期，防止肉品质下降，在肉类工业中得到广泛应用。

(1) 肉的冻结　肉中的水分部分或全部变成冰的过程叫做肉的冻结。冰结晶最大生成带：肉在冻结时，肉汁中的纯水分形成结晶，随着水分的冻结，冰点下降，当温度降至 -10 ~ -5 ℃时，组织中的水分为 80% ~90% 已冻结成冰。通常把肉从开始冻结到有 80% ~90% 的水形成冰结晶的温度范围称为冰结晶的最大生成带。温度继续下降，由于肉汁中可溶性物质浓度增加，使冰点不断下降，所以当有 90% 水分冻结后，此后冰结晶生成速度降低。

一般冰结晶的大小与其形成的速度有关。在快速冻结时形成的冰结晶颗粒小，数量多，在组织中分布均匀，对肉组织破坏性小，解冻后汁液又可渗入组织中，几乎可以恢复原有的品质及营养价值。慢速冻结时，冰结晶在肌细胞之间形成和生长，从而使肌细胞外液浓度增加。出于渗透压的作用，肌细胞会失去水分而发生脱水收缩，结果在收缩了的细胞之间形成相对少而大的冰晶。大的冰晶对肌细胞造成机械损伤，肉在解冻时因为水分不能返回到其原来的位置会失去较多的肉汁，从而影响肉的质量。

(2) 冻结方法　肉类的冻结方法多采用空气冻结法、板式冻结法和浸渍冻结法，其中空气冻结法最为常用。根据空气所处的状态和流速的不同，又分为静止空气冻结法和鼓风冻结法。

①静止空气冻结法。这种冻结方法是把食品放入 -30 ~ -10 ℃的冻结室内，利用静止冷空气进行冻结。由于冻结室内自然对流的空气流速很低(0.03 ~0.12 m/s)和空气的导热系数小，肉类食品冻结时间一般在 1 ~3 d，因而这种方法属于缓慢冻结。当然冻结时间与食品的类型包装大小、堆放方式等因素有关。

②板式冻结法。这种方法是把薄片状食品(如肉排、肉饼)装盘或直接与冻结室中的金属板架接触，冻结室温度一般为 -30 ~ -10 ℃，由于金属板直接作为蒸发器，传递热量，冻结速度比静止空气冻结法快、传热效率高、食品干耗少。

③鼓风冻结法。工业生产上普遍使用的方法是在冻结室或隧道内安装鼓风设备，强制空气流动，加快冻结速度。鼓风冻结法常用的工艺条件是：空气流速一般为 2 ~10 m/s，冷空气温度为 -40 ~ -25 ℃，空气相对湿度为 90% 左右。这是一种速冻方法，主要是利用低温和冷空气的高速流动，食品与冷空气密切接触，促使其快速散热。这种方法冻结速度快，冻结的肉类质量高。

④液体冻结法。这种方法是商业上用来冻结禽肉所常用的方法，也用于冻结鱼类。此法热量转移速度慢于鼓风冻结法。热传导介质必须无毒，成本低，黏性低，冻结点低，热传导性能好。一般常用液氮、食盐溶液、甘油、甘油醇和丙烯醇等，但值得注意的是，食盐水常引起金属槽和设备腐蚀。

(3)冻结工艺　冻结工艺分为一次冻结和二次冻结。

①一次冻结。宰后鲜肉不经冷却，直接进入冻结间冻结。冻结温度为 -25 ℃，风速为1 ~2 m/s，冻结时间为 16 ~18 h，肉深层温度达到 -15 ℃，即完成冻结过程，出库进入冷藏间储藏。

②二次冻结。宰后鲜肉先送入冷却间，在 0 ~4 ℃温度下冷却 8 ~12 h，然后转入冻结间，在 -25 ℃条件下进行冻结，一般 12 ~16 h 完成冻结。

一次冻结和二次冻结相比，加工时间可缩短 40%，减少大量的搬运，提高冻结间的利用率，干耗损失少。但一次冻结对冷收缩敏感的牛、羊肉类，会产生冷收缩现象。二次冻结肉质较好，不易产生冷收缩现象，解冻后汁液流失少，肉的嫩度好。

(4)冻结肉的储藏　冻藏间的温度一般保持在 -20 ~ -18 ℃、温度波动不超过 ±1 ℃，冻结肉的中心温度保持在 -15 ℃以下。

冻肉的冻藏期受原料肉的种类与品质、冻藏条件、堆放方式和包装方式等因素的影响，其中温度的影响最大。各种肉类的冻藏条件和冻藏期如表 4.2 所示。

表 4.2　各种肉类的冻藏条件和冻藏期

类　别	冻结点/℃	温度/℃	相对湿度/℃	冻藏期/月
牛肉	-1.7	-23 ~ -18	90 ~95	9 ~12
猪肉	-1.7	-23 ~ -18	90 ~95	4 ~6
羊肉	-1.7	-23 ~ -18	90 ~95	8 ~10
小牛肉	-1.7	-23 ~ -18	90 ~95	8 ~10
兔肉		-23 ~ -18	90 ~95	4 ~6

(5)冻结肉在冻藏期间的变化　各种肉类经过冻结和冻藏后，都会发生一些物理变化和

化学变化,从而引起肉的组织结构、外观、气味和营养价值的变化,肉的品质受到影响。

①容积。水变成冰所引起的容积增加大约是9%,而冻肉由于冰的形成所造成的体积增加约为6%,肉的含水量越高,冻结率越大,则体积增加越多。在选择包装方法和包装材料时,要考虑到冻肉体积的增加。

②干耗。肉在冻结、冻藏和解冻期间都会发生脱水、干缩现象。干缩的程度因空气条件(温度、湿度、流速)、肉的等级和大小、包装情况的不同而不同。对于未包装的肉类,在冻结过程中,肉中水分减少0.5%~2%,快速冻结可减少水分蒸发。在冻藏期间,当上述各种条件都不利时,肉表层可形成海绵层。海绵层的厚度随冻藏时间的延长而加厚,肉产生酸败味,肉表面发生黄褐色变化,表层组织结构粗糙,这就是所谓的冻结烧。这是由于在冻藏期间肉表层冰晶的升华,形成了较多的微细孔洞,增加了脂肪与空气中氧的接触机会,脂肪严重氧化,肉吸附了其他异味。冻结烧与肉的种类和冻藏温度的高低有密切关系。禽肉和鱼肉脂肪稳定性差,易发生冻结烧。猪肉脂肪在-8 ℃下储藏6个月,表面有明显酸败味,且呈黄色。而在-18 ℃储藏12个月也无冻结烧发生。采用聚乙烯塑料薄膜密封包装,隔绝氧气,可有效地防止冻结烧。在冻藏期间,冷藏期间空气流速小,温度尽量保持不变,有利于减少干耗。

③重结晶。冻藏期间冻肉中冰晶的大小和形状会发生变化,特别是冷藏室内的温度高于-18 ℃,且温度波动的情况下,微细的冰晶不断减少或消失,形成大冰晶。大冰晶对肌纤维造成挤压,促使肌纤维集结,肌肉组织结构受到破坏。这种机械损伤是不可逆的,解冻时会引起大量的肉汁流失,肉的质量下降。

采用快速陈结,并在-18 ℃下储藏,尽量减少波动次数和减小波动幅度,可使冰晶生长减慢。

④蛋白质变性。冻结往往使鱼肉蛋白质尤其是肌球蛋白,发生一定程度的变性,从而导致韧化和脱水。牛肉和禽肉的肌球蛋白比鱼肉肌球蛋白稳定得多。

⑤变色。冻藏期间肉的颜色逐渐变暗。这主要是色素物质氧化以及肉表面水分蒸发色素物质浓度增加所致。肉颜色的变化也与包装材料的透氧性有关。

⑥风味和营养成分变化。大多数食品在冻藏期间会发生风味和味道的变化,尤其是脂肪含量高的食品。多不饱和脂肪酸经过一系列化学反应发生氧化而酸败,产生许多有机化合物,如醛类、酮类和醇类。醛类是使风味和味道异常的主要原因,冻结烧、Cu^{2+}、Fe^{2+}、血红蛋白也会使酸败加快。添加抗氧化剂或采用真空包装可防止酸败。冻结肉在解冻时不可避免地产生肉汁流失,从而使肉的营养成分产生一定的损失。

(6)冻肉的解冻　解冻是冻结的逆过程,是肉类消费和加工前的必经步骤。解冻就是使冻结肉中的冰晶溶化成水,肉恢复到冻前的新鲜状态的过程。解冻肉的质量与解冻速度、解冻温度及方法密切相关。

缓慢解冻时,冰晶溶化成的水,有充足的时间回复到肉组织中去,产生的肉汁流失少,肉的品质好;快速解冻时,肉汁流失多,肉的品质差。通常解冻温度越高,肉解冻越快,肉汁流失越多。

肉的解冻方法有多种,如空气解冻、水或盐水解冻、真空解冻、微波解冻等。在肉类工业中常用的解冻方法有以下几种:

①空气解冻。即以空气作为热交换介质的解冻方法。它又分自然解冻和流动空气解冻。空气温度、湿度和流速都影响解冻的质量。

自然解冻又称静止空气解冻，是一种在室温条件下解冻的方法。随着解冻温度的提高，解冻时间变短。一般在0~5 ℃和相对湿度90%条件下解冻，称缓慢解冻；在12~20 ℃和相对湿度50%~60%下解冻，称快速解冻。解冻速度也与肉块的形状和大小有关。流动空气解冻是采用强制送风，加快空气循环，缩短解陈时间。采用空气—蒸汽混合介质解冻则比单纯空气解冻所需时间短。

空气解冻的优点是不需特殊设备，适合解冻任何形状和大小的肉块，缺点是解冻速度慢，水分蒸发多，重量损失大。

②水解冻。水的导热系数比空气大得多，用水作解冻介质，可提高解冻速度。用4~20 ℃的水解冻猪肉半胴体，比空气解冻快7~8倍，如在10 ℃水中解冻半胴体，解冻时间为13~15 h。家禽冻体在5 ℃空气中自然解冻，解冻时间为24~30 h，而在相同温度的静水中解冻，仅需3~4 h。流水解冻比静水解冻快。

水解冻法还可采用喷淋解冻。根据肉的形状、大小和包装方式，也可采用空气解冻与喷淋解冻相结合的方法。

水解冻的优点是肉表面湿润，由于肉吸收水分而使重量增加3%左右。但色泽淡，肉呈浅粉红或近乎白色。

③蒸汽解冻。以热蒸汽作为解冻介质的方法。其优点是解冻速度比水解冻法更快，但肉汁损失比空气解冻大得多。

④微波解冻。微波解冻可大大缩短解冻时间，同时能减少肉汁损失，减少肉的污染，提高肉的质量。此法适于半胴体和1/4胴体的解冻。还适于带包装肉类的解冻。

生产实践中要根据肉的形状、大小、包装方式、肉的质量、污染程度以及生产需要等，采取适宜的解冻方法。而且还要根据生产的需要，将肉解冻到完全解冻状态或半解冻状态。

(7)解冻肉的质量变化　肉汁流失是解冻中常出现的对肉的质量影响最大的问题。

①肉汁流失。影响肉汁流失的因素是多方面的，通过对以下影响因素的控制，可使肉汁流失减少到最小程度。

A. 肉的成熟度：肉的成熟阶段对肉汁流失有很大的影响。处于极限pH值的肉，解冻时肉汁流失最多，为肉重的8%~10%。充分成熟的肉，解冻时肉汁流失少。成熟肉在同样解冻条件下的肉汁流失为3%~4%。

B. 冻结速度：缓慢冻结的肉，形成的冰晶越大，肌肉组织的损伤程度越大，流失的肉汁越多。同时，由于冰晶的形成和增大，细胞内脱水，盐类浓度增大，导致蛋白质变性。解冻时，变性的蛋白质分子空间结构不能复原，不能重新吸附水分，造成肉汁流失。解冻时可逆性小，肉汁流失多；不同温度下冻结的肉在同一温度(20 ℃)解冻时，肉汁流失差异很大。例如，在-8 ℃、-20 ℃和-43 ℃等3种不同条件下冻结的肉块，在20 ℃的空气中解冻，肉汁流失分别为11%、6%和3%。

C. 冻藏温度：冻藏温度低且稳定，解冻时肉汁流失少，否则反之。例如，在-20 ℃下冻结的肉块，分别在-1.5 ℃~-1 ℃、-9 ℃~-3 ℃和-19 ℃的不同温度下保存3 d，然后自然解冻，肉汁流失分别为12%~17%、8%和3%。

D. 解冻速度：缓慢解冻肉汁流失少，快速解冻肉汁流失多。例如，在-23 ℃冻结的肉块，在-20 ℃下冻藏4个月后，分别在1 ℃、10 ℃下自然解冻，肉汁流失量分别为1.76%和3.27%。一般认为，10 ℃以下的低温解冻可使肉保持较少的肉汁流失和较少的微生物数。

②营养成分的变化。由于解冻造成的肉汁流失，导致肉的重量减轻，水溶性维生素和肌浆蛋白等营养成分减少。此外，反复冻结会导致肉的品质恶化，如组织结构变差，形成胆固醇氧化物等。

4.3 鲜肉气调保鲜储藏

在我国，鲜肉消费约占肉类总产量的70% ~80%。目前国内猪肉的销售方式以集市无包装销售和超市的速冻包装为主。前者虽然有较好的新鲜度，但在流通过程中易导致质量下降；后者虽可较长时间保存，但鲜度较差，难以满足人们对新鲜食品的质量要求。

在经济发达国家，鲜肉都以小包装的形式在超市销售，一些北美和欧洲国家，如美国、加拿大、德国和荷兰等国，普遍采用保鲜包装并在低温冷藏链下流通，有效提高鲜肉的保鲜期和质量。这种保鲜包装鲜肉须在0 ~5 ℃温度下储存和销售，常称之为“冷却肉”。

鲜肉的气调保鲜就是利用适合保鲜的保护气体置换包装容器内的空气，抑制细菌繁殖和酶促腐败，结合调控温度以达到长期保存和保鲜的一种技术。气调保鲜是通过充气包装来完成的。

4.3.1 气调保鲜肉的发展

CO_2 是鲜肉气调储藏中最为常用的气体。高浓度 CO_2 的气体在肉保鲜上的应用始于1930 年。在把鲜肉由澳大利亚和新西兰运往英国去的轮船上，CO_2 发挥了较好的保鲜作用。到1938 年，澳大利亚的26% 的鲜肉和新西兰的60% 鲜肉都是在有 CO_2 保鲜的方式下运输的。气体比例为 $CO_2:O_2=20:80$（体积比），一般采用大包装或大容器。

在20 世纪70 年代，高浓度 CO_2 气调对肉的保鲜作用又重新引起了人们的兴趣。人们用 CO_2、N_2、O_2、H_2 等不同气体及其组合进行了广泛的试验，观察其对微生物的抑制效果及对肉的影响。研究表明气调中充入20% 的 CO_2 可抑制肉中革兰氏阴性菌的繁殖，延长保存期，同时在气调中加入5% 以下 O_2，可以使包装袋内的肉色呈鲜红色。但随后的研究又发现，氧气的加入虽使最初肉色红亮，但以后肉褐变严重，储存期也明显缩短。

到了20 世纪80 年代，大量试验和实践证明，100% 纯 CO_2 气调为最理想的鲜肉保鲜方式。通过研究各种气体及其组合对肉上微生物生长情况及肉色的影响发现，在0 ℃的冷藏条件下，充入不含氧 CO_2 至饱和可大大提高鲜肉的保存期，同时可防止肉色在低氧情况下的变褐。如果能做到从屠宰到包装、储藏过程中有效防止微生物污染，则鲜肉在0 ℃气调下能达到20 周的储存期。

我国对气调保鲜肉的研究始于20 世纪80 年代后期。但在生产和商业中的应用仅是近几年的事。目前，也仅仅是北京、上海等少数大城市的市场上看到这类气调保鲜肉。近几年，国外先进的连续式真空（充气）包装机的引进，才使气调保鲜肉的生产成为可能。

4.3.2 鲜肉质量劣化的原因

由于储藏方法不合理，鲜肉在储藏过程中质量会下降，甚至腐败变质。鲜肉在储藏过程中质量变劣主要表现在微生物的数量增加和色泽变差两个方面：

1)肉表面微生物繁殖造成肉的腐败

正常新鲜肉表面微生物数每平方厘米小于20个。在有氧条件下，优势菌为假单孢菌，在无氧条件下，优势菌为乳酸菌。细菌大都生存在肉的表面。肉表面细菌由于分解蛋白质和其他营养物质，使肉表面发黏，产生臭气，在很短时间内腐败变质。

2)色泽的变化

肉中肌红蛋白氧化成褐色氧化肌红蛋白而影响肉的外观颜色的接受性。消费者评判肉新鲜与否的一个重要标志就是肉的颜色，鲜红色的肉是最受欢迎的鲜肉颜色，肉的颜色取决于肌红蛋白和血红蛋白的化学状态。

刚宰杀的肉呈紫红色。当暴露于空气中，与氧结合形成氧合成肌红蛋白，使肉呈鲜红色。随后进一步氧化形成氧化肌红蛋白，使肉变暗呈褐色。在低氧浓度下(如真空包装中)，肌红蛋白与氧合肌红蛋白均可被氧化生成高铁肌红蛋白，呈褐色，使肉色变暗。肉在无氧条件下，可有效防止肉的褐变、氧化。

4.3.3 鲜肉气调保鲜机理

大量研究表明大气环境和温度是影响鲜肉保藏期的主要因素。在常温的大气环境中，细菌迅速繁殖而导致鲜肉变质，因而降低储藏温度，并创造一个“人工气候环境”，则可有效延长鲜肉的保质期。

鲜肉气调保鲜机理是通过在包装内充入一定的气体，破坏或改变微生物赖于生存繁殖的环境，抑制微生物及酶的活动，以达到保鲜的目的。气调包装常用的气体有 CO_2、O_2 和 N_2，或是它们的各种组合，每种气体对鲜肉的保鲜作用不同。

1) O_2

O_2 一方面可抑制鲜肉中厌氧菌繁殖；另一方面可与肌红蛋白结合形成氧合肌红蛋白使肉色呈鲜红色，易被消费者接受。一般混合气体中 O_2 在50%以上才能保持这种肉色。但氧的存在有利于好气性假单孢菌生长，使不饱和脂肪酸氧化酸败，致使肉色褐变。因而气调包装肉的储存期大大缩短。在0 ℃条件下，储存期仅为2周。

2) CO_2

CO_2 无色，无味，性质稳定，是气调包装的抑菌剂，它对大多数需氧菌和霉菌的繁殖有较强的抑制作用。由于 CO_2 可溶于肉中，降低了肉的pH值，可抑制某些不耐酸的微生物。但 CO_2 对塑料包装薄膜具有较高的透气性和易溶于肉中，导致包装盒塌落，影响产品外观。因此，若选用 CO_2 作为保护气体，应选用阻隔性较好的包装材料。

3) N_2

N_2 是惰性气体，对肉的色泽和微生物没有影响，也不会被食品所吸收。氮对塑料包装材料透气率很低，因而可作为混合气体的缓冲或平衡气体，并可防止因 CO_2 逸出包装盒而影响产品质量和外观。

4.3.4 气调保鲜的气体配比

气调保鲜所用的气体按一定比例组成混合气体。其中的 CO_2、O_2、N_2 保持合适比例，才能达到保鲜要求，延长肉品的保质期。常用的气调配比有以下几种：

1)100% 纯 CO_2

在冷藏条件下(0 ℃),充入不含 O_2 的 CO_2 至饱和可大大提高鲜肉的保存期,同时可防止肉色变褐。用这一方式保存猪肉至少可达 15 周。如果能做到从屠宰到包装、储藏过程中有效防止微生物污染,则储藏期可达到 20 周。因此,纯 CO_2 气调包装适合于批发的、长途运输的、要求较长保存期的销售方式。为了使肉色呈鲜红色,让消费者喜爱,在零售以前,改换含氧包装,或换用聚苯乙烯托盘覆盖聚乙烯薄膜包装形式,使氧与肉接触形成鲜红色氧合肌红蛋白,吸引消费者选购。改成零售包装的鲜肉在 0 ℃下约可保存 7 d。

2)75% O_2 和 25% CO_2

用 75% O_2 和 25% CO_2 组成的混合气体充入鲜肉包装内,既可形成氧合肌红蛋白,又可使肉在短期内防腐保鲜。在 0 ℃的冷藏条件下,可保存 10 ~ 14 d。这种气调保鲜肉是一种只适合于在当地销售的零售包装。

3)50% O_2、25% CO_2 和 25% N_2

用 50% O_2、25% CO_2 和 25% N_2 组成的混合气体作为保护气体充入鲜肉包装内,既可使肉色鲜红、防腐保鲜,同时又可防止因 CO_2 逸出包装盒受大气压力压蹋。这种气调包装同样是一种适合于在本地超市销售的零售包装形式。在 0 ℃冷藏条件下,保存期可达到 14 d。

不同的国家对不同的肉制品所用的充气包装的气体配比如表 4.3 所示。

表 4.3 充气包装肉及肉制品所用气体比例

肉的品种	混合比例	洲、国家及地区
新鲜肉(5 ~ 12 d)	70% O_2 + 20% CO_2 + 10% N_2 或 75% O_2 + 25% CO_2	欧洲
鲜碎肉制品和香肠	33.3% O_2 + 33.3% CO_2 + 33.3% N_2	瑞士
新鲜斩拌肉馅	70% O_2 + 30% CO_2	英国
熏制香肠	75% CO_2 + 25% N_2	德国及北欧四国
香肠及熟肉(4 ~ 8 周)	75% CO_2 + 25% N_2	德国及北欧四国
家禽(6 ~ 14 d)	50% O_2 + 25% CO_2 + 25% N_2	德国及北欧四国

4.3.5 鲜肉气调包装应注意的问题

鲜肉气调包装的保鲜效果受鲜肉在包装前的卫生指标,包装材料的阻隔性及封口质量,所用气体配比,包装肉储存环境温度等因素的影响。因此,在鲜肉气调包装工艺上应注意以下问题:

1)鲜肉在包装前的处理

生猪宰杀后,如果在 0 ~4 ℃温度下冷却 24 h,可以抑制鲜肉中 ATP 的活性,同时完成排酸过程。这种排酸后的冷却肉,营养和口感远比速冻肉好。另外,为了保证气调包装的保鲜效果,还必须控制好鲜肉在包装前的卫生指标,防止微生物污染。

2)包装材料的选择

气调包装应选用阻隔性良好的包装材料,以防止包装内气体外逸,同时也要防止大气中 O_2 的渗入。作为鲜肉气调包装,要求对 CO_2 和 O_2 均有较好的阻隔性,通常选用以 PET、PP、PA、PVDC 等作为基材的复合包装薄膜。

3)充气和封口质量的保证

充气和封口质量的控制,必须依靠先进的充气包装机械和良好的操作质量,例如,连续式真空充气包装机，从容器成形、计量充填、抽真空充气到封口切断、打印日期和产品输出均在一台机器上自动连续完成，不仅高效可靠，而且减少了包装操作过程中的各种污染，有利于提高保鲜效果。

4）产品储存温度的控制

温度对保鲜效果的影响来自两个方面：一是温度的高低直接影响肉体表面的各种微生物的活动；二是包装材料的阻隔性与温度有着密切关系。温度越高，包装材料的阻隔性越小。因此，必须实现从产品、储存、运输到销售全过程的温度控制。

4.4　真空包装储藏

真空包装是除去包装袋内的空气，经过密封，使包装袋内的食品与外界隔绝。在真空状态下，好气性微生物受到抑制，减少了肉中蛋白质的降解和脂肪的氧化酸败。另外经过真空包装，使乳酸菌和厌氧菌增值，肉的 pH 值降低至 5.6 ~ 5.8，进一步抑制了其他菌的生长，从而延长了产品的储藏期。

4.4.1　真空包装的作用

在肉的保鲜中，真空包装的作用主要有：抑制微生物生长，并避免外界微生物的污染；抑制酶的活性；减缓肉中的脂肪氧化；减少产品失水，保持产品重量；使产品整洁，增加市场效果等。真空包装还便于与其他方法结合使用。如脱水、腌制、冷冻、气调储藏等。

4.4.2　真空包装保鲜存在的问题

真空包装虽然能延长肉的保存期，但也存在着质量问题。

1）色泽

肉的色泽是消费者判断肉新鲜与否的主要因素。鲜肉经过真空包装，氧分压低，肌红蛋白易转化为高铁肌红蛋白，使肉呈现褐色。真空包装鲜肉的颜色问题可以通过双层包装解决。即内层为一层透气性好的薄膜，然后用真空包装袋包装，销售前拆除外层包装，又由于内层包装透气性好，与空气充分接触形成氧合肌红蛋白，肉牛呈鲜红色。

2）肉汁渗出

真空包装易造成产品变形和肉汁渗出，感观品质下降，失重明显。

4.5　辐射保鲜

辐射保鲜是利用原子能射线的辐射能量对食品进行杀菌处理而保存食品的一种物理方法，是一种安全卫生、经济有效的食品保存技术。高能射线对微生物的强烈杀伤作用，很早就引起人们的重视，早在 20 世纪 50 年代初，人们已开始研究利用辐射来保藏肉类及其制品。

4.5.1 辐射保藏食品的原理

1)辐射和辐射杀菌的基本原理

(1)α、β、γ射线的特性及形成 α射线是从原子核中射出的带正电的高速离子流;β射线则是带负电的高速粒子流;γ射线是一种光子流,它是原子核从高能态跃迁到低能态时放出的。γ射线的能量最大,约为几十万电子伏特以上,而可见光只有几个电子伏特。从电离能力来看,α射线最强,γ射线最弱;从对物质的穿透能力来看,γ射线最强,β射线的电离及穿透能力处于α、γ射线之间。

(2)辐射源 辐射源是进行食品辐射杀菌最基本的工具。常用的辐射源有电子束辐射源(产生电子射线)、x射线源和放射性同位素源。用于肉类辐射保鲜的辐射源主要是放射性同位素源,如^{60}Co和^{137}Cs辐射源,^{60}Co最为常见。

(3)辐射杀菌原理 食品的辐射杀菌,通常是用x、γ射线在一定剂量范围内辐照肉,这些高能带电或不带电的射线引起食品中微生物、昆虫发生一系列生物物理和生物化学反应,使它们的新陈代谢、生长发育受到抑制或破坏,其致使细胞组织死亡等。或利用射线抑制肉品中某些生物活性物质的变化过程,从而达到保藏或保鲜的目的。

2)辐射的剂量单位

常用的辐射剂量单位有戈瑞(Gy)和拉德(rad)。戈瑞(Gy)是照射剂量的国际单位,即1 kg被照射物质吸收1 J的能量为1戈瑞(Gy)。拉德(rad)表示被照射的物体从辐射场内吸收的能量单位。即1 g物质当吸收10^{-5} J射线能量时,辐射剂量为1拉德(Md)。它们之间的换算关系为:

$$1\ \text{KGy} = 1\ 000\ \text{Gy},\quad 1\ \text{Gy} = 1\ \text{J/kg} = 100\ \text{rad};$$

4.5.2 辐射的应用

辐射杀菌根据其目的及剂量不同,可分为辐射消毒杀菌及辐射完全杀菌两种。

1)辐射消毒杀菌

辐射消毒杀菌的作用是抑制或部分杀灭腐败性微生物及致病性微生物。辐射消毒杀菌又分为选择性辐射照杀菌及针对性辐射杀菌,前者又称辐射耐储杀菌,后者称为辐射巴氏杀菌。

(1)选择性辐射杀菌 选择性辐射杀菌的剂量一般定为500 Krad以下,它的主要目的是抑制腐败性微生物的生长和繁殖,增加冷冻储藏的期限。结合低温处理,常用于鱼、贝等水产品捕捞后的运储。

(2)针对性辐射杀菌 剂量范围是0.5 Mrad。主要用于畜禽的零售鲜肉和水产品,用来杀灭沙门氏菌。

2)辐射完全杀菌

它是一种高剂量辐射杀菌法,剂量范围为1~6 Mrad。它可杀灭肉类及其制品上的所有微生物,以达到"商业灭菌"的目的。只要包装不破损,能在室温下储藏一年以上。

应用射线的照射可控制寄生虫,延长肉制品货架期,甚至达到灭菌保藏的目的。但食品不同,保藏目的不同,其照射剂量也不同。常用的辐射剂量如表4.4所示。

表 4.4　不同食品的辐射剂量(FAO)

食　品	主要目的	达到的手段	剂量/Mrad
肉、禽、鱼及其他易腐食品	不用低温,长期安全储藏	杀死腐败菌、病原菌和肉毒梭菌	4 ~ 6
肉、禽、鱼及其他易腐食品	在 3 ℃下延长储藏期	减少嗜冷菌数	0.5 ~ 1.0
冻肉、冻鸡、鸡蛋及其他易污染病原菌的食品	防止食品中毒	杀灭沙门氏细菌	0.3 ~ 1.0
肉及有病原寄生虫的食品	防止食品媒介的寄生虫	杀灭旋毛虫、牛肉绦虫等	0.01 ~ 0.03
香辛料、辅料	减少细菌污染	降低菌数	1 ~ 3

肉类等食品经过辐照后产生一种类似于蘑菇的味道,称作辐射味。辐射味的产生与照射剂量大致成正比,0.1 Mrad 照射鲜猪肉即产生异味,3 Mrad 异味增强。这主要是含硫氨基酸分解的结果。辐照时加入某些添加剂,如抗氧化剂、柠檬酸、香料、碳酸氢钠、维生素 C 等能抑制辐照味。

肉品经辐照后,肉色会变淡。

4.5.3　辐照工艺学

只有合理的辐照工艺,才能获得理想的效果,其工艺流程是:

前处理→包装→剂量的确定→检验→运输→保存

1)前处理

辐射保鲜就是利用射线杀灭微生物,并减少二次污染,从而达到保藏的目的。因此,辐射保藏的原料肉必须新鲜、优质、卫生,这是辐射保鲜的基础。辐照前对肉品进行挑选和品质检查,要求质量合格,原始含菌量、含虫量低。

2)包装

屠宰后的胴体必须剔骨,去掉不可食部分,然后进行包装。包装的目的是避免辐射过程中的二次污染,便于储藏、运输。包装可采用真空或充入氮气。包装材料可选用金属罐或塑料袋。塑料袋一般选用抗拉度强、抗冲击性好、透氧率指标好、γ 射线辐照后其化学、物理变化小的复合薄膜制成,一般以聚乙烯(PE)、聚对苯二甲酸乙二酯(PET)、聚乙烯醇(PVA)、聚丙烯(PP)和尼龙 6(PA6)等薄膜复合结构,有时在中层夹铝箔效果更好。采用热合封口包装是肉制品辐射保鲜的一个重要环节。因而要求包装能够防止辐照食品的二次污染。

3)辐照

常用辐射源有 ^{137}Cs、^{60}Co 和电子加速器等三种,其中 ^{60}Co 辐照源释放的 γ 射线穿透力强,设备较简单,因而多用于肉品辐照。辐照箱的设计,根据肉品的种类、密度、包装大小、辐射剂量均匀度以及储运销售条件决定,一般采用铝质材料,长方体结构,长、宽、高的比例可为 2:15:5。辐照条件根据辐照肉品的要求而定,如为减少辐照过程中某些营养成分的损失,可采用高温辐照。在辐照方法上,为了提高辐照效果,经常使用复合处理的方法,如与红外线、微波等物理方法相结合。

4)剂量的确定

辐照处理的剂量和处理后的储藏条件往往会直接影响其效果,辐照剂量越高,保存时间越长。各种肉类辐照剂量与保藏时间如表4.5所示。

表4.5 各种肉类辐照剂量与保藏时间

肉 类	辐照剂量	保藏时间
鲜猪肉	^{60}Co γ射线1 500	常温保存2个月
鸡肉	γ射线200~700	延长保藏时间
牛肉	γ射线500	3~4周
	1 000~2 000	3~6个月
羊肉	γ射线4 700~5 300	灭菌保藏
猪肉肠	γ射线照射4 700~5 300	减少亚硝酸盐用量
		灭菌保藏
腊肉罐头	^{60}Co γ射线4 500~5 600	灭菌保藏

5)辐照后的保藏

肉品辐照后可在常温下储藏。采用辐射杀菌法处理的肉类,结合低温保藏效果较好。肉品辐射处理是一项综合性措施,要把好每一个工艺环节才能保证辐照的效果和质量。

虽然食品辐照可有效减少或去除病原菌和腐败微生物,保证食品的卫生和感官品质,但是许多消费者仍不愿接受辐射食品,因此科学家研究了电子束辐射应用在食品储藏中。因为机械加速的电子束辐射不使用任何放射性材料,消费者的认同可能会提高。

4.6 化学保鲜

肉的化学保鲜主要是利用化学合成的防腐剂和抗氧化剂保鲜肉和肉制品的方法,常用的防腐保鲜物质包括有机酸及其盐类(山梨酸及其钾盐、苯甲酸及其钠盐、乳酸及其钠盐、双乙酸钠、脱氢醋酸及其钠盐、对羟基苯甲酸酯类等)、脂溶性抗氧化剂(丁基羟基茴香醚BHA、二丁基羟基甲苯BHT、特丁基对苯二酚TBHQ、没食子丙酯PG)、水溶性抗氧化剂(抗坏血酸及其盐类)。化学保鲜法常与其他储藏手段相结合,在肉制品储藏中发挥着重要的作用。

脂质氧化是肉在储存期间发生酸败、肉质变差的主要原因,往往导致异味、色泽变差、汁液损失增加、营养价值下降,甚至产生有毒物质。通过添加化学的或合成的抗氧化剂虽然可解决氧化问题,但这些抗氧化剂具有毒副作用。据称,BHA、BHT和TBHQ等其他合成的抗氧化剂具有致癌和其他副作用。因而,天然抗氧化剂是今后的发展方向,如α-生育酚乙酯、茶多酚等。

α-生育酚、茶多酚、黄酮类物质等具有防腐和抗氧化性能的天然物质在肉类防腐保鲜方面的研究方兴未艾,代表着今后的发展方向。

乳酸链球菌素(Nisin)、溶菌酶等生物制剂,对肉类保鲜有效果。上述这类物质与其他方法结合使用,可收到良好的防腐效果。

复习思考题

1. 肉类储藏的原理是什么?
2. 什么是冷却肉和冷冻肉?
3. 什么是冰结晶最大生成带?
4. 冷冻方法及冷冻肉的储藏对原料肉的质量有何影响?
5. 试述冷冻肉的解冻方法及其优缺点。
6. 试述原料肉低温储藏与辐照储藏原理有何同异及优缺点。
7. 简述辐射对肉品质的影响。

第5章 肉制品加工中常用的辅料及特性

本章导读：肉制品品种繁多、风味各异，但无论哪一种肉制品都离不开调味料和香辛料。而这些能提高肉制品质量和食用特性的辅助物质，称为辅料。本章主要就肉制品加工过程中，经常使用的一些辅料，包括调味料、香辛料和食品添加剂的一些特性和使用做简要说明。

在肉制品加工过程中，为了改善和提高肉制品的感官特性及食用品质，延长肉制品的货架期和便于加工生产，除主料外，常添加一些其他可食性物料，这些物料称为辅料。各种辅料的使用具有重要意义，它能赋予产品特有风味，同时增加营养和商业价值，提高耐保藏性，改进产品质量等。正是由于各种辅料和添加剂的不同选择和应用，才生产出许许多多各具风味特色的肉制品。

辅助材料的广泛应用，给肉制品加工行业带来了前所未有的繁荣同时也出现了一些社会问题。在肉制品加工的辅助材料中，有少量物质是对人体有副作用。因此在使用时，一定要注意根据需要和其特性，来选择所用的辅料和剂量，以保证消费者的身体健康。本章主要介绍在肉制品加工过程中最常用的调味料、香辛料和添加剂。

5.1 调 味 料

调味料是指为了改善食品的风味、赋予食品特殊味感（咸、甜、酸、苦、鲜、麻、辣等）使食品鲜美可口、增进食欲而添加入食品中的天然或人工合成的物质。

5.1.1 咸味料

1）食盐

食盐主要成分是氯化钠。精制食盐中氯化钠含量在98%以上，主要成分是氯化钠，味咸、中性、呈白色细晶体，无可见外来杂质，无苦味、涩味及其他异味。肉制品中含有大量的蛋白质、脂肪等具有鲜香味的成分，常常需要存一定浓度的咸味才能表现出来，不然就淡而无味，所以食盐常有“百味之王”之称，是肉制品加工中最重要的调味科。

除此之外，食盐有调味、防腐保鲜、提高保水性和黏着性等重要作用。食盐对人体维持正常生理、调节血压渗透压和保持体内酸碱平衡均有重要作用,是人体不可缺少的物质,同时食盐是加工中不可少的调味料,并且是腌渍的主要辅料。一般制品中含盐2.5%~3%,过多则太咸以至味苦,而且高钠盐食品会导致高血压,在生产中应掌握其用量。通常成人每天需要摄入量为15 g。

为了减少由于高盐食品给人所带来的负面影响,新型食盐的替代品Zyest在国外已研制成功并大量使用。该产品属酵母型咸味剂,可使食盐的用量减少一半以上,甚至90%,并同食盐一样具有防腐作用,现已广泛用于面包、饼干、香肠、沙司、人造黄油等食品,统称为低钠食品。日本广岛大学也研制了一种不含钠但有咸味的人造食盐,是由与鸟氨酰和甘氨酸化合物类似的22种化合物合成,并加以改良后制备而成,称其为鸟氨酰牛磺酸,味道很难与食盐区别,现已投入生产,但售价比食盐高50倍。

2)酱油

酱油按生产方法分为天然发酵、人工发酵和化学酱油等三大类。天然发酵酱油是利用空气中的微生物对黄豆、豆饼等进行发酵的产品,具有独特的风味,味浓鲜,质量极佳。但是,出品率低,原料消耗大,生产周期长,成本高,故除少数名特产外,一般不使用它。

人工发酵酱油是以黄豆、豆饼为原料,经蒸煮后再接种人工培养的曲种发酵,加盐水过滤浓缩而成,也是最普遍、最常用的一种。

化学酱油是用盐酸将蛋白质分解,加碱中和,配以酱包及食盐水而成,我国已停止生产。

酱油品种很多,应根据所加工的肉制品品种的不同,选用不同酱油。腌腊制品常用的几种酱油有:

(1)生抽　分双王生抽,一、二、三级生抽,是以黄豆为原料,自然发酵,日晒加工复制而成。其色清淡,味鲜,咸度适中。以第一次发酵的酱油为原料复制的叫双王生抽。多用于色泽较浅的制品。

(2)老抽　分特级和一般老抽,是以豆豉和生抽作原料,加红糖,日晒或加热浓缩而成,色泽枣红,豆豉味浓,比生抽味稍甜,适用于色泽较深的制品。

(3)珠油　是用一般酱油和红糖经加工浓缩而成,褐色,浓度高呈胶水状,味甜,多用于着色。

(4)白色酱油　一般酱油脱色而成。

除一般酱油外,还有辣、虾子、冬菇、蘑菇、味精、无盐、红甜酱油等品种。

酱油主要含有食盐、蛋白质和氨基酸等物质,具有香、鲜与甘咸味。在制品中起调味、着色、防腐作用并可促进产品的发酵成熟。一般酱油食盐含量大于15 g/100 mL,氨基态氮大于0.4%,总酸(以乳酸汁)小于2.5 g/100 mL。

酱油保存应注意防尘、防霉、卫生。否则会生霉,系产膜酵母菌落,加热至60 ℃可杀灭除去。

5.1.2　甜味料

对肉制品来讲,所加甜味料主要是食糖。食糖具有甜味,生理酸性,可以缓冲咸味,改善滋味,使肉保持一定的硬度,不致过分硬化。食糖还具有一定的防腐作用和提高腌制品色泽稳定性的功能。此外在较长时间的腌制过程中,糖在微生物和酶的作用下变成酸,使pH值降低,不仅可抑制某些微生物,而且可以使胶原膨润松软;在加热肉制品时,糖和氨基酸之间发生美拉德反应,产生醛类等多羰基化合物,其次产生含硫化合物,增加了肉的风味。食糖主要包括蔗糖、葡萄糖、饴糖、蜂蜜等,可根据制品规格要求使用不同的食糖。

1)蔗糖

蔗糖是常用的天然甜味剂。白糖、红糖和砂糖都是蔗糖。在肉制品加工中应选用含蔗糖99%以上、色泽白亮、甜度大而纯正的粒状结晶,含水分微量,蛋白质0.3%,灰分0.7%,每100 g含钙32 mg、铁1.9 mg。蔗糖的保存要注意卫生、防潮、单独存放,防止还潮、溶化、干缩、结块发酵及变味。

2)葡萄糖

葡萄糖(Dextrose or Glucose)为白色晶体或粉末。葡萄糖除可以改善产品的滋味外,还有助于胶原蛋白的膨胀和疏松,使制品柔软。葡萄糖的保色作用较好,而蔗糖的保色作用不太稳定。肉品加工中葡萄糖的使用量为0.3% ~0.5%。

3)饴糖

饴糖是以米或其他淀粉质原料蒸熟,用麦芽糖化,经过滤、浓缩而成,主要成分是麦芽糖(50%)、葡萄糖(20%)和糊精(30%)。饴糖味甜柔爽口,有吸湿性和黏性。饴糖以颜色鲜明、汁稠味浓、洁净不酸者为佳。宜用缸存,使用中注意存放在阴凉处,防止酸败。

4)蜂蜜

蜂蜜含葡萄糖42%、果糖35%、蔗糖20%、蛋白质0.3%、淀粉1.8%、苹果酸0.1%,以及脂肪、酶、芳香物质、无机盐、多种维生素、蜡、色素、花粉粒等。蜂蜜易被人体吸收利用,可增加血红蛋白,提高人的抵抗力;以色白或黄,透明、半透明或凝固,无杂质,味纯甜无酸味者为佳。

5.1.3 酸味料

1)食醋

具有一定的防腐和去腥解膻作用,在肉制品中添加适量食醋能给人以爽口的感觉,并能增进食欲。因醋酸具有挥发性,受热易挥发,故适宜在产品出锅时添加,否则,将部分挥发而影响酸味。醋酸还可以与乙醇生成具有香味的乙酸乙酯,故在糖醋制品中添加适量的酒,可使制品具有浓醇甜酸、气息扑鼻的特点。

2)柠檬酸及其钠盐

柠檬酸及其钠盐它不仅使调味料,国外还作为肉制品的改良剂使用。如用氢氧化钠和柠檬酸盐等混合液来代替磷酸盐,提高pH值到中性,也能达到提高肉类的持水性、嫩度和和成品率的目的。

5.1.4 增味剂

增味剂亦称风味增强剂,指能增强食品风味的物质,主要是增强食品的鲜味,故又称为鲜味剂。

我国国家标准《食品添加剂使用卫生标准 GB 2760—86》(包括1988年、1989年增补品种)规定允许使用的增强剂有谷氨酸钠、鸟苷酸钠、肌苷酸二钠、呈味核苷酸二钠等4种。主要用于各类食品及调味料等,使用量按“正常生产需要”而定。

1)谷氨酸钠

谷氨酸钠又称味精。谷氨酸有左旋、右旋和外消旋等 3 种异构体,具有酸味和鲜味,经适度中和成钠盐后,则酸味消失而鲜味显著。谷氨酸钠最先是由日本的池田菊苗氏从海带中发现的,现多以糖质原料用发酸法生产。谷氨酸钠为无色、白色柱状结晶或结晶性粉末,有特殊的鲜味,其鲜味的产生是由于 α-NH_3 和 γ-coo^- 两个基团之间产生静电吸引,形成五元环状结构的结果。易溶于水,微溶于乙醇,无吸湿性,对光、热、酸、碱都稳定。在 150 ℃失去结晶水,熔点 195 ℃,210 ℃发生吡咯烷酮化,生成焦谷氨酸,270 ℃发生分解。

在肉品加工中,谷氨酸钠是最常用的鲜味调料之一,其味的临界值为 0.014%、pH 值为 3.2时呈味力最低,pH 值为 5 以下加热也脱水为焦谷氨酸钠,pH 值为 6 ~7 时呈鲜能力最强,pH 值为 7 以上加热则消旋变成二钠盐失去鲜味。谷氨酸钠有缓解咸、酸、苦味的作用,并能引出其他食品所具有的自然风味,在肉制品加工中一般用量为 0.2% ~0.5% 为宜。

2)肌苷酸二钠

肌苷酸二钠又称肌苷酸钠、次黄嘌呤核苷-5-磷酸钠。近年来多用制造鱼类罐头的副产物为原料,经离子交换树脂处理制得。

肌苷酸二钠呈无色或白色结晶粉末,有特殊的鲜味(松鱼味),易溶于水,难溶于乙醇、乙醚。几乎无吸湿性,对热、稀碱稳定,但能被酶分解。在肉品加工中作为鲜味剂使用,其鲜味比谷氨酸钠强 10 ~30 倍,与谷氨酸钠混合(1:7)使用可得倍增的效果,称为强力味精。其用量因原料肉的种类、制品的不同而不同,一般肌苷酸二钠单独使用量为 0.001% ~0.01%,因肌苷酸二钠能被酶分解,所以应先把肉加热到 85 ℃左右,将酶破坏后再添加较为适宜。

3)鸟苷酸钠

鸟苷酸钠为无色至白色结晶或结晶性粉末,是具有很强鲜味的核苷酸类鲜味剂。100 ℃加热 30 ~60 min 几乎无变化,250 ℃时分解。鸟苷酸钠具有特殊香菇鲜味,鲜味程度约为肌苷酸钠的 3 倍以上,与谷氨酸钠合用有很强的相乘效果;亦与肌苷酸二钠混合配制成呈味核苷酸二钠,作混合味精用。

4)核糖核苷酸二钠

核糖核苷酸二钠又称核糖核苷酸钠,为白色结晶或粉末,与谷氨酸钠有相乘效果。核糖核苷酸二钠一般与谷氨酸钠混合后广泛用于各种食品,加入量约占谷氨酸钠的 2% ~10%。

5.1.5　料酒

分黄酒和白酒两类,主要成分是乙醇和少量的酯类。它可以去除膻味、腥味和异味,并有一定的杀菌作用,给制品以特有的醇香气味,使制品回味甘美,增加风味特色,是多数中式肉制品所必不可少的调味料。

5.2　香辛料

香辛料的种类很多,诸如葱类、胡椒、花椒、八角茴香、桂皮、丁香、肉豆蔻等。香辛料是某些植物的果实、花、皮、蕾、叶、茎、根,这些原料具有一定的气味和滋味,赋予产品一定的风味,抑制和矫正食物不良气味,增进食欲,促进消化作用。很多香辛料有抗菌防腐作用,同时还有特殊生理药理作用。有些香辛料还有防止氧化的作用,但食品中应用香辛料的目的主要在于增香。

香辛料的辛味和香气是其所含的特殊成分呈现的,任何一种化合物都没有香辛料所具有的微妙风味。所以,现在香辛料仍多以植物体原来的新鲜、干燥或粉碎状态使用,这样的香辛料叫天然香辛料。而天然的香料易于受虫害和细菌的污染,往往成为肉制品腐败的原因。因而最近以蒸馏、抽提等方法分离出与天然物质相类似的成分,制成液体香料。但液体香料多不易溶于水,难以与食品均匀混合,因而又出现了制成乳浊液的乳化香料。

5.2.1 香辛料的分类

1)根据利用的部位不同分类

根据利用的部位不同可将其分根或根茎类(姜、葱、蒜、洋葱等)、皮(桂皮)、花或花蕾(丁香)、果实(辣椒、胡椒、花椒、八角、小茴香等)和叶(鼠尾草、月桂叶、麝香等)等几类。

2)根据气味分类

依据其所具有的不同气味,将其分为辛辣性香辛料(胡椒、辣椒、花椒、蒜、姜、葱、桂皮、芥子等)和芳香性香辛料(丁香、麝香、肉豆蔻、小豆蔻、月桂叶、小茴香等)。

3)根据化学性质分类

根据辛味成分的化学性质,将其分为酰胺类(胡椒、辣椒)、含硫类(葱、蒜、洋葱)和无氮芳香族(丁香、麝香)。

5.2.2 常见的香辛料的特性及其在肉制品加工中的使用

1)大茴香

大茴香是木兰科乔木植物的果实,多数为八瓣,故又称八角;八角果实含精油2.5%~5%,其中以茴香脑为主(80%~85%),即对丙烯基茴香醛、蒎烯、茴香酸等。有独特浓烈的香气,性温微甜。有去腥和防腐的作用。在我国的传统肉制品加工如煮制、酱卤肉制品中经常使用,它具有增加肉的香味、增进食欲的功效。

2)小茴香

小茴香是伞形科多年草本植物茴香的种子,含精油3%~4%,主要成分为茴香脑和茴香醇,占50%~60%,还含有少量的小茴香酮及茨烯、蒎烯等。是肉制品加工中常用的调香料,可挥发出特异的茴香气,有开胃、理气的功效。

3)花椒

花椒为云香科植物花椒的果实。花椒的香气成分主要成分为柠檬烯、香茅醇、萜烯、丁香酚等,辣味主要是山椒素。在肉制品加工中,整粒多供腌制肉制品及制作酱卤汁用;粉末多用于调味和配制五香粉。

4)桂皮

桂皮是樟科植物肉桂的树皮及茎部表皮经干燥而成。桂皮含精油1%~2.5%,主要成分为桂醛,占80%~95%,少量甲基丁香酚、桂醇。桂皮用做肉类烹饪用调味料,亦是卤汁、五香粉的主要原料之一,能使制品具有良好的香辛味,而且还具有重要的药用价值。

5)肉蔻

肉蔻由肉豆蔻科植物肉蔻果肉干燥而成,皮和仁有特殊浓烈芳香气,味辛略带甜、苦味,有增香去膻的调味功能,亦有一定抗氧化作用。可用整粒或粉末,肉品加工中常用作卤汁、五香粉等调香料的原料,常用于西式制品中。

6)砂仁

砂仁为姜科多年生草本植物的果实。主要成分为龙脑、右旋樟脑、乙酸龙脑酯、芳梓醇等。具有樟脑油的芳香味,是肉制品中重要的调味香料。具有除臭去腥、提味增香的作用。含砂仁的肉制品,清香爽口,风味别致。

7)丁香

丁香为桃金娘科植物丁香干燥花蕾及果实,丁香富含挥发香精油,具有特殊的浓烈香味,兼有桂皮香味。丁香是肉品加工中常用的香料,一般磨成粉末加在肉制品中,对提高制品风味具有显著的效果。但丁香对亚硝酸盐有分解作用,在使用时应加以注意。

8)白芷

白芷是伞形科的多年生草本植物的干燥根部,根圆锥形,外表呈黄白色,切面有粉质,有黄圈,以根粗壮、体重、粉性足、香气浓者为佳品。有持续气味,常用于酱卤制品中。

9)葱

葱属百合科,叶绿色,管状,先端尖。其香辛味主要成分是硫醚化合物如烯丙基二硫化物,具有强烈的葱辣味和刺激性。可调味压腥,促进食欲和杀菌,是重要的鲜菜调味品。广泛应用于酱制、红烧类产品,特别是酱猪肝、肺、舌、蹄等制品。

10)姜

姜属姜科多年生草本植物,主要利用地下膨大的根茎部;可鲜用,也可干制,供调味或入药,具有强烈的姜辣味和爽快风味;其辣味和芳香成分主要是姜油酮、姜烯酚和姜辣素及柠檬醛、姜醇等。具有去腥调味,促进食欲,开胃驱寒和减腻解毒的功效。在肉制品中常用于酱卤、红烧罐头等的调香料。

11)蒜

蒜属百合科,是一种多年生宿根植物,能开花结子,但通常用蒜瓣繁殖。主要成分为蒜素,即挥发性的二烯丙基硫化物,具有特殊的蒜辣味,可压腥去膻,增加蒜香。常用于西式肉制品中,如蒜肠中添加蒜泥,可使制品具有蒜香。

12)胡椒

胡椒是多年生藤本胡椒科植物的果实,有黑胡椒、白胡椒两种。黑胡椒风味大于白胡椒,而白胡椒外观色泽好。胡椒的辛辣味成分主要是胡椒碱、佳味碱和少量的嘧啶。胡椒性辛温,味辣香,具有令人舒适的辛辣芳香,兼有除腥臭、防腐和抗氧化作用。在我国传统的香肠、酱卤、罐头及西式肉制品中广泛应用。

13)甘草

甘草是豆科多年生草本植物的根,主要成分味甘草甜素、甘草亭、甘草苦苷等,除此之外还有少量的蔗糖、葡萄糖、甘露糖等,常用于酱卤制品,以改善制品风味。

5.3 添加剂

为了增强或改善食品的感官性状,延长保存时间,满足食品加工工艺过程的需要或某种特殊营养需要,常在食品中加入天然的或人工合成的无机或有机化合物,这种添加的有机或无机物统称为添加剂。

作为食品添加剂,必须符合以下条件:

①加入食品后不破坏食品的质量和营养价值,并且不至于使食品出现异味。

②它可调节食品营养成分的组成,以满足消费者的不同需要。

③它可以改善或加强食品原有的性状,可使食品趋于稳定而耐储藏,或改善食品的色香味。

④用于食品后不分解产生有毒物质,两种以上的添加剂同时作用时,不应产生毒性的协同作用。在允许使用范围内,长期摄入不引起积累性中毒。

⑤不会和生产设备及容器、工具等发生化学反应。

⑥有利于食品加工,对运输、储藏及包装有利。

肉制品加工中使用的添加剂,根据目的的不同,可大致分为发色剂、着色剂、品质改良剂、防腐剂及抗氧化剂等,本部分主要对前3种添加剂做简单介绍。

5.3.1 发色剂和发色助剂

发色剂指本身一般为无色的,但与食品的色素相结合能固定食品中的色素,或促进食品发色;发色助剂能起到促进颜色呈色的作用。在肉制品中使用的发色剂主要是硝酸盐和亚硝酸盐,发色助剂是抗坏血酸和异抗坏血酸。

1)硝酸盐

硝酸盐是无色结晶或白色结晶粉末,稍有咸味,易溶于水。将硝酸盐添加到肉制品中,在微生物的作用下,可还原成亚硝酸盐,亚硝酸盐和肌红蛋白可生成稳定的亚硝酸盐肌红蛋白络合物,使肉制品呈现鲜红色,因此称其为发色剂。亚硝酸盐使肉发色迅速,但呈色作用不稳定,适用于生产过程短且不需长期保藏的制品。对生产时间长,或需要长期保藏的肉制品,最好使用硝酸盐腌制。

2)亚硝酸盐

亚硝酸盐是白色或淡黄色结晶粉末,具有防止制品腐败,提高肉品的储藏性的作用。除此之外,还有改善食品风味和稳定肉色的特殊功效,腌制时与硝酸钾混用,能缩短腌制时间,在这一点上要强于硝酸盐。但亚硝酸盐毒性强,可致癌,因此在使用时一定要限量。比如,我国在1996年颁布的《食品添加剂使用卫生标准》中对硝酸钠和亚硝酸钠的使用规定如下:

使用范围:肉类罐头,肉制品。

最大使用量:硝酸钠0.5 g/kg,亚硝酸钠0.15 g/kg。

最大残留量:(以亚硝酸钠计):肉类罐头不得超过50 mg/kg;肉制品不得超过30 mg/kg。

3）抗坏血酸、抗坏血酸钠

抗坏血酸即维生素 C，具有很强的还原作用，但对热和重金属极不稳定，因此一般使用稳定性较高的钠盐，肉制品重使用量为 0.02% ~0.05%。应用抗坏血酸盐于肉制品中的目的主要有：

①它可将高铁肌红蛋白还原为亚铁肌红蛋白，加速了肉制品的腌制速度。

②可和亚硝酸发生化学反应，增加 NO 的形成。

③多量的抗坏血酸盐能起到抗氧化的作用，因而稳定腌肉的颜色和风味。

④在一定条件下抗坏血酸盐可减少亚硝胺的生成。

因此，亚硝酸盐常用于腌制的肉制品中，可促进发色和加速腌制速度，并且可减少亚硝胺的生成（亚硝胺有致癌作用）。

除此之外，还有异抗坏血酸、异抗坏血酸钠和烟酰胺等也是不错的发色助剂。

5.3.2　着色剂

着色剂又称色素。在肉制品生产中，为使制品具有鲜艳的肉红色，常使用着色剂。着色剂可分为天然着色剂和人工着色剂。截止 1998 年底，经国家批准允许生产和使用的着色剂共有 69 种，其中人工着色剂 48 种。

1）人工着色剂

人工着色剂又称化学合成着色剂，常用的有苋菜红、胭脂红、柠檬黄、日落黄、亮蓝等。人工着色剂色泽鲜艳，着色性强，稳定性好，色调多样，但大多数对人体有害，一定要在其规定的安全剂量范围内使用，才可保证其安全性。如胭脂红为水溶性着色剂，无毒剂量为 0.05%，规定使用的剂量不超过 0.125 mg/kg。

2）天然着色剂

天然着色剂从植物、微生物、动物可食部分用物理法提取精制而成。天然着色剂的开发和应用是当今世界发展趋势，如在肉制品中应用愈来愈多的焦糖色素、红曲红、高粱红、栀子黄、姜黄色素等。天然着色剂一般价格较高，稳定性稍差，但比人工着色剂安全性高。

红曲红是由接种于蒸熟米粒上的红曲霉菌菌丝体分泌的次级代谢物，是比较理想的纯天然食用色素，其工业产品具有色价高、色调纯正、光热稳定性好强、pH 值适用范围广、水溶性好，同时具有一定的保健和防腐功效。肉制品中用量为 50 ~500 mg/kg。

高粱红由黑紫色高粱壳提取制得，有液体制品和固体粉末 2 种，属纯天然色素，易溶于水，水溶液在酸性时呈红色，碱性时呈紫色，对光和热非常稳定，抗氧化能力强，但易受金属离子，特别是铁离子影响而变褐。常用于熟肉制品，其色泽柔和自然，且多为表面着色。本品安全性高，最大使用量为 400 mg/kg。

5.3.3　品质改良剂

1）磷酸盐

磷酸盐已普遍应用于肉制品中，以改善肉制品的保水性能。国家规定可用于肉制品的磷酸盐有：焦磷酸钠、三聚磷酸钠和六偏磷酸钠。它们常复合使用，有报道称，当它们应用于肉制品中，添加量之比为 2∶2∶1 时，保水性能较好。在肉品加工中，使用量一般为肉重的 0.1% ~0.4%，用量过大会导致产品风味恶化，组织粗糙，呈色不良。

焦磷酸钠可稳定肉制品，增加产品的弹性和保水性，并能改善肉品的口味和抗氧化作用，但盐溶解性差，所以在腌制时要先将其溶解再添加其他辅料。三聚磷酸钠对多种金属有较强的螯合作用，对 pH 值有一定的缓冲能力，并能防止酸败。多聚磷酸盐对金属容器有一定的腐蚀作用，所以选用设备应为不锈钢材料。使用磷酸盐有时会使腌肉制品表面出现结晶，可通过减少焦磷酸钠的使用量来控制。

2）淀粉

淀粉为白色的粉末状固体，不溶于冷水和有机溶剂。淀粉溶液在加热时会逐渐吸水膨胀，发生糊化，糊化后淀粉溶液变成具有一定黏稠度的半透明胶体溶液。

淀粉是肉制品加工中经常使用的增稠剂，中西式肉制品加工过程中，大多以淀粉为增稠剂。在肉制品生产中，加入淀粉，可提高制品的持水性、改善组织状态的等作用。在中式肉制品中，淀粉能增强制品的感官性能，保持制品的鲜嫩感，提高制品的滋味，影响制品的色、香、味。在西式肉制品中，近年来，肉制品中多加入变性淀粉。变性淀粉是由天然淀粉经过化学或酶处理等而使其物理性质发生改变，以适应特定需要而制成的淀粉。现在的变性淀粉主要有环状糊精、有机酸裂解淀粉、氧化淀粉、交联淀粉等。变性淀粉可明显地改善肉制品、灌肠制品的组织结构、切片性、口感和多汁性，提高产品的质量和出品率。

淀粉用量过多，会影响肉制品的黏着性、弹性和风味，故许多国家对淀粉的用量做出规定，如日本规定在香肠中添加量不超过 5%，混合火腿在 3% 以下；美国可用 3.5% 的谷物淀粉；欧盟不超过 2%。

3）大豆蛋白

肉制品中常添加的大豆蛋白主要有粉末状大豆分离蛋白、纤维大豆蛋白和粒状大豆蛋白。粉末状大豆分离蛋白有良好的保水力。浓度为 12% 的大豆分离蛋白，加热温度超过 60 ℃，其黏度急剧上升，当温度达 80 ~ 90 ℃时静置、冷却，就会形成光滑的沙状胶质。通过利用大豆分离蛋白的这种特性，可改善肉制品的质量，此外，大豆蛋白还有很好的乳化力。纤维状及粒状大豆蛋白具有强烈变性结构，在肉制品加工中具有保水性、保油性和肉粒感的作用。其中纤维状大豆蛋白，对防止烧煮收缩效果显著。

复习思考题

1. 肉制品加工中常用的辅料主要有哪几类？
2. 什么是调味料？在肉制品加工中添加有什么作用？
3. 什么是香辛料？在肉制品加工中添加有什么作用？
4. 磷酸盐在肉制品加工中有什么作用？如果添加过多有什么危害？
5. 简述添加剂的概念和其在肉制品加工中的作用。
6. 简述大豆蛋白的种类及其在肉制品加工中的作用。

第6章 中式肉制品加工

本章导读：主要介绍了各种中式肉制品加工的特点、工艺流程、加工要点，内容包括腌腊制品、酱卤制品、肉干制品和烧烤制品等4大类肉制品。通过学习，要求理解4种肉制品加工的特点和工艺流程，在此前提下，能够进一步掌握各种肉制品加工的加工要点。

中国是世界上食品生产最早的文明古国，具有许多民族特色的风味食品，我国优质名特产品的品种达到500余种，而一般地方名特产品尚无法计数。中式肉制品种类因产地和风土人情不同而存在很大差异，并以自身独特的魅力吸引着广大消费者，历来深受国内外消费者喜爱。中式肉制品主要分为腌腊制品、酱卤制品、烧烤制品、灌肠制品、烟熏制品、发酵制品、干制品、油炸制品和罐头制品等9大类，其中腌腊制品、酱卤制品、烧烤制品和干制品是中式肉制品的典型代表。

中式肉制品是中华民族3 000多年来肉类加工实践的结晶，其生存和发展的空间是任何一类肉制品都难以比拟的，因其颜色、香气、滋味和造型独特而著称于世，历经数千年而长盛不衰，充分证明它有着广泛的大众消费基础，蕴藏着强大的生命力。但是，中式肉制品尚存在加工规模小，工艺落后，设备简单，包装陈旧，产品单一和卫生条件较差等缺点，因而不利于消费，不能满足消费者在商品质量、品种多样化和消费心理上的需求，难以走向大市场，极大地限制了它的发展。

近年来，随着人们工作节奏与生活节奏的加快，旅游业的蓬勃兴起与发展，国际交往日益广泛，人们迫切希望家务劳动社会化、食品方便化。因此，传统肉制品的工业化与现代化势在必行。将食品工程、发酵工艺、生物保鲜、现代包装与加工技术应用于传统肉制品的方便化与工业化生产之中，改大为小，变生为熟，缩短腌制时间和发酵周期，努力提高香气，降低盐分，丰富色彩，消除有害有毒物质产生与污染，简化工艺，定量配方，确定科学的工艺参数，提高包装档次及与现代加工包装设备配套，实现规模化工业生产，是一项十分重要的研究课题，具有重大的现实意义和历史意义。

6.1 腌腊制品

6.1.1 腌腊制品的概念与种类

1)概念

腌腊制品是我国传统肉制品之一。曾经指畜禽肉类经过加盐(或卤盐)和香料进行腌制,经过一个寒冬腊月,使其在较低温度下,自然风干成熟,形成独特腌腊风味而得名。现泛指原料肉经预处理、腌制、脱水、保藏成熟而成的肉制品。腌腊制品有如下特点:肉质细致紧密,色泽红白分明,滋味咸鲜可口,风味独特,便于携运,耐储藏;其制品主要有腊肉、板鸭、腊肠、中式火腿、咸肉等。

腌腊制品以其悠久的历史和特有的风味而成为中国传统肉制品的典型代表。闻名天下的浙江金华火腿已有900多年的加工历史。金华火腿最早在浙江金华、东阳、义乌、兰溪、浦江等地加工,当时这些县均属金华府管辖,故而得名;又因金华位于长江以南,也称南腿,历史上曾被列为贡品,故又有“贡腿”之称。

深受消费者喜爱的板鸭又称“贡鸭”,创始于明末清初,已有300多年的加工历史。在板鸭中最负盛名的有南京板鸭、南安板鸭和重庆白市驿板鸭,它们已成为我国著名的传统肉制品,驰名中外。

2)种类和特点

(1)腌腊制品种类　腌腊制品(cured meat product)是肉经腌制、酱制、晾晒(或烘烤)等工艺加工而成的生肉类制品,食用前需经熟制加工。根据加工工艺及产品特点,腌腊制品可分为咸肉类(pickled meat insalt)、腊肉类(cured meat)、酱肉类(marinated meat in soy sauce)和风干肉类(air-dried meat)。

(2)腌腊制品特点

①咸肉类。原料肉经腌制加工而成的生肉类制品,食用前需经熟制加工。咸肉又称腌肉,其主要特点是成品肥肉呈白色,瘦肉呈玫瑰红色或红色,具有独特的腌制风味,味稍咸。常见咸肉类有咸猪肉、咸羊肉、咸水鸭、咸牛肉和咸鸡等。

②腊肉类。肉经食盐、硝酸盐、亚硝酸盐、糖和调味香料等腌制后,再经晾晒或烘烤或烟熏处理等工艺加工而成的生肉类制品,食用前需经熟化加工。腊肉类的主要特点是成品呈金黄色或红棕色,产品整齐美观,不带碎骨,具有腊香,味美可口。腊肉类主要代表有中式火腿、腊猪肉(如四川腊肉、广式腊肉)、腊羊肉、腊牛肉、腊兔、腊鸡、板鸭、鸭肫干、板鹅、鹅肥肝、腊鱼等。

③酱肉类。肉经食盐、酱料(甜酱或酱油)腌制、酱渍后,再经脱水(风干、晒干、烘干或熏干等)而加工制成的生肉类制品,食用前需经煮熟或蒸熟加工。酱肉类具有独特的酱香味,肉色棕红。酱肉类常见有清酱肉(北京清酱肉)、酱封肉(广东酱封肉)和酱鸭(成都酱鸭)等。

④风干肉类。肉经腌制、洗晒(某些产品无此工序)、晾挂、干燥等工艺加工而成的生肉类制品,食用前需经熟化加工。风干肉类干而耐咀嚼,回味绵长。常见风干肉类有风干猪肉、风

干牛肉、风干羊肉、风干兔和风干鸡等。

3)腌腊制品的保藏原理

肉的腌制是肉品储藏的一种传统手段,也是肉品生产常用的加工方法。肉的腌制通常用食盐或以食盐为主并添加硝酸钠、蔗糖和香辛料等辅料对原料肉进行浸渍的过程。近年来,随着食品科学的发展,在腌制时常加入品质改良剂如磷酸盐、异维生素C、柠檬酸等以提高肉的保水性,获得较高的成品率。同时腌制的目的已从单纯的防腐保藏发展到主要为了改善风味和色泽,提高肉制品的质量,从而使腌制成为许多肉类制品加工过程中一个重要的工艺环节。

(1)腌制的材料及其作用

①食盐的防腐作用:食盐是腌腊肉制品的主要配料,也是唯一不可缺少的腌制材料。食盐不能灭菌,但一定浓度的食盐(10% ~15%)能抑制许多腐败微生物的繁殖,因而对腌腊制品具有防腐作用。腌制过程中食盐的防腐作用主要表现在:

A. 较高的渗透压,引起微生物细胞的脱水、变形,同时破坏水的代谢;

B. 影响细菌酶的活性;

C. 迁移率小,能破坏微生物细胞的正常代谢;

D. 氯离子比其他阴离子(如溴离子)更具有抑制微生物活动的作用。

此外,食盐的防腐作用还在于食盐溶液减少了氧的溶解度,氧很难溶于食盐水中,由于缺氧减少了需氧型微生物的繁殖。

食盐使制品呈现咸味。肉制品中含有大量的蛋白质、脂肪等成分,但其鲜味要在一定浓度的咸味下才能表现出来。

②硝酸盐和亚硝酸盐的防腐作用:

A. 硝酸盐和亚硝酸盐可以抑制肉毒梭状芽孢杆菌的生长,也可以抑制许多其他类型腐败菌的生长。这种作用在硝酸盐浓度为0.1%和亚硝酸盐浓度为0.01%左右时最为明显。

B. 毒梭状芽孢杆菌能产生肉毒梭菌毒素,这种毒素具有很强的致死性,对热稳定,大部分肉制品进行热加工的温度仍不能杀灭它,而硝酸盐能抑制这种毒素的生长,防止食物中毒事故的发生。

C. 硝酸盐和亚硝酸盐的防腐作用受pH值的影响很大,在pH值为6时,对细菌有明显的抑制作用,当pH值为6.5时,抑菌能力有所降低,在pH值为7时,则不起作用,但其机理尚不清楚。

③食糖的作用:在肉制品加工中,由于腌制过程食盐的作用,使腌肉因肌肉收缩而发硬且咸。添加白糖则具有缓和食盐的作用,由于糖受微生物和酶的作用而产生酸,促进盐水溶液中pH值下降而使肌肉组织变软。同时白糖可使腌制品增加甜味,减轻由食盐引起的涩味,增强风味,并且有利于制作香肠的发酵。

④磷酸盐的保水作用:磷酸盐在肉制品加工中的作用,主要是提高肉的保水性,增加黏着力。由于磷酸盐呈碱性反应,加入肉中能提高肉的pH值,使肉膨胀度增大,从而增强保水性,增加产品的黏着力和减少养分流失,防止肉制品的变色和变质,有利于调味料浸入肉中心,使产品有良好的外观和光泽。

(2)腌制过程中的呈色变化

①硝酸盐和亚硝酸盐对肉色的作用:肉在腌制时食盐会加速血红蛋白(Hb)和肌红蛋白

(Mb)氧化,形成高铁血红蛋白(MetHb)和高铁肌红蛋白(MetMb),使肌肉丧失天然色泽,变成紫色调的淡灰色。为避免颜色变化,在腌制时常使用发色剂——硝酸盐和亚硝酸盐,常用的有硝酸钠和亚硝酸钠。加入硝酸钠或亚硝酸钠后,由于肌肉中色素蛋白质和亚硝酸钠发生化学反应形成鲜艳的亚硝基肌红蛋白和亚硝基血红蛋白,这种化合物在烧煮时变成稳定粉红色,使肉呈现鲜艳的色泽。

发色机理:首先硝酸盐在肉中脱氮菌(或还原物质)的作用下,还原成亚硝酸盐;然后与肉中的乳酸产生复分解作用而形成亚硝酸;亚硝酸再分解产生氧化氮;氧化氮与肌肉纤维细胞中的肌红蛋白(或血红蛋白)结合而产生鲜红色的亚硝基(NO)肌红蛋白(或亚硝基血红蛋白),使肉具有鲜艳的玫瑰红色。

$$NaNO_3 \xrightarrow{\text{脱氮菌还原}} NaNO_2 + H_2O$$

$$NaNO_2 + CH_3CH(OH)COOH \longrightarrow HNO_2 + CH_3CH(OH)COONa$$

$$2HNO_2 \longrightarrow NO + NO_2 + H_2O$$

$$NO + \text{肌红蛋白(血红蛋白)} \longrightarrow NO\ \text{肌红蛋白(血红蛋白)}$$

亚硝酸是提供一氧化氮的最主要来源。实际上获得色素的程度,与亚硝酸盐参与反应的量有关。亚硝酸盐能使肉发色迅速,但呈色作用不稳定,适用于生产过程短而不需要长期储藏的制品,对那些生产周期长和需长期保藏的制品,最好使用硝酸盐。现在许多国家广泛采用混合盐料。用于生产各种灌肠时混合盐料的组成是:食盐98%,硝酸盐0.83%,亚硝酸盐0.17%。

②发色助剂抗坏血酸盐对肉色的稳定作用:肉制品中常用的发色助剂有抗坏血酸和异抗坏血酸及其钠盐、烟酚胺等。其助色机理与硝酸盐或亚硝酸盐的发色过程紧密相连。

如前所述硝酸盐或亚硝酸盐的发色机理是其生成的亚硝基(NO)与肌红蛋白或血红蛋白形成显色物质,其反应如下:

$$KNO_3 \xrightarrow{\text{肉中硝酸还原菌}} KNO_2 + H_2O \quad (1)$$

$$\underset{\text{亚硝酸钾}}{KNO_2} + \underset{\text{乳酸}}{CH_3CHOHCOOH} \longrightarrow \underset{\text{亚硝酸}}{HNO_2} + \underset{\text{乳酸钾}}{CH_3CHOHCOOK} \quad (2)$$

$$3HNO_2 \xrightarrow{\text{不稳定分解}} H^+ + NO_3^- + 2NO + H_2O \quad (3)$$

$$NO + Mb(Hb) \longrightarrow NO\text{-}Mb(NO\text{-}Hb) \quad (4)$$

由反应(4)可知,NO的量越多,则呈红色的物质越多,肉色则越红。从反应式(3)可知,亚硝酸经自身氧化反应,只有一部分转化成NO,而另一部分则转化成了硝酸。硝酸具有很强氧化性,使红色素中的还原型铁离子(Fe^{2+})被氧化成氧化型铁离子(Fe^{3+}),而使肉的色泽变褐。同时,生成的NO可以被空气中的氧氧化成亚硝基(NO_2),进而与水生成硝酸和亚硝酸:

$$2NO + O_2 \longrightarrow 2NO_2$$

$$2NO_2 + H_2O \longrightarrow HNO_3 + HNO_2$$

反应结果不仅减少了NO的量,而且又生成了氧化性很强的硝酸。

发色助剂具有较强还原性,其助色作用通过促进NO生成,防止NO及亚铁离子的氧化。抗坏血酸盐容易被氧化,是一种良好的还原剂。它能促使亚硝酸盐还原成一氧化氮,并创造厌氧条件,加速亚硝基肌红蛋白的形成,完成肉制品的发色作用,同时在腌制过程中防止一氧化氮再被氧化成二氧化氮,有一定的抗氧化作用。若与其他添加剂混合使用,能防止肌肉红色褐变。

腌制液中复合磷酸盐会改变盐水的pH值,会影响抗坏血酸的助色效果,因此往往加抗坏血酸的同时加入助色剂烟酰胺。烟酰胺也能形成稳定的烟酰胺肌红蛋白,使肉呈红色,且烟酰胺对pH值的变化不敏感。据研究,同时使用抗坏血酸和烟酰胺助色效果好,且成品的颜色对光的稳定性要好得多。

目前世界各国在生产肉制品时,都非常重视抗坏血酸的使用。其最大使用量为0.1%,一般为0.025%~0.05%。

③影响腌制肉制品色泽的因素:影响腌制肉制品色泽的因素很多,主要有下面几方面:

A.发色剂的使用量。肉制品的色泽与发色剂的使用量密切相关,用量不足时发色效果不明显。为了保证肉色呈红色,亚硝酸钠的最低用量为0.05 g/kg;用量过大时,过量的亚硝酸根的存在又能使血红素物质中的卟啉环的α-甲炔键硝基化,生成绿色的衍生物。为了确保食用安全,我国国家标准规定:在肉制品中硝酸钠最大使用量为0.05%;亚硝酸钠的最大使用量为0.15 g/kg,在这个安全范围内使用发色剂的多少和原料肉的种类、加工工艺条件及气温情况等因素有关。一般气温越高,呈色作用越快,发色剂可适当少添加些。

B.肉的pH值。肉的pH值也影响亚硝酸盐的发色作用。亚硝酸钠只有在酸性介质中才能还原成一氧化氮,所以当pH值呈中性时肉色就淡,特别是为了提高肉制品的保水性,常加入碱性磷酸盐,加入后会引起pH值升高,影响呈色效果,所以应注意其用量。在过低的pH值环境中,亚硝酸盐的消耗量增大,如使用亚硝酸盐过量,又易引起绿变,发色的最适pH值范围一般为5.6~6.0。

C.温度。生肉呈色的过程比较缓慢,但经烘烤、加热后,反应速度加快。而如果配好料后不及时处理,生肉就会褪色,特别是灌肠机中的回料,因氧化而褪色,这就要求操作迅速,及时加热。

D.腌制添加剂。添加蔗糖和葡萄糖由于其还原作用,可影响肉色强度和稳定性;加烟酸、烟酰胺也可形成比较稳定的红色,但这些物质无防腐作用,还不能代替亚硝酸钠。另一方面香辛料中的丁香对亚硝酸盐还有消色作用。

E.其他因素。微生物和光线等也会影响腌肉色泽的稳定性,正常腌制的肉,切开后置于空气中切面会逐渐发生褐变,这是因为亚硝基肌红蛋白在微生物的作用下引起卟啉环的变化。亚硝基肌红蛋白不但受微生物影响,对可见光也不稳定,在光的作用下NO-血色原失去NO,再氧化成高铁血色原,高铁血色原在微生物等的作用下,使得血色素中的卟啉环发生变化,生成绿、黄、无色衍生物,这种褪变现象在脂肪酸败、有过氧化物存在时可加速发生。有时制品在避光的条件下储藏也会褪色,这是由于NO-肌红蛋白单纯氧化所造成。如灌肠制品由于灌得不紧,空气混入馅中,气孔周围的颜色变成暗褐色。肉制品的褪色与温度有关,在2~8 ℃温度条件下褪色速度比在15~20 ℃以上的温度条件下要慢一些。

综上所述,为了使肉制品获得鲜艳的颜色,除了要有新鲜的原料外,必须根据腌制时间长短,选择合适的发色剂,掌握适当的用量,在适宜的pH值条件下严格操作。此外,要注意低温、避光,并采用添加抗氧化剂,真空包装或充氮包装,添加去氧剂脱氧等方法避免氧的影响,保持腌肉制品的色泽。

(3)腌制过程中的保水变化　腌制除了改善肉制品的风味,提高保藏性能,增加诱人的颜色外,还可以提高原料肉的保水性和黏结性。

①食盐的保水作用:

A. 盐能使肉的保水作用增强。Na^+ 和 Cl^- 与肉蛋白质结合，在一定的条件下蛋白质立体结构发生松弛，使肉的保水性增强。此外，食盐腌肉使肉的离子强度提高，肌纤维蛋白质数量增多，在这些纤维状肌肉蛋白质加热变性的情况下，将水分或脂肪包裹起来凝固，使肉的保水性提高。

B. 在腌制时由于吸收腌制液中的水分和盐分而发生膨胀。对膨胀影响较大的是 pH 值、腌制液中盐的浓度、肉量与腌制液的比例等。肉的 pH 值越高膨胀度越大；盐水浓度在 8% ~10% 时膨胀度最大。

②磷酸盐的保水作用。磷酸盐有增强肉的保水性和黏结性作用。其作用机理是：

A. 磷酸盐呈碱性反应，加入肉中可提高肉的 pH 值，从而增强肉的保水性。

B. 磷酸盐的离子强度大，肉中加入少量即可提高肉的离子强度，改善肉的保水性。

C. 磷酸盐中的聚磷酸盐可使肌肉蛋白质的肌动球蛋白分离为肌球蛋白、肌动蛋白，从而使大量蛋白质的分解粒子因强有力的界面作用，成为肉中脂肪的乳化剂，使脂肪在肉中保持分散状态。此外，聚磷酸盐能改善蛋白质的溶解性，在蛋白质加热变性时，能和水包在一起凝固，增强肉的保水性。

D. 磷酸盐有除去与肌肉蛋白质结合的钙和镁等碱土金属的作用，从而能增强蛋白质亲水基的数量，使肉的保水性增强。磷酸盐中以聚磷酸盐即焦磷酸盐的保水性最好，其次是三聚磷酸钠、四聚磷酸钠。

生产中常使用几种磷酸盐的混合物，磷酸盐的添加量一般在 0.1% ~0.3% 范围，添加磷酸盐会影响肉的色泽，并且过量使用有损风味。

4）腌制方法

肉在腌制时采用的方法主要有 4 种，即干腌法、湿腌法、混合腌制法和注射腌制法，不同腌腊制品对腌制方法有不同的要求，有的产品采用一种腌制法即可，有的产品则需要采用两种甚至两种以上的腌制法。

（1）干腌法　用食盐或盐硝混合物涂擦肉块，然后堆放在容器中或堆叠成一定高度的肉垛。操作和设备简单，在小规模肉制品厂和农村多采用此法。腌制时由于渗透和扩散作用，由肉的内部分泌出一部分水分和可溶性蛋白质与矿物质等形成盐水，逐渐完成其腌制过程，因而腌制需要的时间较长。干腌时产品总是失水的，失去水分的程度取决于腌制的时间和用盐量。腌制周期越长，用盐量越高，原料肉越瘦，腌制温度越高，产品失水越严重。

干腌法生产的产品有独特的风味和质地，中式火腿、腊肉均采用此法腌制；国外采用干腌法生产的比例很少，主要是一些带骨火腿，如乡村火腿。干腌的优点是操作简便，不需要多大的场地，蛋白质损失少，水分含量低、耐储藏。缺点是腌制不均匀，失重大，色泽较差，盐不能重复利用，工人劳动强度大。

（2）湿腌法　湿腌法即盐水腌制法。就是在容器内将肉品浸没在预先配制好的食盐溶液内，并通过扩散和水分转移，让腌制剂渗入肉品内部，并获得比较均匀的分布，直至它的浓度最后和盐液浓度相同的腌制方法。湿腌法腌制肉类时，每千克肉需腌 3 ~5 d。常用于腌制分割肉、肋部肉等。

湿腌法的优点是腌制后肉的盐分均匀，盐水可重复使用，腌制时降低工人的劳动强度，肉质较为柔软。不足之处是蛋白质流失严重，所需腌制时间长，香味不及干腌法，含水量高，不易储藏。

(3)混合腌制法 采用干腌法和湿腌法相结合的一种方法。用于肉类腌制可先行干腌而后放入容器中,再放入盐水中腌制或在注射盐水后,用干的硝酸盐混合物涂擦在肉制品上,放在容器内腌制。这种方法应用最为普遍。盐水注射法和干腌或湿腌法配合进行混合腌制时,应使盐水的浓度低于注射用盐水浓度,以利于肉类吸收水分。

干腌和湿腌相结合可减少营养成分流失,增加储藏时的稳定性,避免湿腌液因食品水分外渗而降低浓度,同时防止产品过度脱水,咸度适中,不足之处是较为麻烦。混合腌制法常用于鱼类,特别是多脂鱼的腌制。

(4)注射腌制法 为加速腌制液渗入肉内部,在用盐水腌制时先用盐水注射,然后再放入盐水中腌制。盐水注射法分动脉注射腌制法和肌肉注射腌制法。

①动脉注射腌制法。此法使用泵将盐水或腌制液经动脉系统压送入分割肉或腿肉内的腌制方法,为扩散盐腌的最好方法。但一般分割胴体的方法并不考虑原来的动脉系统的完整性,故此法只能用于腌制前后腿。腌制液浓度一般用16.5%~17%的盐溶液。此法的优点在于腌制液能迅速渗透肉的深处,不破坏组织的完整性,腌制速度快;不足之处是用于腌制的肉必须是血管系统没有损伤,刺杀放血良好的前后腿,同时产品容易腐败变质,必须进行冷藏。

②肌肉注射法。肌肉注射法分单针头和多针头两种,肌肉注射用的针头大多为多孔的,但针头注射法适合于分割肉,一般每块肉注射3~4针,每针盐液注射量为85 g左右,一般增重10%,肌肉注射可在磅秤上进行。

多针头肌肉注射最适合用于形状整齐而不带骨的肉类,肋条肉最为适宜。带骨或去骨肉均可采用此法。多针头机器,一排针头可多达20枚,每一针头中有小孔,插入深度可达26 cm,平均每小时注射60 000次,由于针头数量大,两针相距很近,注射时肉内的腌制液分布较好,可获得预期的增重效果。肌肉注射时腌制液经常会过多地聚集在注射部位的四周,短时间内难以散开,因而肌肉注射时就需要较长的注射时间以便充分扩散腌制液而不至于聚集过多。

盐水注射法可以降低操作时间,提高生产效益,降低生产成本,但其成品质量不及干腌制品,风味稍差,煮熟后肌肉收缩的程度比较大。

6.1.2 腌腊制品的加工

1)咸肉制品加工

咸肉是以鲜肉为原料,用食盐腌制而成的肉制品。咸肉也分为带骨和不带骨两种,带骨肉按加工原料的不同,有“连片”、“段片”、“小块”、“咸腿”之别。咸肉在我国各地都有生产,品种繁多,式样各异,其中以浙江咸肉,如皋咸肉、四川咸肉、上海咸肉等较为有名。如浙江咸肉皮薄、颜色嫣红、肌肉光洁、色美味鲜、气味醇香,又能久藏。咸肉加工工艺大致相同,其主要特点是成品肥肉呈白色,瘦肉呈玫瑰红色或红色,具有独特的腌制风味,味稍咸。

(1)工艺流程 原料选择→修整→开刀门→腌制→成品。

(2)操作要点

①原料选择。鲜猪肉或冻猪肉都可以作为原料,肋条肉、五花肉、腿肉均可,但需肉色好,放血充分,且必须经过卫生检验部门检疫合格,若为新鲜肉,必须摊开凉透;若是冻肉,必须解冻微软后再行分割处理。

②修整。先削去血脖部位污血,再割除血管、淋巴、碎油及横膈膜等。

③开刀门。为了加速腌制,可在肉上割出刀口,俗称“开刀门”。刀口的大小深浅和多少取决于腌制时的气温和肌肉的厚薄。

④腌制。在 3 ~4 ℃条件下腌制。温度高,腌制过程快,但易发生腐败;温度低,腌制慢,风味好。干腌时,用盐量为肉重的 14% ~20% ,硝石 0.05% ~0.75% ,以盐、硝混合涂抹于肉表面,肉厚处多擦些,擦好盐的肉块堆垛腌制。第一层皮面朝下,每层间再撒一层盐,依次压实,最上一层皮面向上,于表面多撒些盐,每隔 5 ~6 d,上下互相调换一次,同时补撒食盐,经 25 ~30 d 即成。若用湿腌法腌制时,用开水配成 22% ~35% 的食盐液,再加 0.7% ~1.2% 的硝石,2% ~7% 食糖(也可不加)。将肉成排地堆放在缸或木桶内,加入配好冷却的澄清盐液,以浸没肉块为度。盐液重约为肉重的 30% ~40% ,肉面压以木板或石块。每隔 4 ~5d 上下层翻转一次,15 ~20 d 即成。

成品咸肉根据外观、组织状态等可分为一级鲜度和二级鲜度,如表 6.1 所示。

表 6.1 咸肉感官指标

项　目	一级鲜度	二级鲜度
外观	外表干燥清洁	外观稍湿润,发黏,有时有霉点
色泽	有光泽,肌肉呈红色或暗红色,脂肪切面白色或微红色	光泽较差,肌肉呈咖啡色或暗红色,脂肪稍微带黄色
组织状态	质紧密而坚实,切面平整	质稍软,切面尚平整
气味	具有咸肉故有关的风味	脂肪有轻度酸败味,骨周围组织稍具酸味

2)腊肉制品加工

腊肉指我国南方冬季(腊月)长期储藏的腌肉制品。用猪肋条肉经剔骨、切割成条状后用食盐及其他调料腌制,经长期风干、发酵或经人工烘烤而成,食用时需加热处理。腊肉的品种很多,选用鲜猪肉的不同部位都可以制成各种不同品种的腊肉,以产地分为广东腊肉、四川腊肉、湖南腊肉等,其产品的品种和风味各具特色。广东腊肉以色、香、味、形俱佳而享誉中外,其特点是选料严格,制作精细、色泽美观、香味浓郁、肉质细嫩、芬芳醇厚、甘甜爽口;四川腊肉的特点是色泽鲜明,皮肉红黄,肥膘透明或乳白,腊香带咸。湖南腊肉肉质透明,皮呈酱紫色、肥肉亮黄、瘦肉棕红、风味独特。腊肉的生产在全国各地生产工艺大同小异,一般工艺流程为:

选料修整→配制调料→腌制→风干、烘烤或熏烤→成品→包装

(1)选料修整　最好采用皮薄肉嫩、肥膘在 1.5 cm 以上的新鲜猪肋条肉为原料,也可选用冰冻肉或其他部位的肉。根据品种不同和腌制时间长短,猪肉修割大小也不同,广式腊肉切成长为 38 ~50 cm,每条重为 180 ~200 g 的薄肉条;四川腊肉则切成每块长为 27 ~36 cm,宽33 ~50 cm的腊肉块。家庭制作的腊肉肉条,大都超过上述标准,而且多是带骨的,肉条切好后,用尖刀在肉条上端 3 ~4 cm 处穿一小孔,便于腌制后穿绳吊挂。

(2)配制调料　不同品种所用的配料不同,同一种品种在不同季节生产配料也有所不同。消费者可根据自行喜好的口味进行配料选择。

(3)腌制　一般采用干腌法、湿腌法和混合腌制法。

①干腌。取肉条和混合均匀的配料在案上擦抹,或将肉条放在盛配料的盆内搓揉均可,

搓擦要求均匀擦遍,对肉条皮面适当多擦,擦好后按皮面向下,肉面向上的顺序,一层层放叠在腌制缸内,最上一层肉面向下,皮面向上。剩余的配料可撒布在肉条的上层,掩制中期应翻缸一次,即把缸内的肉条从上到下,依次转到另一个缸内,翻缸后再继续进行腌制。

②湿腌。腌制去骨腊肉常用的方法,取切好的肉条逐条放入配制好的腌制液中,湿腌时应使肉条完全浸泡在腌制液中,腌制时间为 15 ~ 18 h,中间翻缸两次。

③混合腌制。即干腌后的肉条,再浸泡腌制液中进行湿腌,使腌制时间缩短,肉条腌制更加均匀。混合腌制时食盐用量不得超过6%,使用陈的腌制液时,应先清除杂质,并在 80 ℃温度下煮 30 min,过滤后冷却备用。

腌制时间视腌制方法、肉条大小、室温等因素而有所不同,腌制时间最短腌 3 ~4 h 即可,腌制周期长的也可达 7 d 左右,以腌好腌透为标准。

腌制腊肉无论采用哪种方法,都应充分搓擦,仔细翻缸,腌制室温度保持在 0 ~10 ℃。

有的腊肉品种,像带骨腊肉,腌制完成后还要洗肉坯。目的是使肉皮内外盐度尽量均匀,防止在制品表面产生白斑(盐霜)和一些有碍美观的色泽。洗肉坯时用铁钩把肉皮吊起,或穿上线绳后,在装有清洁的冷水中摆荡漂洗。

肉坯经过洗涤后,表层附有水滴,在烘烤、熏烤前需把水晾干,可将漂洗干净的肉坯连钩或绳挂在晾肉间的晾架上,没有专设晾肉间的可挂在空气流通而清洁的地方晾干。晾干的时间应视温度和空气流通情况适当掌握,温度高、空气流通,晾干时间可短一些,反之则长一些。有的地方制作的腊肉不进行漂洗,它的晾干时间根据用盐量来决定,一般为带骨腊肉不超过 0.5 d,去骨腊肉在 1 d 以上。

(4)风干、烘烤或熏烤　在冬季家庭自制的腊肉常放在通风阴凉处自然风干。工业化生产腊肉常年均可进行,就需进行烘烤,使肉坯水分快速脱去而又不能使腊肉变质发酸。腊肉因肥膘肉较多,烘烤时温度一般控制在 45 ~ 55 ℃,烘烤时间因肉条大小而异,一般 24 ~ 72 h 不等。烘烤过程中温度不能过高以免烤焦、肥膘变黄;也不能太低,以免水分蒸发不足,使腊肉发酸。烤房内的温度要求恒定,不能忽高忽低,影响产品质量。经过一定时间烘烤,表面干燥并有出油现象,即可出烤房。

烘烤后的肉条,送入干燥通风的晾挂室中晾挂冷却,等肉温降到室温即可。如果遇雨天应关闭门窗,以免受潮。

熏烤是腊肉加工的最后一道工序,有的品种不经过熏烤也可食用。烘烤的同时可以进行熏烤,也可以先烘干完成烘烤工序后再进行熏制,采用哪一种方式可根据生产厂家的实际情况而定。

家庭熏制自制腊肉更简捷,把腊肉挂在距灶台 1.5 m 的木杆上(农村做饭菜用的柴火灶),利用烹调时的熏烟熏制。这种方法烟淡、温度低,且常间歇,所以熏制缓慢,通常要熏 15 ~20 d。

(5)成品　烘烤后的肉坯悬挂在空气流通处,散尽热气后即为成品,成品率为 70% 左右。

(6)包装　现多采用真空包装,250 g 和 500 g 不同规格包装较多,腊肉烘烤或熏烤后待肉温降至室温即可包装。真空包装腊肉保质期可达 6 个月以上。

根据色泽、组织状态等可将其分为一级鲜度和二级鲜度,如表 6.2 所示。

表 6.2 腊肉感官指标

项　目	一级鲜度	二级鲜度
色泽	色泽鲜明,肌肉呈现鲜红色,脂肪透明或呈乳白色	色泽稍暗,肌肉呈暗红色或咖啡色,脂肪呈乳白色,表面可以有霉点,但抹后无痕迹
组织状态	肉身干爽、结实	肉身稍软
气味	具有腊肉所特有的风味	风味略减,脂肪有轻度酸败味

3)中国火腿加工

中式火腿用整条带皮猪腿为原料经腌制,洗晒、整形、长时间发酵等加工而成的肉制品。产品加工期近半年,成品水分低,肉呈紫红色,有特殊的腌腊香味,食前需熟制。中式火腿分为三种:南腿,以金华火腿为代表;北腿,以如皋火腿为代表;云腿,以云南宣威火腿为代表。南北腿的划分以长江为界,本部分主要介绍金华火腿的加工方法。

金华火腿历史悠久,驰名中外。相传起源于宋朝,早在公元 1100 年间,距今 900 多年前民间已有生产,它是一种具有独特风味的传统肉制品。产品特点:脂香浓郁,皮色黄亮,肉色似火,红艳夺目,咸度适中,组织致密,鲜香扑鼻。以色、香、味、形"四绝"为消费者称誉。其工艺流程如下:

鲜猪肉后腿→修整腿坯→上盐→腌制 6 ~7 次→洗腿 2 次→晒腿→整形→发酵→修整→堆码→成品

(1)鲜腿的选择　原料是决定成品质量的重要因素,没有新鲜优质的原料,就很难制成优质的火腿。选择金华"两头乌"猪的鲜后腿,皮薄爪细,腿心饱满,瘦肉多,肥膘少,腿坯重 5 ~ 7.5 kg,平均 6.25 kg 左右的鲜腿最为适宜。

(2)修割腿坯　修整前,先用刮刀刮去皮面上的残毛和污物,使皮面光滑整洁。然后用削骨刀削平耻骨,修整坐骨,除去尾椎,斩去脊骨,使肌肉外露,再把过多的脂肪和附在肌肉上的浮油割去,将腿边修成弧形,腿面平整。再用手挤出大动脉内的淤血,最后使猪腿成为整齐的柳叶形。

(3)腌制　修整好腿坯后,即进入腌制过程。腌制是加工火腿的主要工艺环节,也是决定火腿质量的重要过程。金华火腌制采用干腌堆叠法,用食盐和硝石进行腌制,腌制时需擦盐和倒堆 6 ~7 次,总用盐量约占腿重的 9% ~10% ,约需 30 d。根据不同气温,适当控制加盐次数、腌制时间、翻码次数,是加工金华火腿的关键技术。腌制火腿的最佳温度在 0 ~10 ℃。以 5 kg 鲜腿为例,说明其具体加工步骤:

第一次上盐。俗称小盐,目的是使肉中的水分、淤血排出。用 100 g 左右的盐撒在脚面上,敷盐要均匀,敷盐后堆叠时必须层层平整,上下对齐。堆码的高度应视气候而定。在正常气温下,以 12 ~14 层为宜,天气越冷,堆码越高。

第二次上盐。又称大盐,即在小盐的翌日做第二次翻腿上盐。在上盐以前用手压出血管中的淤血。必要时在三签头上放些硝酸钾。把盐从腿头撒至腿心,在腿的下部凹陷处用手指粘盐轻抹,用盐量约为 250 g,用盐后将腿整齐堆叠。

第三次上盐(又称复三盐)。第二次上盐 3 d 后进行第三次上盐,根据鲜腿大小及三签处余盐情况控制用盐量。复三盐用量大约 95 g,对鲜腿较大、脂肪层较厚、三签处余盐少者适当增加盐量。

第四次上盐(复四盐)。第三次上盐后,再过7 d左右,进行复四盐。目的是经过下翻堆后调整腿质、温度,并检验三签处上盐溶化程度,如大部分已溶化需再补盐,并抹去腿皮上的黏盐,以防止腿的皮色发白无亮光,这次用盐约75 g。

第五次或第六次上盐(复五盐或复六盐)。这两次上盐的间隔时间也都是7 d左右。目的主要是检查火腿盐水是否用得适当,盐分是否全部渗透。大型腿(6 kg以上)如三签头上无盐时,应适当补加,小型腿则不必再补。

经过六次上盐后,腌制时间已近30 d,小型腿已可挂出洗晒,大型腿还需进行第7次腌制。从上盐的方法看,可以总结口诀为:头盐上滚盐,二盐雪花盐,三盐靠骨头,四盐守签头,五盐六盐保签头。

腌制火腿时应注意以下几个问题:

①鲜腿腌制应根据先后顺序,依次按顺序堆叠,标明日期、只数。便于翻堆用盐时不发生错乱、遗漏;

②4 kg以下的小火腿应当单独腌制堆叠,避免和大、中火腿混杂,以便控制盐量,保证质量;

③腿上擦盐时要有力而均匀,腿皮上切忌擦盐,避免火腿制成后皮上无光彩;

④堆叠时应轻拿轻放,堆叠整齐,以防脱盐;

⑤如果温度变化较大,要及时翻堆更换食盐。

(4)洗腿　鲜腿腌制后,腿面上留的黏浮杂物及污秽盐渣,经洗腿后可保持腿的清洁,有助于火腿的色、香、味,也能使肉表面盐分散失一部分,使咸淡适中。

洗腿前先用冷水浸泡,浸泡时间应根据腿的大小和咸淡来决定,一般需浸2 h左右。浸腿时,肉面向下,全部浸没,不要露出水面。洗腿时按脚爪、爪缝、爪底、皮面、肉面和腿尖下面,顺肌纤维方同依次洗刷干净,不要使瘦肉翘起,然后刮去皮上的残毛,再浸漂在水中,进行洗刷,最后用绳吊起送往晒场挂晒,如图6.1所示。

图6.1　火腿的晾晒

(5)晒腿　将腿挂在硒架上,用刀刮去剩余细毛和污物,约经4 h,待肉面无水微干后打印商标,再经3~4 h,腿皮微干时肉面尚软开始整形。

(6)整形　所谓整形就是在晾晒过程中将火腿逐渐校成一定形状。整形要求做到小腿伸直,腿爪弯曲,皮面压平,腿心丰满和外形美观,而且使肌肉经排压后更加紧缩,有利于储藏发酵。整形晾晒适宜的火腿,腿形固定,皮呈黄色或淡黄,皮下脂肪洁白,肉面呈紫红色,腿面平整,肌肉坚实,表面不见油迹。

(7)发酵　火腿经腌制、洗晒和整形等工序后，在外形、质地、气味、颜色等方面尚没有达到应有的要求，特别是没有产生火腿特有的风味，与腊肉相似。因此必须经过发酵过程，一方面使水分继续蒸发，另一方面便肌肉中蛋白质、脂肪等发酵分解，使肉色、肉味、香气更好。将腌制好的鲜腿晾挂于宽敞通风、地势高而干燥库房的木架上，彼此相距 5 ~ 7 cm，继续进行 2 ~ 3个月发酵鲜化，肉面上逐渐长出绿、白、黑、黄色霉菌（或腿的正常菌群），这时发酵基本完成，火腿逐渐产生香味和鲜味。因此，发酵好坏和火腿质量有密切关系。

火腿发酵后，水分蒸发，腿身逐渐干燥，腿骨外露，需再次修整，即发酵期修整。一般是按腿上挂的先后批次，在清明节前后即可逐批刷去腿上发酵霉菌，进入修整工序。

(8)修整　发酵完成后，腿部肌肉干燥而收缩，腿骨外露。为使腿形美观，要进一步修整。修整工序包括修平耻骨、修正股骨、修平坐骨，并从腿脚向上割去脚皮，达到腿正直，两旁对称均匀，腿身呈柳叶形。

(9)堆码　经发酵整形后的火腿，视干燥程度分批落架。按腿的大小，使其肉面朝上，皮面朝下，层层堆叠于腿床上，如图 6.2 所示。堆高不超过 15 层，每隔 10 d 左右翻倒 1 次，结合翻倒将流出的油脂涂于肉面，使肉面保持油润光泽而不显干燥。

图 6.2　火腿的堆码

(10)质量规格　金华火腿质量规格如表 6.3 所示。

表 6.3　金华火腿规格标准

等　级	香　味	肉　质	重量/只(kg)	外　形
特级	三签香	瘦肉多 肥肉少 腿心饱满	2.5 ~ 5.0	竹叶形，皮薄，脚直，皮面平整，色黄亮，无毛，无红疤，无损伤，无虫蛀，无鼠咬，油头小，无裂缝，刀工光洁，式样美观，皮面印章清楚
一级	二签香 一签好	瘦肉较少 腿心饱满	2.0 以上	出口腿无疤痕，内销腿无大红疤，其他要求同特级
二级	一签香 二签好	腿心稍偏薄， 腿头部分稍咸	2.0 以上	竹叶形，爪弯，脚直，稍粗，无虫蛀鼠咬，刀工细致，无毛，皮面印章清楚
三级	三签中一签有异味(但无臭味)	腿质较咸	2.0 以上	无鼠咬，刀工略粗，印章清楚

根据色泽、组织状态等可将火腿分为一级鲜度和二级鲜度,如表6.4所示。

表6.4 腊肉感官指标

项 目	一级鲜度	二级鲜度
色泽	肌肉切面呈深玫瑰色或桃红色;脂肪切面呈白色或微红色,有光泽	肌肉切面呈暗红色或玫瑰红色;脂肪切面呈淡黄色、白色或微红色,色泽较差
组织状态	致密而结实,切面平整	较致密而稍软,切面平整
气味	具有火腿所特有的香味,或香味平淡	稍有酱味或豆豉味,或稍有酸味

4)板鸭加工

板鸭是我国传统禽肉腌腊制品,始创于明末清初,至今有300多年的历史,著名的产品有南京板鸭和南安板鸭,前者始创于江苏南京,后者始创于江西大余县(古时称南安)。两者加工过程各有特点,下面分别介绍两种板鸭的加工工艺。

(1)南京板鸭 南京板鸭又称"贡鸭",可分为腊板鸭和春板鸭两类。腊板鸭是从小雪到立春,即农历十月到十二月底加工的板鸭,这种板鸭品质最好,肉质细嫩,可以保存三个月时间;而春板鸭是用从立春到清明,即由农历一月至二月底加工的板鸭,这种板鸭保存时间较短,一般一个月左右。

南京板鸭的特点是外观体肥、皮白、肉红骨绿(板鸭的骨并不是绿色的,只是一种形容的习惯语);食用时具有香、酥、板(板的意义是指鸭肉细嫩紧密,南京俗称发板)、嫩的特色,余味回甜。其工艺流程如下:

原料选择→宰杀→浸烫褪毛→开膛取出内脏→清洗→腌制→成品

①原料选择。选择健康、无损伤的肉用性活鸭,以两翅下有"核桃肉",尾部四方肥为佳,活重在1.5~2 kg。活鸭在宰杀前要用稻谷(或糠)饲养一个时期(15~20 d)催肥,使膘肥、肉嫩、皮肤洁白,这种鸭脂肪熔点高,在温度高的情况下也不容易滴油、变哈喇;若以糠麸、玉米为饲料则体皮肤淡黄,肉质虽嫩但较松软,制成板鸭后易收缩和滴油变味,影响气味。所以,以稻谷(或糠)催肥的鸭品质最好。

②宰杀。宰前断食,将育肥好的活鸭赶入待宰场,并进行检验将病鸭挑出。待宰场要保持安静状态,宰前18~24 h停止喂食,充分饮水。

宰杀放血:有口腔宰杀和颈部宰杀两种,以口腔宰杀为佳,可保持商品完整美观,减少污染。由于板鸭为全净膛,为了易拉出内脏,目前多采用颈部宰杀,宰杀时要注意以切断三管为度,刀口过深易掉头和出次品。

③浸烫褪毛。

A. 烫毛:鸭宰杀后5 min内褪毛,烫毛水温以63~65 ℃为宜,烫毛时间一般30~60 s,然后褪毛。

B. 褪毛:其顺序为:先拔翅羽毛,次拔背羽毛,再拔腹胸毛、尾毛、颈毛,此称为抓大毛。拔完后随即拉出鸭舌,再投入冷水中清洗,并拔净小毛、绒毛,称为净小毛。

④开膛取内脏。鸭毛褪光后立即去翅、去脚、去内脏。在翅和腿的中间关节处将两翅和两腿切除。然后再在右翅下开一长约4 cm的直型口子,取出全郡内脏并进行检验,合格者方能加工板鸭。

⑤清洗。用清水清洗体腔内残留的破碎内脏和血液,从肛门内把肠子断头、输精管或输

卵管拉出剔除。清膛后将鸭体浸入冷水中 2 h 左右，浸出体内淤血，使皮色洁白。

⑥腌制。腌制前的准备工作：食盐必须炒熟、磨细，炒盐时每 100 kg 食盐加 200～300 g 茴香。

A. 干腌：滤干水分，将鸭体人字骨压扁，使鸭体呈扁长方形。擦盐要遍及体内外，一般用盐量为鸭重的 1/15。擦腌后叠放在缸中进行腌制。

B. 制备盐卤：盐卤由食盐水和调料配制而成。因使用次数多少和时间长短的不同而有新卤和老卤之分。

C. 新卤的配制：采用浸泡鸭体的血水，加盐配制，每 100 kg 血水，加食盐 7.5 kg，放入大锅内煮成饱和溶液，撇去血污与泥污，用纱布滤去杂质，再加辅料，每 200 kg 卤水放入大片生姜 100～150 g，八角 50 g，葱 150 g，使卤水具有香味，冷却后成新卤。

老卤：新卤经过腌鸭后多次使用和长期储藏即成老卤，盐卤越陈旧腌制出的板鸭风味越佳，这是因为腌鸭后一部分营养物质渗进卤水，每烧煮一次，卤水中营养成分浓厚一些，越是老卤，其中营养成分愈浓厚，而鸭在卤中互相渗透、吸收，使鸭味道更佳。盐卤腌制 4～5 次后需要重新煮沸，煮沸时可适当补充食盐，使卤水保特咸度，通常为 22～25 波美度。同时要清除污物，澄清冷却待用。

D. 抠卤：擦腌后的鸭体逐只叠入缸中，经过 12 h 后，把体腔内盐水排出，这一工序称抠卤。抠卤后再叠入大缸内，经过 8 h，进行第二次抠卤，目的是腌透并浸出血水，使皮肤肌肉洁白美观。

E. 复卤：抠卤后进行湿腌，从开口处灌入老卤，再浸没老卤缸内，使鸭尸全部腌入老卤中即为复卤，经 24 h 出缸，从泄殖腔处排出卤水，挂起滴净卤水。

F. 叠坯：鸭尸出缸后，倒尽卤水，放在案板上用手掌压成扁形，再叠入缸内 2～4 d，这一工序称“叠坯”，存放时，必须头向缸中心，再把四肢排开盘入缸中，以免刀口渗出血水污染鸭体。

G. 排坯晾挂：排坯的目的是使鸭肥大好看，同时也方便鸭体内部通气。将鸭取出，用清水净体，挂在木档钉上，用手将颈拉开，胸部拍平，挑起腹肌，以达到外形美观，置于通风处风干，至鸭体皮干水净后，再收起重新排列，在胸部加盖印章，转到仓库晾挂通风保存，2 周后即成板鸭。

⑦成品。成品板鸭体表光洁，呈黄白色或乳白色，肌肉切面平而紧密，呈玫瑰色，周身干燥，皮面光滑无皱纹，胸部凸起，颈椎露出，颈部发硬，具有板鸭固有的气味。

成品的板鸭根据外观、组织状态等可分为一级鲜度和二级鲜度，具体如表 6.5 所示。

表 6.5　板鸭的感官指标

项　目	一级鲜度	二级鲜度
外观	体表光洁，呈黄白或乳白色，咸鸭有时为灰白色，腹腔内壁干燥有盐霜，肌肉切面呈玫瑰红色	体表呈淡红色或淡黄色，有少量油脂渗出，腹腔潮润有霉点，肌肉切面呈暗红色
组织状态	肌肉切面紧密，有光泽	切面稀松，无光泽
气味	具有板鸭固有的气味	皮下及腹内脂肪有哈喇味，腹腔有腥味或轻度霉变
煮沸后肉汤及肉味	芳香，液面有大片团聚的脂肪，肉嫩味鲜	鲜味较差，有轻度哈喇味

(2)南安板鸭　南安板鸭产于江西省大余县,是江西省的名特产品,它造型美观,皮白,肉嫩骨脆,腊味香浓。但加工方法不同于南京板鸭,各有特色。

南安板鸭加工季节是从每年秋分至大寒,其中立冬至大寒是制作板鸭的最好时期。可分早潮板鸭(9 月中旬至 10 月下旬)、中潮板鸭(11 月上旬至 12 月上旬)、晚潮板鸭(12 月中旬至翌年元月中旬),以晚潮板鸭质量最佳。其工艺流程如下:

鸭的选择→宰杀→脱毛→割外五件→开膛→去内脏→修整→烤制→造型晾晒→成品

①鸭的选择。制作南安板鸭选用麻鸭,该品种肉质细嫩、皮薄、毛孔小,是制作南安板鸭的最好原料。或者选用一般麻鸭。原料鸭饲养期为 90 ~ 100 d,体重 1.25 ~ 1.75 kg,然后以稻谷进行育肥 28 ~ 30 d,以鸭子头部全部换新毛为标准。

②宰杀、脱毛。同南京板鸭。

③割外五件。外五件指两翅、两脚一带和舌的下颌。割外五件时,将鸭体仰卧,左手抓住下颌骨。右手持刀从口腔内割破两嘴角,右手用刀压住上领,左手将舌及下额骨撕掉;用左手抓住左翅前臂骨,右手持刀对准肘关节,割断内外韧带,前臂骨即可割下;再用左手抓住脚掌;用同样方法割去右翅和右脚。

④开膛。鸭体仰卧在操作台上,尾朝向操作者,稍向外仰斜,双手将腹中线(俗称外线)压向左侧 0.8 ~ 1 cm,左手食指和大拇指分别压在胸骨柄和剑状软骨处,右手持刀刃稍向内倾斜,由胸骨柄处下刀,沿外线向前推刀,破开皮肤及胸大肌(浅层肌肉),再将刀刃稍向外倾斜向前推刀斩断锁骨,剖开腹腔。左边胸骨、胸肉较多的称大边,右边胸骨、胸肉较少的称小边。然后将两侧关节劈开,便于造型。

⑤去内脏。在肺与气管连接处将气管拉断并抽出,再将心脏、肝脏取出,然后将直肠畜粪前推,距肛门 3 cm 处拉断直肠,手持断端将肠管等内脏一起拉出,最后用手指剥离肺与胸壁连接的薄膜,将肺摘除,扒内脏时底板不能留有血迹、粪便,不能污染鸭体。

⑥修整。先割去睾丸或卵巢及残留内脏,将鸭皮肤朝下,尾朝前,放在操作台上,右手持刀放在右侧肋骨上,刀刃前部紧贴胸椎,刀刃后部偏开胸椎 1 cm 左右,左手拍刀背,将肋骨斩断,同时,将与皮肤相连的肌肉割断,并推向两边肋骨下,使皮肤上部粘有瘦肉。用同样的方法斩断另一侧肋骨。两侧肋骨斩断,刀口呈八字形,俗称劈八字。劈八字时母鸭留最后两根肋骨,公鸭全部斩断,最后割去直肠断端、生殖器及肛门,割肛门时只割去三分之一,使肛门在造型时呈半圆形。

⑦腌制。

盐的标准:将盐放入铁锅内用大火炒,炒至无水气,凉后使用。早水鸭(立冬前的板鸭)每只用盐 150 ~ 200 g,晚水鸭(立冬后的板鸭)每只用盐 125 g 左右。

擦盐:将待腌鸭子放在擦盐板上,将鸭颈椎拉出 3 ~ 4 cm,撒上盐再放回揉搓 5 ~ 10 次,再向头部刀口撒些盐,将头颈弯向胸腹腔,平放在盐上,将鸭皮肤朝上,两手抓盐在背部来回擦,擦至手有点发粘。

装缸腌制,擦好盐后,将头颈弯向胸腹,皮肤朝下,放在缸内,一只压住另一只的三分之二,呈螺旋式上升,使鸭体有一定的倾斜度,盐水集中尾部,便于尾部等肌肉厚的部位腌透,腌制时间 8 ~ 12 h。

⑧造型晾晒。

A. 洗鸭。将腌制好的鸭子从缸中取出，先在 40 ℃左右的温水中冲洗一下，以除去未溶解的结晶盐，然后将鸭放在 40 ~50 ℃的温水中浸泡冲洗 3 次，浸泡时要不断翻动鸭子，同时将残留内脏去掉，洗净污物，挤出尾脂腺，当僵硬的鸭体变软时即可造型。

B. 造型。将鸭子放在长 2 m、宽 0.63 m 吸水性强的木板上，先从倒数第四、第五颈椎处拧脱臼，然后将鸭皮肤朝上尾部向前放在木板上，将鸭子左右两腿的股关节拧脱臼，并将股四头肌前推，使鸭体显得肌肉丰满，外形美观，最后将鸭子在板上铺开，四周皮肤拉平，头向右弯，使整个鸭子呈桃圆形。

C. 晾晒。造型晾晒 4 ~6 h 后，板鸭形状已固定，在板鸭的大边上用细绳穿上，然后用竹竿挂起，放在晒架上日晒夜露，一般经过 5 ~7 d 的露晒，小边肌肉呈玫瑰红色，明显可见 5 ~7 个较硬的颈椎骨，说明板鸭已干，可储藏包装。若遇天气不好，应及时送入烘房烘干。板鸭烘烤时应先将烘房温度调整至 30 ℃，再将板鸭挂进烘房，烘房温度维持在 50 ℃左右，烘 2 h 左右将板鸭从烘房中取出冷却，待皮出现奶白色时，再放入烘房内烘干直至符合要求取出。

⑨成品包装。传统包装采用木桶和纸箱的大包装。现在结合各种保存技术进行单个真空包装。

⑩成品规格。外观：造型平整，似桃圆形，皮白，毛脚干净，底板色泽鲜艳，无霉变、无生虫、无盐霜，鸭身干爽，干度 7 ~8 成，颈椎显露 5 ~7 个骨节，肌肉呈棕红色，肋骨呈白色，大腿的肉丰满坚实。

6.2 酱卤制品

酱卤制品是中国典型的传统熟肉制品，其主要特点是原料肉经预煮后，再用香辛料和调味料加水煮制而成。酱卤制品成品都是熟肉制品，产品酥软，香味浓郁，不适宜储藏。根据地区不同和风土人情的特点，形成了独特的地方特色传统酱卤制品。由于酱卤制品风味独特，现做即食，深受消费者的喜爱。特别是随着包装与加工技术的发展，酱卤制品小包装方便食品应运而生，目前已基本上解决了酱卤制品防腐保鲜的问题，酱卤制品系列方便肉制品已进入商品市场，走向千家万户。

6.2.1 种类及特点

1)酱卤制品种类

酱卤制品是肉加调味料和香辛料，以水为介质，加热煮制而成的熟肉类制品。一般将其分为 3 种：白煮肉类、酱卤肉类和糟肉类。白煮肉类可视为是酱卤肉类的未经酱制或卤制的一个特例；糟肉则是用酒糟或陈年香精代替酱汁或卤汁加工的一类产品。

2)酱卤制品特点

白煮肉类制品是原料肉经(或未经)腌制后，在水(盐水)中煮制而成的熟肉类制品。白煮肉类(boiled meat)的主要特点是最大限度地保持了原料肉固有的色泽和风味，一般在食用时才调味。其代表品种有白斩鸡、盐水鸭、白切猪肚、白切肉等。

酱卤肉类制品是肉在水中加食盐或酱油等调味料和香辛料一起煮制而成的一类熟肉类

制品。有的酱卤肉类的原料肉在加工时,先用清水预煮,一般预煮15~20 min,然后再用酱汁或卤汁煮制成熟,某些产品在酱制或卤制后,需再烟熏等工序。酱卤肉类(stewed meat in seasoning)的主要特点是色泽鲜艳、味美、肉嫩,具有独特的风味。产品的色泽和风味主要取决于调味料和香辛料。酱卤肉类主要有苏州酱汁肉、卤肉、道口烧鸡、德州扒鸡、糖醋排骨、蜜汁蹄膀等。

糟肉类制品是原料肉经白煮后,再用“香糟”糟制的冷食熟肉类制品。其主要特点是保持原料固有的色泽和曲酒香气。糟肉类(meat flavored with fermented rice)有糟肉、糟鸡、糟鹅等。

6.2.2 酱卤制品的加工方法

1)白煮肉类

(1)南京盐水鸭　南京盐水鸭是江苏省南京市著名传统特产,至今已有400多年历史。南京盐水鸭的特点是鸭体表皮洁白,鸭肉细嫩,口味鲜美,营养丰富,具有香、酥、嫩和鲜的特点。南京盐水鸭可常年加工生产。其工艺流程如下:

选料→腌制→煮制→冷却→包装

①选料:选用新鲜优质鸭子为原料,一般鸭活重为2 kg左右,鸭体丰满,肥瘦适度。将其宰杀、去毛、去内脏等,然后,清洗干净。

②腌制:先干腌,即为食盐和八角粉炒制的盐,涂擦鸭体内外表面,用盐量为6%,涂擦后堆码腌制2~4 h。然后抠卤,再行复卤2~4 h,即可出缸。复卤即用老卤腌制,老卤是加生姜、葱、八角蒸煮加入过饱和盐水的腌制卤。

③煮制:在水中加入生姜、八角和葱,煮沸30 min,然后将腌制鸭放入水中,保持水温为80~85 ℃,加热处理60~120 min。在煮制过程中,始终维持温度在90 ℃左右,否则温度过高会导致脂肪熔化,肉质变老,失去鲜嫩特色。煮制可应用自动化连续生产线加工。

④冷却包装:煮制完毕,静置冷却,然后真空包装,也可冷却后直接鲜销。

(2)镇江肴肉　镇江肴肉是江苏省镇江市著名传统肉制品,历史悠久,闻名全国,肴肉皮色洁白,晶莹透明,肉质细嫩,风味独特,又称水晶肴肉。其工艺流程如下:

选料→整理→煮制→压蹄→包装→保藏

①选料:选择优质薄皮猪的前后蹄膀为原料,以前蹄膀为最好。

②原料整理:取猪的前后腿,除去肩胛骨、臀骨和大小腿骨,去爪、筋,刮净残毛,洗净,然后置于案板上,皮朝下,用小刀在蹄膀的瘦肉上戳小洞若干,将腌制盐涂抹在蹄膀上,用盐量为6%。然后将其放置在老卤液中腌制5~7 d,多次翻动,腌好后取出用清水浸泡8 h左右,除去涩味,去除血污。

③煮制:如表6.6所示的配方,并以肉∶水为1∶1配制煮制调味盐水,取清水加入调料煮沸1 h后过滤,取滤液即为调味盐水,将蹄膀100 kg置于煮锅中,加入调味盐水,将蹄膀全部浸没在汤中,先大火后小火煮制1.5~2 h,然后翻动再煮2~3 h即可。

表6.6　煮制调味配方

品　名	鲜　腿	精　盐	白　糖	曲　酒	明　矾	鲜　姜	香辛调料
用量/kg	100	8.5	0.5	0.5	0.02	0.5	0.2

④压蹄：取长宽都为 40 cm，边高 4.3 cm 的平底盘 100 个，每个盘内平放猪蹄膀 2 只，皮向上，每 5 个盘压在一起，上面盖空盘一个，经 20 ~ 30 min 后，将盘内油卤逐个倒入锅中，用大火煮沸，加入明矾 30 g，清水 5 kg，再煮沸，然后将汤卤舀入蹄盘中，使汤汁淹没肉面，置于冷藏箱中凝冻，即可制成晶莹透明的水晶肴肉。

⑤包装保藏：将水晶肴肉用食品袋包装，置于 4 ℃冷藏条件下保藏。

(3)上海白切肉　上海白切肉是一种家常菜肴，其特点是肥肉呈白色，瘦肉微红色，肉香清淡，皮薄肉嫩，肥而不腻，易切片成形。其工艺流程如下：

选料→腌制→煮制→冷却→保藏

①选料：选择新鲜健康，肥瘦适度的优质猪肉。

②腌制：按肉质量计，用食盐 12% 和硝酸钠 0.04% 配制成腌制剂，然后将其揉擦于肉坯表面，放入腌制池中，腌制 5 ~ 7 d，在腌制过程中翻动数次，以便腌制均匀。

③煮制：将腌制好的肉块放入锅中，加入清水、葱 2%、姜 0.5%、黄酒 1%，煮沸 1 h 后，即可出锅。

④冷却保藏：煮熟的肉冷却后可鲜销，也可于 4 ℃冷藏保存。

2)酱卤肉类

(1)苏州酱汁肉　苏州酱汁肉又名五香酱肉，是江苏省苏州市著名产品，苏州酱汁肉的生产始于清代，历史悠久，享有盛名。产品鲜美醇香，肥而不腻，入口化渣，肥瘦肉红白分明，皮呈金黄色，适于常年生产。其工艺流程如下：

原料选择→整形→煮制→酱制→冷却→包装

①原料选择与整形：可选择带皮五花肉(肋条肉)作为加工原料，要求新鲜、优质、外形美观。

②煮制：将原料肉置于煮制容器中，按肉：水为 1：2 加水，煮沸 10 ~ 20 h，捞出备用。

③酱制：按表 6.7 所示配方先制备酱制液或卤制液，以肉：水为 1：1 加水煮制 2 h，另添加核苷酸 0.01% 过滤即成。

表 6.7　酱制调味配方

品　名	鲜　肉	精　盐	白　糖	曲　酒	酱　油	鲜　姜	辛调料
用量/kg	100	3.5	1.5	0.5	2.0	0.5	0.2

将制备好的酱卤制液于煮锅中，然后加入预煮好的肉，再煮制 2 ~ 4 h，直至肉煮熟为止。

④冷却包装：将煮好的肉静置冷却，然后真空包装，即为成品，可置冷藏条件下保存。

(2)北京月盛斋酱牛肉　北京月盛斋酱牛肉又称五香酱牛肉，是北京著名产品，该产品原料选用膘肥牛肉，并用冷水浸泡清除余血，洗净后剔骨。按部位切成前后腿、腰窝、腱长、脖子等，再切成 1 kg 左右的小块。其工艺流程如下：

选料→调酱→酱制→保藏

①选料：选择优质、新鲜、健康的肉牛肉进行加工。

②调酱：取黄酱加入一定量的水拌和，去酱渣，煮沸 1 h，并将浮在汤面上的酱沫撇净，盛入酱制容器内备用。

③酱制：将原料肉放于锅内，一般先将含结缔组织较多的、肉质较老的牛肉放在锅底部，

含结缔组织较少的嫩肉放于上层，然后倒入酱汁。待煮沸后加入各种调料，煮制4 h左右，每隔1 h翻动1次，酱制过程中应保证每块肉都浸入酱制汤中，最后用小火煮制2～4 h，使其煮熟并均匀呈味。

④保藏：酱制好的牛肉可鲜销，也可置冷藏条件下保存。

(3)道口烧鸡　道口烧鸡产于河南省滑县道口镇，开创于清朝顺治18年，至今已有300多年历史。道口烧鸡不仅造型美观，色泽鲜艳，黄里带红，而且味香独特，肉嫩易嚼，余味绵长。其工艺流程如下：

选料→宰杀造型→上色油炸→卤制→保藏

①选料：选择鸡龄在6～24个月龄以内，活重为1.5～2 kg的鸡，要求鸡的胸腹长宽，两腿肥壮，健康无病。

②宰杀造型：按一般家禽屠宰方式宰杀，去内脏、爪及肛门。取一截高粱秆撑开鸡腹，将两侧大腿插入腹下三角处，两翅交叉插入鸡口腔内，使鸡体成为两头尖的半圆形。造型完毕，及时浸泡在清水中1～2 h，然后取出晾干。

③上色油炸：用饴糖水或焦糖液涂布鸡体全身，然后置于150～180 ℃植物油中，油炸1 min左右，待鸡体表面呈金黄色时取出。注意控制油温，温度达不到时，鸡体上色不佳。

④卤制：先配制卤汁，100只鸡，加砂仁15 g，丁香3 g，肉桂90 g，陈皮30 g，白芷30 g，肉豆蔻15 g，草果30 g，良姜90 g，食盐2～3 kg，亚硝酸钠15～18 g。将鸡置于卤汁中淹没，加热煮沸2～3 h，具体煮制时间视季节、鸡龄、体质量等因素而定，煮熟后立即出锅。

⑤保藏；将卤制好的鸡静置冷却，即可鲜销，也可真空包装，冷藏保存。

(4)德州扒鸡　德州扒鸡产自山东德州，又名德州五香脱骨扒鸡，是著名的传统特产，由于制作时扒烧慢焖而至烂熟，故名“扒鸡”。德州扒鸡已有70多年的加工历史，利用现代软罐头加工技术，德州扒鸡突破了原有保质期，可长期保存，进入大市场流通销售。德州扒鸡的特点是色泽金黄，肉质粉白，皮透微红，鲜嫩如丝，香味透骨，熟烂异常，肉骨极易分离。其工艺流程如下：

选料→宰杀造型→油炸→卤制→保藏

①选料：选择优质仔鸡为最好，每只鸡活重1～1.5 kg，健康无病。

②宰杀造型：颈部宰杀放血，烫毛、去毛、去内脏，用清水洗净。将两腿交叉盘至肛门内，将双翅向前由颈部入口伸进，在喙内交叉盘出，形成卧体双合翅的状态，造型优美。

③油炸：于鸡体上浇挂饴糖水或焦糖液，晾干后再置油温140～160 ℃油锅内油炸1～2 min，此时鸡坯呈金黄透红色，防止炸焦，变成黄褐色或红褐色。

④卤制：先配调料制成卤汁，以每200只鸡计约重150 kg，加茴香100 g，桂皮120 g，肉蔻50 g，草果30 g，丁香20 g，山萘70 g，陈皮50 g，花椒100 g，砂仁10 g，八角100 g，精盐3.5 kg，酱油4 kg，生姜250 g，葱500 g，用水熬制1 h备用。将油炸鸡放入卤汁中，完全淹没，先大火煮沸30 min，然后改为微火焖煮2～4 h，出锅后即为成品。

⑤保藏：德州扒鸡为熟肉制品，未经包装杀菌时，只能及时鲜销或低温冷藏。但如果采用高温蒸煮袋真空包装，用高温高压杀菌，德州扒鸡可保藏6个月。

3)糟肉类加工

(1)苏州糟肉　我国生产糟肉的历史悠久，早在《齐民要术》一书中就有关于糟肉加工方法的记载。苏州糟肉是用猪肋条肉制成的一种风味肉制品，皮白肉嫩，香气浓郁，鲜美爽口。

其工艺流程如下：

选料→整理→烧煮→配料→糟制→包装

①选料整理：选用新鲜的皮薄而又细嫩的方肉、前后腿肉为原料。将方肉或腿肉切成一定形状，长为 15 cm，宽为 11 cm 的长方肉块。

②烧煮：将肉置于煮锅中煮沸 45～60 min，直至肉煮熟为止。

③配料：按肉重计，陈年香糟 2.5%，黄酒 3%，大曲酒 0.5%，葱 1%，生姜 0.8%，食盐 1%，味精 0.5%，五香粉 0.1%，酱油 0.5%。

④糟制：将配料混合均匀，过滤制成糟露或糟汁，然后将烧煮好的肉置于糟制容器中，倒入糟露或糟汁，糟制 4～6 h 即成。

⑤包装：采用真空包装将糟制好的肉包装即为成品。

(2)南京糟鸡　其工艺流程为：

选料→烧煮→糟制→保藏

①选料：本品选用新鲜健康仔鸡为原料，一般活重为 1～1.5 kg。

②烧煮：先在鸡内外表抹盐，腌渍 2 h，然后，将其放于沸水中煮制 15～30 min，出锅用清水洗净。

③糟制：每 100 kg 鸡，加香糟 5 kg，绍酒 1.5 kg，精盐 0.4 kg，味精 0.1 kg，生姜 0.1 kg，香葱 1 kg，于锅中加清水熬制成糟汁。

将煮制好的鸡置糟钵中，浸入糟汁，糟制 4～6 h 即为成品。

④保藏：糟鸡一般为鲜销，在 4 ℃条件下可适当保存。

(3)苏州糟制鹅　本品皮白肉嫩，香气浓郁，味道鲜美，独具特色。其工艺流程如下：

选料→烧煮→糟制→保藏

①选料：选择 1.5～2 kg 太湖鹅，要求新鲜健康。

②烧煮：将宰杀、放血、去毛、去内脏后洗净的白条鹅放入清水中浸泡 1 h，然后置于沸水中煮沸 30～40 min。

③糟制：先配糟汁，按 100 kg 鹅计，陈年香糟 2.5 kg，黄酒 3 kg，曲酒 0.2 kg，花椒 0.02 kg，葱 1.5 kg，生姜 0.2 kg，食盐 0.5 kg，味精 0.1 kg，五香粉 0.05 kg，混合煮制成糟汁。用糟汁浸渍煮制好的鹅，一般糟制 4～6 h 即可。

④保藏：将糟鹅置于 4 ℃条件保藏，也可鲜销。

6.3　肉干制品

6.3.1　肉类干制品的特点与分类

肉干制品或称肉脱水干制品，是肉经过预加工后再脱水干制而成的一类熟肉制品，主要包括肉干、肉松和肉脯等 3 大类。干制是一种古老的肉类保藏方法，现代肉干制品的加工，主要目的不再是为了保藏，而是加工成肉制品满足消费者的各种喜好。肉品经过干制后，水分含量低，抑制微生物和酶的活性，提高肉制品的耐储藏性；体积小、质量轻便于运输和携带；蛋白质含量高,富有营养。此外,传统的肉干制品风味浓郁,回味悠长,因此肉干制品是深受大众喜爱的休闲方便食品。

肉干制品也有一定的缺点,即干制过程中某些芳香物质和挥发性成分常常随着水分的蒸发而散到空气中;同时在干燥时(非真空的条件)易发生氧化作用,尤其在高温下变化更为严重。

6.3.2　干制的原理与方法

1)干制的原理

(1)干肉制品的储藏原理　肉类食品的脱水干制是一种有效的加工和储藏手段。新鲜肉类食品不仅含有丰富的营养物质,而且水分含量一般都在60%以上,如保管储藏不当极易腐败变质。经过脱水干制,其水分含量可降低到20%以下。各种微生物的生命活动,必须有一定的水分存在。如蛋白质性食品适于细菌生殖发育最低限度的含水量为25%~30%,霉菌为15%,肉类食品脱水之后使微生物失去获取营养物质的能力,抑制了微生物的生长,可达到保藏的目的。干制有以下作用:

①降低食品的水分活性。微生物经细胞壁从外界摄取营养物质并向外界排出代谢物时,都需要水作为溶剂或媒介,故而水为微生物生长活动必需的物质。水分对微生物生长活动的影响,起决定因素的并不是食品的水分总含量,而是它的有效水分。食品所含的水分有结合水和游离水,但只有游离水才能被细菌、酶和化学反应所触及,此即为有效水分,可用水分活度(Water activity,A_w)进行估量。因而两种食品的绝对水分可以相同,水分与食品结合的程度或它的游离程度并不一定相同,也就是 A_w 不同。A_w 常用于衡量微生物忍受干燥程度的能力。微生物只有在水溶液存在的液态或固态介质中才能生长。若介质为纯水或完全干燥的物质(不含水分),则微生物难以生长。对食品中有关微生物需要的 A_w 进行研究表明,各种微生物都有自己适宜的 A_w,A_w 下降,它们的生长速率也下降,A_w 还可以下降到微生物停止生长的水平。

肉品在干制过程中,随着水分的丧失,A_w 下降,因而可被微生物利用的水分减少,抑制了细菌的新陈代谢使其不能生长繁殖。但干制并不能将微生物全部杀死,只能抑制它们的活动,环境条件一旦适宜,它们又会重新吸湿恢复活动。因此干制品并非无菌,如遇温暖潮湿气候就会腐败变质。若干制品污染有病原菌时,因它们能忍受不良环境,就有对人体健康构成威胁的可能。为此对一般肠道杆菌和食品中毒菌应特别注意控制。基于同样情况,肉品中若有导致人体疾病的寄生虫如猪肉旋毛虫存在时,就应在干制前设法将它杀灭。

不同微生物的耐干燥能力不同。例如,葡萄球菌、肠道杆菌、结核杆菌在干燥状态下能保持活力几周到几个月,乳酸菌能保持活力几个月到一年以亡,下酵母保持活力可达两年,干燥状态的细菌芽孢、菌核、原生孢子、分生孢子可存活一年以上。

②降低酶的活力。酶为食品所固有,它同样需要水分才具有活力。水分减少时,酶的活性也就降低,在低水分制品中,特别在它吸湿后,酶仍会慢慢地活动,从而有引起食品品质恶化或变质的可能。只有干制品水分降低到1%以下时,酶的活性才会完全消失。

酶在湿热条件下处理时易钝化,如于100 ℃时瞬间即能破坏它的活性。但在干热条件下难以钝化,如在干燥条件下,即使用104 ℃热处理,钝化效果也极其微小。因此,为控制干制品中酶的活动,就有必要在干制前对食品进行湿热或化学钝化处理,使酶失去活性。

(2)干肉制品的加工原理　肉干燥时所含水分自表面逐渐蒸发。为了加速干燥,则需扩大表面积,因此常将肉切成片、丁、丝等形状。干燥时空气的温度、湿度、流速等都会影响干燥速度。因此,为了加速干燥,既要加强空气循环,又需加热。但加热对肉制品品质有影响,故又有了减压干燥的方法。因此,根据其热源不用,可分为自然干燥和加热干燥,而干燥的热源有蒸汽、电热、红外线及微波等;根据干燥时的压力不同,肉制品干燥包括常压干燥和减压干燥,减压干燥包括真空干燥和冷冻升华干燥。

一般干燥后的肉制品不容易再恢复到干燥前的状态,只有用特殊的方法干燥的肉制品才能恢复到接近干燥前的状态。

2)干制的方法

肉类脱水干制方法,随着科学技术不断发展、改进和提高,按照加工方法和方式分,目前已有自然干燥、人工干燥、低温冷冻升华干燥等;按照干制时产品所处的压力和热源可分为常压干燥、减压干燥和微波干燥。

(1)根据干制的方式分类

①自然干燥:自然干燥法是古老的干燥方法,要求设备简单,费用低,但受自然条件的限制,条件很难控制、大规模的生产很少采用,只是在某些产品加工中作为辅助工序采用。如风干香肠的干制等。

烘炒干燥:烘炒干制法亦称传导干燥。靠间壁的导热将热量传给予壁接触的物料。由于湿物料与加热的介质(载热体)不是直接接触,又称间接加热干燥。传导干燥的热源可以是水蒸气、热力、热空气等。可以在常温下干燥,亦可在真空下进行。加工肉松都采用这种方式。

②烘房干燥:烘房干燥法亦称对流热风干燥。直接以高温的热空气为热源,借对流传热将热量传给物料,故称为直接加热干燥。热空气既是热载体又是湿载体。一般对流干燥多在常压下进行。因为在真空干燥情况下,由于气相处于低压,热容量很小,不能直接以空气为热源,必须采用其他热源。对流干燥室中的气温调节比较方便,物料不至于过热,但热空气离开干燥室时,带有相当大的热能。因此,对流干燥热能的利用率较低。

③低温升华干燥:在低温下一定真空度的封闭容器中,物料中的水分直接从冰升华为蒸汽,使物料脱水干燥,称为低温升华干燥。较上述两种方法,此法不仅干燥速度快,而且最能保持原来产品的性质,加水后能迅速恢复原来的状态,保持原有成分,很少发生蛋白质变性。但设备较复杂,投资大,费用高。

(2)按照干制时产品所处的压力和热源分类　肉制品干燥包括常压干燥和减压干燥,减压干燥包括真空干燥和冷冻升华干燥。肉品的干燥根据其热源不同,可分为自然干燥和加热干燥,而干燥的热源有蒸汽、电热、红外线及微波等。

①常压干燥。鲜肉在空气中放置时,其表面的水分开始蒸发,造成肉中内外水分密度差,导致内部水分向表面扩散。因此,其干燥速度是由水分在表面蒸发速度和内部扩散的速度决定。但在升华干燥时,则无水分的内部扩散现象,是由表面逐渐移至内部进行升华干燥。

常压干燥过程包括恒速干燥和降速干燥两个阶段,而降速干燥阶段又包括第一降速干燥阶段、第二降速干燥阶段。

在恒速干燥阶段,肉块内部水分扩散的速率要大于或等于表面蒸发速度,此时水分的蒸发是在肉块表面进行,蒸发速度是由蒸汽穿过周围空气膜的扩散速率所控制,其干燥速度取决于周围热空气与肉块之间的温度差,而肉块温度可近似认为与热空气湿球温度相同。在恒速干燥阶段将除去肉中绝大部分的游离水。

当肉块中水分的扩散速率不能再使表面水分保持饱和状态时，水分扩散速率便成为干燥速度的控制因素。此时，肉块温度上升，表面开始硬化，干燥进入降速干燥阶段。该阶段包括两个阶段：水分移动开始稍感困难阶段为第一降速干燥阶段，以后大部分成为胶状水的移动则进入第二降速干燥阶段。

肉品进行常压干燥时，温度对内部水分扩散的影响很大。干燥温度过高，恒速干燥阶段缩短，很快进入降速干燥阶段，但干燥速度反而下降。因为在恒速干燥阶段，水分蒸发速度快，肉块的温度较低，不会超过其湿球温度，加热对肉的品质影响较小。但进入降速干燥阶段，表面蒸发速度大于内部水分扩散速率，致使肉块温度升高，极大地影响肉的品质，且表面形成硬膜，使内部水分扩散困难，降低干燥速率，致使肉块中内部水分含量过高，使肉制品在储藏期间腐烂变质。故确定干燥工艺参数时需加以注意。在干燥初期，水分含量高，可适当提高干燥温度，随着水分减少应及时降低干燥温度。现在有人报道，在完成恒速干燥阶段后，采用回潮后再进行干燥的工艺效果良好。

②减压干燥。食品置于真空中，随真空度的不同，在适当温度下，其所含水分则蒸发或升华，也就是说，只要对真空度做适当调节，即使是在常温以下的低温，也可进行干燥。理论上水在真空度为613.18 Pa以下的真空中，液体的水则成为固体的水，同时自冰直接变成水蒸气而蒸发，即所谓升华。就物理现象而言，采用减压干燥，随着真空度的不同，无论是水的蒸发还是冰的升华，都可以制得干制品。因此肉品的减压干燥有真空干燥和冷冻干燥两种。

真空干燥是指肉块在未达结冰温度的真空状态（减压）下加速水分的蒸发而进行干燥。在真空干燥初期，与常压干燥时相同，存在着水分的内部扩散和表面蒸发。但在整个干燥过程中，则主要为内部扩散与内部蒸发共同进行干燥。因此，与常压干燥相比较，干燥时间缩短，表面硬化现象减小。真空干燥常采用的真空度为533～6 666 Pa，干燥中肉品温度低于70 ℃。真空干燥虽使水分在较低温度下蒸发干燥，但因蒸发而使芳香成分的逸失及轻微的热变性在所难免。

冻结升华干燥相似于前述的低温升华干燥，通常是将肉块急速冷冻至－40～－30 ℃，将其置于真空度13～133 Pa的干燥室中，因冰的升华而脱水干燥。冰的升华速度，因干燥室的真空度及升华所需要而给予的热量所决定。另外肉块的大小、厚薄均有影响。冷冻升华干燥法虽需加热，但并不需要高温，只供给升华潜热并缩短其干燥时间即可。冷冻升华干燥后的肉块组织为多孔质，未形成水不浸透层，且其含水量少，故能迅速吸水复原，是方便面等速食食品的理想辅料，也是当代最理想的干燥方法。但在保藏过程中制品也非常容易吸水，且其多孔质与空气接触面积增大，在储藏期间易氧化变质，特别是脂肪含量高时更是如此。冷冻升华干燥设备较复杂，一次性投资较大，费用较高。

③微波干燥。用蒸汽、电热、红外线烘干肉制品时，耗能大，时间长，易造成外焦内湿现象。利用新型微波能技术则可有效地解决以上问题。微波是电磁波的一个频段，频率范围为300～3 000 MHz。微波发生器产生电磁被，形成带有正负极的电场。食品中有大量的带正负电荷的分子（水、盐、糖）。在微波形成的电场作用下，带负电荷的分子向电场的正极运动，而带正电荷的分子向电场负极运动。由于微波形成的电场变化很大（一般为300～3 000 MHz），且呈波浪形变化，使分子随着电场的方向变化而产生不同方向的运行。分子间的起动经常产生阻碍、摩擦而产生热量，使肉块得以干燥。而且这种效应在微波一旦接触到肉块时就会在

肉块内外同时产生，而无需热传导、辐射、对流，在短时内即可达到干燥的目的，且使肉块内外受热均匀，表面不易焦煳。但微波干燥设备有投资费用较高、干肉制品的特征性风味和色泽不明显等缺点。

6.3.3 肉干制品的加工方法

1)肉松

肉松是我国著名的特产。肉松可以按原料进行分类，有猪肉松、牛肉松、鸡肉松、鱼肉松等，也可以按形状分为绒状肉松和粉状(球状)肉松。猪肉松是大众最喜爱的一类产品，以太仓肉松和福建肉松最为著名，太仓肉松属于绒状肉松，福建肉松属于粉状肉松。肉松的一般加工方法如下：

(1)工艺流程

原料选择→预处理→煮制→炒压或擦松→炒制→冷却→包装。

(2)工艺要点

①原料内选择。肉松加工选用健康家畜的新鲜精瘦肉为原料。

②原料肉预处理。符合要求的原料肉，先剔除骨、皮、脂肪、筋腱、淋巴、血管等不易加工的部分，然后顺着肌肉的纤维纹路方向切成3 cm左右宽的肉条，清洗干净，沥水备用。

③煮制。先把肉放入锅内，加入与肉等量的水，煮沸按配方加入香料，继续煮制，直到将肉煮烂，在煮制的过程中，不断翻动并去除浮油。

煮制时的配料无固定的标准，肉松加工配方如表6.8所示。

表6.8 肉松加工基本配方

名 称	用量/kg		
	太仓肉松	福建肉松	江南肉松
瘦肉	100	100	100
白糖	3	8	3
食盐	2.5	3.1	2.2
酱油	10	8	11
调料酒	1.5	0.5	4
生姜	0.5	0.1	1
茴香	0.12	—	12
红糖	—	5	—
猪油	—	5	—

④擦松。擦松的主要目的是将肌纤维分散，它是一个机械作用过程，比较容易控制，因而。可以机械(擦松机)来完成操作。

⑤炒制。在炒制阶段，主要目的是为了炒干水分并炒出颜色和香味。炒制时，要注意控制水汁蒸发程度，颜色由灰棕色转变为金黄色，成为具有特殊香味的肉松为止。

2)肉干

肉干是以精选瘦肉为原料，经煮制、复煮、干制等工艺加工而成的肉干制品。肉干可以按原料、风味、形状、产地等进行分类。按原料分有牛肉干、猪肉干、兔肉干、鱼肉干等;按风味分五香、咖喱、麻辣、孜然肉干等;按形状有片、条、丁状肉干等。现就肉干的一般加工方法介绍如下:

(1)工艺流程

原料选择→原料预处理→预煮与成型→复煮→烘烤→冷却包装→检验→成品

(2)工艺要点

①原料选择。肉干多选用健康、育肥的牛肉为原料,选择新鲜的后腿及前腿瘦肉最佳,因为腿部肉蛋白质含量高,脂肪含量少,肉质好。

②原料预处理。将选好的原料肉剔骨、去脂肪、筋腱、淋巴、血管等不宜加工的部分后切成500 g左右大小的肉块,并用清水漂洗后沥干备用。

③预煮与成型。将切好的肉块投入到沸水中预煮60 min,同时不断去除液面的浮沫,待肉块切开呈粉红色后即可捞出冷凉成型,然后按产品的规格要求切成一定的形状。

④复煮。取一部分预煮汤汁(约为半成品的1/2),加入配料,熬煮,将半成品倒入锅内,用小火煮制,并不时轻轻翻动,待汤汁快干时,把肉片(条、丁)取出沥干。配料因风味的不同而异,如表6.9所示。

表6.9 肉干加工配方

名 称	用量/kg	
	五香风味	麻辣风味
瘦肉	100	100
酱油	6	14
黄酒	1	0.5
香葱	0.25	0.2
食盐	2	1.2
白糖	8	0.4
生姜	0.25	0.2
味精	0.2	0.1
甘草粉	0.25	0.36
辣椒粉	—	0.4
花椒粉	—	9.2

⑤烘烤。将沥干后的肉片或肉丁平铺在不锈钢网盘上,放入烘房或烘箱,温度控制在50~60 ℃,烘烤4~8 h即可。为了均匀干燥,防止烤焦,在烘烤的过程中,应及时地进行翻动。

⑥冷却及包装 肉干烘好后,应冷却至室温,未经冷却直接进行包装,在包装容器的内面易产生蒸汽的冷凝水,使肉片表面湿度增加,不易保藏。

3)肉脯

肉脯是一种制作考究,美味可口,耐储藏和便于运输的熟肉制品。我国加工肉脯已经有60多年的历史。传统的肉脯是以大块的肌肉为原料,经过冷却、切片、腌制、烘烤、压片、切片、检验、包装等工艺加工制成。原料选择局限于猪、牛、羊肉,产品品种少。因此,充分利用肉类资源,开发肉脯新产品成为重要的课题之一。

近几年开始重组肉脯的研究,重组肉脯原料来源广泛,营养价值高,成本低,产品入口化渣,品质优良。同时也可以应用现代连续化机械生产,它是肉脯发展的重要方向。现就重组兔肉脯的加工工艺介绍如下:

(1)工艺流程

胴体剔骨→料肉检验→整理→配料→斩拌→成型→烘干→熟制→压片→切片→质量检验→成品包装→出厂销售。

(2)工艺要点

①原料肉检验。在非疫区选购健康的肉兔,屠宰剔骨后,必须经过检验,原料肉的质量必须符合 GB 2722、GB 2723、GB 2724 标准中的各项卫生指标。达到一级鲜度标准的兔肉才能用于肉脯生产。

②原料整理。对符合要求的原料肉,先剔去剩余的碎骨、皮下脂肪、筋膜肌腱、淋巴、血污等,清洗干净,然后切成 3 ~5 cm^3 的小块备用。

③配料。辅料有白糖、鱼露、鸡蛋、亚硝酸钠、味精、五香粉、胡椒粉等。按照原辅料的配比称量后,某些辅料如亚硝酸钠等需先行溶解或处理,才能在斩拌或搅拌时加入到原料肉中去。

④斩拌。整理后的原料肉,应采用斩拌机尽快斩拌成肉糜,在斩拌的过程中加入各种配料,并加适量的水。斩拌肉糜要细腻,原辅料混合要均匀。

⑤成型。斩拌后的肉糜需先静置 20 min 左右,以使各种辅料渗透到肉组织中去。成型时先将肉铺成薄层,然后再用其他的器具将薄层均匀抹平,薄层的厚度一般为 0.2 cm 左右,太厚则不利于水分的蒸发和烘烤,太薄则不易成型。

⑥烘干。将成型的肉糜迅速送入已经升温至 65 ~70 ℃的烘箱或烘房中,烘制 2.5 ~4 h。烘制温度最初应该适当的高一点,以加快脱水的速度,同时提高肉片的温度,避免微生物的大量繁殖。烘制的设备以烘箱或烘房为好,使用其他设备要能保证温度的稳定,避免温度的大幅波动。待大部分水分蒸发,能顺利揭开肉片时,即可揭片翻边,进一步进行烘烤。等烘烤至肉片的水分含量降到 18% ~20% 时,结束烘烤,取出肉片,自然冷却。

⑦烘烤熟制。将第一次烘烤成的半成品送入 170 ~200 ℃的远红外高温烘烤炉或高温烘烤箱内,进行高温烘烤,半成品经过高温预热、蒸发收缩、升温出油直到成熟。烘烤成熟的肉片呈棕黄色或棕红色,成熟后应立即从高温炉中取出,不然很容易焦煳。出炉后肉片尽快用压平机压平,使肉片平整。烘烤后的肉片水分含量不超过 13% ~15%。

⑧切片。根据产品规格的要求,将大块的肉片切成小片。切片尺寸根据销售及包装要求而定,例如,可以切成 8 cm×2 cm 或 4 cm×6 cm 的小片,每千克 60 ~65 片或 120 ~130 片。

⑨成品包装。将切好的肉脯放在无菌的冷却室内冷却 1 ~2 h。冷却室的空气要经过净化及消毒杀菌处理。冷凉的肉脯采用真空包装,也可以采用听装包装。

6.4 烧烤制品

烧烤制品是原料肉经预处理、腌制、烤制等工序加工而成的一类熟肉制品。烧烤制品色泽诱人、香味浓郁、咸味适中、皮脆肉嫩，是深受欢迎的特色肉制品。我国传统的烧烤制品，例如：北京烤鸭、广东脆皮乳猪、叉烧肉、盐焗鸡、叫化鸡等久负盛名，有的早已享誉海内外。这里仅以北京烤鸭和叉烧肉为代表做以介绍。

6.4.1　北京烤鸭

北京烤鸭比较悠久，在国内外久负盛名，是我国著名的特产。北京城最早的烤鸭店创立于明代嘉靖年间，叫"便宜坊"饭店，距今已有 400 多年的历史，全聚德便宜坊始建于咸丰年间，全聚德目前在国内外开有多家分店，已成为世界品牌。在传统制作的基础上，现已开发出烤鸭软罐头等产品，北京烤鸭生产已经开始步入一个新的发展时期。

1）工艺流程

选料→造型→烫皮→浇挂糖色→打色→烤制→包装→保藏

2）工艺要点

（1）选料　北京烤鸭要求必须是经过填肥的北京鸭，饲养期在 55 ~ 65 日龄，活重在 2.5 kg 以上的为佳。

（2）宰杀造型　填鸭经过宰杀、放血、褪毛后，先剥离颈部食道周围的结缔组织，打开气门。向鸭体皮下脂肪与结缔组织之间充气，使鸭体保持膨大壮实的外形。然后从腋下开膛，取出全部内脏。用 8 ~ 10 cm 长的秸秆（去穗高粱秆）由切口塞入膛内充实体腔，使鸭体造型美观。

（3）冲洗烫皮　通过腋下切口用清水（水温 4 ~ 8 ℃）反复冲洗胸腹腔，直到洗净为止。拿钩钩住鸭胸部上端 4 ~ 5 cm 外的颈椎骨（右侧下钩，左侧穿出），提起鸭坯用 100 ℃的沸水淋烫表皮，使表皮的蛋白质凝固，减少烤制时脂肪的流出，并达到烤制后表皮酥脆的目的。淋烫时，第一勺水要先烫刀口处，使鸭皮紧缩，防止跑气，然后再烫其他部位。一般情况下，用 3 ~ 4 勺沸水即能把鸭坯烫好。

（4）浇挂糖色　浇挂糖色的目的是改善烤制后鸭体表面的色泽，同时增加表皮的酥脆性和适口性。浇挂糖色的方法与烫皮相似，先淋两肩，后淋两侧。一般只需 3 勺糖水即可淋遍鸭体。糖色的配制用 1 份麦芽糖和 6 份水，在锅内熬成棕红色即可。

（5）灌汤打色　鸭坯经过上色后，先挂在阴凉通风处，进行表向干燥，然后向体脏灌入 100 ℃汤水 70 ~ 100 mL，鸭坯进炉烤制时能激烈汽化，通过外烤内蒸，使产品具有外脆内嫩的特色。为了弥补挂糖色时的不均匀，鸭坯灌汤后，要淋 2 ~ 3 勺糖水，称为打色。

（6）挂炉烤制　鸭坯进炉后，先挂在炉膛前梁上，使鸭体右侧刀口向火，让炉温首先进入体腔，促进体腔内的汤水汽化，使鸭肉快熟。等右侧鸭坯烤至橘黄色时，再使左侧向火，烤至与右侧同色为止。然后旋转鸭体，烘烤胸部、下肢等部位。反复烘烤，直到鸭体全身呈枣红色并热透为止。

整个烘烤的时间一般为 30 ~ 40 min，体型大的需 40 ~ 50 min。炉内温度掌握在 230 ~ 250 ℃，炉温过高，时间过长会造成表皮焦煳，皮下脂肪大量流失，皮下形成空洞，失去烤鸭的特色；时间过短，炉温过低会造成鸭皮收缩，胸部下陷，鸭肉不熟等缺陷，影响烤鸭的食用价值和外观品质。

烤鸭皮质松脆，肉嫩鲜酥，体表焦黄，香气四溢，肥而不腻，是传统肉制品中的精品。

6.4.2 叉烧肉

叉烧肉是南方风味的肉制品，起源于广东，一般称为广东叉烧肉。产品呈深红略带黑色，块形整齐，软硬适中，香甜可口，多食不腻。

1）工艺流程

选料及整理→配料→腌制→烤制＋包装→保藏

2）工艺要点

（1）选料及整理　叉烧肉一般选用猪腿部肉或肋部肉。猪腿除皮、拆骨、去脂肪后，用 M 形刀法将肉切成宽 3 cm、厚 1.5 cm、长 5～40 cm 的长条，用温水清洗，沥干备用。

（2）配料　猪肉 100 kg、精盐 2 kg、酱油 5 kg、白糖 6.5 kg、五香粉 250 g、桂庆粉 500 g、砂仁粉 200 g、绍兴酒 2 kg、姜 1 kg、饴糖或液体葡萄糖 5 kg、硝酸钠 50 g。

（3）腌制　除了糖稀和绍兴酒外，把其他所有的调味料倒入拌料容器中，搅拌均匀，然后把肉坯倒入容器中拌匀。之后，每隔 2 h 搅拌 1 次，使肉条充分吸收配料。低温腌制 6 h 后，再加入绍兴酒，充分搅拌、均匀混合后，将肉条穿在铁排环上，每排穿 10 条左右，适度晾干。然后把内外再加入绍兴酒，重复上述操作后，适度晾干。

（4）烤制　先将烤炉烧热，把穿好的肉条排环挂入炉内，进行烤制。烤制时炉温保持在 270 ℃左右，烘烤 15 min 后、打开炉盖，转动排环，调换肉面方向，继续烤制 30 min。之后的前 15 min 炉温大约保持在 270 ℃，后 15 min 的炉温大约为 220 ℃。

烘烤完毕，从炉中取出肉条，稍冷后，在饴糖或麦芽糖溶液内浸没片刻，取出再放进炉内烤制约 3 min 即为成品。

复习思考题

1. 中式肉制品的特点是什么？
2. 腌腊制品加工的关键技术是什么？
3. 中式火腿加工中存在的主要缺点是什么？怎样改进？
4. 酱卤制品有何特点？
5. 酱卤制品能否实现工业化连续生产？
6. 肉品的干制原理是什么？
7. 肉品干制的目的是什么？干制品有哪些优缺点？
8. 传统制作生产方式加工的肉干口感粗糙，如何加以改进？
9. 肉类烧烤制品加工应注意什么？
10. 烧烤制品色泽及风味形成的原因是什么？
11. 你对传统烧烤制品的工业化生产有何建议？

实　训

实训一　腊肉加工

【目的要求】

通过本实验,要求对腊肉的加工过程有所了解,并初步掌握其加工方法。

【材料及用具】

剔骨肋条鲜猪肉5.0 kg、精盐0.3 kg、硝酸盐4 g、白糖0.2 kg、酱油0.2 kg、大曲酒0.1 kg、白酒5 g、花椒2 g、混合香料3 g、八角20 g、荜拨10 g、甘草5 g、麻线10 g、腌板1块、剥皮刀1把、簸箕1个、天平(感应量0.1 g)1架、台称1台、小缸2个、烘烤熏烟炉1个、温度计1支、铝锅1个。

原料肉的选择和处理:选择健康猪的腰部、肋部和下腹部的新鲜肉,剔去骨头,切成2~3 kg重的长条肉块。然后,将肉挂在或铺在阴凉通风处,冷凉至0~10 ℃,凉透后即可按不同的方法进行加工。

【加工方法】

1)广式腊肉(广味腊肉或广东腊肉)

(1)原料肉的修整　将猪肋条肉,去骨切除奶脯,切成3 cm宽、36~40 cm长、约0.17 kg重的条肉。肉的一头刺一小洞,以便穿麻线悬挂。然后用40 ℃的温开水洗去浮油,稍滤干水分,放入配料腌制。

(2)配料　每50 kg修整后的肉,用精盐1.5 kg,硝酸钠25 g,白糖2 kg,酱油2 kg,60°的大曲酒0.9 kg配合调制而成。

(3)腌制　将肉与配料充分混合,腌制5~8 h,每2~3 h翻一次缸。然后依次穿上细麻线,挂在竹竿上(如余有配料液,可分次涂擦于肉条表面),稍干后,再进行烘制。

(4)烘制　用烤房或烤箱烘制,温度掌握在40~50 ℃烘烤2~3 d即成。烘烤中要上下调换位置,注意检查质量,以防烘坏。此外,还可以用日光曝晒,晚上移进室内,晒数天后,至肉表面出油时即可。但如遇阴雨天气,应及时进行烘烤,以防变质。

(5)成品　呈金黄色,味香而鲜美,肉条整齐,不带碎骨,成品率不低于70%。

广式腊肉感官评定标准(GB 2730—81)如表6.10所示。

表6.10　广式腊肉感官指标

项　目	一级鲜度	二级鲜度
色泽	色泽鲜明,肌肉呈鲜红色或暗红色,脂肪透明或呈乳白色	色泽稍淡,肌肉呈暗红色或咖啡色,脂肪呈乳白色,表面可以有霉点,但抹后无痕迹
组织状态	肉身干爽,结实	肉身稍软
气味	具有广式腊味固有的气味	风味略减,脂肪有轻度酸败味

2)川味腊肉(四川腊肉)

(1)原料肉的修整　选新鲜的猪肉,带皮剔骨,切成长 30 ~ 40 cm,宽 4 ~ 6 cm,重 0.7 ~ 0.85 kg的长条肉块。

(2)配料　100 kg 肉,食盐 7 ~ 8 kg,花椒 0.1 kg,白酒 0.15 kg,糖适量,硝酸钾 2 g,混合香料 0.15 kg(桂皮 3 kg、八角 1 kg、荜拔 3 kg、甘草 2 kg 制成粉末而成)。

(3)腌制　将配料调制均匀,一次涂在肉上,然后将肉块皮面向下,肉面向上(最后一层皮面向上),平放在腌肉缸或腌肉池内,并将剩余的配料均匀地撒在腌肉面上,腌制 3 ~ 4 d 翻缸一次,再腌 3 ~ 4 d,配料全部渗入肉内即可出缸。

(4)水洗　出缸后用 15 ~ 20 ℃的温水洗净肉上的白霜或杂质,然后悬挂在通风处晾干,再进行烘烤。

(5)烘烤　通常用烘干房烘烤,开始时温度为 40 ℃左右,经过 4 ~ 5 h 后逐渐加温,最高不超过 55 ℃,以免烤焦流油,影响品质。然后逐步降温,共计需要烘烤 40 ~ 48 h。在烘烤过程中,当烤制肉皮略带黄色时,翻竿一次,烤到皮色干硬,瘦肉呈鲜红色,肥肉透明或乳白色时即可。

(6)成品与规格　烘烤结束后,悬挂在空气流通处,散尽热气后即为成品。成品率为 70% 左右。其规格是:无骨带皮,长条状,每块 0.5 ~ 0.75 kg,长度 27 ~ 37 cm,宽度 3.3 ~ 5.0 cm,色泽鲜明,瘦肉具有鲜红色,肥肉透明或呈乳白色,肉身干爽、结实、有弹性,指压无明显凹痕,具有腊味固有的风味。

实训二　中式腊肠加工

【目的要求】

通过本次实习,熟悉和了解腊肠的原料、辅料要求及加工设备的使用方法,了解其操作和工艺流程。

【材料及用具】

原材料:肉、辅料、肠衣。

用具:天平、台秤、切肉丁机、搅拌器、烘烤设备、灌肠机。

【加工方法】

1)原料处理

原材料的选择及处理　以新鲜猪后腿肉为主,夹心肉次之,肌肉以背膘为主,剥皮剔骨,去除筋腱,用切肉丁机切成肉丁,肥瘦肉分开放置,背膘用温开水洗去浮油后沥干待用。

(1)香肠

原料肉 10 kg　　精盐 0.32 kg　　白糖 0.7 kg　酱油 0.1 L

白酒 0.2 L　　味精 20 g　　亚硝酸钠 1 g(用少量水溶解后使用)

(2)辣香肠

原料肉 10 kg　　精盐 0.25 kg　　白糖 0.3 kg　酱油 0.1 L

白酒 0.2 L　　味精 20 g　　花椒粉 15 g　　胡椒粉 30 g

五香粉 30 g　辣椒粉 8 g　　姜粉 20 g　亚硝酸钠 4 g(用少量水溶解后使用)

2)腌制灌装

将绞切后的肉及其他辅料搅拌均匀,腌 30 min 后即可灌入肠衣,按要求长度结扎。

3)刺孔漂洗

用排针刺孔排气后,置于温水中将肠衣漂洗干净。

4)日晒或烘烤

将漂洗干净的肠悬挂于日光下晒4~5 d至肠衣干缩并紧贴肉馅后进行烘烤。烘烤温度50 ℃左右,时间36~48 h。若遇阴天,可直接进行烘烤,但时间需酌情延长。

5)成熟

将日晒或烘烤后的肠悬挂于通风透气的成熟间,20 d左右即可产生腊肠独有的风味。出品率为65%左右。

实训三 烧鸡制作

【目的要求】

通过对道口烧鸡的加工,了解该类产品的加工特点及工艺要领,掌握该类产品的加工技术及相关设备的使用。

【材料和设备】

肉鸡、砂仁、丁香、肉桂、陈皮、豆蔻、草果、姜、白芷、食盐、刀具、锅、电子天平。

【加工方法】

原料:肉鸡100只。

辅料:砂仁15 g、丁香3 g、肉桂90 g、陈皮30 g、豆蔻15 g、草果30 g、姜90 g、白芷90 g、食盐2~3 kg(根据肉鸡的数量秤取适量辅料配置)。

(1)选料 烧鸡的原料以50日龄左右,活重为1~1.5 kg的为宜。

(2)宰杀、清洗 宰前12 h停止喂食,但给予饮水。采用切断三管(血管、气管、食管)颈部放血法宰杀,要求操作部位准确,刀口要净。烫毛水温为63~65 ℃,时间为2~3 min。拔毛后将鸡放入清水中清洗细毛,使鸡胴体洁白。

(3)开膛造型 将在水中浸泡的鸡体取出,于脖根部切一小口,用手指取出素囊和三管,将鸡身倒置,从两腿后侧龙骨下,用刀将肋骨切断,呈曲线口,将腹腔内脏全部掏尽,清水中冲洗多次,直至鸡体内外干净洁白为止。

(4)上色和油炸 沥干的集体,用饴糖水或蜂蜜水均匀地涂抹在鸡体全身,饴糖和水比例为1:2,稍许沥干。将鸡体放入150~180 ℃的植物油中,翻炸约1 min,待鸡体呈柿黄色时取出。

(5)煮制 将各种辅料,用纱布包好放入锅中后,将鸡体放入,倒入老汤并加适量清水(无老汤则需现行配置),使水面高出鸡体,用竹篦子压好,防止加热时鸡体浮出水面。先用旺火将汤烧开,后用温火徐徐焖煮至熟。老鸡为4~5 h,幼鸡约2 h。

实训四 肉干制品的加工

【目的要求】

通过本次实验,了解肉松、肉干、肉脯等干制品的加工过程,并熟悉加工设备的使用。

【加工方法】

1)肉松的制作

(1)材料及设备 原料肉、肉松专用粉、脱皮整粒芝麻、色拉油、白糖、混合香辛料、食盐、味精等,煮制锅、拉丝机、炒松机等。

(2)加工工艺

工艺流程:原料整理→煮制→拌料→拉丝→炒松→油酥→冷却包装

配料:精瘦肉 10 kg、豌豆粉 1 ~2 kg、芝麻 0.6 ~0.8 kg、白糖 1.6 ~1.8 kg、精盐 0.3 kg、味精 30 g、混合香料 15 g、生姜 0.1 kg、葱 0.1 kg。

①原料整理。选用新鲜的猪肉和牛肉,以后腿的瘦肉为最佳。剔去皮、骨、脂肪、筋腱,然后洗净,顺着肉的肌纤维方向切成重约 0.25 kg,长 6 ~10 cm,宽 5 cm 大小的肉块。

②煮制。将切好的肉块放入锅中,按 1:1.5 量加水,再将混合香料、葱、姜用纱布包好投入煮制锅中,煮沸后小火慢煮,直至加压肉纤维能自行分离为止,3 ~4 h,收尽汤汁。

③拌料。将糖、盐、味精混匀后拌入肉料中,微火加热,出锅冷却后,将专用粉均匀拌至肉料中,注意不能趁热拌粉,否则粉粘结,不易拌匀。

④拉丝。用专用拉丝机将肉料拉成松散的丝状,一般重复拉 3 ~5 次。

⑤炒松。将拉成丝的肉松坯置于专用炒锅中,边炒边手工翻动,炒至色呈棕黄或黄褐色,在炒至九成熟时,加入脱皮芝麻,再用漏勺均匀洒入 150 ℃左右的色拉油,同时降低火力,边洒边快速翻动,拌炒 5 ~10 min 至肉纤维呈蓬松的团状,色泽呈金黄或棕黄色止,整个炒制时间为 1 ~1.5 h。

⑥冷却包装。出锅的肉松置于成品冷却间冷却,冷却间要求卫生条件好,冷却后立即包装,以防吸潮回软,影响产品质量,缩短保质期,一般采用铝箔或复合透明袋包装。按照上述条件袋装保质期为 6 个月。

2)肉干的制作

肉干是用猪、牛等瘦肉经煮熟后,加入配料复煮,烘烤而成的一种肉制品。因其形状多为 1 cm^3 大小的块状,故叫做肉干。按原料分为猪肉干、牛肉干等;按形状分为片状、条状、粒状等;按配料分为五香肉干、辣味肉干和咖喱肉干等。

(1)材料及设备　猪肉、牛肉、剥皮刀、精盐、酱油、白糖、生姜、茴香、八角、陈皮、桂皮、五香粉、葱、味精、炉灶、锅、锅铲、砧板、簸箕。

(2)加工方法

①原料肉的选择与处理。多采用新鲜的猪肉和牛肉,以前后腿的瘦肉为最佳。先将原料肉的脂肪和筋腱剔去,然后洗净沥干,切成 0.5 kg 左右的肉块。

②水煮。将肉块放入锅中,用清水煮开后撇去肉汤上的浮沫,浸烫 20 ~30 min,使肉发硬,然后捞出切成 1.5 cm^3 的肉丁或切成 0.5 cm ×2.0 cm ×4.0 cm 的肉片(按需要而定)。

③配料(如表 6.9 所示)

④复煮。取一部分原汤,加入配料,用大火煮开。当汤有香味时,改用小火,并将肉丁或肉片放入锅内,用锅铲不断轻轻翻动,直到汤汁将干时,将肉取出。

⑤烘烤。将肉丁或肉片铺在铁丝网上用 50 ~55 ℃进行烘烤,要经常翻动,以防烤焦,需 8 ~10 h,烤到肉发硬变干,具有芳香味时即成肉干。牛肉干的成品率为 50% 左右;猪肉干的成品率约为 45%。

如无五香粉时,可将小茴香、陈皮及肉桂适量,包扎在纱布内,然后放入锅内与肉同煮。

3)肉脯的制作

肉脯是指瘦肉经切片(或绞碎)、调味、摊筛、烘干、烤制等工艺制成的干、熟薄片型的肉制品。成品特点:干爽薄脆,红润透明,瘦不塞牙。与肉干加工方法不同的是肉脯不经水煮,直接烘干而制成。

同肉干一样,随着原料、辅料、产地等的不同,肉脯的名称及品种不尽相同,但就其加工工艺,主要有传统的肉脯和新型的肉糜肉脯两大类。

(1)工艺流程

原料选择整理→冷冻→切片→腌制→摊筛→烘烤、烧烤→压平→切片→成型→包装。

(2)操作要点

①原料选择和整理。传统肉脯一般是由猪、牛肉加工而成,选用新鲜的牛、猪后腿肉,去掉脂肪、结缔组织,顺肌纤维切成 1 kg 大小肉块。要求肉块外形规则,边缘整齐,无碎肉、淤血。

②冷冻。将修割整齐的肉块装入模内移入速冻冷库中速冻。至肉块深层温度达 2 ~4 ℃出库。

③切片。将冻结后的肉块放入切片机中切片或手工切片。切片时须顺肌肉纤维方向,以保证成品不易破碎。切片厚度一般控制在 1 ~2 mm。

④拌料腌制。将辅料混匀后,与切好的肉片拌匀,在不超过 10 ℃的冷库中腌制 2 h 左右。腌制的目的一是入味,二是使肉中盐溶性蛋白溶出,有助于摊筛时使肉片之间粘连。肉脯配料各地不尽相同,以下是二种常见肉脯辅料配方。

A. 上海猪肉脯(单位:kg)。原料肉 100,食盐 2.5,硝酸钠 0.05,白糖 15,高粱酒 2.5,味精 0.30,白酱油 1.0,小苏打 0.01。

B. 天津牛肉脯(单位:kg)。牛肉片 100,酱油 4,山梨酸钾 0.02,食盐 2,味精 2,五香粉 0.30,白砂糖 12,异抗坏血酸钠 0.02。

⑤摊筛。在竹筛上涂刷食用植物油,将腌制好的肉片平铺在竹筛上,肉片之间彼此靠溶出的蛋白粘连成片。

⑥烘烤。烘烤的主要目的是促进发色和脱水熟化。将摊放肉片的竹筛上架晾干水分后,进入远红外烘箱中或烘房中脱水熟化。其烘烤温度控制在 55 ~70 ℃,前期烘烤温度可稍高。肉片厚度 2 ~3 mm 时,烘烤时间为 2 ~3 h。

⑦烧烤。烧烤是将成品放在高温下进一步熟化并使质地柔软,产生良好的烧烤味和油润的外观。烧烤时可把半成品放在远红外空心烘炉的转动铁丝网上,用 200 ~220 ℃温度烧烤 1 ~2 min,至表面油润,色泽深红为止。

⑧压平、成型。烧烤结束后趁热用压平机压平,按规格要求切成一定的长方形。

第7章 西式肉制品加工

本章导读:主要就西式肉制品的加工做了相关的介绍,内容包括灌肠、火腿和培根等。通过学习,要求掌握灌肠的种类、加工工艺,发酵香肠的加工原理,各种火腿的加工工艺,培根的概念及加工工艺。

7.1 灌 肠

西式灌肠制品在我国习惯上叫灌肠,是原料肉经绞切、斩拌或乳化成肉馅(肉丁、肉糜或其混合物)并添加调味料、香辛料或填充料,充入肠衣内,再经烘烤、蒸煮、烟熏、发酵、干燥等工艺制成的产品。在国外因来源于拉丁文"Salsus"而得名"香肠",为表达方便,本节内容的香肠均指灌肠。这种香肠的制作工艺与我国的传统香肠基本相同,所不同的是其原料除猪肉外还掺入牛肉、有的品种是以牛肉为主,猪肉为辅。它的肉馅结构,一部分品种和传统香肠完全相同,采用以膘丁和瘦肉相结合的形式;另一部分品种则将肥膘和瘦肉绞碎混合,有的斩拌成糨糊状。另外,这种产品多添加淀粉,并且普遍使用玉米香料,不加酱油,产品具有香辣味。有的还加入大蒜,使其具有独特的香味。

7.1.1 香肠的种类

各国生产的香肠种类繁多,至今还没有一个统一的分类方法,依据不同的分类标准香肠的种类不同,依据肉类绞切的程度分为绞肉型香肠和乳化型香肠,按肉的腌制与否分为鲜香肠和腌制香肠,按烟熏与否可分为烟熏香肠和不烟熏香肠,按发酵与否可分为发酵和不发酵香肠,按加水与否可分为加水和不加水香肠,按是否加填充料分纯和非纯香肠,按所用的原料分猪肉香肠、牛肉香肠和猪牛肉混合香肠等。目前分类具有代表性的是将香肠制品分为生鲜香肠、生熏肠、熟熏肠、干制和半干制香肠等4大类。

1)生鲜香肠

原料(主要是新鲜猪肉,有时添加适量的牛肉)不经腌制,绞碎后加入香辛料和调料充入肠衣内制成。这类肠制品需在冷藏条件下储存,食用前经加热处理,如意大利鲜香肠。

2)生熏肠

这类制品可以采用腌制或未经腌制的原料,加工工艺中要经过烟熏处理但不进行熟制加工,食用前要进行熟制处理。

3)熟熏肠

经过腌制的原料肉,绞碎、斩拌后充入肠衣,再经熟制、烟熏处理制成的产品。

4)干制和半干制香肠

半干肠是经过绞碎的肉馅在细菌的发酵作用下,使肠馅的 pH 值达到 5.3 以下,然后干燥除去 15% 的水分,使产品中的水分与蛋白质比例不超过 3.7∶1。干制香肠主要是用猪肉制成,其工艺是经过绞碎的肉馅在细菌的发酵作用下,使肠馅的 pH 值达到 5.3 以下,不经熏制和煮制,直接干燥除去 20% ~50% 的水分,使产品中的水分与蛋白质比例不超过 2.3∶1。

7.1.2 灌肠的加工工艺

1)工艺流程

原料选择→原料肉处理→腌制→绞碎→斩拌→灌制→烘烤→熟制→烟熏→冷却→包装→成品。

2)加工工艺

(1)原料的选择 生产灌肠所采用的原料主要是猪肉和牛肉,其他羊肉、兔肉、禽肉、鱼肉及其内脏也可以做原料。生产所用的原料肉必须是经过兽医检验确认是健康的新鲜卫生的肉。

(2)原料的处理 原料肉经过修整,剔去碎骨、筋、腱及结缔组织膜,除去污物,使其成为纯精肉,然后将原料肉切成 2 cm 厚的薄片,要求厚薄一致,没有连筋刀,切肉时应顺着肌肉纤维的方向,不会影响肉的绞出。脂肪切成丁,精肉带肥膘不超过 5%,肥中带瘦不超过 3%。

(3)腌制 腌制的目的是使原料肉呈现均匀的粉红色,使肉含有一定量的食盐以保证产品具有适宜的滋味,抑制微生物生长使肉制品颜色鲜艳,同时提高制品的弹性、黏性和保水性。根据不同产品的配方将瘦肉加食盐、硝酸盐、多聚磷酸盐等添加剂混合均匀,送入冷库,在 2 ~4 ℃腌制 24 ~72 h。腌好的标志是 80% 的瘦猪肉颜色变得鲜红且色调均匀,牛肉变得质地紧实,颜色深红。无论猪肉或牛肉都变得富有弹性和黏性。肥膘只加盐进行腌制。

(4)绞肉 绞肉和斩拌的目的在于增加肉对水的吸附能力和黏结性,便于咀嚼,易于消化吸收。将腌制好的原料和肥膘分别通过不同筛孔直径(一般 2 ~3 mm)的绞肉机绞碎。绞肉时一次投料量不宜过大,否则会造成肉温上升,对肉的黏着性产生不良的影响。

(5)斩拌 肉的持水性与肉馅的切碎程度有关,斩拌操作是为了进一步提高肉馅的保水性,以提高出品率和质量。斩拌时先将瘦肉放入斩拌机,开动斩拌机后加入冰,以利于斩拌。加冰后,最初肉会失去黏性,变成分散的细粒子状,但不久黏着性就会不断增强,最终成为一个整体时,再添加调料和香辛料,最后添加脂肪。在此过程中一定要控制肉料的温度,可通过加冰降温,否则温度过高,会造成肌肉蛋白变性降低其工艺特性。整个斩拌过程控制在 5 ~8 min,斩后的最佳温度应在 8 ~14 ℃范围内。

(6)灌制 根据不同产品的要求,采用不同规格的动物肠衣或人造肠衣将斩拌好的肉馅充入肠衣内。灌制时应做到肉馅紧密而无间隙,防止过松和过紧,过松会造成肠馅脱节或不饱满,在成品中会有空隙或空洞,甚至会影响其质量及保存时间,过紧则会在蒸煮时使肠衣胀破。灌好后的肠衣每隔一定的距离打结。

(7)烘烤　烘烤是用动物肠衣灌制的香肠必要的加工工序。烘烤的目的是使肠衣蛋白质变性凝固,增加肠衣的机械强度,吸湿性小,提高产品对微生物的稳定性,促使肉馅色泽变红。一般烘烤炉温度为70 ℃左右,烘烤时间依肠直径和肠馅的结构而异,为10 ~60 min。烘烤好的灌肠肠衣呈半透明状,肉馅已露出红润色泽,但无油质流出。

(8)煮制　煮制的目的是使蛋白质凝固变性,改变肉的状态,使制品呈现特有的风味,杀死微生物和寄生虫,破坏酶活力。

煮制的方法分蒸汽煮和水煮,前者适用于大型企业,后者适用于中小型企业。煮制时间取决于肠的种类和直径的大小,煮制过程中要求温度控制在80 ~85 ℃,煮至肠中心温度大于72 ℃即可。煮好的肠体较硬,且有弹性,切开后肉馅发干,有光泽,深部无黏软现象。

(9)烟熏、冷却　烟熏可赋予制品以特有的烟熏香味,脱去肠中的部分水分,改善制品的色泽,并使制品具有一定的防腐能力。熏制的温度和时间以产品的种类、产品的直径和消费者的嗜好而定。一般烟熏的温度为50 ~80 ℃,时间10 min到24 h。熏制好的香(灌)肠具有以下特征:

①肠衣表面干燥,不黏软,不流油,有均匀的红色;

②肠表面无斑点和条状黑痕;

③用鼻嗅有烟味,用口品尝有熏制香味:

④熏制后用10 ~15 ℃的冷水喷淋肠体10 ~20 min,使肠坯温度快速降至室温,然后送入0 ~7 ℃的冷库内,冷却至库温,贴标签,包装即为成品。

7.1.3　几种主要灌肠的加工

1)大红肠

大红肠,是欧洲人喝茶时食用的肉制品,因此又称茶肠。原料以牛肉为主,猪肉为辅。肠呈红色,肉质细腻,切片后可见膘丁,肥瘦分明,具有蒜味。

(1)配方　牛肉45 kg、猪精肉40 kg、白膘5 kg、淀粉5 kg、白胡椒粉200 g、玉果粉125 g、大蒜200 g、食盐3.5 kg、口径为6 ~7 cm的牛肠衣。

(2)主要工艺　原料肉腌制、绞碎、斩拌、灌肠(每节45 ~50 cm)、烘烤(70 ~80 ℃、45 min)、煮制(90 ℃)1.0 ~1.5 h、冷却后即为成品。

2)小红肠

小红肠又名维也纳香肠,原料由牛肉和猪肉对半组成,口味鲜美,肠体细小,形似手指,外表红色,肉馅细腻鲜嫩。将小红肠夹在面包中就是著名的快餐食品——热狗。

(1)配方　牛肉55 kg、猪精肉20 kg、奶脯或白膘25 kg、淀粉5 kg、白胡椒粉190 g、玉果粉130 g、食盐3.5 kg、口径为18 ~22 mm的羊肠衣,每根长12 ~14 cm。

(2)主要工艺　肉馅灌入羊肠衣后烘烤约10 min,煮熟冷却后即为成品。

3)大众红肠

大众红肠原名里道斯肠,肠外表呈枣红色,形状半弯,有皱纹无裂痕,肠馅紧密,肉丁分布均匀,口味鲜美,略有蒜味。

(1)配方　猪精肉40 kg、肥膘肉10 kg、淀粉3.5 kg、胡椒粉50 g、大蒜250 g、食盐1.75 ~2.0 kg。

(2)主要工艺 原料肉经初加工后在2~3 ℃下腌制3 d,肥膘肉腌制3~5 d,绞碎、斩拌、灌入直径30 mm的猪肠衣、烘烤1 h、85 ℃下水浴煮制25 min左右,然后在35~40 ℃下熏制12 h。

4)色拉米肠

色拉米肠以牛肉为主要原料,分生和熟两种规格。质量坚实,口味鲜美,香味浓郁,外表灰白色,有皱纹,内部肉呈棕红色。

(1)配方 牛肉35 kg、猪精肉7.5 kg、膘丁7.5 kg、玉果粉65 g、胡椒粉95 g、胡椒粒65 g、白砂糖250 g、朗姆酒250 g、食盐2.5 kg、口径为7 cm的白布袋,长50 cm。

(2)主要工艺 有生熟两种。肉馅拌好后灌入猪直肠或人造肠衣,室温放置3 h,烟熏8 h,蒸煮至中心温度为64 ℃,喷淋、冷却即为成品。如加工生色拉米肠,灌好后不经煮熟,室温干燥36 h后,再在10 ℃下干燥10周即为成品。

7.1.4 发酵香肠

1)概述

发酵香肠是指将绞碎的肉(通常是猪肉或牛肉)和动物脂肪同盐、糖、香辛料等(有时还要加微生物发酵剂)混合后灌进肠衣,经过微生物发酵和成熟干燥(或不经过成熟干燥)而制成的具有稳定的微生物特性和典型发酵香味的肉制品。

发酵香肠通常在常温下储存、运输,并且不经过熟制处理直接食用。这主要是因为香肠在发酵过程中,乳酸菌发酵碳水化合物形成乳酸,使香肠的最终pH值降低到4.5~5.5,这一较低的pH值,加工中添加的食盐和干燥过程中降低的水分活度三者共同作用,保证了产品的稳定性与安全性。

早在2 000多年前,罗马人就知道用碎肉加盐、糖和香辛料能够制成美味可口的香肠,而且这类产品具有较长的储藏期。西式发酵香肠的制作起源于地中海地区,那里的气候温和,湿度大,有利于发酵香肠的成熟。近几十年来,随着肉品加工技术的不断发展和食品冷藏工艺的出现,欧洲的一些国家以及美国相继开发出只经过发酵而不经过成熟和干燥的不干香肠或只经过部分成熟和干燥的半干香肠,从此为发酵干香肠这一古老的传统产品带来了新的生机,同时也极大地推动了与发酵香肠相关的科学研究工作的进展。

发酵香肠的种类很多,可以根据肉馅的形态、发酵方法、发酵酸度、香肠水分含量等进行分类。按照产品在加工过程中失去水分的多少,将其分为干香肠、半干香肠和不干香肠等,其相应的加工过程中的失重大约分别为30%以上,10%~30%和10%以下。这种分类方法虽然不很科学,但却被业内人士和消费者普遍接受。通常按照产品加工过程的长短、最终产品的水分活度和水分含量将其分3类:

①涂抹型发酵香肠,加工周期为3~5 d,水分含量34%~35%,水分活度是0.95~0.96;

②加工周期短的切片香肠,加工周期为1~4周,水分含量30%~40%,水分活度是0.92~0.94;

③加工周期长的切片香肠,加工周期为12~14周,水分含量20%~30%,水分活度是0.82~0.86。

2)生产中使用的原辅料

(1)原料肉 各种肉均可以用作发酵香肠的原料,一般常用的是猪肉、牛肉和羊肉。高档正宗的意大利色拉米或匈牙利色拉米是以纯猪肉和猪肥肉为原料，这与中式腊肠相同。而法国和德国传统发酵香肠原料配方为猪肉、牛肉和猪背脂各占 1/3。在土耳其等伊斯兰教国家，基于宗教原因以牛肉为主料，并以羊脂替代猪背脂，因此产品带有特异的羊膻味。中欧国家加工发酵香肠要求以非冻结肉为原料，肥肉须是结实度好的脊膘。特别是长期发酵加工的产品，冻结储存过长的原料对成品色泽、味道及可储藏性均不利。若使用猪肉，其 pH 值为5.6～5.8，这将有利于发酵的进行，并保证在发酵过程中有适宜的 pH 值的降低速率。使用 PSE 肉生产发酵香肠，其用量应少于 20%。老龄动物的肉较适合加工干发酵香肠，并用来生产高品质的产品。

原料肉的初始细菌数要低，否则，发酵香肠的质量和保质期将受影响。

（2）脂肪　发酵香肠尤其是干发酵剂香肠，其重要特征之一是具有较长的保质期（至少 6 个月），因此要求使用不饱和脂肪酸含量低、熔点高的脂肪。牛脂和羊脂不适于作为发酵香肠的原料，色白而结实的猪背脂是生产发酵香肠的最好原料。

（3）辅料　辅料中包括食盐、硝酸盐或亚硝酸盐、糖等。

①食盐。辅料中以食盐最为重要，一般添加量为 2.5%～3.0%。质软的涂抹型发酵香肠为 2.8%～3.0%，而切片产品可达 3.2%～4.5%。这可将原料中的初始水分活度降低到 0.96。

②硝酸盐和亚硝酸盐。硝酸盐和亚硝酸盐因其发色、增香、抑菌和抗氧作用已成为不可缺少的添加剂。除了干发酵香肠外，其他类型的发酵香肠在腌制时首先选用亚硝酸钠。亚硝酸钠可直接加入，添加量一般少于 150 mg/kg。在生产发酵香肠的传统工艺中或生产干发酵香肠中一般加入硝酸钠，其添加量围 200～500 mg/kg。如果开始腌制时亚硝酸钠的浓度过高，会抑制产生风味物质或其前体物的有益微生物的活力。因此，用硝酸钠生产的干肠在风味上要优于直接添加亚硝酸钠的香肠。在一些国家硝酸盐和亚硝酸盐可混合使用，而在德国等地则是发酵期 4 个月以上的产品才能添加硝酸盐，且硝酸盐与亚硝酸盐不可混合，亚硝酸钠须与食盐预制为亚硝混合盐（NPS）才能使用。产品中硝酸盐和亚硝酸盐的总残留量限定在 1.0～30 ppm。

③糖。在发酵香肠生产中添加糖的主要目的是提供足够的微生物发酵底物，有利于乳酸菌的生长和乳酸的产生。添加糖的种类和数量，应当满足在建立有效的乳酸发酵的同时又避免 pH 值的过度降低。其添加量一般为 0.3%～0.8%，较常添加的是葡萄糖和寡聚糖的混合物。

除食盐、硝盐和糖外还有酸味剂和香辛料。添加酸味剂的主要目的是确保在发酵开始的早期阶段，使肉馅的 pH 值快速降低，这对于不添加发酵剂的发酵香肠的安全性尤其重要。在涂抹发酵香肠生产中，酸味剂经常与发酵剂结合使用。然而，应用在其他的制品中将会导致产品品质的降低，所以很少添加。最常用的酸味剂是葡萄糖-δ-内酯，添加量一般为 0.5% 左右。香辛料对发酵香肠风味有改善作用，但添加量不应高于 1%，例如，辣椒等香辛料过多对发酵菌有不利影响。欧式发酵香肠中以胡椒为主，辅以玉果、小豆蔻等。

3）发酵剂

发酵剂是生产发酵肉制品的关键。传统的发酵肉制品是依靠原料肉中天然存在的乳酸菌与杂菌的竞争作用，使乳酸菌成为优势菌群来生产发酵肉制品。这种方法制备的接种物，主导菌易发生变动，腐败菌和致病菌适应加工过程后，数量会增加，一旦出现这种情况，将很难排除有害菌。1940 年美国人 L. B. Jensen 和 L. S. Paddock 在专利中（US patent 2225783）第一次描述了乳酸菌在发酵香肠中的应用，从而开创了使用纯培养的微生物发酵剂的历史。芬兰科学家 Niinivaara(1955)从芬兰传统食品中分离出微球菌(Micrococcus M53)作为发酵剂,并提出了选择发酵剂微生物的标准(在15%的食盐溶液中能生长;最适发酵温度为25～30℃;非致病菌;最适pH值为6.6～7.0且具有降解硝酸钠的能力)。1973年Demeyer又发现,微球菌是降解脂肪形成的羰基,对发酵香肠的风味有重要作用的微生物。1961年Deibel等发现,片球菌(Pediococcus cervisiae)可用作半干香肠的菌种。1974年Everson等申请了植物乳杆菌的专利。Nurmi(1966)在试验研究中发现,单独接种乳酸菌杆菌能快速降低产品的pH值,但是产品的退色现象严重;单独接种微球菌能改善产品的颜色,而pH值得降低速度相对较慢,应用乳酸杆菌和微球菌的混合发酵剂获得了较好的效果。从此混合菌种的发酵剂的研究与应用获得了快速发展。目前应用于发酵肉制品的微生物主要由细菌、霉菌和酵母菌,如表7.1所示。

表7.1　发酵剂中常用的微生物

微生物种类		菌　种
酵母(yeast)		汉逊式德把利酵母(Dabaryomyces hansenii) 法马塔假丝酵母(Candida famata)
霉菌(fungi)		产黄青霉(Penicilliun chrysogenum) 纳地青霉(Penicillium nalgiovense) Penicillium expansum
细菌(bacteria)	乳酸菌(lactic acid bacteria)	植物乳杆菌(L. plantarum) 清酒乳杆菌(L. sake) 乳酸乳杆菌(L. lactis) 干酪乳杆菌(L. casei) 弯曲乳杆菌(L. curvatus) P. acidilactici 戊糖片球菌(P. pentosaceus) 乳酸片球菌(P. lactis)
	微球菌(Micrococci) 葡萄球菌(Staphlococci)	易变微球菌(M. varians) 肉糖葡萄球菌(S. carnosus) 木糖葡萄球菌(S. xylosus)
	放线菌(Actinomycetes)	灰色链球菌(Stre. griseus)
	肠细菌(Enterobacteria)	气单胞菌(Aeromonas sp.)

①酵母菌。发酵剂中选用的酵母一般是汉逊氏德巴利酵母(Dabaryomyces hensenii)。该菌耐高盐、好氧并具有较弱的发酵性,一般生长在香肠的表面。其主要作用是生长时耗尽肠馅空间中残存的氧,从而降低pH值,抑制酸败及红色化,有益于产品色泽;也具有分解脂肪和蛋白质、形成过氧化氢酶等的能力,因此对改善产品风味、延缓酸败有益。

②霉菌。常用菌是产黄青霉(Penicillium chrysogenum)和纳地青霉(Penicillium nalgiovense)应用方式是接种于肠体表面,可在肠体外良好生长,使产品被一层白色或乳酪色菌丝所包裹,其作用不仅是赋予产品特有的外观,更重要的是使香肠阻氧避光而抗酸败,在表面密集生长使得不利菌再难以插足等方面。另外,霉菌使产品产生特异"霉菌香味",这一香味主要

源于霉菌的解脂、解朊活性以及大量的源于系列复杂代谢途径的霉菌性香味成分。

③细菌。应用于发酵香肠生产中的细菌主要有乳杆菌属、片球菌属和球菌(如表7.2所示条件)。

表7.2 用作发酵香肠发酵剂的乳酸菌应满足的条件

1. 必须具有与原料肉中的乳酸菌有效竞争的能力;
2. 必须具有产生适宜数量乳酸的能力;
3. 必须耐盐,且能在至少6.0%的食盐中生长;
4. 必须耐亚硝酸盐,并在100 mg/kg的亚硝酸钠中生长;
5. 必须能在15~40 ℃的温度范围内生长,且最适温度范围为30~37 ℃;
6. 必须是同型发酵乳酸菌;
7. 必须无蛋白分解能力;
8. 必须不能产生大量的过氧化氢;
9. 应当是过氧化氢酶阳性;
10. 应当具有还原亚硝酸钠的能力;
11. 应当具有提高产品风味的能力;
12. 不代谢产生生物胺;
13. 不代谢产生黏液;
14. 对致病菌或其他的非必须菌具有拮抗作用;
15. 与其他的发酵剂菌种有协同作用

乳酸菌能将发酵香肠中的碳水化合物分解成乳酸,降低原料的pH值,导致肉中盐溶蛋白在pH值接近等电点时变性,从溶胶态变为凝胶态,使瘦肉和肥肉粒组成的混合肉馅融为一体。产酸对香肠干燥成熟、形成特有的风味、色泽的及防腐极为有利。由于pH值的降低,降低了蛋白质的保水能力,有利于干燥过程的进行,同时也形成具抑菌能力的乳酸杆菌素,这对产品的稳定性起决定性的作用;pH值的降低也可促进亚硝酸分解,从而改善产品色泽。

发酵香肠中应用的乳酸菌是同型发酵乳酸菌,在发酵过程中仅产生乳酸。肉类工业中作为发酵剂常用的乳酸菌包括:植物乳杆菌、清酒乳杆菌、干酪乳杆菌和弯曲乳杆菌。片球菌(Pediococci)属于兼性咽炎乳酸菌,能通过EMP途径发酵葡萄糖产生L-或D-型乳酸,发酵产物主要是乳酸,在乳酸菌培养基中能较好的生长,片球菌无过氧化氢酶活性。生产中常用的片球菌有戊糖片球菌和乳酸片球菌。

用作发酵剂的主要球菌是肉糖葡萄球菌、木糖葡萄球菌和变异微球菌。葡萄球菌和微球菌均具有通过亚硝酸还原酶将硝酸还原为亚硝酸的能力、分解脂肪和蛋白质的能力,以及产生过氧化氢酶能力,对产品的色泽和风味起着重要作用。特别是肉糖葡萄球菌(S. carnosus)、木糖葡萄球菌(S. xylosus)和变异微球菌(M. varians)。这些发酵菌在香肠发酵期增殖量并不是很大,但对产品质量的改善又极为重要,因此用于香肠的发酵剂一般都含上述微生物。

现在许多商用的香肠发酵剂中大多是同时含有乳酸菌和肉糖葡萄球菌,当然也有部分发酵剂中只含有乳酸菌,这种发酵剂一般常用于低pH值的半干发酵香肠中。只含有肉糖葡萄球菌也可以单独用于干发酵香肠的生产,当发酵剂中同时含有乳酸菌和葡萄球菌(或小球菌)时,对其每一种微生物的基本要求是它们之间必须能够较好地“共生”或者最好能具有协同生长的作用。

此外,灰色链球菌可以改善发酵香肠的风味,气单胞菌无任何致病性和产毒能力,对香肠的风味也是有利的。

4)发酵香肠的加工

(1)工艺流程

原料肉→绞碎→斩拌→接种霉菌或酵母菌→灌肠→发酵→成熟干燥→成品

(2)加工要点

①原料肉。原料肉一般需经过预冷却或部分冻结(-4～0 ℃),脂肪则应处于冻结状态(-8 ℃),以避免水的结合和脂肪的融化。

②绞碎与斩拌。为保证质量,要求绞碎、斩拌肠馅温度控制在-2～0 ℃,有的还将肉馅于0～5 ℃下腌制3 d再充填以改善产品风味。斩拌时首先将精瘦肉和脂肪倒入斩拌机中,稍加混匀,然后将食盐、腌制剂、发酵剂和其他的辅料均匀地倒入斩拌机中斩拌均匀。肉馅在灌制前应尽可能除净其中的氧气,因为氧的存在会对产品最终的色泽和风味不利,这可以通过使用真空搅拌机实现。斩拌时间取决于产品的类型,一般肉馅中脂肪的颗粒直径为1～2 mm或2～4 mm。生产上应用的乳酸菌发酵剂多为冻干菌,使用时通常将发酵剂在室温下活化18～24 h,接种量一般为10^6～10^7 cfu/g。

③灌肠。发酵香肠的充填时要求肉馅温度控制在0～1 ℃,不应超过2 ℃。灌制时要求充填均匀肠坯松紧适度。为了避免气泡的混入,最好利用真空灌肠机灌制。

肠衣须具透气性,天然、人工均可,如纤维肠衣、胶原蛋白肠衣、布织肠衣等。肠衣的类型对霉菌发酵香肠的品质有重要的影响。利用天然肠衣灌制的发酵香肠具有较大的菌落并有助于酵母菌的生长,成熟的更为均匀且风味较好。无论选用何种肠衣,其必须具有允许水分通透的能力,并在干燥过程中随肠馅的收缩而收缩。德国用牛直肠加工高档发酵香肠,意大利色拉米多用马小肠,法国90%的发酵香肠均是用天然肠衣生产。对肠衣直径的要求因产品而异,如在德国35 mm肠衣最常使用,切片产品多用65～90 mm,霉菌发酵型以35～40 mm为宜,细径肠衣利于表面霉菌发酵物渗入肠体内部以形成特有风味。

④接种霉菌或酵母菌。肠衣外表面霉菌或酵母菌的生长不仅对于干香肠的食用品质具有非常重要的作用,而且能抑制其他杂菌的生长,预防光和氧对产品的不利影响,并代谢产生过氧化氢酶。

生产中常用的霉菌是纳地青霉和产黄青霉,常用的酵母是汉逊氏德巴利酵母和法马塔假丝酵母。商业上应用的霉菌和酵母发酵剂多为冻干菌种,使用时,将酵母和霉菌的冻干菌用水制成发酵剂菌液,然后将香肠浸入菌液中即可。但必须注意配制接种菌液的容器应当是无菌的,以免二次污染。

⑤发酵。发酵温度以产品类型不同而有所不同。通常对于要求pH值迅速降低的产品,所采用的发酵温度较高。据认为,发酵温度每升高5 ℃,乳酸生成的速率将提高一倍。但提高发酵温度也会带来致病菌,特别是金黄色葡萄球菌生长的危险。发酵温度对于发酵中产物的组成(乳酸和醋酸的相对比例)也有影响,较高的发酵温度有利于乳酸的形成。当然,发酵温度越高,发酵时间也越短。一般涂抹型香肠的发酵温度为22～30 ℃,发酵时间为最长48 h;半干香肠的发酵温度为30～37 ℃,发酵时间为14～72 h;干发酵香肠的发酵温度为15～27 ℃,发酵时间为24～72 h。意大利和匈牙利的发酵香肠多采用持续15 ℃的较长时间发酵法加工。

发酵间的湿度控制要做到既能保证香肠缓慢稳定地干燥,又能避免香肠表面形成一层干的硬壳，对于接种霉菌和酵母菌的香肠还要预防表面霉菌和酵母菌的过度生长。高温短时发酵时，相对湿度应控制在98%，较低温度发酵时，相对湿度应低于香肠内部湿度5%～10%。

发酵结束时，香肠的酸度因产品而异。对于半干香肠，其pH值应低于5.0，美国生产的半干香肠的pH值更低，德国生产的干香肠的pH值为5.0～5.5。

⑥干燥与成熟。干燥的程度是影响产品的物理化学性质、食用品质和储藏稳定性的主要因素。

在香肠干燥过程中，控制香肠表面水分的蒸发速度，使其平衡于香肠内部的水分向香肠表面扩散的速度是非常重要的。在半干香肠中，干燥损失少于其失重的20%，干燥温度为37～66 ℃。温度高，干燥时间短，温度低时，可能需要几天的干燥时间。高温干燥可以一次完成，也可以逐渐降低湿度分段完成。

干香肠的干燥温度较低，一般为12～15 ℃，干燥时间主要取决于香肠的直径。商业上应用的干燥程序按照下列的模式。

16 ℃，相对湿度88%～90%(24 h)→24～26 ℃，相对湿度75%～80%(48 h)→12～15 ℃，相对湿度70%～75%(17 d)→成品。

或25 ℃，相对湿度85%(36～48 h)→16～18 ℃，相对湿度77%(48～72 h)→9～12 ℃，相对湿度75%(25～40 d)→成品。

许多类型的半干香肠和干香肠在干燥的同时进行烟熏，烟熏的目的主要是通过干燥和熏烟中的酚类、低级酸等物质的沉积和渗透抑制霉菌的生长，同时提高香肠的适口性。烟熏工序多在发酵后期进行，并要求烟熏应适当控制于以不影响香肠中益生菌生长为宜。对于半干香肠，特别是接种霉菌和酵母的干香肠，在干燥过程中会发生许多复杂的化学变化，也就是成熟。在某些情况下，干燥过程是在一个较短的时间内完成的，而成熟则抑制持续到消费为止，通过成熟形成发酵香肠的特有风味。

完成成熟和干燥后的干香肠其水分含量一般在35%左右或更低，水分活性在0.90左右，能有效地抑制大多数有害微生物和腐败菌的生长。

⑦包装。为了便于运输和储藏，保持产品的颜色和避免脂肪氧化，成熟以后的香肠通常要进行包装。真空包装是最常用的包装方法。不足之处是真空包装后由于产品中的水分会向表面扩散，打开包装后，导致表面霉菌和酵母菌快速生长。

7.2 火 腿

西式火腿一般由猪肉加工而成。由于与我国传统火腿(如金华火腿)的形状、加工工艺、风味等有很大不同，习惯上称其为西式火腿，包括带骨火腿(Regular Ham)、去骨火腿(Boneless Billed Ham)、盐水火腿等。

西式火腿中除带骨火腿为半成品，在食用前需熟制外，其他种类的火腿均为可直接食用的熟制品；其产品色泽鲜艳、肉质细嫩、滋味鲜美、出品率高，且适于大规模机械化生产，产品标化程度高。因此，近几年西式火腿成了肉品加工业中深受欢迎的产品。

7.2.1 带骨火腿

带骨火腿是将猪前、后腿肉经腌制后,加以烟熏而制成的具有特殊风味的半成品。带骨火腿分长形火腿和短形火腿两种。带骨火腿生产周期较长,成品较大,不易机械化生产,因此生产量及需求量较少。

1)工艺流程

原料选择→整形→去血→腌制→浸水→干燥→烟熏→冷却、包装。

2)加工工艺

(1)原料选择　选择屠宰加工完好无缺的鲜猪前、后腿。长形火腿是自腰椎留1~2节将后大腿切下,并自小腿处切断。短形火腿则自耻骨中间并包括荐骨的一部分切开,并自小腿上端切断。

(2)整形　把过多的脂肪除去,修平切口使其整齐丰满。

(3)去血　指在盐腌之前加适量食盐、硝酸盐,利用其渗透作用进行脱水以除去肌肉中的血水,改善色泽和风味,增加防腐性和肌肉的结着力。取肉量3%~5%的食盐与0.2%~0.3%的硝酸盐,混合均匀涂布在肉的表面,堆叠在略倾斜的操作台上,上部加压,在2~4 ℃下放置1~3 d,使其排除血水。

(4)腌制　腌制有干腌、湿腌和盐注射法。

①干腌法。干腌法是在肉块表面擦以食盐、硝酸钾、亚硝酸钠、蔗糖等的混合腌料,利用肉中所含50%~80%的水分使混合盐溶解而发挥作用。按原料肉重量计,一般用食盐3%~6%,硝酸钾0.2%~0.25%,亚硝酸钠0.03%,砂糖为1%~3%,调味料为0.3%~1.0%,调味料常用的有月桂叶、胡椒等。盐糖之间的比例不仅影响成品风味,而且对质地、嫩度等都有显著影响。

腌制时将腌制混合料分1~3次涂擦于肉上,堆于5 ℃左右的腌制室内压紧,但高度不应超过1 m。每3~5 d倒垛一次。腌制时间随肉块大小和腌制温度及配料比例不同而异。小型火腿5~7 d;5 kg以上较大火腿需20 d左右;10 kg以上需40 d左右。腌制温度较低,用盐量较少时可适当延长腌制时间。

②湿腌法。腌制液的配制:腌制液的配比对风味、质地等影响很大,特别是食盐和砂糖比因消费者嗜好不同而异,如表7.3所示。

表7.3　不同风味的腌制液配比

辅　料	湿　腌		注　射
	甜味式	咸味式	
水	100	100	100
食盐	15~20	21~25	24
硝石	0.1~0.5	0.1~0.5	0.1
亚硝酸盐	0.05~0.08	0.05~0.08	0.1
砂糖	2~7	0.5~1.0	2.5
香料	0.3~1.0	0.3~1.0	0.3~4.0
化学调味品	—	—	0.2~0.5

为了提高肉的保水性，腌制液中可加入适量的多聚磷酸盐，还可以加入约0.3%的抗坏血酸钠以改善成品色泽。有时，为制作上等制品，在腌制时可适量加入葡萄酒、白兰地、威士忌等。

腌制方法：将洗净的去血肉块堆叠于腌制槽中，并将预冷至2～3 ℃的腌制液，按肉重的1/2量加入，使肉全部浸泡在腌制液中，然后在腌制间中（2～3 ℃）腌制。一般腌制5 d左右。如腌制时间较长，需5～7 d翻检一次，检查有无异味，保证腌制均匀。

③注射法。无论是干腌法还是湿腌法，所需腌制时间较长，且盐水渗入大块肉中心较为困难，常导致肉块中心与骨关节周围可能有细菌繁殖，使腌肉中心酸败。湿腌时还会导致肉中盐溶性蛋白等营养成分损失。注射法是用专用的盐水注射机把已配好的腌制液，通过针头注射到肉中进行腌制的方法。注射带骨肉时，在针头上装有弹簧装置。有滚揉机时，腌制时间可缩短到12～24 h，这种腌肉方法不仅能大大缩短腌制时间，使肉腌制的较均匀，而且还可通过注射前后称重严格控制盐水注射量，保证产品质量稳定性。

（5）浸水　用干腌法或湿腌法腌制的肉块，其表面与内部食盐浓度不一致，需浸入10倍的5～10 ℃的清水中浸泡以调整盐度。浸泡时间随水温、盐度及肉块大小而异。一般每千克肉浸泡1～2 h，若是流水则数十分钟即可。浸泡时间过短，咸味重且成品有盐结晶析出。浸泡时间过长，则成品质量下降，且易腐败变质。采用注射法腌制的肉无需经浸水处理。因此，现在大多数生产中多用盐水注射法腌肉。

（6）干燥　经浸水处理后的原料肉，悬吊于烟熏室中，在30 ℃温度下保持2～4 h至表面呈红褐色，且略有收缩时为宜。

（7）烟熏　带骨火腿一般用冷熏法，烟熏时温度保持在30～33 ℃，时间为1～2昼夜，至表面呈淡褐色时则芳香最好。烟熏过度则色泽变暗，品质变差。

（8）冷却、包装　烟熏结束后，自烟熏室取出，冷却至室温后转入冷库冷却至中心温度5 ℃左右，擦净表面后，用塑料薄膜或玻璃纸等包装后即可入库。

上等品要求外观匀称，厚度适度，表面光滑，断面色泽均匀，肉质纹路较细，具有特殊的芳香味。

7.2.2　去骨火腿

去骨火腿是用猪后大腿整形、腌制、去骨、包扎成型后，再经烟熏、水煮而成，又称为去骨成卷火腿（Boneless Rolled Ham）、去骨熟火腿（Boneless Boiled Ham）。

1）工艺流程

选料整形→去血、腌制→浸水→去骨、整形→卷紧→干燥、烟熏→水煮→冷却、包装、储藏

2）加工工艺

（1）选料整形　与带骨火腿相同。

（2）去血、腌制　去血与带骨火腿相同，只是腌制与带骨火腿比较，食盐用量稍减。

（3）浸水　与带骨火腿相同。

（4）去骨、整形　与通常的方法一样，但剔大腿骨时，应将刀从腿骨的两端插入，将火腿骨剜出来。去骨时应尽量减少对肉组织的损伤。有时去骨在去血前进行，可缩短腌制时间，但肉结着力较差。

（5）卷紧　把适当大小的棉布放在操作台上，再把已整形的肉块脂肪面向上放在布上，按

整体卷筒要领，将布卷成圆筒形。然后两端用线扎紧，并从中开始每 4 cm 左右间隔将其扎紧。

(6)干燥、烟熏　30～35 ℃下干燥 12～24 h。烟熏温度为 30～50 ℃，时间为 10～24 h。

(7)水煮　水煮的目的是杀菌和熟化，赋予产品适宜的硬度和弹性，同时减缓浓烈的烟熏味。水煮以火腿中心温度达到 62～65 ℃保持 30 min 为宜。一般大火腿煮 5～6 h，小火腿煮 2～3 h。

(8)冷却、包装、储藏　水煮后略加整形，快速冷却后除去包裹棉布，用塑料膜包装后，在 0～1 ℃低温下储藏。

优质的去骨火腿要求长短适宜，粗细均匀，断面色泽一致，瘦肉多而充实，或有适量肥肉但较光滑。

7.2.3　盐水火腿

盐水火腿是用大块肉经修整（去皮、骨、脂肪、结缔组织等）、盐水注射腌制、滚揉、充填后，再经熟制、烟熏（或不烟熏）、冷却等工艺而制成的熟肉制品。盐水火腿是欧美各国主要肉制品品种之一。盐水火腿保持了肉原有的鲜香味，产品组织细嫩、口感好，色泽均匀鲜艳，且具有生产周期短、成品率高、黏合性强、食用方便等优点。因此盐水火腿已成为我国广大消费者喜爱的肉制品之一。我国盐水火腿的生产量逐年大幅度提高。

1)工艺流程

原料选择和整理→腌渍→滚揉按摩→装模成型→烧煮和整形→成品冷却→出模或包装

2)加工工艺

(1)选腿、整理　选腿与带骨火腿相同。后腿在拆骨前，先粗略剥去硬膘。大排则相反，先剥掉骨头再剥去硬膘。剥净后腿或大排外层的硬膘，除去硬筋、肉层间的夹油、粗血管等结缔组织和软骨、淤血、淋巴结等，使之成为纯精肉。最后把修好的后腿精肉，按其自然生长的结构块形，大体分成四块。然后把经过整理的肉分装在能容 20～25 kg 的不诱水的浅盘内，每 50 kg 肉平均分装三盘，肉面应稍低于盘口为宜，等待腌渍。

(2)腌制　注射腌制盐水的主要成分是盐、亚硝酸钠和水，近年来改进的新技术中，还加入助色剂柠檬酸、抗坏血酸、尼克酰胺和品质改良剂磷酸盐等。

混合粉的主要成分是淀粉、磷酸盐、葡萄糖和少量精盐、味精等，若有条件生产血红蛋白，还可加入少量血红蛋白，若无条件生产的，不加也无多大影响。

用盐水注射器把 8～10 ℃的盐水强行注入肉块内。盐水的注射量一般控制在 20%～25%。注射多余的盐水可加入肉盘中浸渍。注射工作应在 8～10 ℃的冷库内进行，若在常温下进行，则应把注射好盐水的肉，迅速转入 2～4 ℃的冷库内。

(3)滚揉按摩　第一次按摩的时间为 1 h 左右，经过第一次按摩的肉再装入盘中，仍放置在 2～4 ℃的冷库中，存放 20～30 h，等待第二次按摩。第二次按摩的程序是先把肉倒入机内，按摩 30～45 min，再把混合粉按 2.5% 的比例加入肉中。同时加入经过 36～40 h 腌渍过的粗肉糜（这部分肉糜腌渍时所用的盐水与注射用的相同），加入量通常为 15% 左右。

(4)装模　装模前首先进行定量过秤，每只坯肉 3.1～3.2 kg，然后把称好的肉装入尼龙薄膜袋内，排除混入肉中的空气，然后装入预先填好衬布的模子里，加上盖子压紧，耳朵与搭攀钩牢。

(5)烧煮　把模型一层一层排列在方锅内,排列好后即放入清洁水中,水面应稍高出模型。然后开大蒸汽使水温迅速上升,夏天一般经 15 ~ 20 min 即可升到 78 ~ 80 ℃,关闭蒸汽,保持此温度。通常定时在 3 ~ 3.5 h,最好烧煮两个多小时后,待中心温度达到 68 ℃时(称巴氏杀菌法),即放掉锅内热水。在排放热水时,锅面上淋冷水,使模子温度迅速下降,以防止因产生大量水蒸气而降低成品率。一般经 20 ~ 30 min 淋浴,模子外表温度已大大降低,触摸不太烫手即可出锅整形。

(6)储藏　经过整形后的模型,迅速放入 2 ~ 5 ℃的冷库内,继续冷却 12 ~ 15 h,这样盐水火腿的中心已凉透,即可出模,包装销售或冷藏保存。

7.2.4　几种成型火腿的加工

1)方火腿

方火腿成品呈长方形,有简装和听装两种。简装每只 3 kg,听装每听 5 kg。

(1)工艺流程

原料选择→去骨修整→盐水注射→腌制滚揉→充填成型→蒸煮→冷却→包装储藏。

(2)工艺要点

①原料。加工方火腿时,选用猪后腿,每只约 6 kg,经 2 ~ 5 ℃排酸 24 h,不得使用种猪、黄膘猪、二次冷冻和质量不好(如 PSE 和 DFD)的腿肉。

②去骨、整形。肉去皮和脂肪后,修去筋腱、血斑、软骨、骨衣。剔骨过程中要避免损伤肌肉。为了增加风味,可保留 10% ~ 15% 的肥膘。整个操作过程温度不宜超过 10 ℃。

③盐水注射。用盐水注射机注射盐水,盐水的注射量为 20%,按盐 8 kg、白糖 1.8 kg 和水 100 kg 的比例配制盐水,必要时加适量调味品。配成的腌制液保持在 5 ℃条件下,浓度为 16 波美度,pH 值为 7 ~ 8。

④腌制滚揉。用间歇式腌制滚揉,每小时滚揉 20 min,正转 10 min,反转 10 min,停机 40 min,腌制 24 ~ 36 h,腌制结束前加入适量淀粉和味精,再滚揉 30 min,腌制间温度控制在 2 ~ 3 ℃,肉温 3 ~ 5 ℃。

⑤充填成型。充填间温度控制在 10 ~ 12 ℃,充填时每只模内的充填量应留有余地,以便称量检查时添补。在装填时把肥肉包在外面,以防影响成品质量。

⑥水煮。水煮时,水温控制在 75 ~ 78 ℃,中心温度达 60 ℃时保持 30 min,一般蒸煮时间为 1 h。

⑦冷却。将产品放入冷却池,由循环水冷却至室温,然后在 2 ℃冷却间冷却至中心温度 4 ~ 6 ℃,即可脱模、包装,在 0 ~ 4 ℃冷藏库中储藏。

2)里脊火腿及 Lachs 火腿

里脊火腿以猪背腰肉为原料,Lachs 火腿以猪后大腿与肩部小块肉为原料,两者所用肉部位不同,而其工艺则一样。

(1)工艺流程

整形→去血→腌制→浸水→卷紧→干燥→烟熏→水煮冷却→包装。

(2)工艺要点

①整形。里脊火腿系将猪背部肌肉分割为二或三块,削去周围不良部分后切成整齐的长方形。Lachs 火腿则将原料肉切成 1.0 ~ 1.2 kg 的肉块后整形。这两种火腿都仅留皮下脂

肪5 ~8 mm。

②去血。去血工艺与带骨火腿相同。

③腌制。可采用干腌、湿腌或盐水注射法进行腌制,大量生产时一般多采用注射法。食盐用量可以无骨火腿为准或稍少。

④浸水。浸水处理的方法及要求也与带骨火腿相同。

⑤卷紧。用棉布卷时,布端与脂肪面相接,包好后用细绳扎紧两端,自右向左缠绕成粗细均匀的圆柱状。

⑥干燥、烟熏。在约50 ℃的环境中干燥2 h,再用55 ~60 ℃烟熏2 h左右。

⑦水煮。在70 ~75 ℃水中煮3 ~4 h,使肉中心温度达62 ~75 ℃,保持30 min。

⑧冷却、包装。水煮后置于通风处,略干燥后换用塑料膜包装,送入冷库储藏。

优质成品应粗细长短相直,粗细均匀无变形,色泽鲜明光亮,质地适度紧密而柔软,风味优良。

3)日本混合成型火腿(mixing pressed ham)

混合成型火腿是日本开发的一种具有特色的肉制品,其原料肉不仅可选用生产高档火腿和培根时的碎猪肉,而且还可以用牛肉、仔牛肉、马肉、山羊肉、兔肉和鸡肉。

(1)工艺流程

原料肉整理→腌制→混合调味→充填→烟熏→水煮→冷却→包装。

(2)工艺要点

①原料肉选择。在日本,猪后腿、里脊等肉通常用于生产去骨火腿和里脊火腿。肩肉中结缔组织较多,肉质较硬,色泽较深,是猪肉中较差部位。但因其结着力强,非常适宜做混合火腿。日本的混合成型火腿就是随着肩肉的利用而发展起来的。

牛肉的价格较高,只能用肩肉、脸肉等质量较差的部位。仔牛肉水分较多,是常用的原料肉。羊肉及山羊肉没有大块肉,是较常用的原料肉,但羊肉有膻味,要除去脂肪,仅用精瘦肉较好。兔肉、金枪鱼、旗鱼类等的鱼肉结着力强,一直是混合火腿的原料肉,主要做黏结剂,用量在15%左右,家禽肉也是常用原料。

②原料肉的处理和配方。按肉色的深浅、肌肉的软硬等将切成小块的猪瘦肉分为3 ~4个等级。色浅、肉硬为一级,比一级色深肉软的为二级,再差为三级、四级。混合成型火腿最好选用一级肉,二级也可以,三级以下的肉只能做灌肠用。

将选好的肉切成3 cm^3 正方体,每块不得超过20 g,沿肌纤维方向切割,厚度可稍薄,肉块大小间不宜相差太大。另外,还须加20% ~30%猪脂肪。常用背脂或其他皮下脂肪,切成1 ~2 cm^3的立方体。其他肉的配合如表7.4所示。

表7.4　原料肉的配比

原料肉	Ⅰ	Ⅱ	Ⅲ	Ⅳ
猪精肉(一级)	40	40	30	20
猪脂肪	20	25	25	20
牛精肉(一级)	—	10	10	—

续表

原料肉	Ⅰ	Ⅱ	Ⅲ	Ⅳ
马精肉(一级)	20	20	20	10
羊精肉(一级)	20	—	10	50
兔精肉(一级)	—	5	5	—
合计	100	100	100	100

③腌制。将腌制用的盐、亚硝酸盐、复合磷酸盐、砂糖与经处理过的肉混合均匀,在0~4 ℃下腌制2~3 d。

④混合调味。将调味料、香辛料和冰水按比例加入肉中,在搅拌机中混合直至肉馅黏着性良好为止。

⑤充填。调味料混合均匀后最好在2~3 ℃下冷藏12 h后再充填。肠衣可用牛、猪、羊等的盲肠,但日本不多用。最初用玻璃纸做肠衣,后采用塑料薄膜肠衣。但又因塑料肠衣不透气,无法烟熏而改用人造纤维肠衣。这种肠衣既可烟熏,又可染色。

⑥干燥、烟熏。充填后吊于烟熏架移入烟熏室,在50 ℃左右干燥30~60 min,使肠表面干燥,肉表面形成孔洞,利用烟熏成分的渗入。干燥后60 ℃左右热熏2~3 h,烟熏材料和熏培根等制品一样,常用樱、栎等硬木屑或木片。为避免长时间烟熏造成严重损耗,现倾向于轻度烟熏。

⑦水煮、冷却。烟熏结束后在75℃热水中煮制。水煮时间依制品大小而异。1.5~2.0 kg需煮2.0~2.5 h,中心温度达65 ℃后保持30 min即可。水煮后用冷水冷却,可防止重量损失及表面皱纹形成。

4)高温杀菌火腿肠

高温杀菌火腿肠的生产技术,由日本传入我国后很快在市场上占有一席之地。主要原因是这类火腿肠既有鲜嫩可口、食用方便的特点,又能在常温下能保藏而且携带方便的特点。

(1)工艺流程

原料肉处理→腌制→斩拌→充填→杀菌→冷却。

(2)工艺要点

①原料肉的预处理与腌制。同其他成型火腿相同。

②真空斩拌。腌制好的原料肉在真空斩拌机中进行斩拌、乳化。同时加入香辛料、淀粉等其他辅料,并加入一定量的冰屑。冰屑加入量需精确计算。加冰过多,成品发黏,缺乏弹性及硬度,加冰过少,肉馅黏度过高,空气排除不彻底,成品中形成空洞。

③灌装结扎。灌装结扎是通过灌装结扎机把斩拌好的肉馅充填于PVDS薄膜袋内。目前国内多用自动充装结扎机,该设备可以灌装25 g、50 g、70 g、100 g、150 g、200 g等规格的产品。

④高温杀菌。目前大多采用高压蒸汽灭菌法。加热罐温度控制在80~90 ℃,灭菌锅内温度120 ℃,杀菌时间20~30 min。

⑤干燥、储藏。高压灭菌后移入周转箱,在干燥间用鼓风机尽快使肠体表面水分干燥,以防两端结扎处因残存水分引起杂菌污染,出现霉变。同时检出弯曲、变形或破裂的不合格产

品。干燥后要及时粘贴商标，装入成品箱，储藏在15～20 ℃的成品库中。

7.3　培　根

7.3.1　概念及分类

“培根”(Bacon)原意是指烟熏肋条肉(方肉)或烟熏咸背脊肉，其风味除带有适口的咸味之外，还具有浓郁的烟熏香味。培根外皮油润呈金黄色，皮质坚硬，瘦肉呈深棕色，切开后肉色鲜艳。

培根有大培根(丹麦式培根)、排培根和奶培根等三种，制作工艺相近。

7.3.2　加工方法

1)工艺流程

原料肉→整型→注射→滚揉→二次整型→吊挂→烘烤→蒸煮→烟熏→冷却→真空包装→二次杀菌→冷却。

2)配料及配方(如表7.5所示)

表7.5　培根加工的配料及配方

品　种	重量/kg	品　种	重量/kg
复合磷酸盐	1	肉味味精	0.6
食盐	1.8	红曲红	0.006
白砂糖	0.6	料酒	1.5
葡萄糖	0.8	大豆分离蛋白	3
亚硝	0.007	麦芽糊精	1
烟熏液	0.06	冰水	40
胡椒粉	0.15	香精	0.2
肉蔻粉	0.04	卡拉胶	0.3
花椒粉	0.1	桂皮粉	0.1
小茴粉	0.02	五花肉	100
大茴粉	0.03	山梨酸钾	0.15

3)加工要点

①将香辛料中胡椒、肉蔻之外的香料熬成料水，待冷却后加入盐水中。

②将以上料配成盐水，控制盐水温度为0～3 ℃。

③清洗盐水注射机，用0.4%过氧乙酸消毒5 min，后用清水冲洗干净，注意检查针头不要堵塞，以防盐水不能注射入肉中，影响腌制效果。

④整型:将原料肉用刀修成长、宽为 35 cm、15 cm 的肉块,保持肉温为 2 ~5 ℃。

⑤注射:开始注射,正、反两面注射两次,每次注射率为 20%。

⑥滚揉:将滚揉机用清水洗净后,用 0.4% 过氧乙酸溶液消毒 5 min,然后用清水冲洗干净,将注射后肉放入滚揉机中腌制 4 h 后开始滚揉,滚揉工艺为 40 ×20,总时间为 6 h,总腌制时间为 16 h,出料稍有黏性即可。

⑦二次整型:将滚揉后的原料肉整型完毕。

⑧吊挂:用不锈钢做成的钩子吊挂上架。

⑨烘烤、蒸煮、烟熏:烘烤 70 ℃,时间 40 min;蒸煮 83 ℃,时间 60 min;烟熏 65 ℃,时间45 min。

⑩冷却、真空包装、二次杀菌:冷却到常温,真空包装,抽真空达 0.1 kPa,二次杀菌100 ℃,10 min,0 ~4 ℃储存。

另外还有一种工艺,即用模具成型的制作方法,将网格模具打开,内铺玻璃纸,将滚揉后整型完毕的肉面涂抹上一层明胶,肉面相对压紧,皮片向外,扣上扣链,按正常工艺加工后,入预冷间冷却后切片鲜销。

成品感观:成品外观脂肪金黄色,肌肉红黑色,切片红白色,具有烟熏肉制品固有的烟熏风味和滋味,肉味香辛料味突出,稍有一定咬劲,嫩度较常规工艺产品有明显改善。

复习思考题

1. 发酵香肠加工的关键技术是什么?
2. 简述西式火腿的种类及加工特点。
3. 西式火腿加工中滚揉的主要作用是什么?

实　训

实训一　灌肠加工

【目的要求】通过本实训掌握灌肠的加工工艺和操作要点

【加工方法】

1)原料肉选择处理

一般选用五花肉肥肉占 40% ~45%,去皮骨筋腱后,经细切,斩拌或绞碎成肉丁或肉糜状。

2)腌制

(1)腌制液配方　肉 10 kg,精盐 0.3 kg,白糖 100 g,三聚磷酸钠 30 g,亚硝酸钠 0.4 g,水 1.5 kg。

(2)搅拌　搅拌均匀后,置于8 ℃以下的冷库或冰箱腌48 h。

3)配料

(1)西式　腌制肉10 kg,玉米淀粉1 kg,大豆蛋白0.5 kg,味精30 g,白胡椒粉34 g,姜粉34 g,水2 kg,食红少量。

(2)麻辣　腌制肉10 kg,玉米淀粉1 kg,大豆蛋白0.5 kg,味精30 g,辣椒粉44 g,花椒粉30 g,五香粉20 g,水2 kg,食红少量。

4)制馅、灌装

将腌制肉与辅料搅拌均匀后灌入纤维素肠衣或人工肠衣,漂洗干净。

5)烘烤

温度65 ℃,时间50 min左右。

6)煮制

水温92 ℃时放入灌肠,80 ℃下维持40 min左右,至肠体中心温度达75 ℃。

7)烟熏

温度60 ℃,时间2~4 h,烟熏结束后,自然冷却即为成品,出品率为160%以上。

实训二　西式火腿加工

【目的要求】通过本实训掌握西式火腿的加工工艺和操作要点

【加工方法】

1)原料肉选择处理

选用新鲜猪后臂肉,剔除皮骨、筋腱、肌膜等结缔组织,切成50 g左右的肉块,控制肥瘦比为1:9。

2)腌制

①配料。肉10 kg,精盐280 g,白糖200 g,三聚磷酸钠40 g,维生素C 4.0 g,亚硝酸钠0.4 g,水2.5 kg。

②将腌制液配好后与肉搅拌均匀,置于8 ℃以下冷库或冰箱中腌48 h,腌制期间每隔12 h手工搅拌一次。

3)装模

①配料。腌制肉10 kg,玉米淀粉400 g,大豆蛋白400 g,水1 kg,食红少量。

②将腌制肉与辅料搅拌均匀后,用手工摔入法装入不锈钢专用模具,密封。

4)煮制

水温92 ℃时放入,85 ℃以下维持2.5~3 h。

5)冷却、脱模

待冷至室温,脱模后即为成品。

第二篇　乳与乳制品

第8章 乳畜品种

本章导读：主要就产乳牲畜的品种做了相关的阐述，内容包括乳用牛和乳用山羊等。通过本章的学习，要求掌握乳用家畜的常用品种以及影响产乳性能的因素等内容。

8.1 乳用牛及乳畜兼用牛

乳畜品种是人类长期有目的地精心选择和培育下形成的专门化品种，其生产方向以产乳为主，主要有乳用牛及乳肉兼用牛、偏乳用的水牛、牦牛和乳山羊等。

8.1.1 黑白花乳牛

黑白花乳牛（Black and White）原产于荷兰北部地区的北荷兰省（North Holland）和西弗里斯省（WestFriesland），原称荷兰牛（Holland Friesian）。由于德国北部荷尔斯坦省也有分布，故也称为荷尔斯坦弗里斯牛（Holstein Friesian），简称荷斯坦牛。因其毛色为黑白花片，故通称黑白花牛，早在15世纪即以产乳量高而驰名。黑白花牛是目前世界上产乳量最高、数量最多、分布最广的乳用品种。由于各国对黑白花乳牛选育方向不同，育成了乳用型黑白花牛和乳肉兼用型黑白花牛。

1）乳用型黑白花牛

美国、加拿大等国的黑白花牛属此类型。乳用型黑白花牛体格高大，结构匀称，皮薄骨细，皮下脂肪少，乳房特别硕大，乳静脉明显，后躯较前躯发达，侧望、俯视和从后面看体躯均呈楔形（三角形），具有典型的乳用型外貌特征。毛色为明显的黑白花片，腹下、肢端及尾帚为白色。犊牛初生重40～50 kg，成年公牛体重900～1 200 kg，母牛体重650～750 kg。

乳用型黑白花牛产乳量为各乳牛品种之冠。一般年平均产乳量为6 500～7 500 kg，乳脂率为3.6%～3.7%。1979年美国乳牛改良协会登记的128 570头黑白花乳牛，其平均产乳量为8 096 kg，乳脂率为3.64%。创世界个体产乳量最高记录的是1975年美国印第安纳州的一头黑白花乳牛，365 d产乳量为25 300 kg，乳脂率为2.8%。

2)乳肉兼用型黑白花牛

以原产地荷兰为代表的欧洲国家如德国、法国、丹麦等国家所饲养的黑白花牛多属此型。乳肉兼用型黑白花牛的毛色与乳用型黑白花牛相同。其特点是头宽颈粗,体躯宽深,乳房发育良好,胸宽而深,全身肌肉较乳用型丰满,有较好的产肉性能,但体格较矮,体重较乳用型小,故在我国习惯上称为小荷兰牛。成年公牛体重一般为 900 ~ 1 100 kg,母牛 550 ~ 700 kg,犊牛初生重一般为 35 ~ 45 kg。

乳肉兼用型黑白花牛年产乳量一般平均为 5 000 ~ 6 500 kg,乳脂率 3.8% ~ 4.1%。产肉性能较好,经育肥后屠宰率可达 55% ~ 60%。

3)中国黑白花乳牛

中国黑白花乳牛(Chinese Black and White Dairy Cattle)又称中国荷斯坦牛。早在 19 世纪 70 年代,我国即开始从国外引进黑白花乳牛。解放后,又先后从美国、加拿大、荷兰、德国、日本等国引入纯种黑白花牛。除纯种繁殖外,主要用纯种公牛与全国各地的本地黄牛杂交,其后代经过长期相互交配选育而成中国黑白花牛。中国黑白花乳牛是我国唯一的乳用牛品种,现已遍及全国。目前,中国黑白花乳牛多为乳用型,仅少数个体稍偏乳肉兼用型。

中国黑白花乳牛具有明显的乳用特征。毛色呈黑白花,成年公牛体重一般为 1 000 ~ 1 100 kg,母牛 550 ~ 650 kg。中国黑白花乳牛平均年产乳量一般为 6 000 ~ 7 000 kg,个别年平均产乳量 7 000 kg 以上,也有年产乳量在 10 000 kg 以上的个体存在。如北京东郊农场 71089号母牛 1985 年 300 d 产乳量达 16 090 kg,创当时全国最高记录。中国黑白花乳牛所产牛乳的平均乳脂率为 3.3% ~ 3.4%,脂肪球小,宜作鲜乳或制作干酪。

8.1.2 乳肉兼用牛

1)西门塔尔牛

西门塔尔牛(Simmental,原名红花牛)原产于瑞士西部的阿尔卑斯山区的河谷地带,而西门塔尔平原较为著名,因而得名。该品种属大型乳肉兼用品种。

西门塔尔牛乳房发育中等,四个乳区匀称,泌乳力强。毛色多为黄白花或淡红白花,额部和颈上部有卷毛。成年公牛体重 1 000 ~ 1 300 kg,母牛为 650 ~ 800 kg。西门塔尔牛泌乳期平均为 285 d(9.5 月),平均产乳量 3 500 ~ 4 500 kg,最高产量达 12 702 kg,乳脂率 3.9% ~ 4.2%,乳蛋白 3.5% ~ 3.9%。

2)三河牛

三河牛是我国最早开始培育的优良的乳肉兼用品种,因产于内蒙古呼伦贝尔盟大兴安岭西麓的额尔古纳右旗三河地区而得名。三河牛毛色为红(黄)白花,乳房发育中等。成年公牛体重为 850 ~ 1 000 kg,母牛为 450 ~ 550 kg。

三河牛年产乳量一般平均为 2 000 kg,单产最高可达 7 000 ~ 8 000 kg。乳脂率平均在 4% 以上。泌乳期一般为 300 d 左右。2 ~ 3 岁的育成公牛屠宰率可达 50% 以上,净肉率 44% ~ 48%。

3)中国草原红牛

中国草原红牛是引进乳肉兼用的短角牛与蒙古牛杂交而育成的一个新品种。1973 年命名为草原红牛。该品种乳牛被毛具有光泽,多为深红色,乳房发育较好,泌乳期平均为 220 d,平均产乳量为 1 662 kg,乳脂率为 4.02%。

4)**瑞士褐牛**

瑞士褐牛原产于瑞士阿尔卑斯山东南部,为乳肉兼用品种。全身毛色为褐色,身上很少有其他颜色斑点。瑞士褐牛身体状,肌肉发达,成熟较晚,产乳量为3 900 ~5 800 kg,乳脂率为3.8%。

乳用及乳肉兼用牛品种还有娟姗牛(乳用)、短角牛(兼用)、新疆褐牛等,为我国培育的乳肉兼用型品种。

8.1.3 牦牛

牦牛(Bos Grunniens 或 Yak)起源于我国,因叫声似猪,故又称猪声牛,是生息在我国海拔3 000 ~5 000 m高山草原上的一种特有家畜,是世界屋脊上的一个稀有牛种。

中国是世界上拥有牦牛最多的国家,主要分布在以青藏高原为中心的青海、四川、甘肃、新疆、云南等省、自治区的高山地区。我国现有11个优良牦牛类群,其中四川麦洼牦牛为偏乳用型牦牛,产乳性能较好。

牦牛的外貌与普通牛有较大差异。牦牛全身被毛粗长,其体侧被毛长达20 ~28 cm,毛丛中生绒毛。毛色较杂,以黑色、褐色居多,其次为黑白花、灰色及白色。牦牛体质强壮,有角或无角,尾短,但尾毛密长,形如马尾。乳房不够发达,乳静脉不明显,乳头细而短,四个乳区发育不匀称,前伸后展特征极差。一般成年公牦牛体重为300 ~450 kg,母牦牛为200 ~300kg。

牦牛泌乳期为4 ~5个月,全期产乳量平均为450 ~600 kg,在较好的饲养条件下,可达800 ~1 000 kg,干物质17.31% ~18.40%,比其他牛种高。乳脂率6.5% ~7.5%,高者可达10%,比黑白花牛高出1倍以上。乳脂肪球大,适于加工奶油。乳蛋白的含量也很丰富,达5.00% ~5.32%。牦牛的肉用性能也较好,屠宰率一般为35% ~55%。

8.1.4 水牛

水牛(Bubffalo)分沼泽型和江河型两种类型。我国和东南亚一带的水牛属于沼泽型,印度的摩拉水牛、巴基斯坦的尼里—瑞菲水牛属于江河型。两种类型在体型外貌、生活习性等方面均有着明显差别。

1)**摩拉水牛**

摩拉水牛(Murrah)是世界上著名的乳用水牛品种。原产于印度雅么纳(Yamuna)河西部地区,几乎遍及印度西北部的大小城市及农村,用以生产鲜乳和奶油。摩拉水牛的体格较我国一般水牛大,皮肤和被毛黝黑,个别棕色或褐色。乳房发育良好,乳静脉弯曲明显,乳头粗长。成年公牛体重为450 ~800 kg,个别可达1 000 kg,成年母牛为350 ~700 kg,高者可达900 kg。

摩拉水牛素以产乳性能高而著称,在原产地的产乳量一般为1 400 ~2 000 kg,某些专门化牛群平均为2 700 ~3 600 kg,个别优秀者可达4 500 kg,乳脂率为7.0% ~7.5%,泌乳期8 ~10个月。我国引进的摩拉水牛平均产乳量为1 388 kg,最高达3 265 kg,乳脂率平均为6.3%。

除摩拉水牛外,巴基斯坦的尼里—瑞菲水牛也是世界上较好的乳用水牛品种,该品种在我国的生产性能表现不亚于摩拉水牛。

2)**中国水牛**

中国水牛主要分布在淮河以南的水稻产区,其中以四川、广东、广西、湖南、湖北及云南水牛的数量最多。

我国水牛从体格大小上大致可分为大、中、小三种类型。乳头较短小，乳静脉不够曲张显露。毛色以青灰色居多，黄褐色次之，偶有白色。成年公牛体重一般为 450 ~ 700 kg，母牛 400 ~ 550 kg。

我国水牛的产乳性能比黄牛高，泌乳期为 8 ~ 10 个月，产乳量为 500 ~ 1 000 kg，高产牛乳达 1 000 ~ 1 500 kg，乳脂率 7.4% ~ 11.6%，乳蛋白 4.5% ~ 5.9%，干物质 21.8%。乳汁浓厚，脂肪球大。故有的地区水牛乳价格比黑白花牛乳高 1 倍以上。

8.2 乳用山羊

奶山羊是仅次于乳牛的主要乳畜，在世界各国历来被誉为"农家的乳牛"。世界上有 60 多个奶山羊品种，比较著名的有 20 多个。其中以莎能奶山羊(Saanen)、吐根堡奶山羊(Togenburg)、奴比亚奶山羊(Nubian)数量多、分布广、产乳量高而闻名于世。关中奶山羊和崂山奶山羊是我国培育的品种。

8.2.1 萨能奶山羊

萨能奶山羊(Saanen)是世界著名的奶山羊品种之一，几乎遍布世界各国。萨能奶山羊原产于瑞士柏龙县萨能山谷，故名萨能羊。

萨能奶山羊结构匀称，细致紧凑，具有头长、颈长、躯干长及腿长的"四长"特点。被毛白色，皮薄而柔软，皮肤呈红色，公、母均有髯，多数无角，母羊胸部丰满，后躯及乳房发达，乳房基部宽大呈圆形，乳头大小适中。成年公羊体重为 70 ~ 90 kg，母羊体重为 50 ~ 60 kg。

萨能奶山羊泌乳期 300 d 左右，年平均产乳量为 600 ~ 1 200 kg，最高可达 3 000 kg 以上。乳脂率 3.3% ~ 4.4%，乳蛋白 3.3%，乳糖 3.9%，干物质 11.28% ~ 12.38%。

萨能奶山羊与其他奶山羊品种比较，汗液膻味较大，乳中往往有膻味。因此，在挤乳时，应特别注意挤乳卫生，避免膻味吸入。

8.2.2 关中奶山羊

关中奶山羊主要产于陕西关中平原地区，是由萨能奶山羊与当地山羊杂交培育而成，分布于陕西关中平原的渭南、咸阳、宝鸡、西安等地。

关中奶山羊基本特征颇似萨能奶山羊，但体型较小，体重较轻。成年公羊体重一般 80 kg 左右，成年母羊 50 ~ 60 kg。

关中奶山羊产乳量一般 500 ~ 600 kg，乳脂率为 3.6% ~ 3.8%，蛋白质 3.53%，乳糖 4.31%，干物质 12.8%。

8.2.3 崂山奶山羊

崂山奶山羊产于山东省胶东半岛，主要分布在青岛、烟台等濒临黄海和渤海之滨的平原，丘陵与山地也有分布。

崂山奶山羊外貌相似于关中奶山羊，与萨能奶山羊相比较，体躯稍短，体格略小。成年公羊体重一般为 70 ~ 80 kg，成年母羊体重为 45 ~ 50 kg。崂山奶山羊泌乳期 8 ~ 9 个月，产乳量 450 ~ 700 kg，乳脂率 3.5% ~ 4.0% 。

目前国内较好的奶用山羊类群还有山东的文登奶山羊、河南的开封奶山羊、河北的唐山奶山羊、广东的广州奶山羊及山西的洪洞奶山羊等。

复习思考题

1. 世界著名的乳用牛品种有哪些？各有什么特点？
2. 常用的奶山羊品种有哪些？各有什么特点？

第9章 乳的化学组成及性质

本章导读：主要就乳的化学组成及其性质做了相关的阐述，内容包括乳的化学组成、乳的理化特性和异常乳等等。通过本章的学习，掌握乳的化学成分、理化性质及其与乳制品质量的关系，为乳制品的加工奠定理论基础。

9.1 乳的化学组成

9.1.1 乳的概念

乳是哺乳动物产仔之后由乳腺所分泌的一种具有胶体特性、均匀的不透明液体，其色泽呈白色或略带黄色，味微甜并具有特殊香气。由于乳中含有幼小动物生长发育所必需的全部营养成分，所以它是哺乳动物出生后赖以生长发育的最易于消化吸收的完全食物。

9.1.2 乳的化学成分及其性质

1)乳脂肪(Milk Lipides)

乳脂肪是牛乳的主要成分之一，含量一般为3% ~5%，它与乳及乳制品的营养价值、质地和组织状态、风味都有重要关系。乳脂肪不同于其他动植物脂肪，其特点如下：

①乳脂肪中含有20种左右的脂肪酸，其他动植物脂肪中只含有5 ~7种脂肪酸。

②乳脂肪中含有低级(C_{14}以下)挥发性脂肪酸(醋酸、丁酸、己酸、辛酸、癸酸、月桂酸)多达14%，其中水溶性脂肪酸(醋酸、丁酸、己酸、辛酸)达8%左右。而其他动植物脂肪中不超过1%。这些脂肪酸在室温下呈液态，易挥发，因此使乳脂肪具有特殊的香味和柔软的质地。

③乳中的不饱和脂肪酸含量较多，对乳脂肪的组织状态有很重要的影响。乳中的不饱和脂肪酸主要有：油酸、十六烯酸、十四烯酸、癸烯酸、廿碳四烯酸、亚麻酸、亚油酸等。在室温下是液态，不溶于水，不能同水蒸气挥发。

不饱和脂肪酸在人的营养上具有特殊作用，具有维生素作用，因此曾将某些不饱和脂肪酸的复合体叫维生素F。乳中的不饱和脂肪酸由亚油酸(十八碳二烯酸)、亚麻酸(十八碳三烯酸)、花生四烯酸所组成,通常也称这些不饱和脂肪酸为必需脂肪酸。人体缺乏这类脂肪酸时不仅生长停止,而且发生皮肤炎及脱毛现象,甚至身体各部分出血而死亡。

④乳脂肪以微细的球状,呈乳浊液分散在乳中。脂肪球表面被一层5~10 nm厚的膜所覆盖,称之为脂肪球膜,该膜主要由蛋白质、磷脂、高熔点的甘油三酸酯、胆固醇、V_A、Cu、Fe及一些酶类和少量结合水构成,由于脂肪球含有磷脂-蛋白质络合物,保持了脂肪以球状稳定存在于乳中,而不致凝结融合成团。磷脂是极性分子,其疏水基团朝向脂肪球的中心,与甘油三酯结合形成膜的内层;磷脂的亲水基团朝向乳浆,连着具有强大亲水基的蛋白质,构成了膜的外层,脂肪球膜结构如图9.1所示。

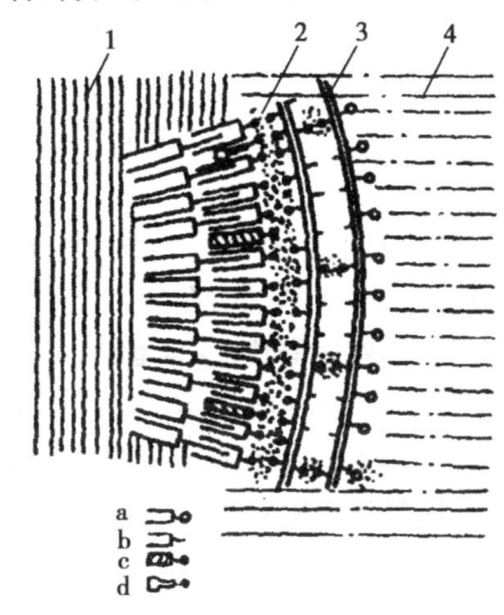

图9.1　脂肪球膜的结构图

1.脂肪　2.结合水　3.蛋白质　4.乳浆

a.磷脂　b.甘油三磷脂　c.淄醇　d.V_A

牛乳脂肪球的直径通常0.1~10 μm,平均3 μm。其数量为每毫升20亿~40亿个。乳脂肪球的大小因乳牛品种、泌乳期、饲料及健康状况而异,脂肪含量高的品种要比脂肪含量低的品种脂肪球大,随着泌乳期的延续,脂肪球变小。脂肪球的大小对牛乳的加工处理有重要关系,凡是脂肪球大的牛乳,容易分离稀奶油,搅拌稀奶油时也容易形成奶油粒。另外,在机械搅拌或化学物质的作用下,脂肪球膜遭到破坏后,脂肪球就会相互聚合在一起,因此,可以利用这一原理生产奶油和测定乳的含脂率。

2)乳蛋白质(Milk Proteins)

乳中的含氮化合物中95%为乳蛋白质,含量为3.0%~3.5%。可分为酪蛋白和乳清蛋白两大类,另外还有少量的脂肪球膜蛋白质。乳清蛋白中有对热不稳定的乳白蛋白和乳球蛋白,及对热稳定的胨。

(1)酪蛋白(Casein)　在温度为20 ℃时将脱脂乳的pH值调节至4.6(等电点)时沉淀下来的蛋白质为酪蛋白,占乳中蛋白质的80%~82%。酪蛋白不是单一的蛋白质,而是由a_s-、β-、γ-和κ-酪蛋白组成。a_s-酪蛋白含磷多,故又称为磷蛋白。含磷量对皱胃酶的凝乳作用影响很大。γ-酪蛋白含磷量极少,因此,γ-酪蛋白几乎不能被皱胃酶凝固。在制造干酪时,有些乳常发生软凝块或不凝固现象,就是由于蛋白质中含磷量过少的缘故。酪蛋白虽是一种两性电解质,但其分子中含有的酸性氨基酸远远多于碱性氨基酸,因此具有明显的酸性。

①存在形式。牛乳中的酪蛋白与钙结合生成酪蛋白酸钙,再与胶体状的磷酸钙结合形成酪蛋白酸钙-磷酸钙复合物,以微胶粒的形式存在于牛乳中,其胶体微粒直径在10~300 nm之间变化,一般40~160 nm占大多数。此外,酪蛋白微胶粒中还含有镁等物质。

酪蛋白酸钙-磷酸钙复合物微胶粒大体上呈球形,胶粒内部由β-酪蛋白的丝构成网状结构,在其上附着a_s-酪蛋白,外面覆盖有κ-酪蛋白,并结合有胶体状的磷酸钙。

②化学性质。

A.酸凝固:牛乳中加入盐酸或硫酸,与酪蛋白酸钙和磷酸钙起作用生成酪蛋白沉淀,工业上用这种方法制造干酪素,以盐酸为例:

酪蛋白酸钙$[Ca_3(PO_4)_2]+2HCl \longrightarrow$酪蛋白$+2Ca(HPO_4)+CaCl_2$

牛奶本身是一种缓冲溶液,其pH值为6.5~6.7,平均为6.6。酪蛋白等电点为4.6,因为乳蛋白质含 COO^-、NH^{3+},当加入过量的酸时,酪蛋白酸钙中的Ca被酸夺取,渐渐地生成游离的酪蛋白,pH值为5.2时,$Ca_3(PO_4)_2$ 先分离,pH值为4.6时,酪蛋白酸钙分离,达到等电点时,钙完全被分离,游离的酪蛋白凝固而沉淀。

干酪素是一种白色微黄粉末状物质,是非常好的胶黏剂,揩光剂,用于加工皮革,乳胶手套等。

B. 酶凝固:牛乳中的酪蛋白在皱胃酶等凝乳酶的作用下会发生凝固,工业上生产干酪就是利用此原理。酪蛋白在皱胃酶的作用下水解为副酪蛋白,后者在钙离子等二价阳离子存在下形成不溶性的凝块,这种凝块叫做副酪蛋白酸钙,其凝固过程如下:

酪蛋白酸钙+皱胃酶⟶副酪蛋白酸钙+乳清蛋白+皱胃酶

C. 盐类及离子对酪蛋白稳定性的影响。乳中的酪蛋白酸钙—磷酸钙胶粒容易在氯化钠或硫酸铵等盐类饱和溶液或半饱和溶液中形成沉淀,这种沉淀是由于电荷的抵消与胶粒脱水而产生。

酪蛋白酸钙—磷酸钙胶粒,对于其体系内二价的阳离子含量的变化很敏感。钙或镁离子能与酪蛋白结合,而使粒子形成凝集作用,故钙离子与镁离子的浓度影响着胶粒的稳定性。由于乳汁中的钙和磷呈平衡状态存在,所以鲜乳中酪蛋白微粒具有一定的稳定性。当向乳中加入氯化钙时,则能破坏平衡状态,因此在加热时使酪蛋白发生凝固现象。试验证明,在90℃时加入0.12%~0.15%的 $CaCl_2$ 即可使乳凝固。

采用钙凝固时,乳蛋白质的利用程度,一般要比酸凝固法高5%,比皱胃酶凝固法高10%以上。

D. 酪蛋白与糖的反应。具有还原性羰基的糖可与酪蛋白作用变成氨基糖而产生芳香味及其色素。

蛋白质和乳糖的反应,在乳品工业中的特殊意义在于:乳品(如乳粉、乳蛋白粉和其他乳制品)在长期储存中,由于乳糖与酪蛋白发生反应产生颜色、风味及营养价值的改变。工业用干酪素由于洗涤不干净,储存条件不佳,同样也能发生这种变化。

(2)乳清蛋白

①热不稳定性乳清蛋白:当把乳清pH值调整到4.6~4.7时,煮沸20 min,沉淀出的蛋白质叫热不稳定性乳清蛋白,此蛋白占乳清蛋白总量的81%,包含乳白蛋白和乳球蛋白两类。

A. 乳白蛋白:把乳清pH值调整到中性条件下,加饱和 $(NH_4)_2SO_4$ 或 $MgSO_4$ 进行盐析,成溶解状态而不析出的蛋白质叫乳白蛋白,占乳清蛋白的68%。乳白蛋白对酪蛋白起保护胶体的作用,这类蛋白常温下不能用酸凝固,但在弱酸性时加热即凝固。

B. 乳球蛋白:中性乳清中加饱和 $(NH_4)_2SO_4$ 或 $MgSO_4$ 进行盐析,能析出的蛋白质叫乳球蛋白,占乳清蛋白的13%。乳球蛋白具有抗原作用,故又称为免疫球蛋白。初乳中免疫球蛋白比常乳中含量高数倍至数十倍。

②热稳定的乳清蛋白:这类蛋白包括蛋白际和蛋白胨,约占乳清蛋白的19%。在pH值为4.6~4.7时加热不沉淀,但是用磷酸或三氯醋酸的特殊反应可使此蛋白质发生沉淀。

(3)脂肪球膜蛋白　脂肪球膜蛋白是一种复合物,与任何一种乳蛋白质的性质都不同,但与乳清蛋白有所类似。其中包括蛋白质、磷脂蛋白及碱性磷酸酶和黄嘌呤氧化酶等。在其中包含有卵磷脂,因此也称磷脂蛋白。

9.1.3　乳糖(Lactose)

乳糖是哺乳动物乳中所特有的糖类,牛乳中含有乳糖4.6% ~4.8%,全部呈溶解状态于乳中。乳糖在水中的溶解度比蔗糖差,甜度只及蔗糖的1/6。

1)乳糖的异构体及其特性

乳糖有α-乳糖和β-乳糖两类异构体,其中α-乳糖很易与一分子水结合,变成成α-乳糖水合物,所以乳糖实际上共有三种异构体:α-乳糖水合物(普通乳糖)、α-乳糖无水物、β-乳糖。区别α-乳糖与β-乳糖的方法可以用旋光度区别,通常所称的乳糖即指α-乳糖水合物。甜炼乳中的乳糖大部分呈结晶状态,结晶的大小直接影响着炼乳的口感,而结晶的大小可根据乳糖的溶解度与温度的关系加以控制。

2)乳糖的溶解度

(1)初溶解度　把乳糖投入水中,不加搅拌,有部分乳糖立即溶解,这时的溶解度为初溶解度,主要是α-乳糖水合物的溶解度。

(2)终溶解度　向乳糖溶液中加入乳糖并搅动,在一定温度下乳糖不再溶解,达到了某一温度下的饱和溶解度。在某一温度下的饱和溶解度就是终溶解度,这部分溶液主要由α-乳糖水合物和β-乳糖组成,二者有一定比例关系。

(3)超溶解度　将饱和乳糖溶液冷却到该饱和溶液所在温度以下就会得到过饱和的乳糖溶液,但没有乳糖结晶析出,这时的溶解度叫超溶解度。甜炼乳加工中加入糖就是利用超溶解度的原理防止产生糖的结晶。

乳中除了乳糖之外还含有少量其他的碳水化合物,例如,在常乳中含有极少量的葡萄糖、半乳糖。另外,还含有微量的果糖、低聚糖等。

一部分人随着年龄的增长,消化道内缺乏乳糖酶,不能分解和吸收乳糖,饮用牛乳后会出现呕吐、腹胀、腹泻等不适应症,称其为乳糖不耐症。在乳品加工中利用乳糖酶将乳中的乳糖分解为葡萄糖和半乳糖,或利用乳酸菌将乳糖转化为乳酸,可预防乳糖不耐症。

9.1.4　乳中的维生素(Vitamins)

牛乳中含有几乎所有已知的维生素。牛乳中的维生素包括脂溶性维生素A、D、E、K和水溶性维生素C和B族维生素:硫胺素(维生素B_1)、核黄素(维生素B_2)、尼克酸(维生素PP)、泛酸(维生素B_5)、吡哆醇(维生素B_6)、维生素B_{12}等。牛乳中的维生素部分从乳牛的饲料中转移而来,如维生素E;有的要靠乳牛自身合成,如B族维生素。为了生产含维生素丰富的牛乳,必须多喂含维生素丰富的饲料。同时乳及乳制品中的维生素受乳牛的饲养管理、杀菌以及其他加工处理的影响。

9.1.5　乳中的无机盐(Milk Salts)

1)概念

乳中的无机物也称矿物质,通常将牛乳蒸发干燥,然后灼烧成灰分,以灰分的量来表示无机物的量。乳中矿物质含量平均为0.8%,主要有Ca、Mg、Cl、S、K、Fe、Na等。此外还含有一些微量元素。牛乳中无机物的含量随泌乳期及个体健康状态等因素而不同。牛乳中主要无机物含量如表9.1所示。

表 9.1 100 mL 牛乳中的主要无机成分的含量

项　目	钾	钠	钙	镁	磷	硫	氯
牛乳/mg	158	54	109	14	91	5	99

2)存在状态

乳中 K、Na、Cl 呈真溶液形式,Ca、P、Mg 部分呈真溶液,部分呈悬浊液,另一部分钙、磷与蛋白质结合以胶粒状态存在。

牛乳中的盐类含量虽然很少,但对乳品加工,特别是对热稳定性起着重要作用。牛乳中的盐类平衡,特别是钙、镁等阳离子与磷酸、柠檬酸等阴离子之间的平衡,对于牛乳的稳定性具有非常重要的意义。当受季节、饲料、生理或病理等影响,牛乳发生不正常凝固时,往往是由于钙、镁离子过剩,盐类的平衡被打破的缘故。此时,可向乳中添加柠檬酸盐和磷酸盐以维持盐类平衡,保持蛋白质的热稳定性。生产炼乳时常常利用这种特性。

乳与乳制品的营养价值,在一定程度上受矿物质的影响。以钙而言,由于牛乳中的钙的含量较人乳多 3 ~4 倍,因此牛乳在婴儿胃内所形成的蛋白凝块相对人乳比较坚硬,不易消化。100 mL 牛乳中铁的含量为 10 ~90 μg,较人乳中少,所以人工哺育幼儿时应补充铁。

9.1.6 乳中的酶

1)牛乳中酶的来源

牛乳中的酶主要来源于 3 个方面:①一部分为乳腺细胞正常分泌到牛乳中固有的酶;②乳腺中白细胞崩解后进入如乳中的酶;③挤奶过程中微生物落入奶中代谢而产生的酶。

2)牛乳中酶的分类

牛乳中的酶主要为水解酶和氧化还原酶。水解酶包括脂酶、蛋白酶、磷酸酶、淀粉酶、半乳糖酶、溶菌酶等。氧化还原酶有过氧化氢酶、过氧化物酶、还原酶等。

3)牛乳中主要酶类的特性作用

(1)脂酶　牛乳中的脂酶至少有两种,一是只附在脂肪球膜间的膜脂酶,它在常乳中不常见,而在末乳、乳房炎乳及其他一些生理异常乳中常出现;另一种是存在于脱脂乳中与酪蛋白相结合的乳浆脂酶。

脂酶的分子量一般为 7 000 ~8 000,最适作用温度为 37 ℃,最适 pH 值为 9.0 ~9.2。钝化温度为 80 ~85 ℃。钝化温度与脂酶的来源有关。来源于微生物的脂酶耐热性高,已经钝化的酶有回复活力的可能。乳脂肪在酯酶的作用下水解产生游离脂肪酸,从而使牛乳带上脂肪分解的酸败气味,这是乳制品,特别是奶油生产上常见的问题。为了抑制脂酶的活性,在奶油生产中,一般采用不低于 80 ~85 ℃的高温或超高温处理,另外,加工过程也能使脂酶增加其作用机会,例如,均质处理,由于破坏脂肪球膜而增加了脂酶与乳脂肪的接触面,使乳脂肪更易水解,故均质后应及时进行杀菌处理。

(2)磷酸酶　牛乳中的磷酸酶有两种:一种是酸性磷酸酶,存在于乳清中,最适 pH 值为 4.0 ~4.2,钝化温度 95 ℃保持 5 min;另一种是碱性磷酸酶,吸附于脂肪球膜处。其中碱性磷酸酶的最适 pH 值为 7.6 ~7.8,经 63 ℃、30 min 或 71 ~75 ℃、15 ~30 s 加热后可钝化,故可根据这种特性来检验低温巴氏杀菌处理的消毒牛乳的杀菌程度是否完全。

(3)还原酶　最主要的是脱氢酶,这种酶随微生物进入乳及乳制品,因此这种酶与细菌污染程度有直接关系。

来源:微生物代谢产物。

性质:最适宜温度40~50 ℃,pH值为5.5~8.5,70 ℃、30 min可钝化。

还原酶实验:还原酶具有还原作用,可使蓝色的甲基蓝还原为无色的甲基蓝,还原酶愈多则褪色愈快,细菌污染度愈大。如果褪色时间5 h以上,1 mL乳中细菌数不超过50万,为一级乳(良好)。

(4)过氧化物酶

来源:过氧化物酶主要来自白血球的细胞成分,其数量与细菌无关,是乳中固有的酶。

性质:适宜温度25 ℃,pH值为6.8,钝化温度和时间大约为76 ℃、20 min,77~78 ℃、5 min,85 ℃、10 s。通过测定过氧化物酶的活性可以判断牛乳是否经过热处理或判断热处理的程度。

过氧化物酶实验:过氧化物酶能使过氧化物分解产生[O]。[O]能氧化还原性物质如KI产生游离的I_2,I_2遇碘粉产生蓝色反应。

判定标准:无蓝色变化说明乳中无过氧化物酶,乳经过63 ℃,30 min杀菌,有蓝色变化,说明乳中有过氧化物酶,说明乳未经巴氏杀菌或经杀菌以后又混入生乳。

9.2　乳的物理性质

乳的物理性质是鉴定乳质的重要依据,仅就主要的物理性质概述如下:

9.2.1　乳的色泽

新鲜全脂牛乳呈不透明的白色或略带黄色,脱脂乳和掺水乳呈青白色,乳清呈半透明的黄绿色。乳白色是乳的基本色调,这是由于酪蛋白酸钙及磷酸钙复合物的微粒子和微细的脂肪球对光线的不规则反射和折射所产生的结果。脂溶性的胡萝卜素和叶黄素使乳略带淡黄色,水溶性的核黄素使乳清呈荧光性黄绿色。

9.2.2　滋气味

正常牛乳的滋气味具有乳香味,微甜。乳香味来自于乳中的挥发性脂肪酸(醋酸、甲酸较多),加热香味变浓,冷却后减弱,长时间加热则失去香味;甜味来自乳糖。乳中除了原有的香味之外很容易吸收外界的各种气味,如畜舍味、饲料味、苦味、乳牛味、粪便味、青草味等。所以挤出的牛奶如果在牛舍中放置时间太久就会带有异味。

9.2.3　牛乳的密度和比重

密度是指一定温度下单位容积的质量。乳的密度是指乳在20 ℃时的质量与同体积水在4 ℃时的质量之比。在20 ℃时正常牛乳的密度平均为1.030。比重是指物质的重量与同温度同体积水的重量之比,实际上牛乳比重计以15 ℃为标准。15 ℃时,正常乳的比重平均为

1.032。在相同温度下乳的密度比比重小0.001 9,乳品生产中常以0.002的差数进行换算;乳密度受温度的影响,在10~25 ℃范围内,乳温度每升高1 ℃乳的密度下降0.000 2。此外,乳的密度在不同情况下也会发生变化,如刚挤出的牛乳因含有一定量的气体,其密度比放置2~3 h后的乳低;初乳的密度为(产牛犊7 d以内分泌的乳汁为初乳)1.038~1.040,较正常乳高;乳加水则密度下降,每加10%的水,密度下降0.003,即普通牛乳比重计的3度(一般牛乳比重计的刻度从小数点后第二位开始计算,如1.030读作30度)。掺假乳往往在掺入水以后为了提高其密度又加入淀粉、尿素等。

9.2.4 乳的热学性质

1)乳的冰点

牛乳的冰点低于水的冰点,这与乳中的乳糖、水溶性盐类等有关,而与乳中脂肪、蛋白质含量关系不大,牛乳冰点的平均值为-0.540 ℃,普通范围:-0.565~-0.525 ℃。

正常乳中由于乳糖及盐类的含量变化较少,因此冰点也很稳定,牛乳中加水,冰点即变化,每加1%水,冰点上升就0.005 4 ℃。可由下式可算出加水量:

$$W=(T-T_1)/T\times 100$$

式中,W——加水量;

T——正常冰点;

T_1——被检乳冰点。

牛乳变酸则冰点下降,如牛乳酸度为17 °T,冰点为-0.57℃,牛乳酸度为18.3 °T时冰点为-0.625 ℃,所以测定冰点必须要求乳的酸度在20 °T以内。

2)沸点

1个大气压下乳的沸点为100.17 ℃。乳的沸点受其固形物含量的影响,牛乳愈浓其沸点越高,浓缩到原来一半时沸点上升到101.5 ℃。

9.2.5 牛乳的酸度

1)牛乳酸度的分类

(1)自然酸度(固有酸度) 主要由乳中的蛋白质、酸性氨基酸、自由的羟基、柠檬酸盐、磷酸盐、CO_2等所构成的酸度,与微生物繁殖产生的乳酸无关,称为自然酸度,也叫固有酸度。正常牛乳的酸度为16~18 °T。

(2)发酵酸度 牛乳在存放过程中,由于微生物的活动分解乳糖产生乳酸而使牛乳酸度升高,这种因发酵产酸而升高的酸度称为发酵酸度。

(3)总酸度 自然酸度与发酵酸度之和称为总酸度。一般条件下,乳品工业所测定的酸度就是总酸度。

2)牛乳酸度的表示方法

(1)pH值

酸度用乳中氢离子浓度的负对数表示即为pH值,pH值反映乳中处于电离状态的活性氢离子浓度,即离子酸度。正常乳的pH值为6.5~6.7,平均为6.6,酸乳和初乳在6.4以下,超过6.7则可认为是乳房炎乳。

(2)滴定酸度

所谓滴定酸度即取一定量的牛乳以酚酞作指示剂,再用一定浓度的碱液来滴定,以消耗的碱液的量来表示的酸度,则为滴定酸度,OH^-在滴定过程中不仅与H^+结合而且与滴定过程中继续电离的潜在的H^+作用。乳中实际有许多潜在H^+,如乳中的蛋白质、磷酸盐、柠檬酸盐、碳酸盐等两性电解质电离形成的H^+。

所以pH值不能反映乳的真实酸度,用碱液滴定可以反映乳的真实酸度。

乳品工业中常用滴定酸度,滴定酸度有多种测定方法和表示方法。我国滴定酸度用吉尔涅尔度(°T)或乳酸度(乳酸%)来表示。

①吉尔涅尔度(°T)。即中和100 mL乳中的酸所消耗0.1 N(0.1 mol/L)NaOH的毫升数,每消耗1 mL 0.1 NNaOH则为1 °T,正常牛乳的滴定酸度为16~18 °T。

②乳酸度(乳酸%)。用乳酸量表示酸度时,滴定后可按照下列公式计算:

$$\text{乳酸}(\%)=\frac{0.1\ \text{NNaOH的毫升数}\times 0.009}{\text{测定乳样的重量}(g)}\times 100\%$$

其中,0.009表示1 mL 0.1 NNaOH能够结合乳酸的克数,正常乳的乳酸度为0.15%~0.17%。

9.2.6　牛乳的表面张力和黏度

1)牛乳的表面张力

每单位分界面的自由能值叫表面张力,水的表面张力为20 ℃ 0.072 8 N/m,牛乳的表面张力为0.046~0.047 5 N/m。表面张力随温度的升高而降低,随溶液中所含的物质而改变。极性物质可以增加表面张力,而蛋白质及卵磷脂、乳脂肪等则会降低表面张力。初乳含乳固体多,故表面张力较常乳小。牛乳和稀奶油比水容易形成气泡,就是因为表面张力比水低的缘故。

2)黏度

牛乳在20 ℃时黏度为0.001 5~0.002 Pa·s。牛乳的黏度随温度升高而降低。在乳的成分中,脂肪及蛋白质对黏度的影响最显著,当非脂乳固体一定时,脂肪含量提高其黏度增加;当脂肪含量一定时,非脂乳固体含量提高,黏度稍有提高。初乳、末乳、病牛乳的黏度较高。

黏度在乳品生产中有重要意义。生产甜炼乳时,黏度低可能发生脂肪上浮或糖沉淀现象,黏度过高又可能使炼乳变稠;生产淡炼乳时,黏度过高,在储藏期中可能产生盐类沉淀或形成冻胶体;生产乳粉时,浓缩乳黏度过高,可能妨碍雾化干燥,出现潮粉现象。

9.3　异常乳

在泌乳期中,由于生理、病理或其他因素的影响,乳的成分与性质发生了变化,这种发生变化的乳称为异常乳。一般情况下异常乳是不适宜加工使用的,异常乳可分为生理异常乳、病理异常乳、化学异常乳及微生物污染乳等几大类。

9.3.1 生理异常乳

1)初乳

乳牛产犊7 d以内分泌的乳汁称初乳,呈显著黄色,黏度大,有苦味并具有特殊异味。初乳乳固体含量高,干物质中以蛋白质和盐类为高,尤其以热不稳定的乳清蛋白含量较高,乳糖含量较低。初乳含有丰富的维生素,尤其富含 V_A,V_D,初乳含有多量的免疫球蛋白,免疫性能强,为幼儿生长所必须,但耐热性差,60 ℃以上开始凝固,故不宜作为乳品加工的原料。

2)末乳

末乳又称为老乳,指干奶期前两周所产的乳。除脂肪外,其余成分均比常乳高,有苦而微咸的味道,含脂酶高,有油脂的氧化味,不宜做加工原料。

3)营养不良乳

饲料不足、营养不良的乳牛所产的乳称营养不良乳。该乳对皱胃酶几乎不凝固,所以不能用来制造干酪。当喂以充足的饲料,加强营养之后,牛乳即可回复正常,对皱胃酶即可凝固。

9.3.2 病理异常乳

1)乳房炎乳

由于外伤或者细菌感染,使乳房发生炎症,这时乳房所分泌的乳,其成分和性质都发生了变化,使乳糖含量降低,氯含量增加及球蛋白含量升高,酪蛋白含量下降,并且细胞(上皮细胞)数量多,以致无脂干物质含量较正常乳少。

2)其他病牛乳

主要由患口蹄疫、布氏杆菌病等的牛所产生的乳,乳的质量变化大致与乳房炎乳相似,另外,乳牛患酮体过剩、肝机能障碍等,易分泌酒精阳性乳。

9.3.3 化学异常乳

1)酒精阳性乳

乳品厂检验原料乳时,一般先用68%或70%的酒精进行检验,凡产生絮状凝块的乳称为酒精阳性乳。酒精阳性乳有下列几种:

(1)高酸度酒精阳性乳　一般酸度在20 °T以上时的乳酒精试验均为阳性,称为酒精阳性乳。其原因是鲜乳中微生物繁殖使酸度升高。因此要注意挤乳时的卫生并将挤出鲜乳保存在适当的温度条件下,以免微生物污染繁殖。

(2)低酸度酒精阳性乳　有的鲜乳虽然酸度低(16 °T以下),但酒精试验也呈阳性,所以称作低酸度酒精阳性乳。

(3)冷冻乳　冬季因受气候和运输的影响,鲜乳产生冻结现象,这时乳中一部分酪蛋白变性。同时,在处理时因温度和时间的影响,酸度相应升高,以致产生酒精阳性乳。但这种酒精阳性乳的耐热性要比因受其他原因而产生的酒精阳性乳高。

2)低成分乳

乳的成分明显低于正常乳,主要受遗传和饲养管理所影响。

3)混入异物乳

混入异物乳是乳中混入原来不存在的物质。其中,有人为混入异物,如防腐剂、抗菌素等,也有因预防治疗、促进发育以及食品保藏过程中使用的抗生素和激素等而进入乳中,还有通过饲料和饮水等进入乳中的农药而造成的异常。乳中含有抗生素和激素时,不能用作加工的原料乳。

4)风味异常乳

造成牛乳风味异常的因素很多,主要有挤乳后从外界污染或吸收的牛体味、饲料味、或金属味,由酶作用而产生的脂肪分解味等。

9.3.4　微生物污染乳

微生物污染也是异常乳的一种。由于挤乳前后的污染、不及时的冷却和器具的洗涤、杀菌不完全等原因,可使鲜乳被大量微生物污染。鲜乳容易由乳酸菌产酸凝固,由大肠杆菌产生气体,由芽孢杆菌产生胨化和碱化,并发生异常风味(腐败味)。低温菌也可能产生胨化和变黏。脂肪的分解而发生脂肪分解味、苦味和非酸凝固。

复习思考题

1. 牛乳的主要化学成分包括哪些?
2. 乳脂肪在乳中的存在状态。
3. 乳脂肪球膜的构造如何影响乳脂肪的稳定性?
4. 乳糖的种类及结晶状态对乳制品的品质有何种影响?
5. 异常乳的种类及性质。
6. 异常乳形成的原因及控制方法。
7. 牛乳的物理性质对判断牛乳的品质好坏和确定加工工艺有何作用?

实　训

实训一　乳新鲜度的检验

【目的要求】鲜乳挤出后若不及时冷却,污染的微生物就会迅速繁殖,使乳中细菌数增多,酸度增高,风味恶化,新鲜度下降,影响乳的品质和加工利用。通过本次实验,要求掌握对原料乳进行新鲜度检验的方法。

【检验方法】乳新鲜度检验的方法很多,目前在生产上应用较多的方法是在感官检验的基础上,再配合采用酒精试验、煮沸试验、刃天青试验和测定酸度等方法。

1)乳的感官检查

正常牛乳应为乳白色或稍带黄色,有特殊的乳香味,无异味,组织状态均匀一致,无凝块和沉淀,不黏滑。评定方法如下:

(1)色泽和组织状态检查　将少许乳倒入培养皿中观察颜色。静置 30 min 后将乳小心倒掉,观察有无沉淀和絮状物。用手指沾乳汁,检查有无黏稠感。

(2)气味的检查　将少许乳倒入试管中加热后,嗅其气味。

(3)滋味的检查　口尝加热后乳的滋味。根据各项感官鉴定,判断乳样是正常乳或异常乳。

2)酒精试验

(1)原理　新鲜乳中的酪蛋白微粒,由于其表面带有相同的电荷(为负电荷)和具有水合作用,故以稳定的胶粒悬浮状态分散于乳中。要想使其从乳中沉淀出来,需有两个条件:一是除去胶粒所带的电荷,二是破坏胶粒周围的结合水层。当乳的新鲜度下降、酸度增高时,酪蛋白所带的电荷就要发生变化。当 pH 值达 4.6 时(即酪蛋白的等电点),酪蛋白胶粒便形成数量相等的正负电荷,失去排斥力量,胶粒极易聚合成大胶粒而被沉淀出来。此外,加入强亲水物质如酒精、丙酮等,能夺取酪蛋白胶粒表面的结合水层,也使胶粒易被沉淀出来。酒精试验就是借助于不同酸度的乳加入酒精后,酪蛋白凝结的情况不同,从而判断乳的新鲜程度。在酒精试验时,乳的酸度越高,酒精浓度越大,乳的凝絮现象越易发生。

(2)仪器及试剂　20 mL 试管 2 支,2 mL 刻度吸管 3 支,200 mL 烧杯 2 个,68% 中性酒精溶液,不同新鲜度的牛乳乳样 2 ~ 3 个。

(3)操作方法　取乳样 2 mL 于清洁试管中,加入等量的 68% 酒精溶液,迅速轻轻摇动使其充分混合,观察有无白色絮片生成。如无絮片,则表明是新鲜乳,其酸度不高于 20 °T,称为酒精阴性乳。出现絮片的乳,为酸度较高的不新鲜乳,称为酒精阳性乳。根据产生絮片的特征,可大致判断乳的酸度。不同酸度的牛乳被 68% 酒精凝结的特征如表 9.2 所示。

表 9.2　不同酸度牛乳被 68% 酒精凝结的特征

牛乳酸度/°T	凝结特征	牛乳酸度/°T	凝结特征
18 ~ 20	不出现絮片	25 ~ 26	中型的絮片
21 ~ 22	很细小的絮片	27 ~ 28	大型的絮片
23 ~ 24	细小的絮片	29 ~ 30	很大的絮片

另外,也可用不同浓度的酒精来判断乳的酸度,如表 9.3 所示。

表 9.3　酒精浓度与乳酸度

酒精浓度/%	界限酸度(不产生絮片的酸度)/°T
68	20 以下
70	19 以下
72	18 以下

(4)注意事项

①非脂乳固体较高的水牛乳、牦牛乳和羊乳,酒精试验呈阳性反应,但热稳定性不一定

差,乳不一定不新鲜。因此对这些乳进行酒精试验,应选用低于 68% 的酒精溶液。由于地区不同,尚无统一标准。

②牛乳冰冻也会形成酒精阳性乳,但这种乳热稳定性较高,可作为乳制品原料。

③酒精要纯,pH 值必须调到中性,使用时间超过 5 ~10 d 必须重新调节。

3)煮沸试验

(1)原理　牛乳的新鲜度越差,酸度越高,热稳定性越差,加热时越易发生凝固。一般此法不常用,仅在生产前乳酸度较高时,作为补充试验用,以确定乳能否使用,以免杀菌时凝固。

(2)仪器及试剂　20 mL 试管 3 支,5 mL 刻度吸管 3 支,酒精灯 1 盏,公用水浴锅 1 台,不同新鲜度的牛乳乳样 2 ~3 个。

(3)操作方法　取 5 mL 乳样于清洁试管中,在酒精灯上加热煮沸 1 min,或在沸水浴中保持 5 min,然后进行观察。如果产生絮片或发生凝固,则表示乳不新鲜,酸度在 20 °T 以上或混有初乳。牛乳的酸度与凝固温度的关系如表 9.4 所示。

表 9.4　牛乳的酸度与凝固温度的关系

酸度/°T	凝固的条件	酸度/°T	凝固的条件
18	煮沸时不凝固	40	加热至 65 ℃时凝固
22	煮沸时不凝固	50	加热至 40 ℃时凝固
26	煮沸时能凝固	60	22 ℃时自行凝固
28	煮沸时能凝固	65	16 ℃时自行凝固
30	加热至 77 ℃时凝固		

4)刃天青(利色唑林)试验

(1)原理　刃天青为氧化还原反应的指示剂,加入到正常鲜乳中时呈青蓝色。如果乳中有细菌活动时能使刃天青还原,发生如下色变:青蓝色→紫色→红色→白色。故可根据变色程度和变到一定颜色所需时间,推断乳中细菌数,进而判定乳的质量。

(2)仪器及试剂　20 mL 灭菌有塞刻度试管 2 支;1 mL 及 10 mL 灭菌吸管各 1 支;100 ℃温度计 1 支;公用恒温水浴锅 1 台(调到 37 ℃)。

刃天青基础液:取 1 mL 分析纯刃天青于烧杯中,用少量煮沸过的蒸馏水溶解后移入 200 mL容量瓶中,加水至标线,储于冰箱中备用。此液含刃天青 0.5% 。

刃天青工作液:以 1 份基础液加 10 份经煮沸后的蒸馏水混合均匀即可,储于茶色瓶中避光保存。

乳样:不同新鲜度的乳样 2 ~3 个。

(3)操作方法

①吸取 10 mL 乳样于刻度试管中,加刃天青工作液 1 mL,混匀,用灭菌胶塞塞好,但不要塞严。

②将试管置于 37 ±0.5 ℃的恒温水浴锅中水浴加热。当试管内混合物加热到 37 ℃时(用只加奶的对照试管测温),将管口塞紧,开始记时,慢慢转动试管(不振荡),使受热均匀,于 20 min 时第一次观察试管内容物的颜色变化,记录;水浴到 60 min 时进行第二次观察,记录结果。

③根据两次观察结果,按表 9.5 所示项目判定乳的等级质量。

表 9.5 乳的等级质量

级别	乳的质量	乳的颜色		每毫升乳中的细菌数（经过 60 min）/个
		经过 20 min	经过 60 min	
1	良好	—	青蓝色	100 万以下
2	合格	青蓝色	蓝紫色	100 万 ~ 200 万
3	不好	蓝紫色	粉红色	200 万以上
4	很坏	白色	—	—

5）酸度的测度

（1）原理　新鲜牛乳的酸度一般为 16 ~ 18 °T。在牛乳存放过程中，由于微生物水解乳糖产生乳酸，使乳的酸度升高。所以测定乳的酸度是判定乳新鲜度的重要指标。通常以滴定酸度（°T）表示。

（2）仪器及试剂　25 mL 或 50 mL 碱式滴定管 1 支；1 mL 及 10 mL 吸管 1 支；20 mL 量筒 1 个，150 mL 三角瓶 3 个。

试剂：0.1 mol/L NaOH 溶液；0.5% 酚酞指示剂。

乳样：不同新鲜度的乳样 2 ~ 3 个。

（3）操作方法　用吸管量取 10 mL 经混匀的乳样，放入三角瓶中，加入 20 mL 蒸馏水和 0.5 mL（或 10 滴）酚酞指示剂。将混合物摇匀后，以 0.1 mol/L NaOH 滴定，边滴边摇，直至出现微红色在 1 min 内不消失为止。将用去的 0.1 mol/L（NaOH 的毫升数 ×10），即为 100 mL 乳样的滴定酸度。如所用碱液并非精确到 0.1 mol/L，则可按下式计算：

$$滴定酸度(°T) = 用去碱液毫升数 \times 碱液的实际浓度$$

（4）注意事项

①使用的 0.1 mol/L NaOH，应经精密标定后使用，其中不应含有 Na_2CO_3，故所用蒸馏水应先经煮沸冷却，以驱除 CO_2。

②温度对乳的 pH 值有影响，因乳中具有微酸性物质，离解程度与温度有关，温度低时滴定酸度偏低。最好在 20 ± 5 ℃时滴定为宜。

③滴定速度越慢，则消耗碱液越多，误差大，最好在 20 ~ 30 s 完成滴定。

实训二　乳脂肪的测定

1）巴氏法

【目的要求】乳脂肪是乳质量的重要指标之一。乳脂肪测定方法很多，有巴氏法、盖氏法、伊尼霍夫氏碱法等。本实验采用巴氏法。通过此实验，掌握乳脂肪测定的一般方法。

【原理】乳脂肪以脂肪球状分散于乳中，脂肪球周围包着一层蛋白质膜。当加入一定浓度的硫酸后，可使蛋白质膜变成可溶性酪蛋白硫酸复合体和不溶性的硫酸钙而遭破坏，使液态脂肪游离出来。配合加热与离心作用，使乳脂肪聚合而上浮。其反应如下：

$$\underset{酪蛋白钙盐}{NH_2R(COO)_6Ca_3} + 3H_2SO_4 \longrightarrow H_2SO_4 + \underset{可溶性酪蛋白硫酸复合体}{NH_2R(COOH)_6} + 3CaSO_4$$

巴氏法用 17.6 mL 的专用乳吸管向乳脂瓶中加乳样。除去管壁上黏着的 0.1 mL 乳，实际装入的乳样为 17.5 mL（即：1.032 × 17.5 = 18 g）。乳脂瓶颈部有 8 个大格，其总容量为 1.6

mL,则每大格容积为 0.2 mL。乳脂肪在 60 ℃时比重为 0.9,故 1 大格乳脂肪的重量为 0.18 g,为乳样 18 g 的 1/100。所以只要测出上浮于颈部脂肪柱所占的格数,即为乳脂肪占乳量的百分比,即乳脂率。

【仪器及试剂】①巴氏乳脂瓶;②乳吸管:容量为17.6 mL;③量酸器:容量为 17.6 mL;④巴氏离心机;⑤硫酸:15 ℃密度为 1.82 ~1.83;⑥温度计,水浴锅,蒸馏水等。

【测定方法】

①用乳吸管把乳样充分搅匀,在中部吸乳样 17.6 mL,沿乳脂瓶颈壁注入瓶中。

②用量酸器量取硫酸 17.6 mL,沿乳脂瓶颈壁分 4 ~5 次徐徐倒入乳中。每次倒入硫酸后应轻轻转动乳脂瓶,并把滞留在瓶颈部的乳汁冲洗入瓶内。

③加酸完毕,以手指持乳脂瓶颈部做长圆形回转动作,使硫酸与乳汁缓慢而充分地混合均匀,发生作用。当呈现咖啡色或樱桃红色时,表明蛋白质已全部溶解,乳脂肪被游离出来,便可停止回转。若酸加完并混合均匀后仍有白色凝块,可再适当添加硫酸至使白块消失为止。

④将乳脂瓶置于离心机中以 700 ~1 000 r/min 速度离心 5 min。用手摇离心机时启动和停止时要逐渐加速和减速,以免打破乳脂瓶。

⑤取出乳脂瓶,用滴管加入 65 ℃蒸馏水至颈部 5 ~6 刻度范围内,再置于离心机中离心 2 min。

⑥取出乳脂瓶,置于 65 ℃水浴槽中,水的深度与脂肪柱取平,保温 5 min,取出立即读数。

【注意事项】

①取样前必须将乳样充分搅匀并在其中部吸取。

②硫酸的浓度必须是在 15 ℃时比重为 1.82 ~1.83。浓度过高,反应后呈黑色,不易观察读数;过稀反应不完全,结果不准确。

一般市售硫酸比重多为 1.84,需进行调整。硫酸比重与浓度的关系如表 9.6 所示。

表 9.6　硫酸比重与浓度的关系

硫酸比重	1.84	1.83	1.825	1.82	1.815
浓度	96%	92%	91%	90%	89%

假设现有比重为 1.84 的硫酸 100 mL,需配制比重为 1.825 的硫酸,可按下列公式加以调整:

$$(184 + X) : 176.94 = 100 : 91$$

$$X = 10 \text{ mL}$$

式中,184——100 mL 浓硫酸的重量;

X——应加入的水量;

176.94——密度 1.84 的浓硫酸 100 mL,其重量为 184 g,因其浓度为 96%,故所含硫酸的重量为 176.94 g,即 184 ×96% =176.94;

91——所需硫酸的浓度。

即比重为 1.84 的硫酸 100 mL 配制成比重为 1.825 的硫酸,需加蒸馏水 10 mL 进行稀释。注意:稀释时必须先量取蒸馏水,然后将浓硫酸徐徐倒入水中,以免发生危险。

③脂肪柱内若有黑色塞层,表明加入硫酸的速度过快,或硫酸加入乳样后放置过久而未及时混合等。若有白色塞层,表明硫酸的浓度不够或酸量过少,或混合后冷却过度造成。发现有白色或黑色塞层,应重新测定。

④加酸时要小心谨慎,以防洒在桌上、衣服或手上。硫酸瓶、量酸器和乳脂瓶用后必须放在磁盘内。

⑤离心时乳脂瓶应对称地放在离心机内。转速由慢而快。当达到规定速度时,应保持速度均匀。停止离心时,应逐渐减慢速度直至停止,以免损坏机件和乳脂瓶。

需注意若用此法测定乳粉的脂肪含量,可先在 50 mL 烧杯中称取 2 ~ 3 g 样品(精确到 10 mg),用 10 mL 温水分数次溶解乳粉,并洗入巴氏脂肪瓶中,加 8 mL 冰醋酸,充分摇匀。量取 10 mL 硫酸,用 5 mL 洗涤烧杯,倒入脂肪瓶中,其余硫酸分数次注入脂肪瓶。每次加入硫酸后立即旋转混合。当脂肪瓶中混合液至深咖啡色时表明酸量适度,再摇动 2 min 后,其余步骤同上法。脂肪含量按下式计算:

$$\text{乳粉中脂肪\%} = a \times 18 / W \times 100\%$$

式中,a——脂肪柱读数;

18——换算系数;

W——样品重,g。

2)盖勃法

【目的要求】要求掌握用盖勃法测定乳中脂肪的方法。

【实验材料】盖勃乳脂计,10 mL 硫酸自动吸管,11 mL 牛乳吸管,1 mL 异戊醇自动吸管,乳脂离心机,水浴锅,温度计,乳脂计架,密度 1.820 ~ 1.825 硫酸,密度为 0.809 0 ~ 0.811 5,沸点 128 ~ 132 ℃的异戊醇,鲜牛乳样数个。

【方法步骤】

①将乳脂计置于乳脂计架上,用硫酸自动吸管取 10 mL 硫酸注入乳脂计中。

②用 11 mL 牛乳吸管吸取 11 mL 混合均匀的乳样,慢慢加入乳脂计内,使乳在硫酸液面上,切勿混合。

③用 1 mL 异戊醇自动吸管吸取 1 mL 异戊醇小心注入乳脂计内。

④塞紧乳脂计胶塞并用湿毛巾将乳脂计包好,用拇指压住胶塞,塞端向下,使细部硫酸液流到乳脂计膨大部,用力多次摇动使内容物充分混合。待蛋白质完全溶解,溶物变成褐色后,将乳脂计以塞端向下放入 65 ~ 70 ℃水浴锅中 4 ~ 5 min。

⑤取出乳脂计置于离心机中,以 800 ~ 1 200 r/min 离心 5 min。

⑥再将乳脂计置于 65 ~ 70 ℃水浴锅中 4 ~ 5 min,取出后立即读数,即可测得乳脂率。

实训三　乳掺假的检验

【目的要求】通过本实训掌握乳掺假检验的内容与方法。

【内容与方法】首先对乳进行感官检验,观察乳的色泽、稀稠,鼻闻有无不正常的气味,如酸味、腥味、闷煮味等。口尝有无异味,如咸味、苦涩味等。再根据不同情况,采用不同的检验方法。常见的掺假有掺水、掺碱、掺淀粉、掺盐等几种,其检验方法如下:

1)掺水的检验

(1)原理　对于感官检查发现乳汁稀薄、色泽发灰(即色淡)的乳,有必要做掺水检验。

目前常用的是比重法。因为牛乳的比重一般为1.028～1.034,其与乳的非脂固体物的含量百分数成正比。当乳中掺水后,乳中非脂固体含量百分数降低,比重也随之变小。当被检乳的比重小于1.028时,便有掺水的嫌疑,并可用比重数值计算掺水百分数。

(2)仪器、试样　乳稠计有两种,一种是20 ℃/4 ℃的密度计,一种是15 ℃/15 ℃的比重时,通常多用密度计。密度计测得的数值加2°即换算为比重数值。本实验用密度计。另外,200～250 mL量筒1个,温度计1个,200 mL烧杯2个,掺水与未掺水乳样各1～2个。

(3)测定方法

①将乳样充分搅拌均匀后小心沿量筒壁倒入筒内2/3处,防止产生泡沫而影响读数。将乳稠计小心放入乳中,使其沉入到1.030刻度处,然后让其在乳中自由游动(防止与量筒壁接触)。静止2～3 min后,两眼与乳稠计同乳面接触处成水平位置进行读数,读出弯月面上缘处的数字。

②用温度计测定乳的温度。

③计算乳样的密度。乳的密度是指20 ℃时乳与同体积4 ℃水的质量之比,所以,如果乳温不是20 ℃时,需进行校正。在乳温为10～25 ℃范围内,乳密度随温度升高而降低,随温度降低而升高。温度每升高或降低1 ℃时,实际密度减小或增加0.000 2(即0.2 ℃)。故校正为实际密度时应加或减去0.000 2。例如乳温度为18 ℃时测得密度为1.034,则校正为20 ℃乳的密度应为:

$$1.034-[0.000\,2\times(20-18)]=1.034-0.000\,4=1.033\,6$$

④计算乳样的比重。将求得的乳样密度数值加上0.002,即换算为被检乳样的比重。与正常的比重对照,以判定掺水与否。

⑤用比重换算掺水百分数。测出被检乳的比重后,可按以下公式求出掺水百分数:

掺水量=(正常乳比重的度数-被检乳比重的度数)/正常乳比重的度数×100%

例如:某地区规定正常牛乳的比重为1.029,测知被检乳比重为1.025,则

$$\text{掺水量}=(29-25)/29\times100\%=14\%$$

2)掺碱(碳酸钠)的检验

(1)原理　鲜乳保藏不好时酸度往往升高,加热煮沸时会发生凝固。为了避免被检出高酸度乳,有时向乳中加碱。感官检查时对色泽发黄,有碱味,口尝有苦涩味的乳应进行掺碱检验。常用玫瑰红酸定性法。玫瑰红酸的pH值范围为6.9～8.0,遇到加碱而呈碱性的乳,其颜色由肉桂黄色(亦即棕黄色)变为玫瑰红色。

(2)仪器、试剂　200 mL试管2只;0.05%的玫瑰红酸酒精液(溶0.05 g玫瑰红酸于100 mL 95%酒精中)。

(3)方法　于5 mL乳样中加入5 mL玫瑰红酸液,摇匀,乳呈肉桂黄色为正常,呈玫瑰红色为加碱。加碱越多,玫瑰红色越鲜艳,应以正常乳做对照。

3)掺淀粉的检验

(1)原理　掺水的牛乳乳汁变得稀薄,比重降低。向乳中掺淀粉可使乳变稠,比重接近正常。对有沉渣物的乳,应进行掺淀粉检验。

(2)仪器及试剂　20 mL试管2支,5 mL吸管1支。

试剂:碘溶液,取碘化钾4 g溶于少量蒸馏水中,然后用此溶液溶解结晶碘2 g,待结晶碘完全溶解后,移入100 mL容量瓶中,加水至刻度即可。

乳样:掺淀粉乳样和正常乳样各 1 ~2 个。

(3)方法　取乳样 5 mL 注入试管中,加入碘溶液 2 ~3 滴。乳中有淀粉时,即出现蓝色、紫色或暗红色及其沉淀物。

4)掺盐的检验

(1)原理　向乳中掺盐可以提高乳的比重。口尝有咸味的乳有掺盐的可能,须进行掺盐检验。

(2)仪器及试剂　20 mL 试管 2 支,1 mL 吸管 1 支,5 mL 吸管 1 支。

试剂:0.01 mol/L 硝酸银溶液;10% 铬酸钾水溶液。

乳样:掺盐乳样和正常乳样各 1 ~2 个。

(3)方法　取乳样 1 mL 于试管中,滴入 10% 铬酸钾 2 ~3 滴后,再加入 0.1 mol/L 的硝酸银 5 mL(羊乳需 7 mL)摇匀,观察溶液颜色。溶液呈黄色者表明掺有食盐,呈棕红色者表明未掺食盐。

5)掺硝酸盐的检验

当将含有硝酸盐的水及食盐掺入乳中,有可能引起食物中毒,必要时对乳需做硝酸盐检验。

(1)原理　在柠檬酸溶液中,NO_3 能被 Zn 还原为 NO_2,NO_2 与对氨基苯磺酸及盐酸萘乙二胺作用生成红色偶氮化合物。

(2)仪器及试剂

仪器:20 mL 试管 2 支,2 mL 吸管 2 支。

试剂:①$BaSO_4$ 100 g(110 ℃烘干 1 h);②柠檬酸 75 g;③$MnSO_4H_2O$ 10 g;④对氨基苯磺酸 4 g;⑤盐酸萘乙二胺 2 g。

将少量研细的 Zn 粉与 $BaSO_4$ 混合,再与② ~ ⑤全部混合为固体试剂。保存于棕色瓶中备用(密封保持干燥)。

乳样:掺硝酸盐乳样及正常乳样各 1 ~2 个。

(3)方法　在 2 mL 乳中加上述固体试剂 0.3 g,在硝酸盐存在时,振荡 1min 后显红色。

6)掺亚硝酸盐的检验

常将亚硝酸盐误当 NaCl 或 Na_2CO_3 掺入乳中而引起中毒。

(1)仪器　200 mL 试管 2 支,2 mL 吸管 2 支,乳钵 1 个。

(2)试剂　对氨基苯磺酸 10 g,1-萘胺 1 g,酒石酸 89 g。

三种试剂分别称好后于乳钵中研碎,在棕色瓶中干燥保存备用。

乳样:掺亚硝酸盐乳样及正常乳样各 1 ~2 个。

方法:取乳样 2 mL,加固体试剂 0.2 g 混合,有 NO^{2-} 存在时显桃红色。

第10章 消毒乳

本章导读:主要就消毒乳的生产做了相关的阐述,内容包括消毒乳的概念、种类、消毒乳的加工工艺要求;等等。通过本章的学习,掌握消毒乳的概念、种类,消毒乳和超高温灭菌乳的加工工艺及要求。

10.1 消毒乳的概念与种类

10.1.1 消毒乳的概念

消毒乳是指用健康奶牛所产的优质原料乳,经过有效地加热杀菌处理,以液体鲜奶状态用各种形式的小包装直接供应消费者饮用的商品乳。

10.1.2 消毒乳的分类

消毒乳的种类繁多,随分类方法不同而有所不同。

1)按原料成分分类

(1)普通全脂消毒牛乳　以合格鲜乳为原料,不加任何添加剂而加工成的消毒鲜乳,含脂率3%以上。

(2)脱脂消毒牛乳　将鲜牛乳中的脂肪脱去或部分脱去而制成的消毒乳,含脂率1.5%~3.0%。

(3)强化牛乳　把加工过程中易损失的营养成分和日常食品中不易获得的成分加以补充,使成分加以强化的牛乳,如 V_D、V_A、V_B、矿物元素(如Fe等)的强化牛乳。

(4)花色(风味)牛乳　以牛乳为主要原料,加入其他风味食品,如可可、咖啡、果汁等,再加以调色调香而制成的饮用乳。

(5)复原乳　也称再制奶。指以全脂奶粉、全脂浓缩乳、脱脂奶粉和无水奶油等为原料,经混合溶解后制成与牛乳成分相同的饮用乳。

2)按杀菌强度分类

(1)低温长时间(LTLT)消毒乳　也称保温杀菌乳。牛乳经62～65 ℃、30 min保温杀菌。在这种温度下,乳中的病原菌,尤其是耐热性较强的结核菌都被杀死。

(2)高温短时间(HTST)消毒乳　通常采用72～75 ℃、15 s或75～85 ℃、15～20 s杀菌。由于受热时间短,热变性现象很少,风味有浓厚感,无蒸煮味。

(3)超高温杀菌(UHT)乳　一般采用120～150 ℃、0.5～8 s杀菌。由于耐热性细菌都被杀死,故保存性明显提高,但是如果原料乳质量不好(如酸度较高、盐类不平衡),则易形成软凝块和杀菌器内挂乳石等,故此种杀菌方法对原料乳的质量要求很高。由于杀菌时间很短,故风味、性状和营养价值等与普通杀菌乳相比无差异。

(4)灭菌乳　灭菌乳可分为两类:一类为灭菌后无菌包装;另一类为把杀菌后的乳装入容器中,再用110～120 ℃、10～20 min加压灭菌。

10.2　原料乳的验收

原料乳送到工厂必须根据指标规定,及时进行质量检验,按质论价分别处理。

10.2.1　原料乳的质量标准

我国规定生鲜牛乳收购的质量标准包括感观指标、理化指标和微生物指标。

1)感官指标

色泽:正常乳为不透明的乳白色或略带黄色,有一定光泽,不得含有肉眼可见的异物、异色。掺水乳呈清白色,乳清呈半透明的黄绿色,乳房炎乳为淡红色(带有血液),被金黄色葡萄球菌污染乳为黄色。

滋气味:具有新鲜牛乳固有的乳香味,不得有其他异味、涩味、苦味、咸味、饲料味、霉变味、粪便味等。

组织状态:均匀的胶体状流体,不能有沉淀,不能有凝块、杂质等。

2)理化指标

理化指标只有合格指标,不再分级,我国部颁标准规定原料乳验收时的理化指标如表10.1所示。

表10.1　鲜乳理化指标

项　目	指　标
密度(20 ℃/4 ℃)	≥1.028(1.028～1.032)
脂肪/%	≥3.10(2.8～5.0)
蛋白质/%	≥2.95
酸度(以乳酸表示,%)	≤0.162
杂质度/($mg \cdot kg^{-1}$)	≤4
汞/($mg \cdot kg^{-1}$)	≤0.01
滴滴涕/($mg \cdot kg^{-1}$)	≤0.1
抗生素/($IU \cdot L^{-1}$)	<0.03

3)微生物指标

细菌指标分为四个级别,按照表10.2所示细菌总数分级指标进行评定。

表10.2 原料乳的细菌指标

分 级	平皿细菌总数分级指标法 (10^4 cfu/mL)	还原酶实验(美蓝退色时间分级指标法)
Ⅰ	≤50万/mL	≥4.0 h
Ⅱ	≤100万/mL	≥2.5 h
Ⅲ	≤200万/mL	≥1.5 h
Ⅳ	≤400万/mL	≥40 min

10.2.2 原料乳的验收

1)感官检验

鲜乳的感观检验主要是进行嗅觉、味觉、外观、尘埃等的鉴定。

(1)嗅觉检验　闻气味,检查是否具备牛乳特有的香味,有无香味以外的异味,如酸味,蒸煮味等。一等乳:允许有轻度的饲料味,因牛乳很容易吸附周围空气及牛体异味。二等乳:有轻度牛舍牛体味,如牛舍的氨味、牛体汗味、明显的饲料味。三等乳:有很强的牛体味、牛舍味,很强的饲草味、鱼腥味、韭菜味、明显的汽油味等异味。

(2)视觉检验　对鲜乳的颜色、混入异物、冻结状态等进行的检验。正常乳的色泽为乳白色,有一定光泽,掺水乳,脱脂乳为清白色,乳房炎乳则淡红色。一等乳:允许有轻度色泽异常。二等乳:颜色稍异常,微发淡,稍有灰尘,稍有结冰状态。三等乳:有明显色泽异常,血色,凝块,絮状,黏胶状,明显的异物,有明显的结冰。

(3)味觉检验　通过舌的尖端(突状乳头)、两侧(叶状乳头)、根部(轮廓乳头)的味蕾去感觉。一等乳:允许有轻度咸味。二等乳:有生草味,加热味、金属味,明显的咸味等。三等乳:有明显的酸、咸、苦味、饲草味、金属味、石油味、农药味等。

2)酒精检验

酒精检验是为了观察鲜乳的抗热性而广泛使用的一种方法。通过酒精的脱水作用,确定酪蛋白的稳定性。新鲜牛乳对酒精的作用表现出相对稳定;而不新鲜的牛乳,其中蛋白质胶粒已经呈不稳定状态,当受到酒精的脱水作用时,则加速其聚沉。此法可检验出鲜乳的酸度,以及盐类平衡不良的乳、初乳、末乳及细菌作用产生凝乳酶的乳和乳房炎乳等。

酒精实验与酒精浓度有关,一般以72%容量浓度的中性酒精与原料乳等量相混合摇匀,无凝块出现为标准,正常牛乳的滴定酸度不高于18 °T,不会出现凝块。但是影响乳中蛋白质温度性的因素较多,如乳中钙盐增高时,在酒精实验中会由于酪蛋白胶粒脱水失去溶剂化层,使钙盐容易和酪蛋白结合,形成酪蛋白酸钙沉淀。

新鲜牛乳的滴定酸度为16~18 °T。为了合理利用原料乳和保证乳制品的质量,用于制造淡炼乳和超高温灭菌乳的原料乳,用75%酒精实验;用于制造乳粉的原料乳,用68%酒精试验(酸度不超过20 °T)。酸度不超过22 °T的原料乳尚可用于制造奶油,但是其风味较差。酸度超过22 °T的原料乳只能供制造工业用的干酪素、乳糖等。

3)滴定酸度

滴定酸度就是用相应的碱中和鲜乳中的酸性物质,根据碱的用量确定鲜乳的酸度和热稳定性。一般用0.1 mol/L NaOH滴定,计算乳的酸度。该法测定酸度虽然准确,但是在现场收购时受到实验条件限制。

4)比重

比重是常作为评定鲜乳成分是否正常的一个指标,但不能只凭这一项来判断,必须再通过脂肪、风味的检验,可判断鲜乳是否经过脱脂或加水。特级和一级乳要求比重1.028~1.032。

5)细菌数、体细胞数、抗生物质检验

一般现场收购鲜乳不做细菌检验,但是在加工以前,必须检查细菌总数、体细胞数,以确定乳的质量和等级。如果是加工发酵制品的原料乳,必须作抗生素检查。

(1)细菌检查　细菌检查的方法很多,有美蓝还原实验、细菌总数测定、直接镜检等方法。

①美蓝还原实验。美蓝还原实验是用来判断原料乳的新鲜度的一种色素还原实验。新鲜乳加入亚甲基蓝后为蓝色,如果污染大量微生物产生还原酶使颜色逐渐变淡,直至无色,通过测定颜色变化速度,间接的推断出鲜乳中的细菌数。

该法除可间接迅速的查明细菌数外,对白血球及其他细胞的还原作用也敏感。因此,还可检验异常乳(乳房炎乳及初乳或末乳)。

②稀释倾注平板法。平板培养计数是取样稀释后,接种于琼脂培养基上,培养24 h后计数,测定样品的细菌总数。该法测定样品中的活菌数,测定需要时间较长。

③直接镜检法。利用显微镜直接观察确定鲜乳中微生物数量的一种方法。取一定量的乳样,在载玻片涂抹一定的面积,经过干燥、染色、镜检观察细菌数,根据显微镜视野面积,推断出鲜乳中细菌总数,而不是活菌数。

(2)细胞数检验　正常乳中的体细胞,多数来源于上皮细胞的单核细胞,如果有明显的多核细胞出现,可判断为异常乳。常用的方法有直接镜检法或加利福尼亚细胞数测定法。加利福尼亚法是根据细胞表面活性剂的表面张力,细胞在遇到表面活性剂时,会收缩凝固。细胞越多,凝集状态越强,出现的凝集片越多。

(3)抗生物质残留检验　抗生物质残留量检验是验收发酵乳制品原料乳的必检指标。常用的方法有以下几种:

①TTC实验。如果鲜乳中有抗生素的残留,在被检乳样中,接种细菌进行培养,细菌不能增殖,此时加入的指示剂TTC保持原有的无色状态(未经过还原)。反之,如果无抗生素残留,实验菌就会增殖,使TTC还原,被检样变成红色,可见,被检样保持鲜乳的颜色,即为阳性乳,如果变红则为阴性乳。

②纸片法。将指示菌接种到琼脂培养基上,然后将浸过被检乳样的纸片放入培养基上,进行培养。如果被检样乳中有抗生物质残留,会向纸片的四周扩散,阻止指示菌的生长,在纸片的周围形成透明的阻止带,根据阻止带的直径,判断抗生物质的残留量。

10.3　原料乳的预处理

原料乳的质量好坏是影响乳制品质量的关键,只有优质原料乳才能保证优质的产品。为了保证原料乳的质量,挤出的牛乳在牧场必须立即进行过滤、冷却等初步处理。

10.3.1 原料乳的过滤与净化

1)目的

除去机械杂质及其附着在杂质上的微生物,如饲料掺杂物、牛毛、灰尘、泥渣、粪便、组织上皮细胞等。

2)方法

过滤:3~4层纱布垫于不锈钢网上过滤,可以除去较大的杂质及部分微生物。牛乳每一次的容器转换都需过滤。

离心净乳:原料乳经过数次过滤后,虽然除去了大部分的杂质,但是,由于乳中污染了很多极微小的机械杂质和细菌、细胞等,难以由一般的过滤方法除去,为了达到较高的纯净度,一般采用离心净化的方法。离心净化就是利用乳在净乳机内受强大离心力的作用,将大量的机械杂质留在分离钵内壁上,而乳得到净化。净化时乳温以32 ℃效果好,净化后即用于生产或冷却保存。

10.3.2 原料乳的冷却

净化后的乳最好直接加工,如果短时间储藏时,必须及时进行冷却,以保持乳的新鲜度。

1)冷却的作用

刚刚挤出的乳温度为36 ℃左右,是微生物繁殖最适宜的温度,如果不及时冷却,混入乳中的微生物就会快速繁殖。故新挤出的牛乳,经净化后必须冷却到4 ℃左右。冷却对乳中微生物的抑制作用如表10.3所示。

表10.3 乳的冷却与乳中细菌数的关系(菌落数:cfu/mL)

储存时间	刚挤出的乳	3 h	6 h	12 h	24 h
未冷却乳	11 500	18 500	102 000	114 000	1 300 000
冷却乳	11 500	11 500	8 000	7 800	62 000

从表中可以看出,未冷却的乳其微生物增加迅速,而冷却乳则增加缓慢。未冷却乳6~12 h微生物还有减少的趋势,这是因为低温和乳中自身的抗菌物质——拉克特宁使微生物的生长繁殖受到抑制。

刚挤出的乳迅速冷却到低温可以使抗菌特性保持较长的时间。另外,原料乳污染越严重,抗菌作用时间越短。例如,10 ℃时,挤乳时严格执行卫生制度的乳,其抗菌期是未严格执行卫生制度乳的2倍。因此,刚挤出的乳迅速冷却是保证鲜乳新鲜度的必要条件。通常可以根据储藏时间的长短选择合适的温度,如表10.4所示。

表10.4 牛乳的储存时间与冷却温度的关系

乳的储存时间/h	6~12 h	12~18 h	18~24 h	24~36 h
应冷却的温度/℃	10~8	8~6	6~5	5~4

2)冷却的方法

(1)水池冷却法(如图10.1所示)　将装乳的奶桶放在水池中用冰水或冷水冷却,可使乳温度冷却到比冰水温高3~4 ℃。水池冷却的缺点是冷却速度慢、消耗水量较多,劳动强度大,不易管理。在冷却时应注意:①经常搅拌;②按照水温排水换水;③池中冷却水应为乳量的4倍;④水池每次清洗消毒。

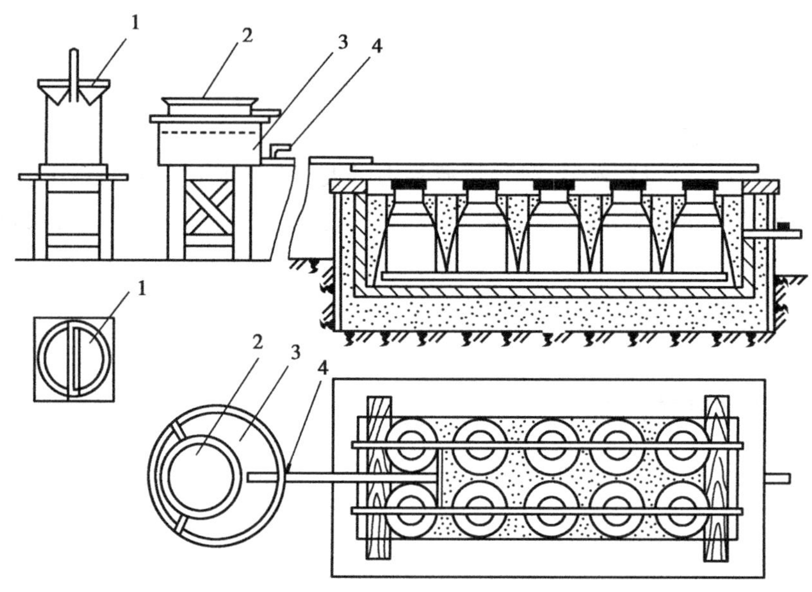

图10.1　水池冷却乳的方法

1.凉乳器　2.过滤器　3.接收槽　4.开关

(2)浸没式冷却法　浸没式冷却器(如图10.2所示)可以插入储乳槽或奶桶中以冷却乳。浸没式冷却器中带有离心式搅拌器,可以调节搅拌速度,并带有自动控制开关,可以定时自动进行搅拌,故可使牛乳均匀冷却,并防止稀奶油上浮。适合于奶站和较大规模的牧场使用。

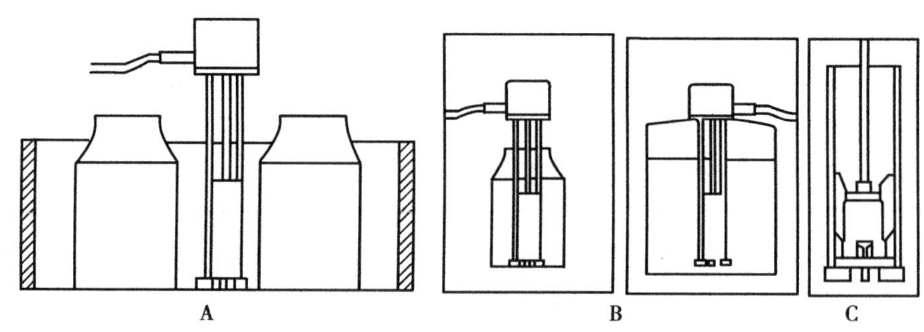

图10.2　浸没式冷却器

A.乳桶在水池中用浸没式冷却器间接冷却

B.浸没式冷却器插入乳桶或储乳槽内进行冷却　C.浸没式冷却器中的搅拌器

(3)表面冷却器冷却法(如图10.3所示) 乳流过排管冷却器与冷剂(冷水或冷盐水)进行交换后流入储乳槽中。这种冷却器结构简单,价格低廉,冷却效率也比较高。冷却器由金属排管组成,乳从上部分配槽底部细孔流出形成薄层,通过冷却器表面再流入储乳槽中。冷剂由冷却器下部,自下而上通过每根排管,以降低沿冷却器表面流下的乳的温度。目前许多乳品厂及奶站都用板式热交换器对乳进行冷却。板式热交换器克服了表面冷却器因乳液暴露于空气而容易污染的缺点,用冷盐水作冷媒时,可使乳温迅速降低到4 ℃左右。

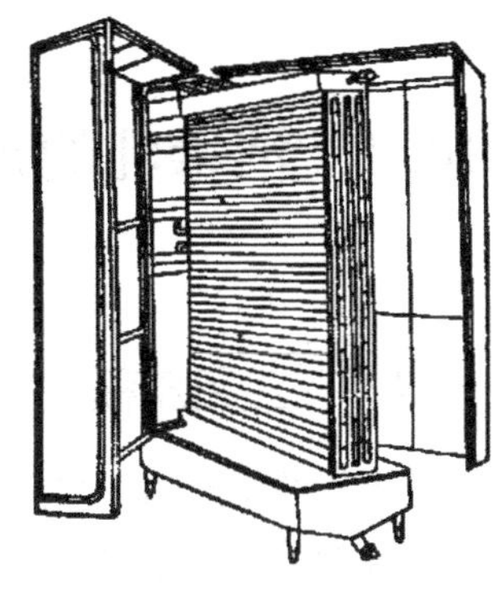

图10.3 表面冷却器

10.3.3 原料乳的储存

为了保证工厂迅速生产的需要,必须有一定的原料乳储存量。一般工厂总的储存乳量不少于1 d的处理量。冷却后的乳应尽量保持低温,以防止温度升高保存性降低。因此,储存原料乳的容器要有良好的绝热层,并配有适当的搅拌装置,定时搅拌乳液防止乳脂肪上浮而造成分布不均一。一般采用储乳罐储乳(如图10.4所示)。

图10.4 乳罐示意图
(左下角为搅拌装置)

储乳罐一般用不锈钢材料制成,储乳罐外边有绝缘层或冷却夹层,以防止罐内温度上升,储罐要求保温性能良好,一般乳经过24 h储存后,乳温上升不超过2~3 ℃。储乳罐的容量,应根据各厂每天牛乳总收纳量、收乳时间、运输时间及能力等因素决定。

一般储乳罐的总容量应为日收纳总量的2/3~1。而且每只储乳罐的容量应与每班生产能力相适应。每班的处理量一般相当于两个储乳罐的乳容量,否则用多个储乳罐会增加调罐、清洗的工作量和增加牛乳的损耗。储乳罐使用前应彻底清洗、杀菌,待冷却后储入牛乳。各厂应配有不同容量的储乳罐,保证储乳时每一罐能尽量装满,并加盖密封,如果装半罐,会加快乳温上升,不利于原料乳的储存。储存期间要开动搅拌机,24 h内搅拌20 min,乳脂率的变化在0.1%以下。

10.3.4 原料乳的运输

乳的运输是乳品生产上重要的一环,运输不妥,往往造成很大的损失。在乳源分散的地方,多采用乳桶运输,乳源集中的地方,采用乳槽车运输。无论采用哪种运输方法,都应注意以下几点:

①防止乳在途中温度升高,特别夏季,最好安排在夜间或早晨,或用隔热材料遮盖奶桶。

②运输过程保持清洁,避免再度污染。

③防止震荡,脂肪易氧化,而且易损失;防止办法:装满盖严,途中不要震荡。

④严格责任,缩短中途停留时间。

⑤牛奶运输最好用专门工具,乳槽车。

10.4 消毒乳的加工

10.4.1 工艺流程

消毒牛奶的生产的工艺流程如下：

原料乳的验收→净化→冷却→标准化→预热均质→杀菌→冷却→包装→封签→储存。

生产普通消毒奶的各家乳品厂工艺流程的设计差别很大。例如，标准化可以采用预标准化、后标准化或者直接标准化，而均质也可以是全部的或者是部分的均质。最典型的工艺是生产巴氏杀菌全脂奶（如图10.5所示），这种加工线包括一台净乳机、巴氏杀菌器、缓冲罐和包装机。

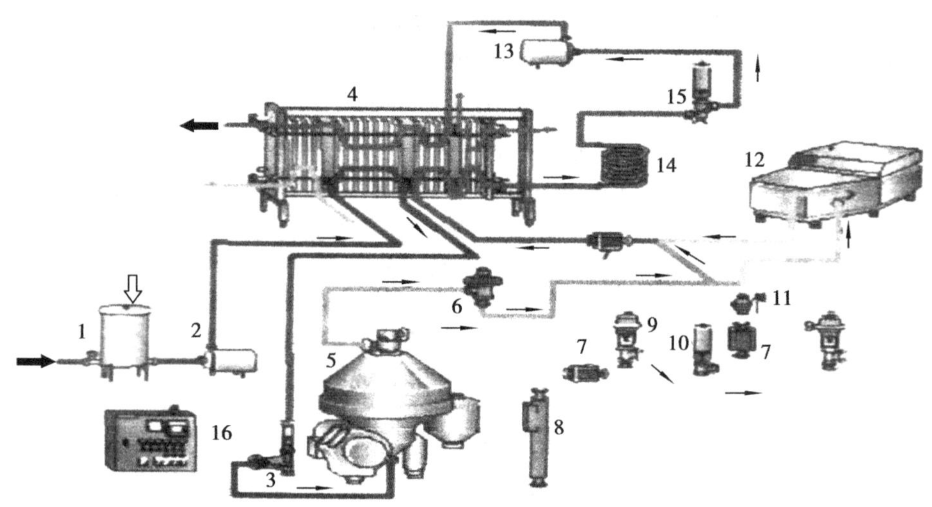

图10.5 部分均质的消毒奶生产线

1.平衡槽 2.物料泵 3.流量控制器 4.板式热交换器 5.离心机 6.恒压阀 7.流量传感器 8.浓度传感器 9.调节阀 10.逆止阀 11.检测阀 12.均质机 13.升压阀 14.保温阀 15.回流阀

10.4.2 操作要求

1）原料乳的验收和分级

消毒乳的质量决定于原料乳，因此，对原料乳的质量必须严格管理，认真检查。只有符合标准的原料乳才能生产消毒乳。

2）过滤或净化

过滤或净化目的是除去乳中的尘埃、杂质，方法前已述。

3）标准化

标准化的目的是保证牛乳中含有规定的最低限度的脂肪、蛋白质及其他成分。各国牛乳标准化的要求有所不同。一般说来低脂消毒乳含脂率为0.5%,普通乳为3%。我国规定消毒乳的含脂率为3.0%,凡不合乎标准的乳都必须进行标准化。

4)预热均质

预热:即把牛奶温度升到均质所需的温度,一般为50~65 ℃。

均质是用适当机械处理的方法把牛乳中较大的脂肪球粉碎成细小的脂肪球分布于乳中的过程,如图10.6所示。

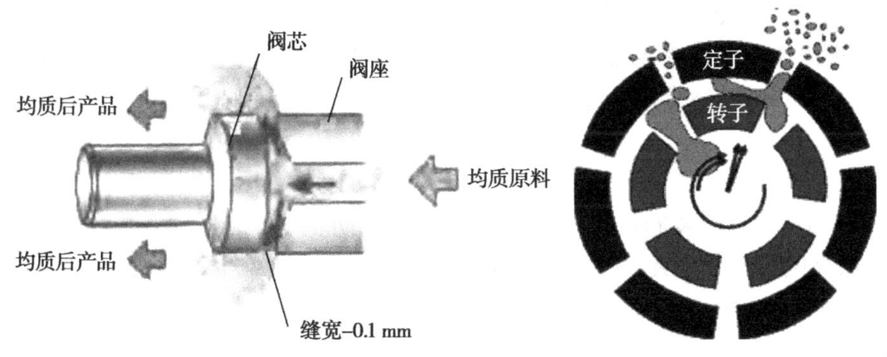

图10.6 乳的均质

均质目的:①大脂肪球粉碎成小脂肪球增加了脂肪球表面积,对酪蛋白吸附的数量增多,酪蛋白对Ca、P的吸附也增大,其结果增强了水合作用,可以使脂肪球比重增大,脂肪浮力减小,防止上浮。②微细脂肪球的布朗运动减缓了脂肪分离现象,从而改进了消毒牛乳的黏度,防止脂肪上浮。③均质以后,提高了成品的可消化性,更容易被人体消化吸收。

均质在均质机中进行,一般采用二段式高压均质泵,第一段均质压力为170~200 kg/cm^2,第二段均质压力为34 kg/cm^2。

5)杀菌

杀菌的温度和持续时间是关系到牛乳的质量和保存期等的重要因素,必须准确。加热杀菌形式很多,借助热能作用使细菌的蛋白质及核酸变性,使乳中酶系统活力钝化和破坏。因此杀菌可杀死乳中全部致病菌和大部分非致病菌,延长保质期,保证消费者安全。

(1)几种主要致病菌的致死条件

①结核杆菌60 ℃,2 min;②伤寒及副伤寒杆菌60 ℃,5 min;③痢疾杆菌60 ℃,10 min;④白喉杆菌60 ℃,3 min;⑤链球菌54.5~60 ℃,5 min。

(2)牛乳的几种杀菌方法

①低温长时间杀菌法:62~65 ℃,30 min。是长期以来采用的最基本方法。能杀死所有的致病菌、酵母和霉菌及大部分细菌,但不能杀死一些嗜热微生物以及孢子,而且有一些酶没有被破坏。杀菌设备常采用夹层缸。

②高温短时间杀菌方法:70~75 ℃,15~16 s或80~85 ℃数秒加热。生产中有时采用更高的温度。此法杀菌效果不次于低温方式,能杀死致病微生物和除芽孢外的所有细菌。常用管式热交换器和片式热交换器,提高了杀菌效率,可进行连续生产,占地面积小,集升温热交换和冷却于一体,清洗也比较容易。

③超高温瞬间杀菌方式:130~150 ℃(0.5~5 s)细菌的热致死率随温度升高而快于牛乳的化学变化,在有效温度范围内热处理温度每升高10 ℃,牛乳中所含的细菌孢子的破坏速度

提高 11 ~ 30 倍,牛乳中成分的化学变化仅增加 2.5 ~ 3 倍,不易形成污垢。

(3)杀菌和灭菌以后残存的细菌群　经过低温长时间和高温短时间杀菌仍然有少量对热抵抗力较强的微生物残留下来,有时集聚起来,有时被包在凝乳中。常见的有芽孢杆菌、枯草杆菌、无芽孢的嗜热链球菌,超高温瞬间处理过程也不能百分之百杀死原料乳中的芽孢杆菌、巨大芽孢杆菌、蜡样芽孢杆菌。

6)冷却

乳经杀菌以后,就巴氏消毒乳、非无菌罐装产品而言,虽然绝大部分微生物都已消灭,但是在以后各项操作中还是有被污染的可能,为了有效抑制乳中微生物的发育繁殖,延长保存期,仍然需要及时冷却,通常将乳冷却到 4 ℃左右。而超高温杀菌乳、灭菌乳则冷却到 20 ℃以下即可。

7)灌装

(1)罐装的目的　罐装的目的主要为了便于零售,防止外界杂质混入成品中、防止微生物再次污染、保存风味和防止吸收外界气味而产生异味以及防止维生素等成分受到损失等。

(2)罐装容器　罐装容器主要为玻璃瓶、塑料瓶(多由聚乙烯或聚丙烯塑料制成)、塑料袋和涂塑复合纸袋包装。

10.5　灭菌乳的加工

灭菌乳是指用健康乳牛所产的优质原料乳,经过高温灭菌处理,杀灭乳中的所有微生物并使酶类完全失活,造成无菌条件,包装后直接供应消费者饮用的商品乳。

经过灭菌的产品具有极好的保存性,可在较高的温度下长期储藏,因此,许多乳品厂也能向遥远的热带地区的市场推销灭菌的乳制品。

最普通的灭菌乳制品包括灭菌的牛乳、咖啡稀奶油、巧克力风味乳等。以下讨论以灭菌牛乳为例,其余产品的灭菌用类似的方法处理,只是针对每种产品各自的性能,例如,黏度、对处理的敏感性等,处理时略有不同。

10.5.1　灭菌的方法

1)二次灭菌

牛乳的二次灭菌有 3 种方法:一段灭菌、二段灭菌和连续灭菌。

(1)一段灭菌　牛乳先预热到 80 ℃左右,然后罐装到干净的、加热的瓶子中。瓶子封盖后被放到杀菌器中,在 110 ~ 120 ℃下灭菌 10 ~ 40 min。

(2)二段灭菌　牛乳在 130 ~ 140 ℃下预杀菌 2 ~ 20 s。这段处理可在管式或板式热交换器中靠间接加热的办法进行,或者是用蒸气直接喷射牛乳。当牛乳冷却到约 50 ℃后,罐装到干净的、热处理过的瓶子中,封盖后再放到灭菌器中进行杀菌。后一段处理不需要像前一段杀菌时那样强烈,因为第二段杀菌的主要目的只是为了消除第一阶段杀菌后重新染菌的危险。

(3)连续灭菌　牛乳或者是瓶装后的乳在连续工作的灭菌器中处理,或者是在无菌条件下在一封闭的连续生产线中处理。在连续灭菌器中灭菌可以用一段灭菌,也可以用二段灭菌。奶瓶缓慢的通过杀菌器中的加热区和冷却区往前输送。这些区段的长短与处理中各个阶段所要求的温度和保留时间相适应。

2)超高温(UHT)灭菌

超高温灭菌乳是在连续流动情况下,在130 ℃杀菌1 s或者更长的时间,然后在无菌条件下包装的牛乳。系统中的所有设备和管件都是按照无菌条件设计的,这就消除了重新染菌的危险性,因此也不需要二次灭菌。

(1)超高温灭菌方法　有两种主要的超高温处理方法——直接加热法和间接加热法。在直接加热法中,牛乳通过直接与蒸气接触被加热;或者是将蒸气喷进牛乳中,或者是将乳喷入到充满蒸汽的容器中。间接加热是在一个热交换器中进行,加热介质的热能通过间隔物传递给牛乳。

(2)超高温灭菌运转时间　在超高温灭菌设备中对牛乳进行强烈的热处理,会引起牛乳在设备的热传递表面上形成一些蛋白质沉淀。这些沉淀物逐渐变厚,引起热传递效率降低,所以在经过一定的生产周期后,必须把设备停下来,清洗热传递表面。

设备连续生产符合要求的产品质量所持续的工作时间称之为运转时间。运转时间随设备的设计和产品对热处理的敏感性的不同而变化。

10.5.2　加工工艺流程及质量控制

1)原料的质量和预处理

用于灭菌的牛乳必须是高质量的,即牛乳中的蛋白质能经得起剧烈的热处理而不变性。为了适应超高温处理。牛乳必须至少在75%的酒精浓度中保持稳定,剔除由于下列原因而不适应于超高温处理的牛奶:①酸度偏高的牛奶;②牛奶中盐类平衡不适当;③牛奶中含有过多的乳清蛋白,即是初乳。

另外牛乳中的细菌数量,特别对热有很强抵抗力的芽孢及数目应该很低。

2)灭菌工艺

以下以管式间接超高温乳生产为例说明灭菌工艺:

(1)预热和均质　牛奶从料罐泵到超高温灭菌设备的平衡槽,如图10.7所示,由此进入板式热交换器的预热段与高温奶热交换,使其加热到约60 ℃,同时无菌奶冷却,经预热的奶在15~25 MPa的压力下均质。

(2)杀菌　经预热和均质的牛奶进入板式热交换器的加热段,在被加热到137 ℃。加热用热水温度由蒸汽喷射予以调节。

(3)回流　如果牛奶在进入保温管之前未达到正确的杀菌温度,在生产线上的传感器便把这个信号传给控制盘。然后回流阀开动,把产品回流到冷却器,在这里牛奶冷却到75 ℃再返回平衡槽或流入一单独的收集罐。一旦回流阀移动到回流位置,杀菌操作便停下来。

(4)设备的操作　控制盘包括用于工作过程控制该设备用热水在137 ℃的温度下预灭菌。如同直接加热设备一样,继电器保证在正确的温度下至少预杀菌30 min。在预杀菌期间,通向无菌罐或包装线的生产线也应灭菌。然后产品可以开始流动。

关于用无菌水运转和设备清洗,包括延长运转时间的中间清洗,与直接加热方法中的情况相同。

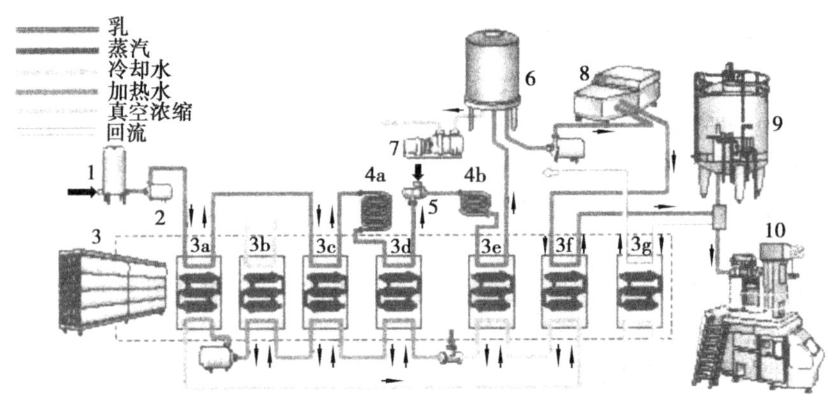

图 10.7 管式间接 UHT 乳生产线

1. 平衡管 2. 料泵 3. 管式热交换器 4. 保持管 5. 间接蒸汽加热 6. 缓冲罐 7. 真空泵 8. 均质机 9. 无菌罐 10. 无菌包装机

(5)无菌冷却 杀菌后,牛奶进入无菌冷却阶段,用水从 137 ℃冷却到 76 ℃。进一步的冷却是在冷却段靠与奶热交换完成的,最后冷却温度要到达 20 ℃。

3)无菌包装

所谓无菌包装是将杀菌后的牛乳,在无菌的条件下装入事先杀过菌的容器中。可供牛乳制品无菌包装的设备有:无菌菱形包装机、无菌砖形包装机、无菌包装机、安德逊成型密封机等。

牛乳从无菌冷却器流入包装线,包装线是在无菌条件下操作。为了补偿设备能力的差额或者包装机停顿时的不平衡状态,可在杀菌器和包装线之间安装一个无菌罐。这样,如果包装线停了下来,产品便可储存在无菌罐中。当然处理的乳也可以直接从杀菌器输送到无菌包装机,由于包装处理不了而出现的多余乳可通过安全阀回流到杀菌设备,这一设计可减少无菌罐的潜在污染。

10.6 再制乳和花色乳的加工

10.6.1 再制乳

再制乳就是把几种乳制品,主要是脱脂乳粉和无水黄油,经加工制成的液态奶。其成分与鲜乳相似,也可以强化各种营养成分。再制乳的生产克服了自然乳业生产的季节性,保证了淡季乳与乳制品的供应,并可调剂对缺乳地区鲜乳的供应。

1)原料

(1)脱脂乳粉和无水黄油 它们是再制乳的主要原料,质量的好坏对成品质量有很大影响,必须严格控制质量,储存期通常不超过 12 个月。

(2)水 水是再制乳的溶剂,水质的好坏直接影响再制乳的质量。金属离子(如 Ca^{2+}、

Mg^{2+})高时,影响蛋白质胶体的稳定性,故应使用软化水。

(3)添加剂 再制乳常用的添加剂有:

①乳化剂。稳定脂肪的作用,常用的有磷脂,添加量为0.1%。

②乳化稳定剂。常用的主要有:阿拉伯树胶、果胶、琼脂、海藻酸盐及半人工合成的水解胶体等。

③盐类。如氯化钙和柠檬酸钠等,有稳定蛋白质作用。

④风味料。天然和人工合成的香精,增加再制乳的奶香味。

⑤着色剂。常用的有胡萝卜素、安那妥等,赋予制品的良好颜色。

2)加工方法

(1)全部均质法 先将脱脂乳粉和水按比例混合成脱脂乳,再添加无水黄油、乳化剂和芳香物等,充分混合。然后全部通过均质,再消毒冷却而制成。

(2)部分均质法 先将脱脂乳粉与水按比例混合成脱脂乳,然后取部分脱脂乳,在其中加入所需的全部无水黄油,成高脂乳(含脂率为8%~15%)。将高脂乳进行均质;再与其余的脱脂乳混合,经消毒、冷却而制成。

(3)稀释法 先用脱脂乳粉、无水黄油等混合制成炼乳,然后用杀菌水稀释而成。

10.6.2 花色乳的加工

1)原料

(1)咖啡 咖啡浸出液的调制,可用咖啡粒浸提,也可以直接使用速溶咖啡。由于咖啡酸度较高,容易引起乳蛋白质不稳定,故应少用酸味强的咖啡,多用稍带苦味的咖啡。

咖啡浸出液的提取,可用产品重0.5%~2%的咖啡粒,用90℃的热水(咖啡粒的12~20倍)浸提制取。浸出液受热过度,会影响风味,故浸出后应迅速冷却并在密闭容器内保存。

(2)可可和巧克力 通常采用的是用可可豆制成的粉末,稍加脱脂的称可可粉,不进行脱脂的称巧克力粉。其风味随产地而异。

巧克力含脂率50%以上,不容易分散在水中。可可粉的含脂肪率随用途而异,通常为10%~25%,在水中比较容易分散,故生产乳饮料时,一般均采用可可粉,用量为1%~1.5%。

(3)甜味料 通常用蔗糖(4%~8%),也可用饴糖或转化糖液。

(4)稳定剂 常用的有海藻酸钠、CMC、明胶等。明胶容易溶解,使用比较方便。使用量为0.05%~0.2%。此外,也有使用淀粉、洋菜、胶质混合物的。

(5)果汁 各种水果果汁。

(6)酸味剂 柠檬酸、果酸、酒石酸、乳酸等。

(7)香精 根据产品需要确定香精类型。

2)配方及工艺

(1)咖啡乳 把咖啡浸出液和蔗糖与脱脂乳混合,经均质、杀菌而制成。

①咖啡乳的配方。咖啡乳的配方,可以根据各地区的条件加以调整。例如:

全脂乳 40 kg
脱脂乳 20 kg
蔗 糖 8 kg
咖啡浸提液(咖啡粒为原料的0.5%~2%) 30 kg

稳定剂　0.05%～0.2%
焦　糖　0.3 kg
香　料　0.1 kg
水　1.6 kg

②加工要点。将稳定剂与少许糖混合后溶于水，与咖啡液充分混合添加到乳等料液中，经过滤、预热、均质、杀菌、冷却后，包装。

(2)巧克力乳或可可乳

①巧克力乳的配方。

全脂乳　80 kg
脱脂奶粉　2.5 kg
蔗　糖　6.5 kg
可可(巧克力板)　1.5 kg(可可乳使用可可粉)
稳定剂　0.02 kg
色　素　0.01 kg
水　9.47 kg

②可可乳的加工方法。首先需要制备糖浆，其调制方法为：0.2 份的稳定剂(海藻酸钠、CMC)与5倍的蔗糖混合，然后将1份可可粉与剩余的4份蔗糖混合，在此混合物中，边搅拌边徐徐加入4份脱脂乳，搅拌至组织均匀光滑为止。然后加热到66 ℃，并加入稳定剂与蔗糖的混合物均质，在82～88 ℃、加热15 min杀菌，冷却到10 ℃以下进行灌装。生产巧克力乳时，将巧克力板先熔化，其他过程相同。

(3)果汁牛乳及果味牛乳　果汁牛乳是以牛乳和水果汁为主要原料；果味乳是以牛乳为原料加酸味剂调制而成的花色乳。其共同特点是产品呈酸性，因此生产的技术关键是乳蛋白质在酸性条件下的稳定性，需要适当的配制方法、选择适当的稳定剂并进行完全的均质。

复习思考题

1. 原料乳的净化方法。
2. 原料乳的质量标准。
3. 原料乳的冷却方法。
4. 巴氏消毒乳的加工工艺及要求。
5. 消毒乳的概念及种类。

第11章 发酵乳制品

本章导读：主要就发酵乳制品的生产做了相关的阐述，内容包括发酵剂的概念、种类及制备方法、酸乳的形成机理及加工工艺，等等。通过本章的学习，掌握发酵乳的概念、种类，乳酸菌饮料的加工工艺及品质控制方法等。

发酵乳制品是指乳或乳制品在特征菌的作用下发酵而成的酸性凝乳状产品，在保质期内，该类产品中的特征菌必须大量存在，并能继续存活和具有活性。发酵乳制品有：酸乳、双歧杆菌发酵乳、保加利亚发酵乳、嗜酸乳杆菌发酵乳、酸牛乳酒等。

发酵乳制品营养全面、风味独特，比牛乳更容易被人体吸收利用，并具有以下保健功能：

①降低血清胆固醇作用：通过对猪的实验，确知经喂养5～10 d酸奶发现其中血清胆固醇明显降低，主要原因是嗜酸乳杆菌产生的一些因子具有此效果。

②对肠道病菌的控制作用，通过对小白鼠的实验，发现有抑制葡萄球菌、大肠杆菌、鼠伤害杆菌生长的作用。

③酸乳中的有机酸可促进肠蠕动和胃液的分泌。

④饮用酸乳可克服乳糖不耐症。乳糖不耐症，主要是缺乳糖酶，在黑白黄色人种中，以白种人对酸奶消化能力比较强，这主要与遗传因素有关，从发展前景来说，酸奶将替代鲜乳，而且半乳糖对幼儿脑发育有很重要的作用。

⑤对预防和治疗糖尿病、肝病也有一定的效果。

⑥发酵过程中乳酸菌产生抗诱变化合物活性物质，具有抑制肿瘤发生的可能，提高人体的免疫力。

11.1 发 酵 剂

11.1.1 发酵剂及菌种的选择

1)发酵剂的概念及作用

发酵剂是指生产干酪、奶油、酸乳制品及乳酸菌制剂时所需用的特定的微生物培养物。

发酵剂的作用主要体现在以下几个方面：

①分解乳糖成为乳酸，使乳的 pH 值降低，酸度增高，从而使酪蛋白凝固。

②产生风味物质。以明串珠菌为主的细菌能分解乳中柠檬酸生成羟丁酮，进而氧化成丁二酮，丁二酮具有芳香味。搅拌作用也有促使芳香物质生成的作用，也可以消除-SH 的作用。酵母菌能使乳糖发酵生成酒精，用于生产奶油。丙酸发酵分解乳糖产生丙酸、醋酸和气体。可用于干酪生产，使干酪产生特有的风味。

③产生抗菌素。

2）发酵剂菌种的选择

菌种的选择对发酵剂的质量起着至关重要的作用，应根据生产目的的不同选择适当的菌种。选择时以产品的主要技术特性，如产香性、产酸力、产黏性及蛋白质水解力作为发酵剂菌种的选择依据。同时应注意，产品可以单独使用一种菌种，也可选几种混合使用，混合的目的就是利用菌种间的共生作用。如丁二酮乳链球菌、柠檬酸链球菌在牛乳中不产酸，但和乳酸链球菌及乳脂链球菌一起使用时，可增加以上两种菌的产酸速度。有些微生物的营养基质是其他微生物的代谢产物。另外，如保加利亚杆菌和嗜热链球菌也具有共生的作用。

11.1.2 发酵剂的制备

1）培养基的选择原则

①与产品的原料相同或类似。例如，调制乳酸菌发酵剂时最好用全乳、脱脂乳或还原乳。

②作为培养基的原料乳必须新鲜、优质。

③培养基应该严格灭菌，要求达到完全的无菌状态。

2）发酵剂的制备方法

①纯培养菌种的复活及保存。菌种通常保存在试管中，需要恢复其活力，即在无菌操作条件下接种到灭菌的脱脂乳试管中多次传代、培养。而后保存在 0 ~ 4 ℃冰箱中。每隔 1 ~ 2 周移植一次。但在长期移植过程中，可能会有杂菌污染，造成菌种退化或菌种老化、裂解。因此，菌种需要不定期的纯化、复壮。

菌株活化的程序：将装菌种的试管口用火焰灭菌，按 2% ~3% 的接种量，接入灭菌的脱脂乳中去。在菌种最适的生长温度下进行恒温培养，凝固后，再取同样的量，按同样的方法反复数次培养。如果是干粉菌种，用灭菌铂耳取出少量，移入预先准备好的培养基中，在所需温度下培养。

②母发酵剂的制备。用活化的纯培养菌种制成的发酵剂叫母发酵剂。是乳品厂各种发酵剂的起源。

制备方法：取新鲜脱脂乳 100 ~ 300 mL 置于三角瓶中，经 150 ℃ 1 ~ 2 h 的灭菌、120 ℃ 15 ~ 20 min 高压灭菌或 100 ℃ 30 min 连续 3 d 间歇灭菌，冷却到菌种所需要的温度，用灭菌吸管吸取 2% ~3% 纯培养菌种接种，要求充分搅拌均匀，放于恒温培养箱中培养，使其凝固。如此反复 2 ~ 3 次，取同样数量活化扩大菌种数量（中间发酵剂）。

③生产发酵剂。即直接用于生产的发酵剂。培养基要求与成品原料乳一样。

制备方法：取实际生产量 5% 的原料乳，放入预先灭菌的生产发酵容器中，置于 90 ~ 95 ℃条件下杀菌 5 ~ 15 min，冷却到菌种所需要的温度条件下接种 3% ~5% 的发酵剂，充分搅拌均匀，培养凝固即为生产发酵剂。

11.1.3　发酵剂的质量鉴定

乳酸发酵剂的质量应符合下列各项指标要求：

1）感官检查

凝块应用适当的硬度，质地均匀细腻，富有弹性，组织状态均匀一致，表面光滑，无龟裂，无皱纹，不产生气泡及乳清分离等现象，有酸乳特有的风味。

2）化学性质检查

主要测定滴定酸度和挥发酸。滴定酸度以 0.8% ~1%（乳酸度）为宜。取发酵剂 250 mL 于蒸馏瓶中，用硫酸调整 pH 值为 2.0 后，用水蒸气蒸馏，收集最初的 100 mL，用 0.1 mol/L NaOH 滴定，测定酸度。

3）细菌检查

用常规方法测定总菌数和活菌数，当菌数$\leqslant 10^7$ 个/mL 时品质好。

4）实际发酵实验

按规定接种后，若能在正规时间内产生凝固，则说明活力测定合乎规定指标，发酵剂是合乎质量要求的。

5）发酵剂活力测定

发酵剂的活力测定的方法有：

（1）酸度测定法　用乳酸菌单位时间内产酸量多少表示。在高压灭菌后的脱脂乳中加入 3% 的发酵剂，并在 37.8 ℃温箱内培养 3.5 h，然后测定其酸度，如酸度达 0.4% 则认为活力较好，并以酸度的数值（此时为 0.4）来表示其活力。

（2）色素还原试验　利用乳酸菌的繁殖而产生色素还原等现象来评定。9 mL 脱脂乳中加 1 mL 菌种和 0.005% 刃天青溶液 1 mL，在 36.7 ℃的温箱中培养 35 min 以上，颜色完全褪去则表示活力良好（青蓝→紫色→红色→无色，等）。

11.1.4　发酵剂的储藏

1）液体发酵剂

一般生产厂家普遍使用液体发酵剂。根据细菌的生长繁殖规律，连续的培养会产生变异现象，如保加利亚杆菌和嗜热链球菌一般只能扩大培养 20 ~25 次。发酵剂的活性与培养后冷却的速度、发酵终了的酸度及时间的关系很大。冷却对控制发酵菌的代谢活性是非常重要的。用于乳酸菌纯培养物的液体保藏，一般采用下列的培养基较好：脱脂乳 10% ~12%；5% 石蕊溶液 2%；右旋糖 1.0%；碳酸钙遮住试管底部；卵磷脂（pH 值为 7）1.0%；酵母浸提液 0.3%。培养后存放在 0 ~5 ℃的条件下，每 3 个月活化 1 次即可。上述培养基在高压灭菌器中，121 ℃灭菌 30 min。

2）粉末发酵剂

为克服液体发酵剂保藏的困难，在有条件的情况下，可采用干燥方法保藏发酵剂。

（1）喷雾干燥　喷雾干燥可得到粉末状发酵剂，但经干燥后发酵剂活力降低，一般活菌率只有 10% ~50%。如在缓冲培养基中加入谷氨酸钠和维生素 C，在一定程度上可以保护细菌的细胞。经喷雾干燥后可在 21 ℃下储存 6 个月。也可在浓缩脱脂乳中（18% ~24% 总固体）加入维生素 B_{12}、赖氨酸和胱氨酸再进行接种培养，其球菌与杆菌比例一般为 2:3 或 3:2，干燥温度 75 ~80 ℃。

(2)冷冻干燥　为避免在冷冻干燥工艺中损害细菌的细胞膜,可在冷冻干燥前加入一些低温化合物,使损害降到最低限度。这些保护物质通常是氢结合物或电离基团,它们在保藏中通过稳定细胞膜的成分来保护细胞不受伤害。为确保发酵剂的活力,可随不同的菌种改变培养基的添加物。如添加苹果酸钠的脱脂乳对嗜热链球菌较适合;乳糖和精氨酸水胶体溶液对保加利亚杆菌、谷氨酸对明串珠菌起较大的保护作用。

3)冷冻发酵剂

液体发酵剂(母发酵剂和中间发酵剂)在 -40 ~ -20 ℃的温度下冷冻,可储藏数月,而且可直接做生产发酵剂使用。但在 -40 ℃下冷冻和较长时间的储藏都会导致杆菌的活力降低。如果使用含有 10% 的脱脂乳、5% 的蔗糖、0.9% 的氯化钠或 1% 明胶的培养基可以提高活力。

此外,在 -30 ℃下冷冻的发酵剂,在某些低温化合物(柠檬酸钠、甘油或 β-甘油磷酸钠)的存在下对适中温的乳杆菌的活性有较大的保护作用。虽然在 -40 ℃下冷冻已被证明是储藏发酵剂的一个成功工艺,但在 -190 ℃下的液氮中冷冻是更理想的方法。

菌种使用一段时间后应进行纯化,重新组合配比,以提高生成风味物质和生成酸的能力,使酸乳组织结构优化。酸乳菌种在培养及保存中受菌种比例、基质浓度、接种量及培养温度等综合因子的影响,其中以菌种配比影响较大。各因素之间存在着密切的关系,既相互制约又相互调节,生产时应根据测定结果灵活掌握其发酵条件。

11.2　酸乳加工

11.2.1　酸牛奶的概念和种类

1)概念

酸乳是指在乳中接种发酵剂(如保加利亚杆菌和嗜热链球菌),经过乳酸发酵而成的凝乳状产品,成品中必须含有大量相应的活菌。

2)种类

通常根据成品的组织状态、口味、原料中乳脂肪含量、生产工艺和菌种的组成可以将酸乳分为不同类别。

(1)按含脂率不同分类　可将酸奶分为全脂酸奶(含脂 3% 以上)、半脱脂酸奶(0.5% ~3%)和脱脂酸奶(0.5% 以下)。

(2)按成品的组织状态分类

①凝固型酸牛奶。其发酵过程在包装容器中进行,从而使成品因发酵而保留其凝乳状态。

②搅拌型酸牛奶。发酵后的凝乳在罐装前搅拌成黏稠状组织状态。

(3)按成品的口味分类

①天然纯酸乳。产品只由原料乳和菌种发酵而成,不含任何辅料和添加剂。

②加糖酸乳。产品由原料乳和糖加入菌种发酵而成。在我国市场上常见,糖的添加量较

低，一般为6%～7%。

③调味酸乳。在天然酸乳或加糖酸乳中加入香料而成。酸乳容器的底部加有果酱的酸乳称为圣代酸乳。

④果味酸乳。成品是由天然酸乳与糖、果料混合而成。

⑤复合型或营养健康型酸乳。通常在酸乳中强化不同的营养素（维生素、食用纤维素等）或者在酸乳中混入不同的辅料（如谷物、干果、蔬菜汁等）而成。这种酸乳在西方国家很流行，人们常常在早餐中食用。

⑥疗效酸奶。包括低乳糖酸奶、低热量酸奶、蛋白质强化酸奶或维生素酸乳。

(4)按发酵的加工工艺分类

①冷冻酸奶。在酸乳中加入果料、增稠剂或乳化剂，然后将其进行冷冻处理而得到的产品。

②浓缩酸奶。将正常酸乳中的部分乳清除去而得到的浓缩产品。因其除去乳清的方式与加工干酪的方式类似，有人也叫它酸乳干酪。总乳固体24%。

③酸乳粉。通常使用冷冻干燥法或喷雾干燥法将酸乳中约95%的水分除去而制成的酸乳粉。

④充气酸乳。发酵后在酸乳中加入稳定剂和起泡剂，经过均质处理即得到这类产品。这类产品通常是以充CO_2气的酸乳饮料形式存在。

11.2.2 凝固型酸乳的生产工艺

1)工艺流程

乳酸菌纯培养物→母发酵剂→生产发酵剂
↓
原料乳→预处理→标准化→配料→预热→均质→杀菌→冷却→加发酵剂→灌装→发酵→冷却→后熟→冷藏

凝固型酸乳的实际生产过程，如图11.1所示。

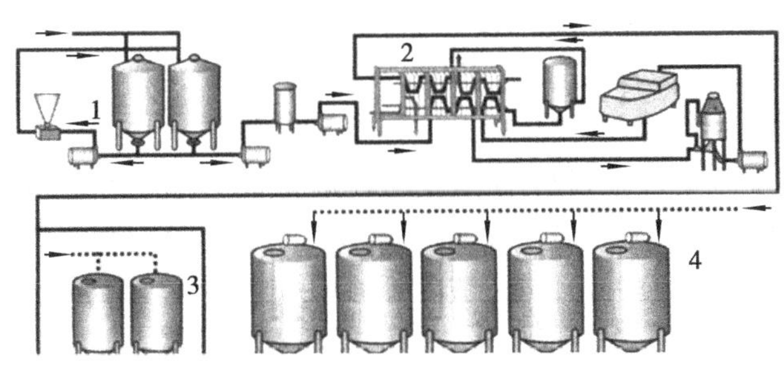

图11.1 酸乳生产线

1.平衡槽 2.热交换器 3.生产发酵剂罐 4.发酵罐

2)质量控制

(1)原料乳 选用符合质量要求的新鲜乳、脱脂乳或再制乳为原料。乳的酸度不超过18 °T，全乳固体含量不得低于11.5%，抗菌物质检查应为阴性，因为乳酸菌对抗生素极为敏感，乳中微量的抗生素都会使乳酸菌生长繁殖受影响。

(2)配料 为提高干物质含量，可添加脱脂乳粉，并可配入果料、蔬菜等营养风味辅料。

还允许添加适量蔗糖和少量的食品稳定剂。酸乳生产中使用的原辅料及处理方法如下：

①脱脂乳粉。用作发酵乳的脱脂乳粉要求质量高、无抗生素和防腐剂。脱脂奶粉可提高干物质的含量，改善产品组织状态，促进乳酸菌产酸，一般添加量为1% ~1.5%。

②稳定剂。在搅拌型酸乳生产中，通常添加稳定剂，常用的稳定剂有明胶、琼脂、果胶、羧甲基纤维素（CMC）等，从而提高原料乳黏度，酸奶的组织状态较好，其添加量应控制在0.1% ~0.5%。

③糖及果料。在酸乳生产中，通常添加6.5% ~8%的蔗糖或葡萄糖。有试验表明适当的蔗糖对菌株产酸是有益的，但浓度过量，不仅抑制了乳酸菌产酸，而且增加生产成本。在搅拌型酸乳中常常使用果料及调香物质，如果酱等。在凝固型酸乳中很少使用果料。

(3)均质　原料配合后，进行均质处理。均质前预热至55 ℃左右可提高均质效果。均质有利于提高酸乳的稳定性和稠度，并使酸乳质地细腻，口感良好。

(4)杀菌及冷却　均质后的物料以90 ℃ 5 ~10 min杀菌，其目的是杀死病原菌及其他微生物；使乳中酶的活力钝化和抑菌物质失活；使乳清蛋白热变性，提高乳的黏稠度，达到改善酸乳组织状态的目的。杀菌后的物料应迅速冷却到发酵剂最适的生长温度(45 ℃左右)，以便接种。

(5)加发酵剂　将活化后的混合生产发酵剂充分搅拌，根据活力，以适当比例加入。一般加入量为3% ~5%。加入的发酵剂不应有大凝块，以免影响成品质量。制作酸乳常用的发酵剂为保加利亚乳杆菌和嗜热链球菌的混合菌种，其比例通常为1∶1。也可用保加利亚乳杆菌与乳酸链球菌搭配，但研究证明，以前者搭配效果较好。此外由于菌种生产单位不同，其杆菌与球菌的活力也不同，在使用时其配比应灵活掌握。

根据国内外的研究，单一发酵剂往往使酸乳口感较差，两种或两种以上的发酵剂混合使用能产生良好的效果。乳杆菌在发酵过程中产生的物质是链球菌生长的基本因素，因此混合发酵剂还可缩短发酵时间。混合发酵开始时球菌生长得比杆菌快，当球菌产生一定酸时抑制其自身的生长，此时，杆菌迅速生长。

(6)灌装　可根据市场需要选择不同规格的玻璃瓶或塑料杯。在灌装前需对玻璃瓶进行蒸汽灭菌，一次性塑料杯可直接使用。

(7)发酵　发酵时间随菌种而异。用保加利亚杆菌和嗜热链球菌的混合发酵剂时，温度保持在41 ~44 ℃，培养时间2.5 ~4.0 h(3% ~5%的接种量)。达到凝固状态即可终止发酵。一般发酵终点可依据如下条件来判断：①滴定酸度达到80 °T以上；②pH值低于4.6；③表面有少量水痕；④乳变得黏稠。发酵应注意避免震动，否则会影响其组织状态；发酵温度应恒定，避免忽高忽低；掌握好发酵时间，防止酸度不够或过度以及乳清析出。

(8)冷却与后熟　发酵好的瓶装凝固酸乳，应立即放入4 ~5 ℃的冷库中，迅速抑制乳酸菌的生长，以免继续发酵而造成酸度过高。在冷藏期间，酸度仍会有所上升，同时风味成分双乙酰含量会增加。试验表明冷却24 h，双乙酰含量达到最高，超过又会减少。因此，发酵凝固后须在0 ~4 ℃储藏24 h再出售，通常把该储藏过程称为后成熟，一般最大冷藏期为1个星期。

11.2.3　搅拌型酸乳的加工

1)工艺流程

乳酸菌纯培养物→母发酵剂→生产发酵剂
↓
原料乳→预处理→标准化→配料→预热→均质→杀菌→冷却→加发酵剂→在发酵罐中发酵→冷却→添加果料→搅拌→罐装→后熟→冷藏

搅拌型酸乳的实际生产过程如图 11.2 所示。

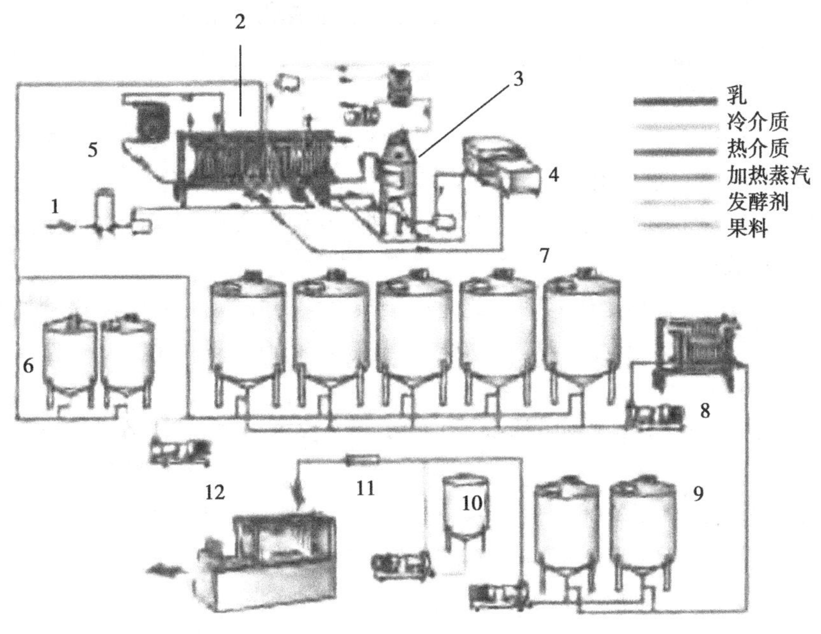

图 11.2　搅拌型酸乳生产线

1. 平衡槽　2. 热交换器　3. 蒸发器　4. 均质机　5. 保温管　6. 生产发酵剂罐　7. 发酵罐　8. 片式冷却器　9. 缓冲罐　10. 果料罐　11. 混合器　12. 灌装机

2)质量控制

搅拌型酸乳的加工工艺及技术要求基本与凝固型酸乳相同,其不同点主要是搅拌型酸乳多了一道搅拌混合工艺,这也是搅拌型酸乳的特点。另外,根据在加工过程中是否添加了果蔬料或果酱,搅拌型酸乳可分为天然搅拌型酸乳和加料搅拌型酸乳。本节只对与凝固型酸乳不同点加以说明。

(1)发酵　搅拌型酸乳的发酵是在发酵罐或缸中进行,而发酵罐是利用罐围夹层的热媒来维持恒温,热媒的温度可随发酵参数而变化。若在大缸中发酵,则应控制好发酵间的温度,避免忽高忽低。发酵间上部和下部温差不要超过 1.5 ℃。同时,发酵缸应远离发酵间的墙壁,以免过度受热。

(2)冷却　冷却的目的是快速抑制细菌的生长和酶的活性,以防止发酵过程产酸过度及搅拌时脱水。酸乳完全凝固(pH 值为 4.6~4.7)时开始冷却,冷却过程应稳定进行。冷却过快将造成凝块收缩迅速,导致乳清分离。冷却过慢则会造成产品过酸和添加果料的脱色。冷却可采用片式冷却器、管式冷却器、表面刮板式热交换器、冷却缸(槽)等冷却。一般温度控制在0~7 ℃为宜。

(3)搅拌　通过机械力破坏凝胶体,使凝胶体的粒子直径达到0.01~0.4 mm,并使酸乳的硬度和黏度及组织状态发生变化。搅拌的方法如下:

①凝胶体层滑法。不是采用搅拌方式破坏胶体,而是借助薄板(薄的圆板或薄竹板)或用粗细适当的金属丝制的筛子,使凝胶体滑动。

②凝胶体搅拌法。凝胶体搅拌法有机械搅拌法和手动搅拌法两种。机械搅拌使用宽叶片搅拌器、螺旋桨搅拌器、涡轮搅拌器等。叶片搅拌器具有较大的构件和表面积,转数慢,适合于凝胶体的搅拌;螺旋桨搅拌器每分钟转数较高,适合搅拌较大量的液体,涡轮搅拌器是在运转中形成放射线形液流的高速搅拌器,也是制造液体酸乳常用的搅拌器。手动搅拌是在凝胶结构上,采用损伤性最小的手动搅拌以得到较高的黏度。手动搅拌一般用于小规模生产,如40~50 L桶制作酸乳。

③均质法。这种方法一般多用于制作酸乳饮料,在制造搅拌型酸乳中不常用。

搅拌过程中应注意,搅拌既不可过于激烈,又不可过长时间。搅拌时应注意凝胶体的温度、pH值及固体含量等。通常用两种速度进行搅拌,开始用低速,以后用较快的速度。

搅拌时应注意以下事项:

①温度。搅拌的最适温度0~7 ℃,此时适于亲水性凝胶体的破坏,可得到搅拌均匀的凝固物。即可缩短搅拌时间还可减少搅拌次数。若在38~40 ℃进行搅拌,凝胶体易形成薄片状或砂质结构等缺陷。

②pH值。酸乳的搅拌应在凝胶体的pH值达4.7以下时进行,若在pH值为4.7以上时搅拌,则因酸乳凝固不完全、黏性不足而影响其质量。

③干物质。合格的乳干物质含量对搅拌型酸乳防止乳清分离能起到较好的作用。

(4)混合、灌装　果蔬、果酱和各种类型的调香物质等可在酸乳自缓冲罐到包装机的输送过程中加入,这种方法可通过一台变速的计量泵连续加入到酸乳中。果蔬混合装置固定在生产线上,计量泵与酸乳给料泵同步运转,保证酸乳与果蔬混合均匀。一般发酵罐内用螺旋搅拌器搅拌即可混合均匀。酸乳可根据需要,确定包装量和包装形式及灌装机。

(5)冷却、后熟　将罐装好的酸乳置于冷库中0~7 ℃冷藏24 h进行后熟,进一步促使芳香物质的产生和改善黏稠度。

11.2.4　影响酸乳正常发酵的原因及防止办法

酸乳发酵生产中,由于各种原因,常常会出现一些质量问题,下面简要介绍问题的发生原因和控制措施:

1)凝固性差

酸乳有时会出现凝固性差或不凝固现象,黏性很差,并出现乳清分离。可能由以下原因造成:

(1)原料乳质量差　当乳中含有抗生素、防腐剂时,会影响乳酸菌的生长,从而导致发酵不利、凝固性差。试验证明原料乳中含有微量青霉素时,对乳酸菌便有明显的抑制作用。使用乳房炎乳时由于其白血球含量较高,对乳酸菌也有一定的噬菌作用。此外,原料乳掺假,特别是掺碱,使发酵所产生的酸消耗于中和,而不能积累到达凝乳要求的pH值,从而使乳不能凝固或凝固不好。牛乳中掺水,会使乳的总干物质含量降低,也会影响酸乳的凝固性。

因此,必须把好原料验收关,杜绝使用含有抗生素、农药以及防腐剂、掺碱牛乳生产酸乳。对于掺水的牛乳,可适当添加脱脂乳粉,使干物质达到 11% 以上,以保证质量。

(2)发酵温度和时间控制不当 发酵温度依所采用乳酸菌种类的不同而异。若发酵温度低于最适温度,乳酸菌的活力则下降,凝乳能力降低,使酸乳凝固性降低,发酵时间短,也会造成酸乳凝固性降低。此外,发酵室温度不均匀也是造成乳酸凝固性降低的原因之一。因此,在实际生产中,应尽可能保持发酵室的温度恒定,并合理控制发酵温度和时间。

(3)噬菌体污染 噬菌体污染是造成发酵缓慢,凝固不完全的原因之一。由于噬菌体对菌的选择作用,可采用经常更换发酵剂的方法加以控制,此外,两种以上菌种混合使用也可以减少噬菌体的危害。

(4)发酵剂 发酵剂活力弱或接种量太少会造成酸乳的凝固性下降,对一些罐装容器上残留的洗涤剂(如氢氧化钠)和消毒剂(如氯化物)须要清洗干净,以免影响菌种活力,确保酸乳的正常发酵和凝固。同时应经常检测发酵剂的活力。

(5)加糖量 生产酸乳时,加入适当的蔗糖可以使产品产生良好的风味,凝块细腻光滑,提高黏度,并有利于乳酸菌产酸量的提高。若加量过大,会产生高渗透压,抑制了乳酸菌的生长繁殖,造成乳酸菌脱水死亡,相应活力下降,使牛乳不能很好凝固。试验证明,6.5% 的加糖量对产品的口味最佳,也不影响乳酸菌的生长。

2)乳清析出

乳清析出是生产酸乳时常见的质量问题,其主要原因有以下几种:

(1)原料乳热处理不当 热处理温度偏低或时间不够,就不能使大量乳清蛋白变性,变性乳清蛋白可以与酪蛋白形成复合物,能容纳更多的水分,并且具有最小的脱水收缩作用。据研究,要保证酸乳吸收大量水分和不发生脱水收缩作用,至少使 75% 的乳清蛋白变性,这就要求 85 ℃,20 ~ 30 min 或 90 ℃,5 ~ 10 min 的热处理;UHT 加热处理虽能达到灭菌效果,但是不能达到 75% 的乳清蛋白变性,所以酸乳生产不宜用 UHT 加热处理。

(2)发酵时间不当 若发酵时间过长,乳酸菌继续生长繁殖,产酸量不断增加。过高的酸性会破坏原来已经形成的胶体结构,使其容纳的水分游离出来形成乳清析出。发酵时间过短,乳蛋白质的胶体结构还未充分形成,不能包裹乳中原有的水分,也会形成乳清析出,因此,应在发酵时抽样检查,发现牛乳已完全凝固,就应立即停止发酵。

3)风味不良

正常酸乳应有发酵乳纯正的风味,但是在生产过程中常常出现以下不良风味:

(1)无芳香味 主要由于菌种选择及操作工艺不当所引起。正常的酸乳生产应保证两种以上的菌混合使用并选择合适的比例,任何一方占优势均会导致风味变差。高温短时间发酵和固体含量不足也是造成芳香不足的因素。

(2)酸乳的不洁味 主要由发酵剂或发酵过程中污染杂菌引起。被丁酸菌污染可使产品带有刺鼻的怪味,被酵母菌污染不但产生不良气味,还会影响乳的组织状态,使酸乳产生气泡,因此,要严格保证卫生条件。

(3)原料乳的怪味 牛体臭味、氧化臭味及由于过度热处理或添加了气味不良的炼乳或乳粉等也是造成其气味不良的原因之一。

4)口感差

优质的酸乳柔嫩、细腻光滑、清香可口。采用高酸度的乳或质量差的乳粉生产的酸乳口感粗糙、有沙砾感。因此,生产酸乳时,应采用新鲜牛乳或优质的乳粉,并采取均质处理,使乳中的蛋白质颗粒细微化,达到改善口感的目的。生产中污染杂菌或使用稳定剂过量,也可能导致酸乳口感发黏,不爽滑。因此生产中应按要求规范操作。

11.3 乳酸菌饮料加工

乳酸菌饮料是将乳(或乳与其他原料混合)经乳酸菌发酵后,经搅拌、稀释,加入稳定剂、糖、酸及果蔬汁调配后,再通过均质加工而制成的液态酸乳制品。

资料表明,近年乳酸菌饮料以其营养保健功能和独特的风味备受消费者的青睐,销量不断上升。

世界各国对乳酸菌饮料的研究也做了大量的工作,其研究的重点主要是饮料的稳定技术和新产品的制造。众多研究结果表明,添加稳定剂和乳化剂是提高乳酸菌饮料稳定性的一条有效途径。如日本采用蔗糖脂肪酸脂、海藻酸丙二醇酯和甲基化果胶等作为液态乳酸菌饮料的稳定剂,并采用果胶、角叉胶和碱性多聚磷酸盐作为生产粒状或粉状乳酸菌饮料时的稳定剂,以防止固体乳酸菌饮料稀释冲剂时的水分离和沉淀问题。美国介绍用EDTA(二甲基四乙胺)、低甲基化果胶、高甲基化果胶、六偏磷酸、柠檬酸钠组成稳定剂生产乳酸菌饮料,德国采用不溶性的碳酸钙、碳酸镁和溶于水的磷酸氢钠、磷酸氢钾组成的离子液(类同于人体液的缓冲液)解决液态果汁酸乳的稳定性问题。

在乳酸菌饮料中通过添加不同风味的营养物质制造出的新型乳酸菌饮料正在成为一种发展趋势。这些饮料中有的含维生素、矿物质,有的有利于微生物的繁殖,有的具有营养、医疗保健作用等。这些成分的加入将极大地丰富和满足酸乳制品市场,并以其特殊的风味给人们带来一种新的感觉。如日本专利介绍用预处理后的果汁、蔬菜汁加入乳中进行发酵,制造乳酸菌饮料,如胡萝卜汁、酵母浸出汁、中草药汁、红甜菜汁、藻汁、猪肝汁等。

11.3.1 乳酸菌饮料的种类

乳酸菌饮料因其加工处理的方法不同,一般分为酸乳型和果蔬型两大类;同时又可分为活性乳酸菌饮料(未经后杀菌)和非活性乳酸菌饮料(经后杀菌)。

1)酸乳型乳酸菌饮料

酸乳型乳酸菌饮料是在酸凝乳的基础上将其破碎,配入水、白糖、香料、稳定剂等通过均质而制成的均匀一致的液态饮料。

2)果蔬型乳酸菌饮料

果蔬型乳酸菌饮料是在发酵乳中加入适量的浓缩果汁(如柑橘、草莓、苹果、沙棘、红果等)或在原料中配入适量的蔬菜汁浆(如番茄、胡萝卜、玉米、南瓜等)共同发酵后,再通过加糖、加稳定剂或香料等调配、均质后制作而成。

11.3.2 工艺流程

果汁、糖溶液、稳定剂、水等→杀菌→冷却
↓
原料奶 ╲
果蔬汁浆 ╱ →混合→杀菌→冷却→发酵→发酵乳→冷却搅拌→混合调配→预热→均质→杀菌→冷却罐装→成品

11.3.3 产品配方及工艺要求

1)配方及混合调配

(1)乳酸菌饮料配方Ⅰ

酸乳	30%	糖	10%	果胶	0.4%
45%乳酸	0.1%	香精	0.15%	果汁	6%
水	53.35%				

(2)乳酸菌饮料配方Ⅱ

酸乳	46.2%	白糖	6.7%	蛋白糖	0.11%
果胶	0.18%	柠檬酸	0.29%	香兰素	0.018%
耐酸 CMC	0.23%	磷酸二氢钠	0.05%	水	46.2%
水蜜桃香精	0.023%				

2)加工要点

(1)混合调配　先将白砂糖、稳定剂、乳化剂与整合剂等一起拌和均匀,加入70~80 ℃的热水中充分溶解,经杀菌、冷却后,同果汁、酸味剂一起与发酵乳混合并搅拌,最后加入香精等。

在乳酸菌饮料中最常使用的稳定剂是纯果胶或与其他稳定剂的复合物。通常果胶对酪蛋白颗粒具有最佳的稳定性,这是因为果胶是一种聚半乳糖醛酸,在pH值为中性和酸性时带负电荷,将果胶加入到酸乳中时,它会附着于酪蛋白颗粒的表面,使酪蛋白颗粒带负电荷。由于同性电荷互相排斥,可避免酪蛋白颗粒间相互聚合成大颗粒而产生沉淀,考虑到果胶分子在使用过程中的降解趋势以及它在pH值为4时稳定性最佳的特点,因此,杀菌前一般将乳酸菌饮料的pH值调整为3.8~4.2。

(2)均质　均质使其液滴微细化,提高料液黏度,抑制粒子的沉淀,并增强稳定剂的稳定效果。乳酸菌饮料较适宜的均质压力为20~25 MPa,温度为53 ℃左右。

(3)后杀菌　发酵调配后的杀菌目的是延长饮料的保存期。经合理杀菌、无菌灌装后的饮料,其保存期可达3~6个月。由于乳酸菌饮料属于高酸食品,故采用高温短时巴氏杀菌即可得到商业无菌,也可采用更高的杀菌条件如95~105 ℃,30 s或110 ℃,4 s,生产厂家可根据自己的实际情况,对以上杀菌制度做相应的调整。对塑料瓶包装的产品来说,一般灌装后采用95~98 ℃,20~30 min的杀菌条件,然后进行冷却。

(4)果蔬预处理　在制作果蔬乳酸菌饮料时,要首先对果蔬进行加热处理,以起到灭酶作用常在沸水中放置6~8 min。经灭酶后打浆或取汁,再与杀菌后的原料乳混合。

11.3.4 乳酸菌饮料的质量控制

乳酸菌饮料在生产和储藏过程中由于种种原因常会出现如下一些质量问题:

1)沉淀

沉淀是乳酸菌饮料最常见的质量问题。乳蛋白中80%为酪蛋白,其等电点pH值为4.6。通过乳酸菌发酵,并添加果汁或加入酸味剂而使饮料的pH值为3.9~4.4。此时,酪蛋白处于高度不稳定状态,任其静置,势必造成分层、沉淀等现象。此外,在加入果汁、酸味剂时,若酸浓度过大,加酸时混合液温度过高或加酸速度过快及搅拌不匀等均会引起局部过度酸化而发生分层和沉淀。发酵乳搅拌时若温度过高,可使凝块收缩硬化,造成蛋白质胶粒的沉淀。对于出现的沉淀问题除了加工工艺正确操作外,通常采用物理(均质)和化学(稳定剂)的方法来解决。

(1)均质　均质可使酪蛋白粒子微细化,抑制粒子沉淀并可提高料液黏度,增强稳定效果。均质压力通常选择在20~25 MPa。均质时的温度对蛋白质稳定性影响也很大。试验表明在51.0~54.5 ℃均质时稳定性最好。当均质温度低于51 ℃时,饮料黏度大,在瓶壁上出现沉淀,几天后有乳清析出。当温度高于54.5 ℃时,饮料较稀,无凝结物,但易出现水泥状沉淀,饮用时口感有粉质或粒质。均质温度保持在51.0~54.5 ℃,尤其在53 ℃左右时效果最好。

(2)稳定剂　采用均质处理,还不能达到完全防止乳酸菌饮料的沉淀,必须同时使用化学方法才可起到良好作用。常用的化学方法是添加亲水性和乳化性较高的稳定剂。稳定剂不仅能提高饮料的黏度,防止蛋白质粒子因重力作用而下沉,更重要的是它本身是一种亲水性高分子化合物,在酸性条件下与酪蛋白形成保护胶体,防止凝集沉淀。目前,常使用的乳酸菌饮料稳定剂有羧甲基纤维素(CMC)、藻酸丙二醇酯(PGA)等,两者以一定比例混合使用效果更好。

此外,由于牛乳中含有较多的钙,在pH值降到酪蛋白等电点以下时以游离钙状态存在,Ca^{2+}与酪蛋白之间易发生凝集而沉淀。故添加适当的磷酸盐使其与Ca^{2+}形成螯合物,起到稳定作用。

2)脂肪上浮

采用全脂乳或脱脂不充分的脱脂乳做饮料时,由于均质处理不当可引起脂肪上浮。应改进均质条件,如增加压力或提高温度,同时可选用酯化度高的稳定剂或乳化剂如卵磷脂、单硬脂酸甘油酯、脂肪酸蔗糖脂等。不过,最好采用含脂量较低的脱脂乳或脱脂乳粉作为乳酸菌饮料的原料,并注意进行均质处理。

3)色泽变化

为了强化饮料的风味与营养,常常加入一些果蔬原料汁,例如,果汁类的椰汁、芒果汁、橘汁、山楂汁、草莓汁等,蔬菜类的胡萝卜汁、玉米浆、南瓜浆、冬瓜汁等,有时还加入蜂蜜等成分。由于这些物料本身的质量或配制饮料时预处理不当,使饮料在保存过程中引起感官质量的不稳定,如饮料变色、褪色、出现沉淀、污染杂菌等。因此,在选择及加入这些果蔬物料时应注意杀菌处理。另外,在生产中应考虑适当加入一些抗氧化剂,如维生素C、维生素E、儿茶酚、EDTA等,以增强果蔬色素的抗氧化能力。

4）饮料中活菌数不足

乳酸活性饮料要求每毫升饮料中含活的乳酸菌 100 万个以上。欲保持较高活力的菌，发酵剂应选用耐酸性强的乳酸菌种（如嗜酸乳杆菌、干酪乳杆菌）。

为了弥补发酵本身的酸度不足，需补充柠檬酸，但是柠檬酸的添加会导致活菌数下降，所以必须控制柠檬酸的使用量。苹果酸对乳酸菌的抑制作用小，与柠檬酸并用可以减少活菌数的下降，同时又可改善柠檬酸的涩味。

5）杂菌污染

在乳酸菌饮料酸败方面，最大问题是酵母菌的污染。酵母菌繁殖会产生二氧化碳，并形成酯臭味和酵母味等不愉快风味。另外霉菌耐酸性很强，也容易在乳酸菌饮料中繁殖并产生不良影响。

酵母菌、霉菌的耐热性弱，通常在 60 ℃，5～10 min 加热处理即被杀死。所以，制品中出现的污染，主要是二次污染所致。所以使用蔗糖、果汁的乳酸菌饮料，其加工车间的卫生条件必须符合有关要求，以避免制品二次污染。

复习思考题

1. 发酵乳的概念及种类。
2. 发酵剂的概念、种类及制备方法。
3. 发酵乳的形成机理。
4. 酸乳加工中对原料乳的要求。
5. 凝固型酸乳和搅拌型酸乳加工中常常出现的问题及防止办法。
6. 乳酸菌饮料的概念及加工工艺。

实　训

凝固型酸乳的加工

【目的要求】通过本实训掌握酸乳加工的基本工艺流程和操作注意事项，并学会凝固型酸乳的质量评定。

【材料与方法】

1）材料　新鲜乳或复原乳、保加利亚乳杆菌、嗜热链球菌、脱脂乳培养基。

2）仪器设备　高压均质机、高压灭菌锅、酸度计、酸性 pH 试纸、超净工作台、恒温培养箱等。

3）方法

（1）脱脂乳培养基制备　脱脂乳用三角瓶和试管分装置于高压灭菌器中，121 ℃，灭菌

15 min。

(2)菌种活化与培养　用灭菌后的脱脂乳将粉状菌种溶解,用接种环接种于装有灭菌乳的三角瓶和试管中,42 ℃恒温培养直到凝固。取出后置于4 ℃下24 h(有助于风味物质的提高),再进行第二次、第三次接代培养,使保加利亚杆菌和嗜热链球菌的滴定酸度分别达110 °T或90 °T以上。

(3)母发酵剂混合扩大培养　将已活化培养好的液体菌种以球菌:杆菌为1:1的比例混合,接种于灭菌脱脂乳中恒温培养。接种量为4%,培养温度42 ℃,时间3.5~4.0 h。制备成母发酵剂,备用。

(4)工艺流程

原料乳→加糖→预热→均质→杀菌→冷却→接种→装瓶→培养→冷却→成品。

(5)操作要点

①加糖。原料中加入5%~7%的砂糖。

②均质。均质前将原料乳预热至53 ℃,20~25 MPa下均质处理。

③杀菌。均质原料乳杀菌温度为90 ℃,时间15 min。

④冷却。杀菌后迅速冷却至42 ℃左右。

⑤接种。接种量为4%。比例:杆菌:球菌=1:1。

⑥培养。接种后装瓶,置于42 ℃恒温箱中培养至凝固,培养时间为3~4 h。

6)质量评定　可参照GB 2746—1999进行

①感官指标:

A.组织状态。凝块均匀细腻,无气泡,允许有少量乳清析出。

B.滋味和气味。具有纯乳酸发酵剂制成的酸牛乳特有的滋味和气味。无酒精发酵味、霉味和其他外来的不良气味。

C.色泽。色泽均匀一致,呈乳白色或稍带微黄色。

②微生物指标。大肠菌群数≤90个/100 mL,不得有致病菌。

③理化指标。脂肪≥3.0%(扣除砂糖计算),全乳固体≥11.5%,酸度70~110 °T,糖≥5.0%,汞(以Hg计)≤0.01×10^{-6}。

第12章 冷饮

本章导读 了解常见的乳品冷饮的类别、定义、种类和相应的质量标准;理解各种原料成分对乳品冷饮产品质量的影响,把握各种原料的使用量、添加方法;掌握冰淇淋、雪糕的制作工艺流程、配方及操作要点;能对冰淇淋、雪糕生产中常见的一般质量问题进行科学的分析和合理的解决。

12.1 冰淇淋

冰淇淋(Ice Cream)原意为冰冻奶油之意,现通常指由乳和乳制品,加入蛋或蛋制品、香味料、甜味料、增稠剂、乳化剂、色素等,通过混合配制、杀菌、均质、成熟、凝冻、成型、硬化等工序加工而成的乳制品。除了具有浓郁的香味、细腻的组织、可口的滋味和诱人的色泽外,还具有较高的营养价值,是夏季最受欢迎的冷饮品之一。

12.1.1 冰淇淋的种类

1)按冰淇淋组成分类

普通冰淇淋,加料冰淇淋。其中普通冰淇淋又分为高级奶油冰淇淋,奶油冰淇淋,牛乳冰淇淋;加料冰淇淋又分为香料冰淇淋,水果冰淇淋,坚果冰淇淋等。

2)按形体分类

分为软质冰淇淋,硬质冰淇淋。软质冰淇淋:任何形状的容器都可以盛装,包装根据需要而定;硬质冰淇淋:如雪糕,冰砖,可以造型压模,加工中有硬化过程。

3)按颜色分类

分为单色、双色、多色冰淇淋。

4)按添加剂位置分类

可分为夹心和异形冰淇淋。

5)按所含脂肪不同分类

可分为全乳脂型、半乳脂型和植脂型等三类。

12.1.2 冰淇淋的理化指标

冰淇淋的理化指标如表 12.1 所示。

表 12.1 冰淇淋的理化指标

项　目	清　型			混合型			组合型		
	全乳脂	半乳脂	植脂	全乳脂	半乳脂	植脂	全乳脂	半乳脂	植脂
总固形物/%	≥30	≥30	≥30	≥30	≥30	≥30	≥30	≥30	≥30
脂肪/%	≥8	≥6	≥6	≥8	≥5	≥5	≥8	≥6	≥6
蛋白质/%	≥2.5	≥2.5	≥2.5	≥2.2	≥2.2	≥2.2	≥2.5	2.5	2.5
膨胀率/%	80～120	60～140	≤140	≥50	≥50	≥50	—	—	—

12.1.3 冰淇淋的生产

1)工艺流程

原料配合→均质→杀菌→冷却成熟—┬→凝冻→灌装→速冻硬化→硬质冰淇淋
　　　　　　　　　　　　　　　　└→凝冻→灌装→软质冰淇淋

2)配方

常见的冰淇淋类型及配方如表 12.2 所示。

表 12.2 1 000 kg 冰淇淋配方(kg)

原料名称	冰淇淋类型				
	奶油型	酸乳型	花生型	螺旋藻型	茶汁型
白砂糖	120	160	195	140	150
葡萄糖浆	100	—	—	—	—
鲜牛乳	530	380	—	—	—
脱脂乳	—	200	—	—	—
全脂奶粉	20	—	35	125	100
花生仁	—	—	80	—	—
奶油	60	—	—	—	—
稀奶油	—	20	—	—	—
人造奶油	—	—	—	60	191
棕榈油	—	50	40	—	—
蛋黄粉	5.5	—	—	—	—
鸡蛋	—	—	—	30	—
全蛋粉	—	15	—	—	—
淀粉	—	—	34	—	—

续表

原料名称	冰淇淋类型				
	奶油型	酸乳型	花生型	螺旋藻型	茶汁型
麦芽糊精	—	—	6.5	—	—
复合乳化稳定剂	4	—	—	—	—
明胶	—	—	—	—	3
CMC	—	3	—	—	2
PGA	—	1	—	—	—
单甘酯	—	—	1.5	—	2
蔗糖脂	—	—	1.5	—	—
海藻酸钠	—	—	2.5	—	2
黄原胶	—	—	—	5	—
香草香精	0.5	1	—	0.2	—
花生香精	—	—	0.2	—	—
水	160	130	604	630	450
发酵酸乳	—	40	—	—	—
螺旋藻干粉	—	—	—	10	—
绿茶汁	—	—	—	—	100

(1)冰淇淋配方原则

乳脂肪	8% ~14%	非脂乳固体	8% ~12%
糖　类	13% ~18%	稳定剂	0.3% ~0.5%
乳脂肪	0.1% ~0.3%	水　分	58% ~70%

(2)基本要求

①总干物质不低于30%;

②脂肪总含量不低于10%。

3)制作方法和技术要点

(1)生产冰淇淋的原料

①原料:牛乳、奶粉、稀奶油、脱脂乳、炼乳,其中最基本是稀奶油和牛乳。

②其他配料及其作用:

A.脂肪:赋予冰淇淋细腻柔嫩的口感,风味润厚,有利于产品成型和保形。

B.蛋白质:可以改善乳制品组织结构,增加稠度,利于保形,蛋白质的亲水性可以把水结合到其周围,不致形成冰晶及冰块。

C.甜味料:增加热能,增加风味及总乳固体含量,降低冰点,减少冰晶。

D.稳定剂:可以吸附水分,改善制品的黏度。稳定剂有黏结剂和填充剂两类物质。黏结剂常用明胶、硅藻酸钠,添加量为0.2% ~0.4%;填充料常用淀粉,添加量为0.3% ~0.5%。

E.乳化剂:降低了混合料两相物质界面的表面张力,使物料间具有一定乳化作用,改善混合料黏度。

(2)混合料的配制　混合料调制时,首先将液体原料如牛乳、稀奶油、炼乳等放到带搅拌器的圆形夹层罐中加热,然后添加脱脂乳、白砂糖、稳定剂等加热到65~70 ℃。增稠剂与等量以上的白砂糖混合并添加砂糖3倍量的水,用带有高速搅拌器的乳化泵溶解,也有先将明胶浸水膨胀后添加的方法。为了防止乳化剂的凝胶化,并充分发挥乳化剂的作用,应预先混合入油脂中使其充分分散之后,再与混合料进行混合。如用鸡蛋、奶粉等,也可先用少量液料或水混合,然后和其他液料混合。各种原料完全溶解后,通常用80~100目筛孔的不锈钢金属网或带有孔眼的金属过滤器过滤;添加酸性水果时,为了防止混合料形成凝块,应在混合料充分凝冻后添加;添加香料、色素、果仁、点心等,则应在混合料成熟后添加。混合料的酸度应控制在0.18%~0.20%,一般不超过0.25%,否则杀菌时有凝固的危险。当酸度过高时,可用小苏打或碱中和。

4)均质

(1)均质的目的

①将混合料中的脂肪球微细化至1 μm左右,以防止乳脂层的形成,使各成分完全混合,改善冰淇淋组织状态;

②缩短成熟时间,节省乳化剂和增稠剂,有效地预防在凝冻过程中形成奶油颗粒等;

③均质后制得的冰淇淋,形体润滑松软,具有良好的稳定性和持久性。

(2)均质的温度　均质温度过低,混合料黏度高,对凝冻不利,造成冰淇淋形体不良;高温均质混合料的脂肪球集结的机会少,有降低稠度、缩短成熟时间的效果,但也有产生加热臭的缺陷。温度过高(大于70 ℃),凝冻时膨胀率过大,亦有损于形体。通常合适的温度范围为60~70 ℃。

(3)均质压力　混合料的均质一般采用两段均质,均质压力随混合料的成分、温度、均质机的种类等而不同,一般第一段为14~18 MPa,第二段为3~4 MPa,这样可使混合料保持较好的热稳定性。

5)杀菌

混合料的杀菌可采用不同的方法,如低温间歇杀菌、高温短时杀菌和超高温瞬时杀菌三种方法。低温间歇杀菌法通常为68 ℃保持30 min或75 ℃保持15 min。如果混合料中使用海藻酸钠时,以70 ℃加热20 min以上为好;如果使用淀粉,杀菌温度必须提高或延长保温时间。高温短时杀菌法采用80~83 ℃保持30 s。超高温杀菌温度为100~130 ℃,保持2~3 s。

6)成熟

成熟是指杀菌后的混合料应迅速冷却至2~4 ℃,并在此温下保持一定的时间的过程。

(1)成熟的作用　成熟过程中,由于脂肪、蛋白质、稳定剂的水合作用的增强和混合料黏稠度的增加,可提高成品的膨胀率,改善成品的组织状态。这是因为均质后的冰淇淋混合料中,脂肪球的表面积有了很大的增加,增强了脂肪球在溶液界面间的吸附能力,在卵磷脂等乳化剂的作用下,脂肪在混合料中能形成较为稳定的乳浊液。随着分散相体积的增加,空气的混入,乳浊液的黏度增加,这样在凝冻过程中使冰淇淋具有细致、均匀的空气泡分散,为冰淇淋细腻的组织结构提供了保证。

(2)成熟时间　成熟时间随成熟温度和混合料组成的不同而不同。在2~4 ℃时,温度越低,成熟时间越短。混合料中,干物质越多,黏度越高,成熟时间越短。干物质少的混合料成熟时间适当延长为好。一般说来,成熟温度控制在2~4 ℃,成熟时间一般为6~12 h为佳。

7)添加香料

在成熟终了的混合料中添加香精、色素等,通过强力搅拌,在短时间内使之混合均匀,然后送到凝冻工序。

8)凝冻

凝冻是冰淇淋加工中的一个重要工序,它是将混合原料在强制搅拌下进行冷冻,使空气更易于呈极微小的气泡均匀地分布于混合料中,使冰淇淋的水分在形成冰晶时呈微细的冰结晶,防止粗糙冰屑的形成。凝冻是通过凝冻机来实现的。

凝冻的主要作用在于:①冰淇淋混合料在制冷剂的作用下,温度逐渐下降,黏稠度逐渐增大而成为半固体状态,即凝冻状态;②由于凝冻机搅拌器搅拌作用,使冰淇淋混合料逐渐形成微细的冰屑,防止凝冻过程中形成较大的冰屑;③凝冻过程中,由于强烈的搅拌而使空气的极微细气泡逐渐混入,混合料容积增加,这一现象称为增容,以百分率表示即称为膨胀率。

$$膨胀率=\frac{混合料重量-与混合料同容积产品重}{混合料同容积产品重}\times 100\%$$

9)灌装

凝冻后的冰淇淋立即灌装成型,即制成了软质冰淇淋。灌装成型后再硬化,即制成了硬质冰淇淋。冰淇淋的成型有冰砖、纸杯、蛋筒、浇模成型、巧克力涂层冰淇淋、异形冰淇淋切割线等多种成型罐装机。

10)冰淇淋的硬化及储存

将经过成型罐装和包装后的冰淇淋迅速置于-25 ℃以下的温度,经过一定时间的速冻,品温保持在-18 ℃以下,使其组织状态固定、硬度增加的过程称为硬化。

硬化的目的是固定冰淇淋的组织状态,完成形成细微冰晶的过程,使其保持适当的硬度,便于储藏、运输和销售。

硬化方法:在-25~-23 ℃的速冻库中速冻10~12 h,让冰淇淋通过-45~-35 ℃的速冻隧道30~50 min。

储存条件:软质冰淇淋,-15~-10 ℃下储藏;硬质冰淇淋,-18 ℃条件下储存。切忌储藏库温度忽高忽低。否则,冰淇淋中的冰再结晶,使冰淇淋的质地粗糙。

12.2 雪糕及冰棒

雪糕(IceLolly)是由乳和乳制品,加入甜味剂、油脂、稳定剂、香料及食用色素等配制、冻结而成的一种冷饮食品。由于添加香精的香型不同,可以制成不同风味的雪糕。一般以牛奶为主体的雪糕,称为奶油雪糕(Butter Icelolly)。添加巧克力、可可等原料可制成双色雪糕(Double Colours Icelolly)或三色雪糕(Tricolours Icelolly)。

冰棒(Ice Sucker)是以甜味料、豆类、果汁或牛乳等为原料,加入适量的稳定剂、香料和食用色素冻结而成。

雪糕和冰棒的制作原理和工艺设备基本相同,但是它们的基本组分不同。雪糕的总蛋白质含量较冰棒高40% ~60%,并含有2%以上的脂肪。因此,雪糕的风味与组织优于冰棒。

12.2.1 雪糕及冰棒的配方

1)奶油雪糕(Butter Icelolly)

炼乳30 kg,白砂糖15 kg,食用明胶0.8 kg,淀粉3 kg,奶油香精0.15 kg,糖精钠7 g,水100 kg。

2)可可雪糕(Chocolate Icelolly)

炼乳20 kg,白砂糖20 kg,可可粉0.5 kg,可可香精0.15 kg,淀粉4 kg,胶1 kg,糖精钠7 g,水100 kg。

3)牛奶冰棒(Milk Ice Sucker)

白砂糖15 kg,鲜牛乳50 kg,淀粉6 kg,糖精钠10 g,水50 kg。

4)果汁冰棒(Fruit Juice Ice Sucker)

白砂糖10 kg,淀粉3 kg,糖精钠10 g,果味香精适量,水100 kg。

5)茶汁冰棒(Tea Juice Ice Sucker)

白砂糖14 kg,淀粉4 kg,糖精钠7 g,茶汁10 kg,水100 kg。

6)赤豆冰棒(Red Bean Ice Sucker)

白砂糖15 kg,淀粉4 kg,糖精钠15 g,赤豆30 kg,水100 kg。

7)芝麻棒冰(Sesame Ice Sucker)

白砂糖15 kg,淀粉4 kg,糖精钠14 g,芝麻酱15 kg,水100 kg。

8)普通冰棒(General Ice Sucker)

白砂糖12 kg,淀粉3 kg,糖精钠12 g,水100 kg。

12.2.2 雪糕、冰棒的加工

1)工艺流程

原料处理→混合配制→杀菌→保温→冷却→均质→冷却→浇模→冻结→脱模→包装→检验→成品

↑(浇模)

插棒←木棒消毒

2)质量控制

(1)混料　冰棒和雪糕混合原料的配制及杀菌是在夹层锅(或灭菌缸)中进行。要求在搅拌条件下将各种配料混合均匀。

(2)巴氏杀菌　冰棒混合料的巴氏杀菌温度为80 ~85 ℃,时间10 ~15 min;雪糕混合料的加热杀菌温度为75 ~80 ℃,时间15 ~20 min。经过杀菌后,杂菌数每毫升控制在100个以下,不得检出大肠杆菌。

(3)均质　制作雪糕时,因油脂及粗质原料用量较高,需进行均质,否则会使脂肪上浮,产品组织粗糙,并有乳酪颗粒存在。一般均质温度应控制在65 ~70 ℃之间。

(4)冷却　杀菌或均质后的原料,应迅速冷却至3 ~8 ℃。冷却温度越低,冰棒及雪糕的冻结时间就越短。但是,混合原料的温度不宜低于 -2 ℃,因温度过低会使操作不便。

(5)灌模　灌模一般采用密闭自流装置,避免操作时增加污染的机会。夹心冰棒是一种外壳是冰棒、中间是普通冰淇淋或雪糕的异型冰棒。夹心冰棒的生产，在第一阶段需要一台冰棒灌装机。用这台灌装机可把模子完全用冰棒混合料灌满。当下层的冰棒料冻结成薄薄的一层时，用真空抽吸装置把未冻结的冰棒料从模内吸出后，将冰淇淋或雪糕混合料灌入冰棒壳中，这需用冰淇淋灌装设备灌装。

(6)插棍　为了使产品外观漂亮，有效地取出雪糕或冰棒，插棍时木棍必须精确插入雪糕或冰棒中央，而且插直，插棍由插棍机完成。

(7)冻结　雪糕、冰棒的冻结常采用间接式制冷方式，即先用制冷剂(氨或氟利昂)使盐水达到 -20 ~ -15 ℃，再用循环流动的冷盐水冷冻冰盒中的冰棒、雪糕混合料。

(8)去霜　冻结后的雪糕、冰棒的外层必须去霜，以便使雪糕、冰棒能从模袋中取出。去霜是通过将温度约为 25 ℃的盐水喷至模子台的下侧来进行的。盐水则通过电加热元件或用蒸气加热，达到除霜的目的。

(9)脱模与包装　去霜后将雪糕或冰棒从模袋中取出，该工序通过脱模装置来完成。雪糕和冰棒包装好之后将雪糕或冰棒放到纸盒中并装箱，于 -20 ~ -18 ℃的冷库中储存。

复习思考题

1. 冰淇淋生产的基本工艺过程包括哪些？如何控制？
2. 什么是冰淇淋的膨胀率？说明影响冰淇淋膨胀率的因素及原理。
3. 简述雪糕、冰棒的原料组成特点。
4. 试述雪糕、冰棒的生产工艺及操作要点。

实　训

冰淇淋制作

【目的要求】通过本实训掌握冰淇淋加工的基本工艺流程和操作注意事项，并学会冰淇淋的质量控制。

【材料与方法】

1)配料

牛奶 0.5 L，白砂糖 150 g，鸡蛋黄 4 个，稀奶油 0.5 L，香草粉(按说明书添加)。

2)仪器与设备

冰淇淋机搅拌器、冰淇淋冷凝器、冰淇淋杯、冰箱、燃气灶、温度计、锅、木铲、塑料盆、滤布、台秤等。

3)方法步骤

(1)混合料的配制　搅拌鸡蛋黄，将其混于牛奶中，同时将稀奶油、糖、香草粉加入，搅拌使混合均匀。

(2)杀菌和老化 将混合物加热至 80 ℃保持 25 s,然后立即冷却至 20 ℃,将混合物放在冰箱中冷藏 4 ~5 h(温度为 0 ~4 ℃)。

(3)凝冻 老化完成时,开动冰淇淋机搅拌器和冷凝器,将时间控制器调至冰淇淋处(通常需要10 ~12 min)进行凝冻。

(4)硬化 当凝冻完成时,将冰淇淋取出装入容器中送至硬化室(冰柜,温度 -34 ~ -23 ℃)硬化处理,时间 10 ~12 h。软质冰淇淋所需时间较短。

【注意】要制作出好的冰淇淋,卫生条件很重要。在操作过程中所用的设备、用具应严格杀菌,像勺子、过滤器等须煮沸后使用。如稀奶油不够,可用植物硬化油加牛奶代替,稀奶油中含纯脂肪 30% ~40%,脱脂奶 60% ~70%,使用植物硬化油时,须同时使用乳化剂——单甘油酯(按说明添加)进行乳化。

第13章 稀奶油和奶油

本章导读 通过本章的学习，了解稀奶油和奶油的概念、种类，稀奶油和奶油的特性及影响因素，熟悉稀奶油和奶油在加工储藏期间的品质变化和加工适性，掌握稀奶油和奶油的加工原理、工艺流程及操作要点等。

13.1 稀奶油

13.1.1 稀奶油的概念

新鲜的全脂乳在静置时由于重力的作用，或离心分离时由于离心力的作用，分离成含脂率高的部分和含脂率很低的部分，习惯上把含脂率高的部分称做稀奶油(Cream)，把含脂率很低的部分称为脱脂乳(Skin Milk 或 Nonfat Milk)。稀奶油中的含脂率随分离方法而异，随着含脂率的变化，稀奶油中其他成分的比例也会发生变化。稀奶油的含脂率及其组成如表13.1所示。

表13.1 稀奶油的组成及密度

成分及密度	含脂率/%		
	20	30	40
水分/%	72.50	63.00	53.02
蛋白质/%	3.09	2.88	2.71
乳糖/%	4.10	3.37	3.62
灰分/%	0.62	0.58	0.58
密度	1.013	1.007	1.002

13.1.2 稀奶油的加工工艺流程

装听→灭菌→冷却→储藏
↑
原料乳验收→净化→冷却→储藏→稀奶油分离→稀奶油标准化
↓
灭菌(或脱臭灭菌)
↙ ↘
储藏←冷却←包装←均质　　包装→速冻→储藏

13.1.3 稀奶油的质量控制

1)稀奶油的分离

(1)稀奶油分离的原理和方法　乳脂肪的密度比脱脂乳低,因此,脂肪球在重力作用下会逐渐上浮。当加上离心力时脂肪球上浮的速度会增加。稀奶油的分离是指利用乳脂和脱脂乳间的密度差将稀奶油和脱脂乳分离的过程,该过程是一个物理过程。若将乳静置,则脂肪球的上浮力(f_u)可用下式表示:

$$f_u = (4/3)\pi r^3 g(\rho_s - \rho_f) \tag{1}$$

式中,r——脂肪球半径,cm;

g——重力加速度,cm/s^2;

ρ_s——脱脂乳密度,g/cm^3;

ρ_f——脂肪球密度,g/cm^3。

脂肪球的上浮受摩擦力(f_f)的影响,而摩擦力可由斯托克斯定律(Stokes Law)表示:

$$f_f = b\pi\eta rv \tag{2}$$

式中,η——脱脂乳的黏度,Pa·s;

v——脂肪球上浮的速度,cm/s。

因此,若脂肪球始终以恒速上升,则

$$f_f = f_u$$

$$6\pi\eta rv = (4/3)\pi r^3 g(\rho_s - \rho_f)$$

$$v = 2r^2 g(\rho_s - \rho_f)/9\eta \tag{3}$$

因此,乳脂球上升速度与脂肪球半径的平方及脂肪球与脱脂乳之间的密度差成正比,而与脱脂乳的黏度成反比。乳脂肪和脱脂乳的密度及脱脂乳的黏度受温度的影响,但某一脂肪球的直径却不变。

为了加速稀奶油的分离,可用分离机分离稀奶油。用分离机分离稀奶油时,则重力加速度由离心力替代,此时的分离速度由离心力的大小决定。角加速度(α)可用下式计算:

$$\alpha = (2\pi s)^2 R = \omega^2 R \tag{4}$$

式中,α——角加速度,cm/s^2;

S——转速,r/s;

R——分离钵半径(旋转轴与脂肪球的距离),cm;

ω——角速度,rad/s。

将(4)式代入(3)式,则离心分离速度 V 为:

$$V = 8.75(\rho_s - \rho_f) r^2 s^2 R/\eta \quad (5)$$

由式(5)可知用分离机分离稀奶油时,分离速度与脂肪球半径、分离机转速、分离钵半径成正比,而与脱脂乳的黏度成反比。温度上升则脱脂乳的黏度下降,脂肪球的半径及密度差增加。因此,乳的温度也是影响稀奶油分离效率的重要因素。乳温与稀奶油分离效率之间的关系可用下式表示:

$$v = Kr^2RS^2$$

式中,R——分离钵半径,cm;

S——转速,r/s;

K——分离系数,表示温度、黏度、密度差及脂肪球半径的改变对分离速度的影响。K 值越大,分离效率越高。

(2)分离机的类型和特点　按照对乳温的要求,分离机分为一般分离机和低温分离机;安排淤渣的方式,分离机分为间歇排渣分离机和自动除渣分离机;按出料的方式分为开放式分离机、半开放式分离机,又称半密闭式分离机和密闭式分离机。

(3)影响乳分离的因素　分离的目的是最大限度的从乳中分离出乳脂肪,而分离的效果通常用脱脂乳中的含脂率衡量。从理论上讲,影响乳分离效果的主要因素是脂肪球的大小、乳温及分离机的转速,但在实践中还考虑其他因素。

①乳温:乳温降低,乳的密度和黏度增加,使乳脂肪的上浮受到一定的阻力,造成分离不完全。随着乳温的上升,乳的黏度和密度减小,加之乳脂的比热(0.29 J/g)低于脱脂乳(0.93 J/g),受热后乳脂肪的密度较脱脂乳降低更多,使乳脂肪更易分离。但实际上由于高温会导致脂肪球的破裂而严重影响乳脂的分离率。

②分离钵的转速:分离钵的转数越高,分离效率越高,但转速越高耗能越高,且产生很大噪声。因此一般转速以 4 000 ~5 000 r/min 为宜。

③分离碟片间的距离:理论上讲,碟片间的距离越小,分离效率越高,但流量也越小。研究表明,当碟片间的距离小到一定程度时(<0.2 mm),分离效率就不再受碟片间距离的影响。此时,分离率取决于影响流量的因素(如流速、黏度)和分离钵的转数。与热分离比较,低温分离时乳的黏度较大,因此需要较大的碟片距离。

④乳的流量:在单位时间内流入分离机内的乳量越小,分离碟片间的乳层则越薄,分离率也就越高。但乳的流量过少会导致空气的混入,则反而会影响分离率。在实际生产中希望流量越大越好,但过大的流量会导致乳脂的流失,甚至会使分离完全无法进行。

⑤原料乳的状况:原料乳的状况对分离率有很大影响。脂肪球上浮的速度取决于脂肪球直径的大小。因此,高比例的小脂肪球会降低分离率。当脂肪球小于 1 μm 时则无法被分离出来。因此,总有 0.04% 乳脂留在脱脂乳中。要分离出含脂率为 40% 的稀奶油,则脱脂乳中一般有 0.04% ~0.06% 的乳脂。影响脂肪球大小的主要因素有奶牛的品种、乳的 pH 值和原料乳的处理温度、搅拌、泵运、空气的混入等。

2)稀奶油的标准化

由于种类不同、用途不同,稀奶油中的含脂率则不同。若含脂率高于标准则不经济,若低于标准则缺乏应有的特性,如黏度、搅拌性等。对用于进一步加工奶油的稀奶油,若含脂率过高,则稀奶油难以搅拌;若含脂率过低,则酪乳过多。因此,在稀奶油的生产过程中要对其最终含脂率进行调整。在乳品工业中把调整稀奶油中含脂率的过程称为稀奶油的标准化。同原料乳的标准化一样,稀奶油的标准化也采用皮尔逊法。

3)稀奶油的灭菌和真空脱臭

稀奶油中的微生物可能导致腐败,乳酸菌会引起酸败和稀奶油的凝固,脂肪酶能水解类脂产生游离脂肪酸而使稀奶油产生酸败味。稀奶油热处理的目的就是杀死微生物,破坏各种酶。稀奶油常用的灭菌温度和时间有以下几种:72 ℃,15 min;77 ℃,5 min;82 ~85 ℃,30 s;116 ℃,3 ~5 s。若生产稀奶油的原料乳来源于牧场,则稀奶油中会有来源于牧草的异味。因为大多数的异味物质是易挥发性物质,可以通过蒸汽蒸馏法达到灭菌和脱异味的目的。由于异味物质是脂溶性的,故用于生产奶油的稀奶油一般都要经脱异味处理。

4)稀奶油的均质、包装、储藏

灭菌后的稀奶油宜进行一次均质,其目的在于保持良好的口感的前提下提高黏度,以改善其稳定性,避免稀奶油加入热咖啡后出现絮状沉淀。均质机压力一般控制在 800 ~1 800 kPa 之间,温度 45 ~60 ℃。灭菌、均质后的稀奶油应迅速冷却到 2 ~5 ℃后进行包装。稀奶油的包装可以用玻璃瓶、塑料杯,也可用多层复合纸制成的砖形包装袋,储藏在 0 ~5 ℃的冷库中。

13.2 奶　油

13.2.1 奶油的种类

奶油是将稀奶油经成熟、搅拌、压炼而制成的一种乳制品。根据轻工业部部颁标准规定,我国生产的奶油分为下列几种(如表 13.2 所示):

表 13.2 奶油的主要种类

种　类	特　　征
甜性奶油	以灭菌的甜性稀奶油制成,分为加盐和不加盐的两种,具有特有的乳香味,含乳脂肪 80% ~85%;
酸性奶油	以灭菌的稀奶油,用纯乳酸菌发酵剂发酵后加工制成,有加盐和不加盐两种,具有微酸和较浓的乳香味,含乳脂肪 80% ~85%;
重制奶油	用稀奶油或甜性、酸性奶油,经过熔融,除去蛋白质和水分而制成,具有特有的脂香味,含乳脂肪 98%以上;
脱水奶油	灭菌的稀奶油制成奶油粒后经熔化,用分离机脱水和除脱蛋白,再经过真空浓缩而制成,含乳脂肪高达 99.9%;
连续式机制奶油	用灭菌的甜性或酸性稀奶油,在连续式操作制造机内加工制成,其水分及蛋白质含量有的比甜性奶油高,乳香味较好

13.2.2 奶油的组成

奶油的主要成分为脂肪、蛋白质、食盐(加盐奶油)和水分。此外还有微量的灰分、乳糖、乳酸、维生素、磷脂、酶等,奶油的主要成分如表13.3所示。

表13.3 奶油的主要成分

项目	无盐奶油	加盐奶油	重制奶油	连续式机制奶油
水分(不多于)/%	16	16	1	16
脂肪(不少于)/%	82.5	80	98	80
盐(不高于)/%	—	2.5	—	—
酸(°T)*(不超过)/%	20	20	—	18

*酸性奶油的酸度不做规定。

13.2.3 奶油的加工工艺流程

甜性奶油(Sweet Butter)和酸性奶油(Ripened Butter)的加工工艺流程:

```
      脱脂乳                                            酪乳
        ↑                                                ↑
原料乳→分离→稀奶油→灭菌→发酵*→成熟→加色素*→搅拌→排除酪乳→奶油粒
                                                              ↓
                                          包装←压炼←加盐*←洗涤
```

注:*为生产酸性或加盐、加色素的奶油时工艺流程中需增加的部分。

13.2.4 质量控制

1)原料稀奶油

制造奶油的原料,通常从牛乳分离开始,但我国生产奶油所用的稀奶油通常都是乳品厂从牛乳中分离,只有一小部分来自牧场或收奶站。生产优质奶油用的原料乳,酸度应低于22° T,部分地区限于条件可收纳25 °T的牛乳,22 °T以上的原料乳只能用于制造次级奶油或重制奶油。

2)稀奶油的标准化

稀奶油的含脂率直接影响奶油的质量与产量,为了在加工时减少乳脂的损失和保证产品质量,加工前必须将稀奶油标准化。用间歇法生产稀奶油及酸性奶油时,稀奶油的含脂率以30% ~50%为宜;以连续法生产时,规定稀奶油的含脂率为40% ~45%。

【例1】今有120 kg含脂率为38%的稀奶油用以制造奶油。根据上面标准、需将稀奶油的含脂率调整为34%,如用含脂率0.05%的脱脂乳来调整,则应添加多少脱脂乳?

解:按皮尔逊法

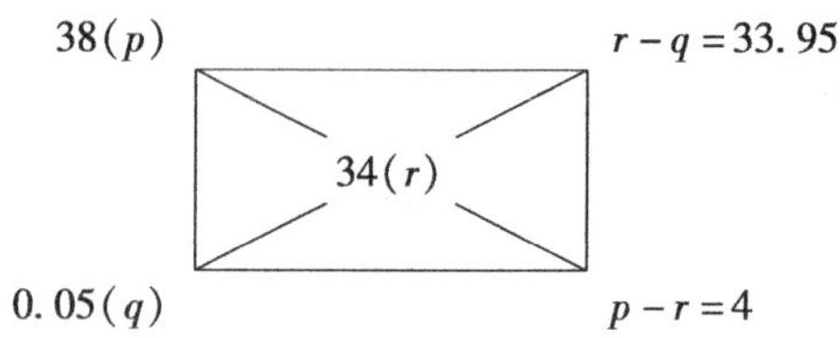

从上图可以看出,33.95 kg 稀奶油需加脱脂乳(含脂0.05%)4 kg,则120 kg稀奶油需加的脱脂乳为:

$$\frac{120\times 4}{33.95}=14.4(\text{kg})$$

另外,稀奶油的碘值是成品质量的决定性因素。高碘值的乳脂肪生产的奶油过软。当然可根据碘值,调整成熟处理的过程,硬脂肪(碘值低于28)和软脂肪(碘值高达42)也可以制成合格硬度的奶油。

3)稀奶油的中和

稀奶油的酸度直接影响奶油的保藏性和成品的质量。生产甜性奶油时,稀奶油pH值应保持在中性附近,以pH值为6.4～6.8或稀奶油的酸度以16° T左右为宜;生产酸性奶油时pH值可略高,稀奶油酸度20～22° T。如果稀奶油酸度过高,灭菌时会导致稀奶油中酪蛋白凝固成凝块,部分脂肪被包在凝块中,搅拌时则流失在酪乳中而影响奶油产量。同时,若甜性奶油酸度过高,储藏中易引起水解,促进氧化,影响质量,加盐奶油尤是如此。因此,在灭菌前必须对酸度过高的稀奶油进行中和,并可改进奶油的香味。一般使用的中和剂为石灰乳和碳酸钠,中和至16° T左右即可。石灰难溶于水,一般调成20%的乳剂,经计算后加入。用碳酸钠中和时,边搅拌边加入10%的碳酸钠溶液。

4)稀奶油的杀菌

杀菌温度直接影响奶油的风味,应根据奶油种类及设备条件来决定杀菌温度。

(1)加工甜性奶油的稀奶油的杀菌　用于加工甜性奶油的稀奶油含脂率以40%为宜。杀菌时一般控制为85 ℃、10 min。若稀奶油含有金属气味时,应控制为74 ℃、15 min,杀菌后直接进行低温成熟。杀菌后的稀奶油应迅速冷却至4～5 ℃,并保持4～24 h,以使乳脂肪充分结晶,完成物理成熟。当稀奶油有异味时需要进行脱臭处理。

(2)加工酸性奶油的稀奶油的杀菌　用于生产酸性奶油的稀奶油含脂率以36%～40%为宜,杀菌温度控制为100～110 ℃、5 s,采用真空冷却法冷却至发酵温度后加入发酵剂发酵。

5)稀奶油的发酵和物理成熟

生产甜性奶油时,不进行发酵,在稀奶油杀菌后立即冷却并进行物理成熟;生产酸性奶油时,须在发酵结束后再进行物理成熟。

(1)稀奶油的发酵　将经过杀菌脱臭、冷却到18～20 ℃的稀奶油注入发酵成熟槽内,添加相当于稀奶油量3%～5%的工作发酵剂,搅拌均匀后在18～20 ℃温度下发酵。为保证发酵均匀,并使羟丁酮氧化为丁二酮,需每小时搅拌5 min。

(2)发酵稀奶油的物理成熟　将稀奶油冷却至奶油脂肪的凝固点,以使部分脂肪变为固体结晶状态,这一过程称之为稀奶油的物理成熟。成熟通常需要12～15 h。

物理成熟的目的是使搅拌操作能顺利进行,保证奶油质量(不致含水过多、过软)以及防止乳脂损失。

稀奶油经过发酵剂的作用,完成了生物化学成熟后,必须经过冷却以进行物理成熟,才能保证奶油质量。物理成熟温度控制在绝大部分甘油酯的凝固点。脂肪球愈小或低分子量的甘油酯含量愈高,则凝固点愈低,结晶也就愈困难,物理成熟需要的温度也就愈低。夏季稀奶油中乳脂的熔点较低,因此,加工成的奶油较软。但可以通过控制发酵和冷却条件加以改善,生产出质地较硬的奶油。通常的做法是把灭菌后的稀奶油冷却到 19 ℃,加入发酵剂,保持 2 h 后降温到 16 ℃,再保持 3 h,最后降温至 8 ℃,过夜(19-16-8 法)。这种工艺发酵温度较低,需添加较多的发酵剂。

冬季稀奶油中乳脂的熔点较高,因此,用冬季的稀奶油加工的奶油质地较硬。为了用冬季的稀奶油加工质地较软的奶油,灭菌后的稀奶油应冷却至 8 ℃,保持 2h 以促进乳脂的结晶。然后加入发酵剂并缓慢加温至 19 ℃,保持 2 h。最后降温至 16 ℃下完成发酵和成熟,这通常需 14 ~20 h。在搅拌之前降温至 12 ℃,这种“8-19-16”法可以改善冬季奶油容易发脆发硬的缺陷。另外,还可以根据乳脂肪碘值确定不同的成熟制度,如表 13.4 所示。

表 13.4　不同碘值的稀奶油成熟制度及搅拌温度

碘　值	稀奶油成熟制度/℃	搅拌温度/℃
<28	8—21—21—16	12
28—31	8—20—12—14	14
32—34	8—19—12—18	13
35—37	10—13—14—15	12
38—40	20—20—9—11	11
>40	20—20—7—10	10

表中稀奶油成熟制度所列第一个数字表示稀奶油灭菌后的冷却温度,第二个数字是发酵温度,第三个数字表示大约发酵 5 h 后降低的温度,第四个数字是搅拌前稀奶油应保持的温度。

6)稀奶油的输送和搅拌

(1)稀奶油的输送　适宜的成熟温度通常低于搅拌温度。成熟后的稀奶油更容易受处理不当的影响,导致堵塞管道,增加乳脂在酪乳中的流失量。将成熟的稀奶油输送到奶油搅拌器中时,应该用离心泵,且其速度一般不超过最大速度的一半,进料管的大小应以能防止离心泵的喂料不足为宜。甜性的稀奶油流速以 0.2 ~0.4 m/s 为宜,酸性稀奶油则应更低。

(2)稀奶油的搅拌　将成熟后的稀奶油置于搅拌器中,利用机械的冲击力使脂肪球膜被破坏而形成脂肪团粒,这一过程称为搅拌,搅拌时分离出的液体称为酪乳(Buttermilk)。通过搅拌可以使成熟良好的稀奶油形成奶油粒。奶油的形成如图 13.1 所示。

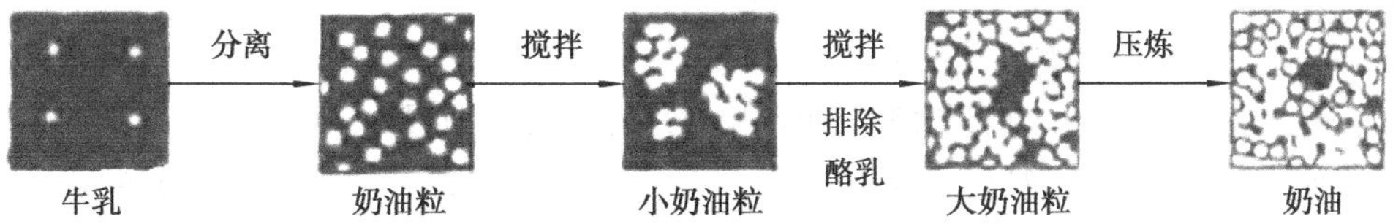

图 13.1　奶油形成的各个阶段(示意图)

黑色部分为水相,白色部分为脂肪相

搅拌时应注意:①稀奶油在送入搅拌器之前,将温度调整到适宜的搅拌温度;②稀奶油装入量一般为搅拌容器的40% ~50%。

(3)添加色素　为了使奶油的颜色全年一致,当颜色太淡时可以添加色素进行调整。奶油的颜色在夏季放牧期间呈黄色,冬季则呈淡黄甚至白色。最为常用的一种色素是安那妥(Annatto),它是一种天然植物色素,3%的安那妥溶液(溶于食用植物油中)称为奶油黄。通常奶油的用量为稀奶油量的0.01% ~0.05%。夏季的奶油无需加色素。入冬以后色素的用量逐渐增加,其用量可对照"标准奶油色板"调整。色素的添加通常是在稀奶油灭菌后搅拌前直接加入搅拌器中。

7)稀奶油的洗涤

经搅拌形成奶油粒后,排出酪乳,即可用经过灭菌冷却后的水进行洗涤。酪乳中含有蛋白质及乳糖,有利于微生物的生长。因此,通过洗涤可以除去残留的酪乳,提高奶油的保藏性,同时调整奶油的酸度。洗涤的方法是将酪乳放出后,在搅拌器中注入经灭菌冷却的水搅拌洗涤。加水量为稀奶油量的50%左右。水温应根据奶油粒的软硬程度而定。奶油粒软时,水温应比稀奶油温度低1 ~3 ℃。注入水后慢慢转动搅拌机3 ~5 圈,停止转动后排出洗涤水。必要时可洗涤2 ~3 次。但洗涤过度则影响奶油香味。

8)奶油的加盐

加盐的目的是为了增加风味,抑制微生物繁殖,提高奶油保藏性。但酸性奶油一般不加盐。通常食盐的浓度在10%以上时,大部分的微生物(尤其是细菌类)就不容易繁殖。奶油中约含16%的水分,成品奶油中含盐量以2%为标准,此时奶油水中含盐量12.5%。因此,加盐在一定程度上能达到防腐的目的。由于在压炼时有部分食盐流失,因此在添加时按2.5% ~3.0%加入。为了减少含水量,在加入盐水前要保证奶油粒中的含水率为13.2%。

9)奶油的压炼

由稀奶油搅拌产生的奶油粒通过压制而凝结成特定结构的团块,该过程称为奶油的压炼。压炼的目的是使奶油粒变为组织致密的奶油层,使水滴分布均匀,使食盐完全溶解并均匀分布于奶油中,同时调节奶油中水分的含量。压炼结束后奶油含水量要在16%以下,水滴呈极微小的分散状态,奶油切面上不允许有水滴。

10)奶油的包装

餐桌用奶油用于直接涂抹面包,一般包装成小包装,例如,0.5 kg,0.25 kg或15 g,一般用硫酸纸、塑料夹层纸、塑料盒或铝箔等包装材料包装,也可用小型马口铁罐真空密封包装。烹调用奶油则一般用较大的马口铁罐包装,食品工业奶油则用大型马口铁罐或木桶包装。

11)奶油的储藏

奶油包装后应送入冷库中储藏,4 ~6 ℃的冷库中储藏期一般不超过7 d;0 ℃冷库中储藏期2 ~3 周;当储藏期超过6 个月时,应放入 -15 ℃的冷库中;储藏期超过一年时,应放入 -25 ~ -20 ℃的冷库中。奶油在储藏期间由于氧化作用,脂肪酸分为低分子的醛、酸、羟酸、酮及酮酸等成分,形成各种特殊的臭味。当这些化合物积累到一定程度时,奶油则失去了食用价值。热、光(尤其是紫外线),某些金属离子如铜、铁、镍等都能促进脂肪酸的氧化。为了提高奶油的抗氧化能力和防霉能力,可以在奶油压炼时添加或在包装材料上喷涂抗氧化剂和防霉剂。

13.2.5　奶油在储藏期间的品质变化

由于原料、加工过程储藏不当,奶油的感官特性发生一些变化。

1)风味的变化

正常奶油应该具有乳脂肪的特有香味或乳酸菌发酵的芳香味,但有时出现下列异味:

(1)鱼腥味　这是奶油储藏时很容易出现的异味,其原因是卵磷脂水解,生成三甲胺造成的。如果脂肪发生氧化,这种缺陷更易发生,这时应提前结束储存。生产中应加强杀菌和卫生措施。

(2)脂肪氧化与酸败味　脂肪氧化味是空气中氧气和不饱和脂肪酸反应造成的。而酸败味是脂肪在解脂酶的作用下生成低分子游离脂肪酸造成的。奶油在储藏中往往首先出现氧化味,接着便会产生脂肪水解味。这时应该提高杀菌温度,既杀死有害微生物,又要破坏解脂酶。在储藏中应该防止奶油长霉,霉菌不仅能使奶油产生土腥味,也能产生酸败味。

(3)干酪味　奶油呈干酪味是生产卫生条件差、霉菌污染或原料稀奶油的细菌污染导致蛋白质分解造成的。生产时应加强稀奶油杀菌和设备及生产环境的消毒工作。

(4)肥皂味　稀奶油中和过度,或者中和操作过快,可引起皂化反应。应减少碱的用量或改进操作。

(5)金属味　由于奶油接触铜、铁设备而产生的金属味。应防止奶油接触生锈的铁器或铜制阀门等。

(6)苦味　奶油被酵母菌污染或生产中使用了末乳,可造成苦味。

2)色泽变化

(1)条纹状　盐加得不均,压炼不足等容易使奶油出现条纹状。

(2)色暗而无光泽　由于压炼过度或稀奶油不新鲜而导致的。

(3)色淡　此缺陷经常出现在冬季生产的奶油中,由于奶油中胡萝卜素含量太少的缘故,有的甚至呈白色,可以通过添加胡萝卜素加以调整。

(4)表面褪色　奶油暴露在阳光下,发生光氧化造成。

3)组织状态变化

(1)软膏状或然胶状　压炼过度,洗涤水温度过高或稀奶油酸度过低和成熟不足等。总之液态油较多,脂肪结晶少则形成黏性奶油。

(2)奶油组织松散　压炼不足、搅拌温度低等造成液态油过少,出现松散状奶油。

(3)砂状奶油　此缺陷出现于加盐奶油中,盐粒粗大未能溶解所致。有时出现粉状,并无盐粒存在,乃是中和时蛋白凝固混合于奶油中。

复习思考题

1. 如何提高稀奶油的分离率?
2. 影响稀奶油的分离的主要因素有哪些?
3. 简述稀奶油的加工工艺及要求。

4. 灭菌前为什么要中和稀奶油?

5. 如何控制稀奶油的质量?

6. 简述甜性奶油和酸性奶油的加工工艺及工艺要求。

7. 奶油储藏过程中易产生哪些质量问题?

实　训

发酵型奶油的生产

【目的要求】通过本实训掌握发酵型奶油的基本生产过程和操作注意事项,并学会生产发酵剂的制备方法。

【材料与方法】

1)配料

稀奶油　5 L　　　　奶油发酵剂　150 mL

2)器具

奶油搅拌机、奶油发酵桶、杀菌用锅、温度计等。

3)方法与步骤

(1)热处理　将稀奶油加热至 90 ℃保持数秒钟。

(2)发酵　杀菌后的牛奶和稀奶油立刻冷至 18 ℃,添加 3% 发酵剂,放在 18 ~ 20 ℃条件下进行 24 h 发酵。

(3)搅拌　将发酵后的物料放入搅拌器,搅拌 10 ~ 25 min 后可获得奶油。刚开始形成的奶油为奶油粒,最后奶油会漂浮在酪乳表面。

(4)洗涤　将酪乳放出,用经杀菌冷却的清水进行洗涤(洗涤在搅拌机中进行),注入水后,慢速转动搅拌机 20 圈,停止旋转,将水放出,必要时可进行 2 ~ 3 次洗涤。

(5)压炼　洗涤后进行压炼,奶油粒通过加压压炼后水分含量得到调节,奶油粒形成细密一致的奶油大团。为了防止奶油粘在奶油铲上,奶油铲使用前一天需将其浸泡于水中。压炼完成后奶油含水量要控制在 16% 以下,水滴必须达到极微小的分散状态。

第14章　乳　粉

本章导读　主要就乳粉的加工做了相关的阐述，内容包括乳粉的概念与种类、全脂乳粉的加工、速溶乳粉的加工、配方乳粉的加工的过程等。通过学习，要求深刻理解各类乳粉的加工原理、加工流程、操作要点等，在各类乳粉生产机理的指导下，能够按照工艺要求及操作步骤，建立完整的生产体系。

14.1　乳粉的概念和种类

14.1.1　乳粉的概念

以鲜乳为原料，用加热或冷冻等方法，除去乳中的绝大部分水分，干燥而制成的呈均匀粉末状的乳制品通常称为乳粉(Milk Powder)。乳粉具有较高的营养价值，这是因为乳粉中几乎保留了鲜乳的全部营养成分。在现代乳粉生产中，从净乳到干燥过程中的每一个工序都严格控制温度和时间，力求在最短时间内、最低温度下达到杀菌和干燥的目的，因而保证了乳粉中营养成分的完整。

乳粉储藏期长，并能保持乳中的营养成分，主要是由于乳粉中水分很低，产生了“生理干燥现象”。这种现象使乳粉中的微生物细胞和周围环境的渗透压压差增大。有人认为，如果产品中的水分比其容水量(可以理解为乳粉在空气相对湿度100%时的平衡湿度)低30%时，产品中的微生物就不能发育繁殖，而且还会死亡。但是，如果乳粉中存在有抵抗力强的芽孢菌，当乳粉吸潮后又会重新繁殖。

乳粉冲调容易，只要加入热水溶开，即可饮用。由于乳粉中除去了几乎全部的水分，大大减轻了重量、减小了体积，为储藏和运输带来了方便，这也是乳粉加工的目的之一。乳粉除供给消费者直接饮用外，还可供食品加工企业使用。

14.1.2　乳粉的种类

根据所用原料、原料处理及加工方法不同，乳粉可以分为：

①全脂乳粉(Whole Milk Powder)。

②脱脂乳粉(Skim Milk Powder)。

③加糖乳粉(Sweet Milk Powder)。

④调制乳粉(Modifiled Milk Powder)。

⑤速溶乳粉(Instant Milk Powder)。

⑥乳清粉(Whey Powder)。

⑦酪乳粉(Butter Milk Powder)。

⑧乳油粉(Cream Powder)。

除上述主要种类外,还有冰淇淋粉(Ice Cream Mix Powder)、麦精乳粉(Malted Milk Powder)等。

虽然市场上一些传统的乳粉制品仍受消费者欢迎,但伴随着人们生活水平和营养意识的提高,消费者希望得到更有益于健康、保健性强、能快速调制而又价格合理的乳粉新产品。当前乳品工业的发展和科学技术的进步,全新的、高营养的新型乳粉产品不断涌现。如嗜酸菌乳粉、低钠乳粉、乳糖分解乳粉、高蛋白低脂肪乳粉、低苯丙氨酸乳粉和蛋白分解乳粉等,尤其是特殊调制的婴儿乳粉已经表现出成为主要乳制品种的发展趋势。

14.1.3 乳粉的化学组成

依原料乳的种类和添加料不同,乳粉的化学组成有一定差别,如表14.1所示,几种主要乳粉的成分分析平均值。

表14.1 各种乳粉的化学分析平均值/%

品　种	水　分	脂　肪	蛋白质	乳　糖	灰　分	乳　酸
全脂乳粉	2.00	27.00	26.50	38.00	6.05	0.16
脱脂乳粉	3.23	0.88	36.89	47.84	7.80	1.55
干酪乳清粉	6.10	0.90	12.50	72.25	8.97	
干酪素乳清粉	6.35	0.65	13.25	68.90	10.50	
甜性酪乳粉	3.90	4.68	35.88	47.84	7.80	1.55
酸性酪乳粉	5.00	5.55	38.85	39.10	8.40	8.62
脱盐乳清粉	3.00	1.00	15.00	78.00	2.90	0.10
母乳化乳粉	2.50	26.00	13.00	56.00	3.20	0.17
婴儿乳粉	2.60	20.00	19.00	54.00	4.40	0.17
奶油粉	0.66	65.15	13.42	17.86	2.91	
强化乳粉	2.00	19.00	18.00	56.50	4.50	
麦精乳粉	3.29	7.55	13.19	72.40 *	3.66	

* 包括蔗糖、麦精及糊精

14.2　全脂乳粉的加工

全脂乳粉可根据原料乳中加糖与否,分为全脂甜乳粉和全脂淡乳粉两种,两种乳粉的加工工艺基本一致。以全脂甜乳粉为例,其加工工艺如下:

化糖→糖浆
↓
原料乳预处理→预热→均质→杀菌→浓缩→喷雾干燥→筛粉冷却→检验→包装→成品

14.2.1　原料乳验收

原料乳必须符合国家标准规定的各项要求,严格地进行感官检验、理化性质检验和微生物检验(具体可参照本书 10.2 所述)。

14.2.2　标准化

全脂甜乳粉的原料标准化时须进行脂肪含量的标准化和蔗糖的标准化。

1)乳脂肪标准化

乳脂肪的标准化是在离心净乳机净乳时同时进行。净乳机如果没有分离乳脂肪的功能,则要单独设置离心分离机。当原料乳中含脂率高时,可调整净乳机或离心分离机分离出一部分稀奶油;若原料乳中含脂率低,则要加入稀奶油,使成品中含有 25% ~30% 的脂肪。因此须经常检查原料乳的含脂率,掌握其变化规律,便于进行适当调整。

2)蔗糖标准化

脂肪标准化以后须进行蔗糖标准化。

(1)加糖量计算　国家标准规定全脂甜乳粉的蔗糖含量为 20% 以下。生产厂家一般控制在 19.5% ~19.9% 之间,根据"比值"不变的原则,即原料乳中蔗糖与干物质之比等于乳粉成品中蔗糖与干物质之比,按下式计算

$$Q = E \cdot F$$

式中,Q——蔗糖加入量,%;

E——原料乳中干物质含量,%;

F——甜乳粉中蔗糖与干物质之比。

【例 1】今有原料乳 2 680 kg,其干物质含量是 11.5%,用其制成甜乳粉,要求成品中含蔗糖量为 19.8%,水分为 2.5%。求原料乳中应加蔗糖多少?

解:$F = 19.8/(100 - 19.8 - 2.5) = 0.25$

$E = 11.5\%$

$Q = 11.5\% \times 0.25 = 2.88\%$

现有原料乳 2 680 kg,则 2 680 kg×2.88% =77.8 kg

可根据 Q、E、F 三者的关系列一表格,计算出原料乳在不同干物质含量情况下及成品中不同蔗糖含量标准时的加糖百分含量,生产中可直接查表找出相应的百分量,然后再乘以总

乳量就可得知加糖总量,如表 14.2 所示。

表 14.2　全脂乳粉加糖量计算表(Q、E、F 表)

$\frac{Q}{E}$	F									
	$\frac{19.9}{80.1}$	$\frac{19.8}{80.2}$	$\frac{19.7}{80.3}$	$\frac{19.6}{80.4}$	$\frac{19.5}{80.5}$	$\frac{19.4}{80.6}$	$\frac{19.3}{80.7}$	$\frac{19.2}{80.8}$	$\frac{19.1}{80.9}$	$\frac{19.0}{81.0}$
10.5	2.61	2.59	2.58	2.56	2.54	2.53	2.51	2.49	2.48	2.46
10.6	2.63	2.61	2.60	2.58	2.57	2.55	2.54	2.52	2.50	2.49
10.7	2.66	2.64	2.62	2.61	2.59	2.58	2.56	2.54	2.53	2.51
10.8	2.68	2.67	2.65	2.63	2.62	2.60	2.58	2.57	2.55	2.53
10.9	2.71	2.69	2.67	2.66	2.64	2.62	2.61	2.59	2.57	2.56
11.0	2.73	2.71	2.70	2.68	2.66	2.65	2.63	2.61	2.60	2.58
11.1	2.76	2.74	2.72	2.71	2.69	2.67	2.65	2.64	2.62	2.60
11.2	2.78	2.77	2.75	2.73	2.71	2.70	2.68	2.66	2.64	2.63
11.3	2.81	2.79	2.77	2.75	2.74	2.72	2.70	2.69	2.67	2.65
11.4	2.83	2.81	2.80	2.78	2.76	2.74	2.73	2.71	2.69	2.67
11.5	2.86	2.84	2.82	2.80	2.79	2.77	2.75	2.73	2.72	2.70
11.6	2.88	2.86	2.85	2.83	2.81	2.79	2.77	2.76	2.74	2.72
11.7	2.91	2.89	2.87	2.85	2.83	2.82	2.80	2.78	2.76	2.74
11.8	2.93	2.91	2.89	2.88	2.86	2.84	2.82	2.80	2.79	2.77
11.9	2.96	2.94	2.92	2.90	2.88	2.86	2.85	2.83	2.81	2.79
12.0	2.98	2.96	2.94	2.93	2.91	2.89	2.87	2.85	2.83	2.81
12.1	3.01	2.99	2.97	2.95	2.93	2.91	2.89	2.88	2.86	2.84
12.2	3.03	3.01	2.99	2.97	2.96	2.94	2.92	2.90	2.88	2.86
12.3	3.06	3.04	3.02	3.00	2.98	2.96	2.94	2.92	2.90	2.89
12.4	3.08	3.06	3.04	3.02	3.00	2.98	2.97	2.95	2.93	2.91
12.5	3.11	3.09	3.07	3.05	3.03	3.01	2.99	2.97	2.95	2.93

(2)加糖的方法　常用的加糖方法有:①净乳之前加糖;②将杀菌过滤的糖浆加入浓乳中;③包装前加蔗糖细粉于干粉中;④预处理前加一部分,包装前再加一部分。

加糖方法的选择,取决于产品配方和设备条件。当产品中含糖在 20% 以下时,最好是在 15% 左右,采用①、②法为宜。①法加糖主要是为了减少杂质,同时也可以和原料乳一起杀菌,减少了糖浆单独杀菌的工序。因为蔗糖具有热溶性,在喷雾干燥时流动性较差,容易粘壁和形成团块,当产品中含糖在 20% 以上时,应采用③、④法为宜(现在加工的乳粉中已没有超过 20% 蔗糖含量的,后两种方法只适用于速溶豆粉类的加工)。带有二次干燥的设备,以采用加干糖方法为宜。溶解加糖法所制成的乳粉冲调性好于加干糖的乳粉,但是容重小,体积较大。无论哪种加糖方法,均应做到不影响乳粉的微生物指标和杂质度指标。

14.2.3　均质

加工全脂乳粉的原料如果进行了标准化,添加了如稀奶油或脱脂乳,则应进行均质,让混合原料乳形成一个均匀的分散体系,从而使全脂乳粉的冲调复原性较优。另外原料乳在离心净乳和压力喷雾干燥时,不同程度地受到离心机和高压泵的机械挤压和冲击,也有一定的均质效果。需要注意的是,在均质时乳温达到 60 ~ 65 ℃才能达到较好的均质效果。标准化后的原料乳须经冷却后暂储于冷藏罐中,当用于加工乳粉时,再将原料乳预热至 60 ℃左右进行均质。

14.2.4　杀菌

原料乳的杀菌方法可根据生产规模、成品的特性进行选择。生产全脂乳粉时,杀菌温度和保持时间对乳粉的品质,特别是溶解度和保藏性有很大影响。一般认为,高温杀菌可以防止或推迟乳脂肪的氧化,但高温下长时间加热会严重影响乳粉的溶解度,所以一般应采用高温短时灭菌的方法。乳粉生产中常用的杀菌方法有以下几种(如表 14.3 所示):

表 14.3　原料乳常用的灭菌方法

灭菌方法	杀菌温度、时间	杀菌效果	设　备
低温长时杀菌法	60 ~ 65 ℃、30 min 70 ~ 72 ℃、15 ~ 20 min 80 ~ 85 ℃、15 ~ 10 min	可杀死病原菌 不能破坏所有酶类 效果较以上两种好	容器式杀菌缸
高温短时灭菌法	85 ~ 87 ℃、15 ~ 20 s 94 ℃、10 ~ 15 s	可杀死病原菌 效果较理想	连续式杀菌器,如板式、列管式、滚筒式
超高温瞬时灭菌法	120 ~ 140 ℃、2 ~ 4 s	微生物几乎全部杀死	管式、板式、蒸汽直接喷射式杀菌器

高温短时杀菌或超高温瞬时杀菌比低温长时杀菌效果好,乳的营养成分破坏程度较小,乳粉的溶解度及保藏性良好,因此得到广泛应用。尤其是超高温瞬时杀菌,不仅能使乳中微生物几乎被全部杀死,还可以使乳中蛋白质达到软凝块化,食用后更容易消化吸收。

14.2.5　真空浓缩

牛乳经杀菌后,立即泵入真空蒸发器进行浓缩,除去大部分水分(65%),然后进入干燥塔中进行喷雾干燥。

1)真空浓缩的设备

(1)设备种类　真空浓缩设备种类繁多,按加热部分的结构可分为盘管式、直管式和板式三种;按其是否利用二次蒸气,可分为单效和多效浓缩设备。

(2)设备特点

①盘管式真空浓缩罐:设备比较落后,但在甜炼乳生产中还具有一定的应用价值。该设备的缺点是物料受热时间较长,不能连续出料,耗汽(蒸发 1 kg 水耗汽 1.1 kg 以上)、耗水量大,生产效率低,且不方便清洗。

②直管外加热式单效真空蒸发器:这是近年来国内乳品厂采用的比较新型的浓缩设备。与盘管式浓缩罐比较,具有结构简单、加工方便、重量轻、清洗方便、能连续出料等优点,耗汽(蒸发 1 kg 水需 1.1 kg 蒸气)、耗水量较大,热利用效率较低。

③双效降膜真空蒸发器:物料受热时间短,能够连续操作,设备的有效时间利用率高(每班不低于 87%);热能消耗少,每蒸发 1 kg 水仅耗 0.41 kg 蒸气(包括杀菌用汽);冷却水耗量低,仅是盘管浓缩罐的 1/4;占地面积小,洗刷方便,大大降低了操作工人的劳动强度,容易自

动控制，便于连续化生产。

④板式蒸发器：这是一种新型蒸发设备，其特点是循环液体量少；热接触时间短（≤1 s）；传热系数高（比上述设备高2~3倍）；结构紧凑，占地面积小；可用增减加热片的办法来调节生产能力；易于清洗和维修，装卸方便。

2）影响浓缩的主要因素

（1）影响乳热交换的因素

①加热器总加热面积：也就是乳受热面积。加热面积越大，在相同时间内乳所接受的热量亦越大，浓缩速度就越快。

②加热蒸气的温度与物料间的温差：温差越大，蒸发速度越快；加大浓缩设备的真空度，可以降低乳的沸点；加大蒸气压力，可以提高加热蒸气的温度。但是压力加大容易“焦管”，影响质量。所以，加热蒸气的压力一般控制在 $4.9 \sim 19.6 \times 10^4$ Pa 为宜。

③乳的翻动速度：乳翻动速度越大，乳的对流越好，加热器传给乳的热量也越多，乳既受热均匀又不易发生“焦管”现象。另外，由于乳翻动速度大，在加热器表面不易形成液膜，而液膜能阻碍乳的热交换。乳的翻动速度还受乳与加热器之间的温差、乳的黏度等因素的影响。

（2）乳的浓度与黏度　在浓缩开始时，由于乳浓度低、黏度小，对翻动速度影响不大。随着浓缩的进行，浓度提高，比重增加，乳逐渐变得黏稠，沸腾逐渐减弱，流动性变差。提高温度可以降低黏度，但易导致“焦管”。

3）浓缩质量控制

（1）连续式蒸发器　对于连续式蒸发器来说，浓缩过程必须控制各项条件的稳定，如进料流量、浓缩与温度；蒸气压力与流量；冷却水的温度与流量；真空泵的正常状态等。保证了这些条件的稳定，即可实现正常的连续进料与出料。

（2）间歇式盘管真空浓缩锅　在设备清洗消毒后，即可开放冷凝水和启动真空泵。当真空度达 6.666×10^4 Pa（500 mmHg）时即可进料浓缩。待乳液面浸过各排加热盘管后，顺次开启各排盘管的蒸气阀。开始时蒸气压力不能过高，以免乳中空气突然形成泡沫而导致损失。待乳形成稳定的沸腾状态时，再徐徐提高蒸气压。控制蒸气压及进乳量，使真空度保持在 $8.40 \sim 8.53 \times 10^4$ Pa（630~640 mmHg），乳温保持在51~56 ℃的范围内，形成稳定的沸腾状态，使乳液面略高于最上层加热盘管，不使沸腾液面过高而造成雾沫损失。随着浓缩的进行，乳的比重和黏度逐渐升高，并由于吸入糖浆，使蒸发速度逐渐减慢。一般在乳吸完后，再继续浓缩10~20 min，即可达到要求的浓度。

对于蒸气压力的控制，一般认为可分五个阶段进行：第一段乳进料初期要控制较低的压力，防止跑奶；第二段进料2/3以前，乳处于稳定的沸腾期，采用 9.8×10^4 Pa（1 kg/cm^2）左右的压力，以保持较快的蒸发速度；第三段进料2/3以后，黏度上升，压力可降到 8×10^4 Pa（0.8 kg/cm^2）；第四段进糖后，压力再降到 6×10^4 Pa（0.6 kg/cm^2）；第五段浓缩后期，应采用不高于 5×10^4Pa（0.5 kg/cm^2）的压力，并随着浓缩终点的接近而逐渐关小乃至关闭蒸气阀。总之，压力宜采用由低到高并逐渐降低的步骤，这可适应黏度的变化。不宜采用过高的蒸气压力，一般不宜超过 1.5×10^5 Pa（1.5 kg/cm^2）。压力过高，加热器局部过热，不仅影响乳质量，而且焦化结垢，影响传热，反而降低蒸发速度。

4）浓缩终点的确定

连续式蒸发器在稳定的操作条件下，可以正常连续出料，其浓度可通过检测而加以控制；

间歇式浓缩锅需要逐锅测定浓缩终点。在浓缩到接近要求浓度时,浓缩乳黏度升高,沸腾状态滞缓,微细的气泡集中在中心,表面稍呈光泽。根据经验观察即可判定浓缩的终点。但为准确起见,可迅速取样,测定其比重、黏度或折射率来确定浓缩终点。

一般要求原料乳浓缩至原体积的1/4,乳干物质达到45%左右。浓缩后的乳温一般约为47~50 ℃,这时的浓乳浓度应为14~16° Be′,其比重为1.089~1.100;若生产大颗粒甜乳粉,浓乳浓度可提高至18~19° Be′。

14.2.6 干燥

浓缩后的乳打入保温罐内,立即进行干燥。乳粉常用的干燥方法可以采用滚筒干燥法和喷雾干燥法。由于滚筒干燥生产的乳粉溶解度低,现已很少采用。现在国内外广泛采用喷雾干燥法,喷雾干燥法包括离心喷雾法和压力喷雾法。

1)喷雾干燥的机理

浓缩乳在高压或离心力的作用下,经过雾化器在干燥室内喷出,形成雾状。此刻的浓乳变成了无数微细的乳滴(直径为10~200 μm),大大增加了浓乳表面积。微细乳滴一经与鼓入的热风接触,其水分便在0.01~0.04 s的瞬间内蒸发完毕,雾滴被干燥成细小的球形颗粒,单个或数个粘连漂落到干燥室底部,而水蒸汽被热风带走,从干燥室的排风口抽出。整个干燥过程仅需15~30 s。

喷雾干燥是一个较为复杂的包括浓缩乳微粒表面水分汽化以及微粒内部水分不断地向其表面扩散的过程。只有当浓缩乳的水分含量超过其平衡水分,微粒表面的蒸气压超过干燥介质的蒸气压时,干燥过程才能进行。

一般来说,喷雾干燥过程分为三个阶段,即预热阶段、恒速干燥阶段和降速干燥阶段。

浓缩乳的微细乳滴与干燥介质一经接触,干燥即开始,乳滴表面水分即汽化。若乳滴表面温度高于干燥介质的湿球温度,则由于乳滴微粒表面水分的汽化而使其表面温度下降至湿球温度;若微粒表面温度低于湿球温度,干燥介质则供给热量使其表面温度上升至湿球温度,通常称之为预热阶段。直到干燥介质传给微粒的热量与用于微粒表面的水分汽化所需的热量达到平衡时为止。此时,干燥速度便迅速增至某一最大值,即进入恒速干燥阶段。

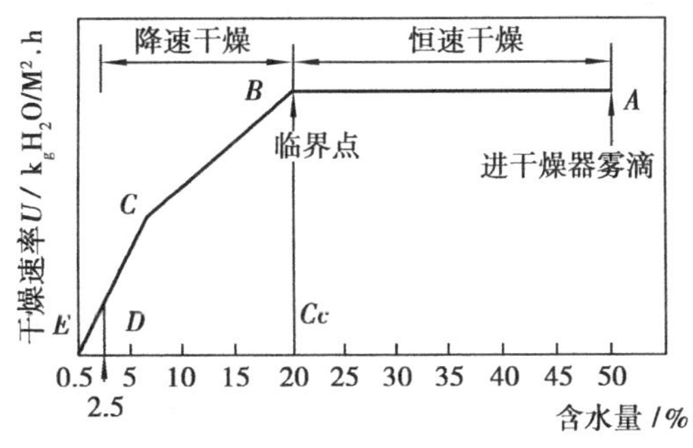

图14.1 干燥速率曲线

如图14.1所示,(干燥速率曲线)上的 *A* 点表示进入干燥室的物料雾滴,其湿含量为50%。从湿含量50%的 *A* 点干燥到20%的 *B* 点这一阶段中,干燥速率不变,*AB* 为一水平线,所以干燥的第一阶段常称为恒速干燥阶段。这一阶段的终点(图14.1中 *B* 点)称为临界点,此点的湿含量称为临界湿含量(或称临界湿度)。临界点以后,干燥速率开始下降,一直下降到干燥速率为零,达到了在一定干燥条件下的极限,这时的物料湿度称为平衡湿度(图14.1中的 E 点,此点的平衡湿度为0.5%)。这一阶段为干燥的第二阶段,BD 为斜线,常称为降速干燥阶段。实际上,在工业生产中不会干燥到平衡湿度(那将需要无限长的干燥时间),而是干燥到介于临界湿度和平衡湿度之间的某一点上,视产品质量及工艺需要而定。例如,乳粉干燥的最终湿含量为2.5%左右,如图14.1中的 D。

2)乳粉的干燥过程

乳粉的干燥过程可分为两大阶段。第一阶段将预处理过的牛乳浓缩至乳固体含量40%左右。第二阶段将浓缩乳泵入干燥塔中进行干燥,该阶段又可分为3个连续的过程:①将浓缩乳分散成非常微细的雾状液滴;②微细的雾状液滴与热空气接触,此时牛乳中的水分大量迅速地蒸发,该过程又细分为预热阶段、恒速干燥阶段、降速干燥阶段;③乳粉颗粒与热空气分开,干燥的乳粉从塔底排出。

为了提高喷雾干燥的热效率,可采用二次干燥法,如二段干燥即降低干燥塔的出口温度,使含水分较高(6%~7%)的乳粉颗粒再在流化床或干燥塔中二次干燥至含水量2.5%~5%;也有的在塔底设置固定沸腾床,使乳粉颗粒在塔底低温条件下干燥。

3)喷雾干燥的工艺及设备

(1)工艺流程

空气过滤→加热
↓
浓缩乳→喷雾干燥→出粉→冷却→筛粉→晾粉→检验→包装
↓
气粉分离→排风

喷雾干燥的实际生产示意图如图14.2所示。

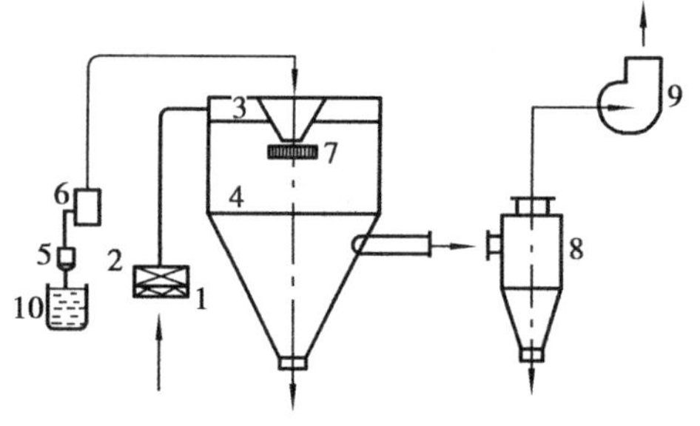

图14.2 喷雾干燥示意图

1.空气过滤器 2.加热器 3.热风分配器 4.干燥室 5.过滤器 6.泵 7.喷头 8.旋风分离器 9.风机 10.料液槽

(2)喷雾干燥设备类型 乳粉喷雾干燥设备类型很多,主要有压力喷雾与离心喷雾两大类。这两类设备按热风与物料的流向,又可以分为顺流、逆流、混合流等各种类型。

①压力式喷雾干燥设备。立式和卧式并流型平底干燥机,多数是人工出粉;立式和卧式并流型尖底干燥机,机械出粉,也可人工出粉。

②离心式喷雾干燥设备。高速旋转的离心盘将浓缩乳水平喷出,因此,干燥室呈圆柱形。立式并流平底干燥机,人工出粉;立式并流尖底干燥机,机械出粉,也可人工出粉。

(3)干燥设备 喷雾干燥设备类型虽然较多,但其主要由干燥室、雾化器、高压泵、空气过滤器、空气加热器、进排风机、捕粉装置及气流调节装置等组成。

4)喷雾干燥的方法

喷雾干燥对产品的质量影响较大,必须严格按操作规程进行。

(1)压力喷雾干燥法　浓缩乳借助高压泵的压力，高速通过压力式雾化器的锐角，连续均匀地呈扇形雾膜状(中空膜)喷射到干燥室内，并分散成微细雾滴，与同时进入的热风接触，水分被瞬间蒸发，乳滴被干燥成粉末。压力喷雾干燥工艺条件通常控制范围见如14.4所示。

表14.4　压力喷雾法生产乳粉时的工艺条件

项　目	全脂乳粉	全脂加糖乳粉	速溶加糖乳粉
浓乳浓度/°Be′	12～13	14～16	18～18.5
乳干物质含量/%	45～55	45～55	55～60
浓乳温度/℃	40～45	40～45	45～47
高压泵使用压力/MPa	13～20	13～20	8～10
喷嘴孔径/mm	1.2～1.8	1.2～1.8	1.5～3.0
芯子流乳沟槽/mm	0.5×0.3	0.5×0.3	0.7×0.5
喷雾角度/°	70～80	70～80	60～70
进风温度/℃	130～170	140～170	150～170
排风温度/℃	70～80	75～80	80～85
排风相对湿度/%	10～13	10～13	10～13
干燥室负压/Pa	98～196	98～196	98～196

雾化状态的优劣取决于雾化器的结构、喷雾压力(浓乳的流量)、浓乳的物理性质(浓度、黏度、表面张力等)。当喷嘴孔径不圆或有豁口时，雾膜厚薄不匀，喷矩偏斜，则雾化不良。当喷嘴孔径和浓乳的物理性质不变时，喷雾压力提高，则喷雾角增大，雾滴粒度变小；反之，喷雾压力降低，则喷雾角变小，雾滴粒度增大。如果喷雾压力不稳，喷雾角时大时小，则雾滴粒度大小不均；当喷嘴孔径和喷雾压力不变时，若浓乳浓度低、黏度小，则雾滴粒度小；反之，则雾滴粒度大。雾滴的大小和均匀度，直接影响乳粉颗粒的大小和均匀度。一般情况下，雾滴的平均直径与浓乳的表面张力、黏度及喷嘴孔径成正比，与流量成反比。用下式表示：

$$\overline{X} \propto d\mu\sigma / W$$

式中，$\overline{X}$——雾滴平均直径，cm；

W——流量，g/s；

d——喷嘴孔径，cm；

σ——表面张力，N/m；

μ——黏度，Pa.s。

浓乳流量则与喷雾压力成正比。用下式表示：

$$W \propto P$$

式中，P——压力，kPa；

W——流量，g/s。

雾滴在理想的干燥条件下干燥后，直径减小到最初乳滴的75%，重量约减少至50%，体积约减少至40%。

(2)离心喷雾干燥法　离心喷雾干燥是利用在水平方向做高速旋转的圆盘的离心力作用进行雾化，将浓乳喷成雾状，同时与热风接触而达到干燥的目的。雾化器一般都采用圆盘式、钟式、多盘式或多嘴式等类型。离心喷雾干燥法生产乳粉时，工艺参数通常控制在一定范围内,如表 14.5 所示。

表 14.5　离心喷雾干燥乳粉时的工艺条件

项　目	全脂乳粉	全脂加糖乳粉
浓乳浓度/°Be′	13 ~ 15	14 ~ 16
浓乳干物质含量/%	45 ~ 50	45 ~ 50
浓乳温度/℃	45 ~ 55	45 ~ 55
转盘转速/(r/min)	5 000 ~ 20 000	5 000 ~ 20 000
转盘数量/只	1	1
进风温度/℃	±200	±200
干燥温度/℃	±90	±90
排风温度/℃	±85	±85

雾化状态的优劣取决于转盘的结构及其圆周速度(直径与转速)、浓乳的流量与流速、浓乳的物理性质(浓度、黏度、表面张力等)。当转盘直径固定、料液的物理性质和流量不变时,转速与雾滴大小成反比,即转速高则粒度小。反之,转速低则粒度大;当转盘转速与直径固定、料液物理性质不变时,进料速率与雾滴粒度成反比,即进料速率大则粒度小。反之,进料速率小则粒度大;当转盘转速一定、进料速率不变时,雾滴粒度与料液黏度成正比,即黏度高则粒度大,反之亦然。在其他参数不变时,雾滴粒度与表面张力成正比,即表面张力大时,则粒度大。反之,表面张力小时,则粒度小。

5)喷雾干燥的优点和缺点

(1)喷雾干燥的优点

①干燥速度快,物料受热时间短。浓缩乳被雾化成表面积较大微细乳滴,其所含的水分在 150 ~ 200 ℃的热风中强烈而迅速地汽化,所以干燥速度快。

②干燥温度低,乳粉质量好。在喷雾干燥过程中,雾滴从周围热空气中吸收大量热量,而使周围空气温度迅速下降,而被干燥的雾滴本身温度大大低于周围热空气的温度。干燥粉末的表面温度一般不超过干燥室内气流的湿球温度(50 ~ 60 ℃)。这是由于雾滴在干燥时的温度接近于液体的绝热蒸发温度,因此,尽管干燥室内的热空气温度很高,但物料受热时间短、温度低、营养成分损失较少。

③工艺参数可调,容易控制质量。选择适当的雾化器、调节工艺条件可以控制乳粉颗粒状态、大小、容重,并使含水量均匀,成品冲调后具有良好的流动性、分散性和溶解性。

④生产过程是在密闭状态下进行,干燥室中保持 100 ~ 400 Pa 的负压,避免了粉尘的外溢,保证了产品卫生质量。

⑤产品呈松散的粉末状,只须过筛、晾粉后就可进行包装。

⑥操作调节方便,机械化、自动化程度高,有利于连续化和自动化生产。操作人员少,劳动强度低,具有较高的生产效率。

(2)喷雾干燥存在的缺点

①干燥塔体积庞大,造价高、投资较大;

②耗能、耗电多,热效率低(蒸发 1 kg 水需 3.0 ~ 3.3 kg 蒸气);

③粉尘粘壁现象比较严重,清扫、收粉的工作量大。

14.2.7 出粉与冷却

喷雾干燥结束后,应立即将乳粉送至干燥室外并及时冷却,避免乳粉受热时间过长。特别是对全脂乳粉,受热时间过长会使乳粉的游离脂肪增加,严重影响乳粉的质量,使之在保存中容易引起脂肪氧化变质,乳粉的色泽、滋气味、溶解度也会受到影响。

1)出粉与冷却

干燥的乳粉落入干燥室的底部,粉温可达60 ℃。出粉、冷却的方式一般有以下几种:

(1)气流输粉、冷却 气流输粉装置可以连续出粉、冷却、筛粉、储粉、计量包装。其优点是出粉速度快,在大约5 s内就可以将喷雾室内的乳粉送走,并在输粉管内进行冷却。因气流以20 m/s的速度流动,乳粉在导管内易受摩擦而产生大量的微细粉尘,经过筛粉机过筛后,筛出的微粉量过多,导致乳粉颗粒不均匀。另外,其冷却效率也不高,一般只能冷却到高于气温9 ℃左右,特别是在夏天,冷却后的温度仍高于乳脂肪熔点以上。

(2)流化床输粉、冷却 流化床输粉、冷却装置能够使乳粉不受高速气流的摩擦,减少了微细粉的产生,乳粉在输粉导管和旋风分离器内所占比例较少,减轻了旋风分离器的负担。冷却床所需冷风量较少,可使用经冷却的风来冷却乳粉,冷却效率高,一般乳粉可冷却到18 ℃左右。当乳粉经过振动的流化床筛网板,可获得颗粒较大且均匀的乳粉。另外,从流化床吹出的微粉还可通过导管返回到喷雾室与浓乳汇合,重新喷雾成乳粉。

(3)其他输粉方式 能够连续出粉的输粉器、电磁振荡器、转鼓型阀、漩涡气封法等。这些装置既能保持干燥室的连续工作状态,又使乳粉及时送出干燥室外,但必须立刻进行筛粉、晾粉,促使乳粉尽快冷却。

2)筛粉与储粉

乳粉过筛的目的是将粗粉和细粉(布袋滤粉器或旋风分离器内的粉)混合均匀,并除去乳粉团块、粉渣,并使乳粉均匀、松散,便于晾粉冷却。

(1)筛粉 一般采用机械振动筛,筛底网眼为40~60目。在连续化生产线上,乳粉通过振动筛后即进入锥形积粉斗中存放。

(2)储粉 乳粉储存一段时间后,表观密度可提高15%,有利于包装。在非连续化出粉线中,筛粉后的晾粉也达到了储粉的目的。连续化出粉线上,冷却的乳粉经过一定时间(12~24 h)的储放后再包装为好。

14.2.8 包装

当乳粉储放时间达到要求后可进行包装。包装规格、容器及材质依乳粉的用途不同而异。小包装容器常用的有马口铁罐、塑料袋、塑料复合纸袋、塑料铝箔复合袋,市面常见规格以1 kg、500 g、450 g为最多,也有250 g、150 g,通常以25 kg塑料袋内包装后再进行包装的。大包装容器有马口铁箱或圆筒,以12.5 kg为常见。包装要求称量准确、排气彻底、封口严密、装箱整齐、打包牢固。包装室必须经紫外线照射30 min灭菌后方可使用,包装室室温应保持在20~25 ℃,相对湿度为75%。

14.3 速溶乳粉的加工

14.3.1 速溶乳粉的质量特征

速溶乳粉是以特殊的工艺经喷雾干燥或真空薄膜干燥或真空泡沫干燥而制得的乳粉。由于采用了特殊工艺处理,从而使其溶解性、可湿性、分散性等都获得了改进。当用水冲调复原时,溶解速度较快,且不会在水面上结成小团。速溶乳粉即使在温度较低的水中也同样能够很快溶解复原为鲜乳状态。速溶乳粉的外观特征表现为颗粒较大,一般为 100 ~ 800 μm,干粉不会飞扬,因而在食品工业中大量使用较为方便。速溶乳粉的颗粒中乳糖呈结晶态的 α-含水乳糖,而不是非结晶无定形的状态,因此速溶乳粉在储藏过程中不易吸湿结块。

14.3.2 速溶乳粉的加工原理

1)脱脂速溶乳粉

一般的脱脂乳粉存在有某种程度的焦煮气味、溶解性差、保藏中吸湿性大,易结块等缺陷。这些缺陷产生的原因是由于牛乳中含有少量的乳白蛋白和乳球蛋白,它们对热比较敏感,在浓缩和灭菌过程中,如果温度控制不当就会引起变性,因而影响到乳粉的溶解性。另一方面,乳白蛋白和乳球蛋白中含有巯基,其变性是引起乳粉蒸煮味的原因。

速溶乳粉中乳糖的晶型和乳粉的颗粒结构状态与一般普通乳粉中乳糖的晶型和乳粉的颗粒结构状态不同。乳糖溶液具有两种异构体,即 α-乳糖和 β-乳糖。其中 β-乳糖常常多于 α-乳糖,二者在室温下之比是 1.58:1,在 100 ℃下二者之比是 1.33:1。当喷雾时由于牛乳瞬间干燥成乳粉,妨碍了乳糖进行结晶而形成一种无定形的玻璃态的非结晶的 α-乳糖与 β-乳糖的混合物。这种玻璃态的乳糖具有很强的吸湿性。含有这种乳糖的普通脱脂乳粉在 35 ℃、70% 的相对湿度下放置 4 ~ 10 h 后,吸收水分可达 10% ~ 12%。其后就不再吸收水分,乳糖变成结晶状态。如果这时将多余的残留水分再经过一次干燥,就形成一种含有结晶状态乳糖的乳粉。这种乳粉吸湿性很小,耐保藏。据此可以生产速溶脂脱乳粉,这种工艺方法称为吸潮再干燥方法。另外,还有其他生产速溶乳粉的方法。在生产速溶脱脂乳粉时,需要考虑以下 5 个方面的因素:

(1)加热对乳清蛋白质的影响　加热温度和时间与引起乳清蛋白质变性的关系大致如表 14.6 和图 14.3 所示。

表 14.6　加热温度和时间与乳清蛋白变性的关系

变性率/%	温度与时间	
	15 s	30 min
5	80 ℃	66 ℃
10	82 ℃	67.5 ℃
15	84 ℃	68 ℃

续表

变性率/%	温度与时间	
	15 s	30 min
20	86 ℃	69.5 ℃
25	87 ℃	71 ℃
30	87.5℃	71.5 ℃
35	88 ℃	72 ℃
40	89 ℃	73 ℃

80 ℃,15 s 的加热条件与 66 ℃,30 min 的加热条件引起乳清蛋白质变性的程度相等,其变性率为5%。加热温度和时间与乳清蛋白变性的关系如图 14.3 所示。所以,当制造速溶脱脂乳粉时,首先要考虑的是对牛乳的预热杀菌条件。

从图 14.3 及表 14.6 中可以看出,既要达到灭菌的目的,又能尽量减少乳清蛋白的变性程度,最好是采用 80 ℃,15 s 的加热条件。

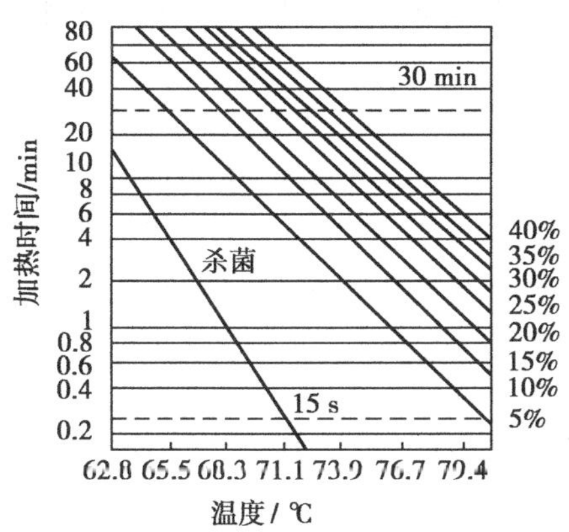

图 14.3　加热温度和时间与乳清蛋白变化的关系

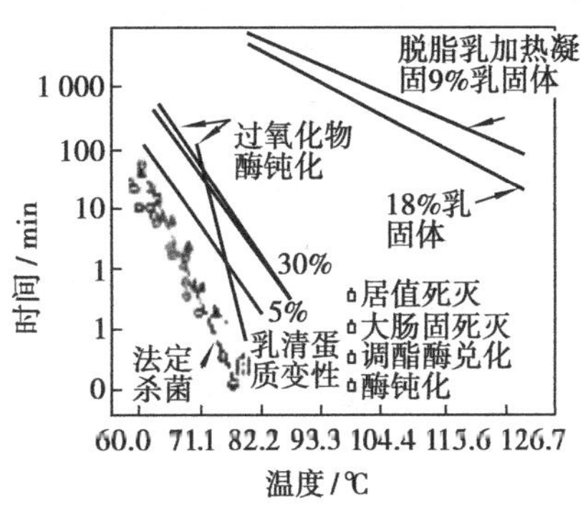

图 14.4　加热温度和时间对乳中酶和细菌的影响

(2)加热对牛乳中酶和细菌的影响　从图 14.4 可以看出,结核菌和大肠菌都在 80 ℃,15 s或 66 ℃,30 min 的加热条件下杀死。从图 14.4 中也可看出磷酸酶和酯酶都能在上述两个加热条件下钝化。从图中可以看出在 66 ℃,3 min 的加热条件下不能使过氧化酶钝化,而在 80 ℃,15 s 的加热条件下该酶可钝化。所以,制造速溶脱脂乳粉时,比较适当的预热、灭菌条件以 80 ℃,15 s 的高温短时杀菌法为佳。

(3)加热对乳清蛋白质产生巯基的影响　研究表明:未经加热的原料乳中并不含有活性的巯基,加热使乳清蛋白质巯基活性增加。如果在 80 ℃稍长时间加热时,就会产生活性巯基,造成蒸煮味的形成。同时呈现氧化还原电势的降低,巯基被游离出来,而且有挥发性硫化物出现。采用 80 ℃,15 s 的高温短时杀菌法则可以避免这种蒸煮味。

(4)浓缩温度与乳清蛋白质变性的关系　如图 14.5 所示,脱脂乳在蒸发浓缩时,温度如不超过 65.5 ℃时,浓缩到乳固体 36%以上,也不会过多的使乳清蛋白质变性。实际上,采用真空浓缩,特别是采用双效降膜式真空浓缩时温度是不会超过 65.5 ℃的,而且在浓缩中受热时间很短。一般浓缩可控制在45～50 ℃或55～60 ℃进行浓缩为佳。

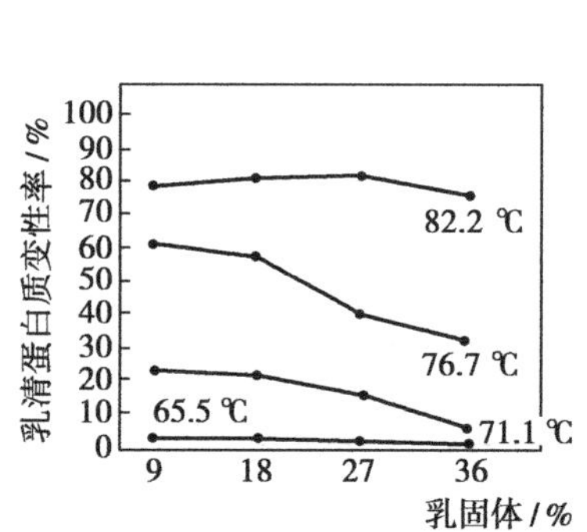

图14.5 浓缩温度与乳清蛋白变化的关系

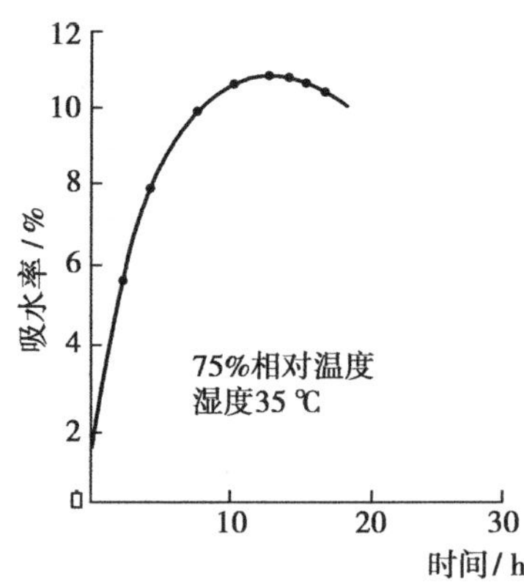

图14.6 乳清的吸湿曲线

(5)乳糖晶型的转变(吸潮)和干燥　按上述预热杀菌条件和浓缩条件所得的浓缩乳,如果直接按普通方法喷雾,则所得的乳粉中乳糖晶型仍然是玻璃态的非结晶的α-乳糖与β-乳糖的混合物,具有很强的吸湿性。为了使这种乳粉中的乳糖能够转变为结晶态的、无吸湿性的晶型,要令其经过吸潮结晶再干燥的工艺过程。如图14.6所示,乳糖在35 ℃和相对湿度70%情况下,很快吸收水分达10%～12%,并开始结晶。

2)全脂速溶乳粉

全脂速溶乳粉除了考虑脱脂乳粉中所含的蛋白质、乳糖等因素外,还必须考虑脂肪的因素。到目前为止,还没有达到很理想的大规模工业化生产。按照生产脱脂速溶乳粉的吸潮再干燥的工艺方法生产的速溶全脂乳粉其下沉性、可湿性并不理想,所以只能算是半速溶全脂乳粉。目前认为较为成功的工艺方法是薄膜干燥和泡沫干燥法。

14.3.3 速溶乳粉的工艺流程及质量控制

1)脱脂速溶乳粉

生产脱脂速溶乳粉,根据前述的加工原理及工艺要求,已经工业化生产的工艺流程有二段法和一段法两种。

(1)二段法　二段法是最早提出的和最早投入工业生产的方法。首先要用喷雾法来制造普通的喷雾脱脂乳粉作为基粉。在制造基粉时,要求预热、杀菌和浓缩等过程,都要限制在低温条件下进行。必须控制其乳清蛋白质变性程度不超过5%,然后将这种基粉再经过下列几道工序:

①与潮湿空气及蒸气接触以吸潮,目的在于使乳粉颗粒互相附聚(或称簇集),并使α-乳糖开始结晶。

②再进行热风干燥并冷却之。

③轻轻粉碎过筛,以使颗粒大小均匀。

具有代表性的方法有皮布尔法(Peebles)、车利·巴葱尔法(Cherr Burrell)、布劳·诺克斯法(Blaw Konx)、劳德·浩德松法(Lauder Hodso)、比瑟尔法(Bissell)、斯考特(Scott)法,等等。皮布尔法是最早投入工业化生产的方法,流程简要如图14.7所示。

其工艺过程是将基粉用风机4经导管3打入圆锥形附聚室中洒下,这时与蒸汽相遇,进行附聚吸潮。同时从附聚室下方吹入32~60 ℃的热风。基粉吸潮后变为簇集的潮粉，垂直落到下面的锥形漏斗1、2中，同时吹以冷风。这时冷却潮粉含水分为10%~15%，落于底部的传送带6上，送到流化床干燥机7。再由下面的5处吹入110~121 ℃的热风进行沸腾干燥，使乳粉中的含水量降低到3.0%~4.5%，落入回转式轻微粉碎机8中，进行粉碎。同时过筛以调整颗粒大小使之均匀，然后包装。流化床干燥机中吹起的微粉，由上部的风机9经输粉导管10送回到料仓11中，与基粉混合。

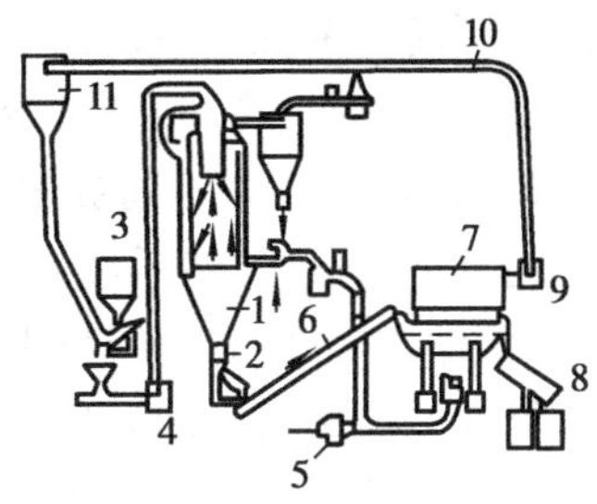

图14.7 皮布尔法速溶脱脂乳粉生产工艺流程

(2)一段法　考虑到二段法必须先制成基粉会增加成本，且在某些情况下会对产品的风味和溶解度有不利影响，因而提出无需预先制成基粉，用一段法生产速溶乳粉的方法。

利用一段法生产速溶乳粉，其颗粒大小与密度和干燥前的脱脂乳的浓度及喷雾条件有关。一般浓度高可以获得大的颗粒，从而改进其可湿性及分散性。压力喷雾时可通过减低压力，放大喷嘴锐孔直径来获得大颗粒的乳粉。

一段法制造速溶乳粉的工艺方法中，较有代表性者为尼罗直通式速溶乳粉瞬间形成机(Niro Straight Through Process Instantiger)。其特点是使用尼罗离心式喷雾干燥设备，在喷雾干燥室下部连接一个直通式速溶乳粉瞬间形成机，连续地进行吸潮再干燥并流化床式地冷却，附聚造粒过筛。从速溶乳粉形成机连续排出的速溶乳粉即可送去包装。这种设备占地面积很小，设于尼罗式离心喷雾干燥室下面即可。喷雾干燥室的排风温度较生产普通乳粉时低，因此从喷雾室落下的乳粉水分含量较高。潮粉落到下面锥形底出口处连接的卧式速溶乳粉瞬间形成机中。该机分为三个区段，每个区段都有不停往复振荡的多孔筛板，乳粉在筛板上也不停地往复筛动。同时因筛板稍有倾斜，故乳粉会不断地从第一室移行到第二室、第三室，最后排出。第一室、第二室从筛板下面吹以热风，第三室从下面吹以冷风。这样经过加热干燥并经过不停的筛动而形成大颗粒。然后再经过冷却，成品速溶乳粉就不断地排出，送去包装。这时从筛板上吹起的微粉则被吸到旋风分离器捕集，然后经微粉导管送到喷雾干燥室顶部的离心盘处，与浓乳雾滴会合后再一同喷成乳粉。

用这种设备制成的速溶脱脂乳粉在冷水中经数秒钟即可溶解复原为鲜乳状态。这种设备较二段法所耗用的蒸气和电力少，成本几乎与普通乳粉一样。

2)全脂速溶乳粉

全脂速溶乳粉在目前还没有大量工业化生产。考虑到乳脂的影响因素，为了能更加理想地制造全脂速溶乳粉，现在有的研究采用与吸潮再干燥的方式完全不同的干燥方法和工艺流程。大致有下列几种：

(1)薄膜干燥法　可分为间歇式和连续式两种。牛乳的浓缩采用低温真空蒸发器，浓缩到乳固体含量为35%，然后在电热的低温真空干燥器中形成薄膜进行干燥。干燥器要减到约0.7 kPa(5 mmHg)以下。这时牛乳则在稍高于0 ℃的低温下进行干燥，所得的乳粉为不规则片状。溶解度、可湿性及分散性非常好，风味亦佳。但间歇式生产周期长，一次约需80 min，而且工序繁杂，所以不适于大规模生产。

连续式生产可使整个干燥时间缩短为3~4 min。该设备为一个长1 m左右，直径约为3.2 m的卧式真空干燥器。内设有履带式不锈钢传送带，其一端经过一加热圆管，另一端经过一冷却圆筒。浓乳在不锈钢传送带上形成一个薄层，随着履带的传动，经过一系列辐射热的加热，然后再通过冷却圆筒，冷却好的乳粉由一振动刮板刮下送去包装。

(2)泡沫干燥法　将新鲜的牛乳经均质(63 ℃,17 MPa(176 kg/cm^2))及灭菌(73 ℃,16 s)后送至平衡储槽，然后经泵送到薄膜真空蒸发器浓缩到乳固体含量约为43%(浓缩温度38 ℃)。浓缩乳经27 MPa(211 kg/cm^2)及3 MPa(35 kg/cm^2)二段均质，然后向均质好的浓乳中通入氮气。再通过冷却器后冷却到1～2 ℃，同时使氮气在浓乳中均匀分布，形成大约75 μm的气泡。最后通过计量泵和管式冷却器送到真空干燥机，进行真空干燥。

(3)泡沫喷雾干燥法　可以利用一般普通压力式喷雾干燥设备，稍加改装即可。主要是在高压泵与喷嘴之间的一段高压管中连接一段能压入氮气的管路，向浓乳中充入氮气后，再一同喷出进行干燥。具体工艺条件为牛乳经74 ℃,15 s杀菌后，经17 MPa(176 kg/cm^2)压力的均质处理。再于薄膜蒸发器中浓缩到含乳固体达50%左右，浓缩乳保持在32 ℃，由高压泵送出喷雾。但在高压泵与喷嘴之间的一段高压管路中连接一段T形管，用以喷入氮气。这时氮气的注入压力为133 MPa(141 kg/cm^2)，氮气量约为每千克浓乳注入0.005 6～0.025 5 m^3。此时氮气与浓乳会合，形成泡沫状喷出。高压泵的压力要调节在使喷嘴压力保持在12 MPa(126 kg/cm^2)。喷嘴孔径为1.0～1.3 mm，喷雾室进风温度为132 ℃。所得的乳粉较普通乳粉水分含量低。在显微镜下观察，这种乳粉呈中空颗粒，含有大气泡。平均颗粒直径为104 μm左右，而且颗粒之间相互粘附的现象较多。由于粘附而形成的不规则大颗粒，其平均直径为140～430 μm，所以乳粉的容积增大，其工艺流程简要如图14.8所示。

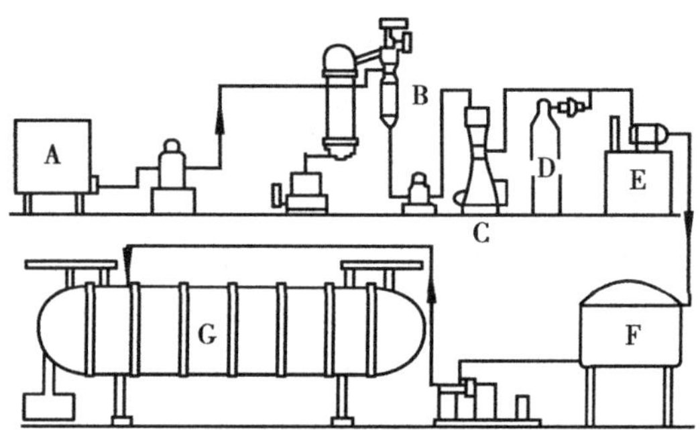

图14.8　泡沫干燥法生产全脂速溶乳粉工艺流程

A.平衡槽　B.薄膜真空蒸发器　C.均质机　D.氮气瓶
E.冷却器　F.通氮气后浓乳的储槽　G.真空干燥机

3)速溶乳粉存在的主要质量缺陷

主要表现在以下几个方面：

①表观密度低(即容重小)，每毫升只有0.35 g左右。所以同样重量时，速溶乳粉较普通乳粉所占的容积大，对包装不利。

②水分含量较高，一般为3.5%～5.0%，不利于保藏。

③对硝酸盐的还原性较大，羟甲基糠醛含量高，这说明速溶乳粉在特殊的制造过程中促进了褐变反应。这种乳粉如果包装不良，而且在较高温度下保藏时，很快会发生显著的褐变。

④速溶脱脂乳粉一般具有一种粮谷的气味，这种不愉快的气味是由含有羰基或含有甲硫醚基的化合物所形成。

14.4 调制乳粉

调制乳粉(Modified Milk Powder)是20世纪50年代发展起来的一种乳制品。早期的调制乳粉是主要是针对婴儿的营养需要,在乳或乳制品中添加某些必要的营养素经干燥而制成的一种乳制品。

近年来,婴儿用的调制乳粉已进入母乳化的特殊调制乳粉时期,以类似母乳组成的营养素为基本目标,通过添加或提取牛乳中的某些成分,使其组成不仅在数量上而且在质量上都接近母乳,更适于喂养婴儿。但调制乳粉的概念已不再是局限于婴儿用乳粉上,而是指针对不同人群的营养需要,在鲜乳原料中或乳粉中调以各种营养素加工而成的乳制品。因此,调制乳粉的种类包括婴儿乳粉、母乳化乳粉、牛乳豆粉、老人乳粉等,还包括有适于青少年生长需要的阶段乳粉、适于各种病人营养需要的保健乳粉,等等,但以指婴儿用乳粉类为主。

14.4.1 婴儿乳粉的加工原理

母乳是哺育婴儿的最佳食物,当母乳不足时,必须使用代乳品进行喂养。牛乳中蛋白质的氨基酸组成被认为是最接近母乳的,是最好的代乳品。但牛乳和母乳有很大区别,作为代乳品须将牛乳中的各种成分进行调整,使之近似于母乳,并加工成方便使用的粉状乳产品,故称之为婴儿乳粉。婴儿乳粉的调制基于婴儿生长期对各种营养素的需要量,因此必须在了解牛乳与人乳的区别的基础上,进行合理的调制婴儿乳粉中的各种营养素,使婴儿乳粉适合婴儿的营养需要。人乳和牛乳无论是感官上还是组成上都有区别,但组成上的区别更大,如表14.7所示。

表14.7 人乳和牛乳的一般成分比较

成分	总固体/g	全蛋白质/g	含氮化合物/%					脂质/g	糖质/g	灰分/g	热量/kj
			酪蛋白-氮	白蛋白球蛋白-氮	朊、胨-氮	氨基-氮	非氨基-氮				
人乳	12.00	1.10	43.90	32.70	4.30	3.50	15.60	3.30	7.40	0.20	62
牛乳	11.65	2.98	78.50	12.50	4.00	5.00	5.00	3.32	4.38	0.71	59

1)蛋白质

人乳与牛乳的蛋白质含量与组成有很大差别。牛乳蛋白质中的酪蛋白占78%以上,酪蛋白与白蛋白、球蛋白的比约为5:1,而人乳约为1.3:1,牛乳蛋白质中白蛋白极少,如表14.8所示。牛乳与人乳的酪蛋白与磷的结合量也不同,人乳酪蛋白结合量为40%,约为牛乳的1/2,牛乳与钙的结合量也特别多。因此,酪蛋白对无机盐的凝聚也各异,在氯化钙0.1 mol/L浓度时,牛乳酪蛋白约70%凝聚,人乳酪蛋白约为30%;同时,酪蛋白粒子的大小也不同,人乳约为70~80 μm,而牛乳为80~120 μm,如表14.8所示。

表 14.8 人乳与牛乳的含氮化合物的分布

区 分	牛 乳		人 乳	
	全氮中/%	牛乳中($N\times6.38$)/%	全氮中/%	人乳中($N\times6.38$)/%
全氮	100.0	3.18	100.0	1.16
酪蛋白态氮	78.5	2.63	44.1	0.51
白蛋白态氮	9.2	0.31	32.9	0.38
球蛋白态氮	3.3		0.11	
际胨态氮	4.0	0.13	4.3	0.05
非蛋白态氮	5.0		18.7	

人乳与牛乳的乳清蛋白有质的差别。人乳被分离确认有α-乳白蛋白、β-蛋白、γ-球蛋白、乳铁蛋白(红色蛋白质)等。另外,蛋白质与糖及唾液酸的结合量,人乳蛋白质结合量明显多于牛乳,如表 14.9 所示。

表 14.9 人乳与牛乳的碳水化合物结合量

碳水化合物	牛乳蛋白质	蛋白质
已糖	84.43	186.53
已糖胺	2.98	37.11
唾液酸	4.02	16.49

酪蛋白在胃中由于胃酸的作用而形成较硬的凝固物,但将酪蛋白与乳白蛋白的比例调为 1∶1 时,酪蛋白呈微细的凝固。同时,乳白蛋白增强耐脂肪性,与酪蛋白相比有较高的生理价值,因此,婴儿调制乳粉中常利用含有乳白蛋白的乳清。

人乳与牛乳蛋白质的生理价值各为 94.5 及 81.5。研究结果表明:喂养人乳的婴儿每日每千克体重需 2.0 ~2.5 g 蛋白质。因牛乳等动物性蛋白质其生理价值低于人乳,所以每日每千克体重需 3.0 ~3.5 g,如用大豆蛋白喂养婴儿,则需要提高到每日每千克体重 5 ~6 g。研究同时发现人工营养儿虽然摄取了较多的蛋白质,但血清的总蛋白质量及白蛋白质值一般较母乳营养儿为低。母乳营养儿的蛋白质摄取量低,其代谢负担也轻,肝等的蛋白质同化功能优良,保持血中高蛋白值,其利用效率也好。

因此,为了使牛乳蛋白质的消化性与人乳相等,有的增加乳清蛋白质,使酪蛋白与乳清蛋白的比率与人乳相同;或将酪蛋白部分消化,使酪蛋白态氮与非酪蛋白态氮的比例与人乳的近似,用这两种方法加工调制乳粉。各公司生产的特殊调制乳粉的酪蛋白与白蛋白、球蛋白之比为 0.8∶1,1.35∶1,1.68∶1,3.5∶1,有很大不同。

人工营养儿与母乳营养儿相比,一般摄取较多的蛋白质,蓄积的氮也多,过多的氮主要以尿素的形态排出体外。消除人工营养儿的这种负担颇为重要。根据 FAO(联合国粮农组织)的报告,无论人乳和牛乳,只要以容易消化的形式喂养,由生后 1 ~6 个月中,每千克体重给予 2 g 蛋白质已足够。目前生产的特殊调制乳粉的蛋白质含量已由 14% ~15% 调整为 12%。

2)免疫蛋白质

人乳中有IgG(Immune globlin G,4小类)、IgA(2小类)、IgM、IgD及IgE等5种免疫球蛋白,还含有脊髓灰白质类、伤寒、副伤寒、流感等的各种抗体。

初乳含有对各种微生物具有活性的免疫球蛋白,特别是人的初乳中IgA较多(为20～40 mg/L),与IgM相同,是分泌性的。婴儿在出生前通过胎盘由母体获得的一部分免疫物质是IgG。人乳中的乳铁蛋白对病原性大肠菌显示出明显的抗菌性,特别是各种动物的初乳中乳铁蛋白较多。

一般人工营养儿较母乳营养儿的疾病抵抗力弱,这可以认为母乳营养儿是吸收了母乳中抗体蛋白的缘故。

3)脂质

人乳与牛乳的脂肪含量为3.4%～3.5%,大致相同,但脂肪酸组成有很大差别。人乳的碘值高,而牛乳的水溶性挥发性脂肪酸值和皂化价高。因此,牛乳饱和脂肪酸,特别是挥发酸多,而人乳中不饱和脂肪酸,特别是亚油酸、亚麻酸较多。

母乳营养儿与牛乳营养儿的脂肪吸收率各为96.8%和86.5%,母乳营养儿较优。如果将牛乳脂肪用植物油按人乳的脂肪酸构成进行配比,使其成为含有大量的不饱和脂肪酸的乳汁,吸收率可提高5%～10%,接近人乳。

脂质中的磷脂是婴儿生长期间所需要的重要成分,包括胆甾醇、脑磷脂、鞘磷脂、脑苷脂类。在婴儿调制乳粉中,应尽可能使磷脂质含量接近人乳的含量。人乳中的鞘磷脂是牛乳中的1倍,磷脂质的组成如表14.10所示。

表14.10　乳中磷脂的组成/%

项　目	卵磷脂	脑磷脂	鞘磷脂
人乳	30	30	40
牛乳	40	40	20

人乳中最易变化的成分是脂类。从泌乳开始到断乳,脂肪的成分一直在变化。早期的乳中含有较多的多烯酸,而后期的乳中含有较多的单不饱和脂肪酸。现在一般倾向于用植物油代替部分的乳脂肪,以保证提供更多的亚麻酸和油酸(单不饱和脂肪酸)。初期婴幼儿摄取热量中含有4%的亚油酸时,具有最高的热量效果。人乳可充分满足此量,牛乳满足不到2%。另外从缺乏亚油酸的皮肤炎症试验结果看,在婴幼儿食品中必须有亚油酸。因而在人乳中所含有的不饱和高级脂肪酸,具有促进消化吸收、节约热能摄取量、预防和抗病等的营养生理学意义。

4)糖质

牛乳中的乳糖约为4.3%,比人乳的少,喂养婴儿时一般添加乳糖。人的初乳含乳糖5.8%±0.37%,常乳含6.86%±0.26%。糖质不但能补充婴儿热量,而且能保持水分平衡,为构成脑和重要脏器提供半乳糖。肝糖的储藏也需要有充足的糖质供应。

人乳及牛乳中的α-与β-乳糖都呈平衡状态存在,这种平衡状态对婴儿来说是适宜的。β-乳糖可使双歧乳杆菌增殖,通便性好。蛋白质与乳糖的比率人乳大约为1∶6,牛乳大约为1∶1.5,调制婴儿乳粉为1∶4～1∶4.5。婴儿所需要的比率是1∶2.5以上。当乳糖与蛋白质的比接近人乳时，婴儿肠内的消化状况与母乳营养儿相同，则肠内菌相是双歧乳杆菌占优势。肠道内 pH 值下降，通便性也接近母乳营养儿；特别是防止了大肠菌在肠内的固定，有预防感染的效果。因此，近年来的调制婴儿乳粉，为了使乳糖与蛋白质的比率尽可能接近人乳，添加蔗糖的逐渐减少，而只添加乳糖和可溶性多糖类。

除乳糖外，乳汁中还含有其他糖类的双歧乳杆菌生长因子—粘多糖类，在人的初乳中粘多糖类含量较多。健康妇女的乳汁中，每升含 4 g 氨基糖，其中 0.7 g 为 N-乙酰-D-氨基葡萄糖，其他为少量的 N-乙酰-D-半乳糖胺。专家认为，这类物质不单是双歧乳杆菌生长因子，也可能是初生儿在免疫、营养上不可缺少的成分。

5）无机盐

由于牛乳较人乳酪蛋白及无机盐含量高，故其缓冲作用极强。胃内的胃蛋白酶在 pH 值为 4 以下起作用，pH 值为 2.5 时分解力最大。因此，缓冲力强的牛乳较人乳需要非常多的胃液，这就加重了胃的负担。而且，牛乳中的钙和磷，超过了婴儿的必需量，过剩部分须经尿排出体外。按每千克体重需要计算，婴儿比成年人需更多的水分和无机质，但肾脏的功能尚未成熟，所以排泄过剩水分和无机质的能力低，致使体液平衡的调节困难，容易发生各种障碍。

6）维生素

牛乳是维生素 B_2 的良好供给源，但牛乳中维生素 C、维生素 D 和烟酸不足，维生素 A 和 B_1 也不十分充足。最近有研究在婴儿乳粉中添加活性形 B_1，即 B_1 的诱导体二苯酰硫胺素、苯酰硫胺化二硫等的报道。与一般的 B_1 比较，B_1 的诱导体不被硫胺素分解酶分解，肠道吸收性好，有效性长。人乳中维生素 E 较牛乳中多，在婴儿营养上，从脂质代谢及阻止红血球溶血现象上有深刻的意义。

在婴幼儿饮食中必需的维生素可以认为是 A、C、D、K、烟酸、B_1、B_2 和叶酸等。为了使钙、磷有较大的蓄积量，维生素 D 必须达到 300 ~ 400 IU/d；但是如果过多，钙磷的蓄积反而减少，影响体重的增加。

7）蛋白质消化酶

牛乳即使在生乳状态下也比人乳的酶活性低，只含约人乳 1/5 量的蛋白分解酶，经杀菌则完全失去酶活性。如果将牛乳中的钙离子去掉一部分，使牛乳软凝块化，或者使牛乳经过杀菌、均质，则可以提高牛乳蛋白质的消化性。也有研究在牛乳中添加蛋白酶，预先将蛋白质消化一部分，再经杀菌将酶钝化的方法；或在乳粉中混合加入蛋白质消化酶，以便在体内消化时利用等方法。例如，在生乳中添加 80×10^{-6} 的胰酶，经 62 ℃，30 min 的保温杀菌后冷却待用。经处理的胰酶尚有 1/3 的残存活性，但在 62 ℃保温期间内大约有 1% 加水分解，使婴儿乳粉中含有与人乳同样的蛋白消化酶，这对早产儿更为重要。

8）其他微量成分

（1）核苷酸　人乳中含较多量的核苷酸，痕量的乳清酸，而牛乳中只含有微量的核苷酸，大部分为乳清酸。核苷酸促进双歧杆菌的繁殖，添加腺嘌呤可以预防由于乳清酸而发生的脂肝，这在婴儿营养上有重要意义。

（2）溶菌素　溶菌素具有抗菌、抗病毒作用，还具有广义的免疫作用、血液凝固及止血作用、消炎及乳的消化等作用。对牛乳与人乳中的溶菌素含量进行比较后发现，人乳中的含量为牛乳的数千倍。经检验证明，在母乳营养儿粪便中有溶菌素，但在人工营养儿粪便中极少。这说明对于母乳营养儿，乳汁的溶菌素不被分解而存在于肠内，而且发现在唾液及其他体液中也有存在，可以认为溶菌素具有对有害细菌及病毒入侵的防御作用。还有试验表明，用添加溶菌素的乳粉喂养婴儿后，其粪便中的溶菌素量增加，双歧杆菌量也有增加，大肠菌则减少。由此可见，溶菌素在婴儿营养上有重要意义。

(3)黏蛋白、异构乳糖　黏蛋白是由多糖类、糖蛋白形成的一种黏性物质，是构成机体组织的物质，具润滑作用及保护作用。人乳中的含量大大高于牛乳。将黏蛋白及异构乳糖添加于婴儿乳粉中，可提高溶菌素的活性，促进双歧乳杆菌的繁殖，使通便性良好。同时可促进氨基酸及脂肪的吸收。黏蛋白对脂肪吸收的影响虽然机理尚未明了，但可认为因为黏蛋白有一种乳化作用，使被摄取的脂肪微粒子化，既便于酶的分解作用，又可促进脂肪微粒子的直接吸收。将异构乳糖添加到婴儿乳粉中，可使人工营养儿的肠内菌相与母乳营养儿的相近，表现为双歧乳杆菌占优势。

14.4.2 婴儿乳粉主要营养素的调整

当计算婴儿调制乳粉成分配比时，应考虑到婴儿对各种营养成分的需要量，使之尽量接近于母乳的成分配比。世界各国都根据本国婴幼儿的营养需求特点制订了营养需要量标准，调制乳粉向着类似人乳的方向逐渐发展，由调整蛋白质、脂肪、乳糖、无机成分开始，再添加微量有效成分，使之类似人乳。

1)蛋白质

生产调制乳粉，可添加经离子交换处理的乳清粉，以增强乳白蛋白，或添加大豆蛋白，以减少蛋白质含量，使之近似人乳的酪蛋白与白蛋白的比率。以牛乳为基础的婴儿调制乳粉中酪蛋白和乳清蛋白的比例由原来的4∶6调整到2∶8。另外，还可采用添加蛋白分解酶的方法，对牛乳中酪蛋白进行分解，或添加牛乳蛋白质的部分水解物或者特殊形式的乳清，可以使蛋白质更加容易消化并且不易过敏。

婴儿调制乳粉除了要注意蛋白质量的控制外，还要注意到氨基酸的必需量、种类及比率。以色氨酸为1时各种氨基酸的比例如表14.11所示。每千克体重氨基酸的必需量，按婴儿、幼儿和成人的顺序减少，婴儿约需成人的10倍。

表14.11　必需氨基酸平均必需量(mg/kg体重·d)

项　目	异亮氨酸	亮氨酸	赖氨酸	苯丙氨酸	含硫氨基酸			苏氨酸	色氨酸	缬氨酸
					甲硫氨酸	胱氨酸	合计			
婴儿	90	120	90	90 *	85	0	85	60	30	85
标准构成比率	3.0	3.4	3.0	2.0	1.6	1.4	3.0	2.0	1.0	3.0

* 有酪氨酸时

2)脂肪

脂肪的调整可使用植物油脂替换牛乳脂肪的方法，以增加亚油酸的含量。一般初生婴儿，特别是早产儿对脂肪的吸收能力差。如果高级饱和的棕榈酸、硬脂酸过多时，与钙结合在肠道内生成不溶解的皂类，即影响脂肪的吸收，也使钙的吸收不良。不饱和的亚油酸过多时，早产儿有容易发生溶血性贫血的征兆，所以饱和与不饱和脂肪酸也必须平衡，规定的上限用量为n-6亚油酸不应超过总脂肪量的2%，n-3长链脂肪酸不得超过总脂肪的1%。

富含油酸、亚油酸的植物油有橄榄油、玉米油、大豆油、棉子油、红花油等，调整脂肪时须考虑这些脂肪的稳定性、风味等，以确定混合油脂的比例。另外还可采取其他特殊方法来改变乳脂肪的结构，或改善脂肪的分子排列。

3）碳水化合物

牛乳中乳糖含量比人乳少得多，且类型不同（牛乳中主要是α-型，人乳中主要是β-型）。调制乳粉中通过加可溶性多糖类，如葡萄糖、麦芽糖、糊精等或平衡乳糖，来调整乳糖和蛋白质之间的比例，平衡α-和β-型的比例，使其接近于人乳（α：β =4：6）。较高含量的乳糖能促进钙、锌和其他一些营养素的吸收。麦芽糊精可用于保持有利的渗透压，并可改善配方食品的性能。婴儿调制乳粉中一般含有7%的碳水化合物，其中6%是乳糖，1%是麦芽糊精。

4）微量元素

牛乳中的无机盐量较人乳高3倍多。调制乳粉中采用脱盐办法除掉部分盐类成分。但人乳中含铁比牛乳高，所以要根据婴儿需要补充一部分铁。添加微量元素时应慎重，因为微量元素之间的相互作用，以及微量元素与牛乳中的酪蛋白、豆类中植酸之间的相互作用对食品的营养性影响很大。当摄入过多的微量元素时，会影响肾脏溶质负荷。

5）维生素

婴儿用调制乳粉应充分强化维生素，特别是维生素A、C、D、K、烟酸、B_1、B_2叶酸等。水溶性维生素过量摄入时不会引起中毒，所以没有规定其上限。脂溶性维生素A、D长时间过量摄入时会引起中毒，因此须按规定标准加入。

目前的婴儿调制乳粉配方中还不含有人乳中存在的免疫物质、酶和激素等。因此只能说是近似母乳。婴儿调制乳粉今后发展的方向，应以具有更合适的生理价值和安全性，更接近人乳，模仿出不同时期的人乳，研制出不同年龄段的配方食品为目标。

14.4.3 婴儿乳粉配方及营养成分

我国的婴儿乳粉品种有很多，但经过轻工部鉴定并在全国推广的婴儿乳粉主要是配方Ⅰ、配方Ⅱ和配方Ⅲ。

1）婴儿配方乳粉Ⅰ（Infant FormulaⅠ）

这是一个初级的婴儿配方乳粉，产品以乳为基础，添加了大豆蛋白，强化了部分维生素和微量元素等，营养成分的调整存在着不完善之处。但该产品价格低廉，易于加工，对于贫困地区缺乏母乳的婴儿仍具有很大的实际意义。配方Ⅰ的配方组成及成分标准如表14.12和表14.13所示。

表14.12 婴儿配方乳粉Ⅰ配方组成

原料	牛乳固形物/g	大豆固形物/g	蔗糖/g	麦芽糖或饴糖/g	维生素D_2/IU	铁/mg
用量	60	10	20	10	1 000～1 500	6～8

表14.13 婴儿配方乳粉Ⅰ营养成分含量指标

成　分	百分含量	成　分	百分含量
水分	2.48 g	铁	6.2 mg
蛋白质	18.6 g	维生素A	586 IU
脂肪	20.06 g	维生素B_1	0.12 mg
糖	54.6 g	维生素B_2	0.72 mg
灰分	4.4 g	维生素D_2	1600 IU
钙	772 g	尿酶	阴性
磷	587 mg		

2)婴儿配方乳粉Ⅱ(Infant Formula Ⅱ)

曾经称为“母乳化乳粉”,是1982年由黑龙江省乳品工业研究所和内蒙古轻工业科学研究所共同研制的。产品用脱盐乳清粉调整酪蛋白与乳清蛋白的比例(酪蛋白/乳清蛋白为40:60),同时增加了乳糖的含量(乳糖占总糖量的90%以上,其复原乳中乳糖含量与母乳接近),添加植物油以增加不饱和脂肪酸的含量,再加入维生素和微量元素,使产品中各种成分与母乳相近。配方Ⅱ的配方组成及成分标准如表14.14和表14.15所示。

表14.14 婴儿配方乳粉Ⅱ配方组成

物料名称	每吨投料量	物料名称	每吨投料量	物料名称	每吨投料量
牛乳	2 500 kg	乳清粉	475 kg	棕榈油	63 kg
三脱油	63 kg	乳油	67 kg	蔗糖	65 kg
维生素A	6 g	维生素B_1	4.5 g	维生素B_2	3.5 g
维生素C	600 g	维生素D	0.12 g	维生素B_6	3.5 g
维生素E	60 g	维生素K	0.25 g	叶酸	0.25 g
烟酸	40 g	亚硫酸铁	350 g		

注:牛乳中干物质11.1%,脂肪3.0%;乳清粉中水分2.5%,脂肪1.2%;乳油中脂肪含量82%;维生素A 6 g = 240 000 IU;维生素D 0.12 g = 48 000 IU;亚硫酸铁($FeSO_4 \cdot 7H_2O$)

表14.15 婴儿配方乳粉Ⅱ营养成分含量指标

成　分	百分含量	成　分	百分含量	成　分	百分含量	成　分	百分含量
水分	2.0 g	铁	2 mg	维生素B_6	342 μg	泛酸	1 918 μg
蛋白质	13.67 g	维生素A	2 107 IU	维生素B_{12}	6.8 mg	菸酸	8 151 μg
脂肪	26.8 g	维生素B_1	507 mg	维生素C	51 mg	叶酸	549 μg
糖	55.75 g	维生素B_2	1 203 mg	氯	98 mg	胆碱	36mg
灰分	1.78 g	维生素D_2	457 IU	镁	38 mg	生物素	8.3 μg
钙	352 mg	热量	2.24 kJ	钠	113 mg	肌醇	28 mg
磷	222 mg	维生素E	185 mg	钾	363 mg	亚油酸	5 520 mg
碘	9 μg	铜	20 μg	锌	3 791 μg	锰	2 μg

3)婴儿配方乳粉Ⅲ(Infant Formula Ⅲ)

由于婴儿配方乳粉Ⅱ近1/2的原料来自乳清粉,国内乳清粉的主要依赖于进口,耗费了大量的外汇,仍不能满足生产的需要,因此而研制的不使用脱盐乳清粉的婴儿配方乳粉Ⅲ,婴儿配方乳粉Ⅲ是以精制饴糖为主要添加料的婴儿配方乳粉,是黑龙江省乳品工业研究所于1992年研制而成,与配方Ⅱ的主要差别为使用的原料不同,营养成分的差异在理化指标中也给予标明。

4)婴儿配方乳粉标准的修订

1995年8月我国召开了婴幼儿食品国家标准审定会,对配方Ⅰ、Ⅱ、Ⅲ原标准中的部分感官、理化及卫生指标等提出修改建议。其中建议修订的成分有:铜由卫生指标改为理化指标,并等同采用FAO/WHO(Codex Stan 72-1981),规定为:铜≥270 μg/100g;硝酸盐≤100 mg/kg和亚硝酸盐≤5 mg/kg;酵母菌和霉菌≤50个/g,删除碳水化合物指标、六六六、DDT和汞的指标。

在配方Ⅱ、Ⅲ的成分标准中还修订的指标有:蛋白质为(12.0~18.0) g/100g;脂肪为(25.0~31.0) g/100g;钙≥300 mg/100g,磷≥220 mg/g;钙磷比由原来标准的2.0降至为现在的1.4(最佳值为1.2~1.4);铁为(7~11) mg/100g;增加了维生素K、B_6、B_{12}、泛酸、叶酸、生物素、胆碱、牛黄酸等八项指标。另外,修订的标准中还允许添加肌醇、DHA、免疫活性物质等营养强化剂。

14.4.4 婴儿配方乳粉的加工

婴儿乳粉生产工艺与全脂乳粉的大致相同,但婴儿配方乳粉Ⅱ的生产方法在近年来有采用以特殊混合机械将乳粉、乳清粉及营养强化剂混合的生产方式,而不经过重溶和喷雾干燥的过程,既节省了能耗、降低了成本,又可避免维生素的损失,也加快了生产速度。

1)婴儿配方乳粉Ⅰ

(1)工艺流程

原料乳预处理
↓
大豆预处理→磨浆→豆乳→杀菌→冷却→储备→配料→均质→杀菌→浓缩→喷雾干燥→出粉
↑
维生素D_2、铁盐

(2)工艺要点

①大豆蛋白的提取。大豆原料进行筛选后,在室温下用温水浸泡5~8 h,使大豆泡涨后增重1倍;搅拌洗涤,换水3次;磨浆时再加入涨豆重5~6倍的80 ℃的热水,磨浆后得含干物质为6%~8%的豆乳。经93~96 ℃,10~20 min的杀菌后,冷却到5 ℃备用。取样检验脲酶为阴性方可投入生产。

②鲜乳处理。验收和预处理时应符合生产特级乳粉的要求。

③配料。按比例要求将各种物料混合于配料罐中,开动搅拌器,使物料混匀。

④均质、杀菌、浓缩。混合料均质压力一般控制在18 MPa;杀菌和浓缩的工艺要求与全脂乳粉生产的相同。浓缩后的物料浓度控制在46%左右。

2)婴儿配方乳粉Ⅱ

(1)工艺流程

柠檬酸钠、脂溶性维生素、铁盐→稀乳油

↓

原料乳预处理→加乳清粉→搅拌→过滤→混合→杀菌→浓缩→混合→均质→喷雾干燥→出粉

↑ ↑

植物油→杀菌→冷却 维生素C

(2)工艺要点

①原料乳的预处理同全脂乳粉。其他原料的各项指标要符合国家规定的标准。

②稀乳油需要加热至40 ℃,再加入维生素和微量元素,充分搅拌均匀后与预处理的原料乳混合,并搅拌均匀。

③混合料的杀菌温度可采用63~65 ℃,30 min保温杀菌法,而植物油的杀菌温度要求在85 ℃,10 min,然后冷却到55~60 ℃备用。

④缩工艺要求与全脂乳粉相同,但浓缩终点要求浓度为40%~45%,温度保持55~60 ℃。

⑤第二次混合物料时要加入维生素C,同时要加入冷却备用的植物油。除了充分搅拌均匀外,还要注意物料的浓度不要低于40%,温度保持在55~60 ℃。

⑥混合均匀的物料要进行均质,均质压力20 MPa。

⑦喷雾干燥时的进风温度为140~160 ℃,排风温度为80~86 ℃。

复习思考题

1. 乳粉分为哪些种类?其质量特征是什么?
2. 全脂加糖乳粉的加工工艺流程及工艺要点有哪些?
3. 真空浓缩的特点及浓缩条件有哪些?
4. 影响浓缩的主要因素是什么?
5. 试述喷雾干燥的原理及喷雾过程中的变化是什么?
6. 比较离心式和压力式喷雾干燥的优缺点。
7. 影响乳粉溶解性的因素及其控制原理和方法有哪些?
8. 速溶乳粉的加工机理是什么?
9. 脱脂速溶乳粉和全脂速溶乳粉的加工工艺及工艺要点有哪些?
10. 说明调制乳粉的加工工艺及质量控制的方法。

第15章 其他乳制品

本章导读 主要就常见其他乳制品的加工做了相关的阐述，内容包括干酪的概念与种类及加工、干酪素的加工、乳糖的加工、奶片的加工等。通过学习，要求深刻理解这些乳制品的加工原理，掌握加工工艺流程和操作要点等。

15.1 干酪的加工

15.1.1 干酪的概念及种类

1)干酪的概念

干酪(Cheese)是指在乳中(也可以用脱脂乳或稀奶油等)加入适量的乳酸菌发酵剂和凝乳酶，使乳蛋白质(主要是酪蛋白)凝固后，排除乳清，将凝块压成所需形状而制成的产品。制成后未经发酵成熟的产品称为新鲜干酪；经长时间发酵成熟而制成的产品称为成熟干酪。国际上将这两种干酪统称为天然干酪(Natural Cheese)。

2)干酪的种类

干酪在乳制品中种类最多。根据资料报道，世界上干酪的种类达800种以上，其中比较著名的有20种左右。国际上通常把干酪划分为3大类：天然干酪(Natural Cheese)、融化干酪(Processed Cheese)和干酪食品(Cheese Food)。

(1)天然干酪 以乳、稀奶油、部分脱脂乳、酪乳或混合乳为原料，经凝固后排出乳清而获得的新鲜或成熟的产品。允许添加天然香辛料以增加香味和滋味。

(2)融化干酪 用一种或一种以上的天然干酪，添加符合食品卫生标准的添加剂(或不加添加剂)，经粉碎、混合、加热融化、乳化后而制成的产品，含乳固体40%以上。允许添加稀奶油、奶油或乳脂以调整脂肪含量；允许添加香料、调味料及其他食品以增加香味和滋味，但必须控制在乳固体的16%以内；禁止添加脱脂奶粉、全脂奶粉、乳糖、干酪素以及非乳类脂肪、蛋白质以及糖类。

(3)干酪食品 用一种或一种以上的天然干酪或融化干酪，添加食品卫生标准所规定的添加剂(或不加添加剂),经粉碎、混合、加热融化而成的产品。产品中干酪的比例须占 50% 以上,添加的香料、调味料等控制在占产品干物质的 16% 以内,添加非乳类的脂肪、蛋白质以及糖类时,总量控制在占产品的 10% 以内。

干酪种类的划分和命名主要依据干酪的原产地、制造方法、干酪的外观、理化性质和微生物学特性等项内容而进行。习惯上以干酪的软硬度及其与成熟有关的微生物来进行分类和区别。可分为特软干酪(水分含量 80%)、软质干酪(水分含量 50% ~70%)、半软质干酪(水分含量 40% ~ 50%)、半硬质青纹干酪(水分含量 40% ~ 50%)、硬质干酪(水分含量 30% ~50%)。

3)干酪的组成

干酪中含有丰富的营养成分,主要为蛋白质、脂肪、矿物质和维生素等。干酪中的蛋白质经过成熟发酵后,由于凝乳酶和微生物发酵产生的蛋白酶的作用而分解成胨、肽、氨基酸等可溶性物质,极易被人体消化吸收,其蛋白质的消化率可达 96% ~98%。矿物质主要是钙、磷等无机成分,除能满足人体的营养需要外,还具有重要的生理作用,维生素类主要是维生素 A 族,维生素 B 族和尼克酸等。表 15.1 是几种主要干酪的化学组成成分。

表 15.1　干酪的组成(每 100 g 中的含量)

干酪名称	类　型	水分/%	热量/cal	蛋白质/g	脂肪/g	钙/g	磷/g	维生素			
								A/IU	B_1/mg	B_2/mg	尼克酸/mg
契达干酪	硬质细菌发酵	37.0	398	25.0	32.0	750	478	1 310	0.03	0.46	0.10
法国羊奶干酪	半硬质霉菌发酵	40.0	368	21.5	30.5	315	184	1 240	0.03	0.61	0.20
法国浓味干酪	软质霉菌发酵	52.2	299	17.5	24.7	105	339	1 010	0.04	0.75	0.80
农家干酪	软质细菌发酵	79.0	86	17.0	0.3	90	175	10	0.03	0.28	0.10

15.1.2　干酪发酵剂

1)发酵剂的种类

在制造干酪的过程中,用来使干酪发酵与成熟的特定微生物培养物称为干酪发酵剂(Cheese Starter)。干酪发酵剂可分为细菌发酵剂与霉菌发酵剂两大类。细菌发酵剂主要以乳酸菌为主,应用的主要目的是产酸和产生相应的风味物质。霉菌发酵剂主要是对脂肪分解强的某些曲霉菌类和酵母类。

根据制品需要和菌种组成情况可将干酪发酵剂分为单菌种发酵剂和混合菌种发酵剂两种。单菌种发酵剂只含一种菌种,如乳酸链球菌或乳油链球菌等,能够长期活化和使用,活力和性状的变化较小,但容易受到噬菌体的侵染,造成繁殖受阻和酸的生成迟缓等。混合菌种发酵剂是指由两种或两种以上的产酸和产芳香物质、形成特殊组织状态的菌种,根据制品的不同,按一定比例组成的干酪发酵剂。干酪的生产中多采用这一类发酵剂,其能够形成乳酸菌的活性平衡,较好地满足制品发酵成熟的要求。但存在活化时无法保证原来菌种的组成比例、菌种长期保存困难、活力存在差异等问题。

2)发酵剂的制备

(1)乳酸菌发酵剂的制备

①乳酸菌纯培养物。在灭菌的试管中加入优质脱脂乳,添加适量石蕊溶液,经 120 ℃,15 ~20 min 高压灭菌及冷却至接种适温,将乳酸菌株或粉末发酵剂接种在该培养基内,于 21 ~26℃条件下培养 16 ~19 h。当凝固并达到所需酸度后,在 0 ~5 ℃条件下保存。每 3 ~7 d接种一次,以维持活力,也可以冻结保存。

②母发酵剂。在灭菌的三角瓶中加 1/2 量的脱脂乳(或还原脱脂乳),经 120 ℃,15 ~20 min高压灭菌后,冷却至接种温度,按0.5% ~1.0%的量接种菌种,21 ~23 ℃培养12 ~16 h(酸度达0.75% ~0.80%),在0 ~5 ℃条件下保存备用。

③生产发酵剂。将脱脂乳经 95 ℃,30 min 或 72 ℃以上 60 min 杀菌、冷却后,添加0.5% ~1.0%的母发酵剂,培养 12 ~16 h(普通乳酸菌株22 ℃,高温性菌株35 ~40 ℃),当酸度达到0.75% ~0.85%时冷却备用。

(2)霉菌发酵剂的制备　霉菌发酵剂(Mold Starter)的调制除使用的菌种及培养温度有差异外,基本方法与乳酸菌发酵剂的制备方法相似。将除去表皮后的面包切成小立方体,盛于三角瓶,加适量水并进行高压灭菌处理。此时如加少量乳酸增加酸度则更好。将霉菌悬浮于无菌水中,再喷洒于灭菌面包上。置于21 ~25 ℃的恒温箱中经 8 ~12 d 培养,使霉菌孢子布满面包表面。从恒温箱中取出,约 30 ℃条件下干燥 10 d,或在室温下进行真空干燥,最后研成粉末,经筛选后,盛于容器中保存。

15.1.3　皱胃酶及其代用酶

皱胃酶(Rennin)常被称为凝乳酶,由犊牛第四胃(皱胃)提取,是干酪制作必不可少的凝乳剂,有液状、粉状及片状三种制剂。由于凝乳酶的来源及成本等原因,其代用酶也被应用于干酪的实际生产中。

1)皱胃酶

皱胃酶的等电点为 PI 4.45 ~4.65,作用的最适 pH 值为 4.8 左右,凝固的适温为 40 ~41 ℃。皱胃酶在弱碱(pH 值为 9)、强酸、热、超声波的作用下而失活。制造干酪时的凝固温度通常为 30 ~35 ℃,时间为 20 ~40 min。如果加过量的皱胃酶、温度上升或延长时间,则凝块变硬。20 ℃以下或 50 ℃ 以上则凝乳酶活性减弱。动物血清中有阻碍凝乳酶作用的因子存在,其中马、猪的血清阻碍作用强,其阻碍物质存在于黏蛋白中。结晶的凝乳酶以电泳法分析,结果呈现成分不均一。如用 DEAE 纤维素色层分析法来分离,可将凝乳酶分成 A、B、C 三种,其活性比为 A > B > C。

2)代用凝乳酶

除皱胃酶外,很多蛋白酶也具有凝乳作用。由于皱胃酶来源于犊牛的第四胃,其成本高及目前肉牛的生产实际等原因,开发、研制皱胃酶的代用酶越来越受到普遍的重视,并且很多代用凝乳酶已应用到干酪的生产中。代用酶按其来源可分为动物性凝乳酶、植物性凝乳酶、微生物凝乳酶及遗传工程凝乳酶等。

15.1.4　天然干酪的加工及质量控制

各种天然干酪的生产工艺基本相同，只是在个别工艺环节上有所差异。半硬质或硬质干酪生产的基本工艺如下：

1）生产工艺流程

原料乳预处理→标准化→杀菌→冷却→添加发酵剂→调整酸度→加氯化钙→加色素→加凝乳酶→凝块切割→搅拌→加温→排出乳清→成型压榨→盐渍→成熟→上色挂蜡。

2）主要工序的工艺技术及质量控制

（1）原料乳预处理　生产干酪的原料乳必须经感官检查、酸度测定或酒精试验（牛奶 18 °T，羊奶 10～14 °T），必要时进行青霉素及其他抗生素试验。检查合格后，进行原料乳的预处理。生产干酪对原料乳的品质要求如表 15.2 所示。

表 15.2　生产干酪对原料乳的品质要求

项　目	指　标
感官质量（色泽、滋味、气味等）	色泽正常，无异味
酸度	<18 °T
酒精试验（72%）	酒精试验呈阴性
抗生素	抗生素试验呈阴性
乳成分	总固形物≥11.2%，脂肪≥3.1%
细菌总数	≤500 000 cfu · mL

由于细菌的芽孢在巴氏杀菌时不能被杀灭，对干酪的生产和成熟可能造成很大的危害，因此，干酪生产中常采用离心净乳，不仅能够除去大量的杂质，还可以将乳中 90% 的细菌除去，尤其对比重较大的芽孢去除效果更好。为了保证每批干酪的质量，还须对原料乳进行标准化处理，准确测定原料乳的乳脂率和酪蛋白的含量，调整原料乳中的脂肪和非脂乳固体之间的比例，使其比值符合产品要求。

在实际生产中多采用 63 ℃，30 min 的保温杀菌或 71～75 ℃，15 s 的高温短时杀菌。杀菌温度的高低直接影响干酪的质量，如温度过高，时间过长，则受热变性的蛋白质增多，破坏乳中盐类离子的平衡，进而影响皱胃酶的凝乳效果，使凝块松软，收缩作用变弱，易形成水分含量过高的干酪。

（2）添加发酵剂和预酸化　原料冷却到 30～32 ℃，然后按要求加入活化好的发酵剂，加入量为原料的 1%～2%，在 30～32 ℃条件下充分搅拌 3～5 min，发酵时间 30～60 min，最后酸度控制在 0.18%～0.22%。添加发酵剂能够将乳糖发酵产生乳酸，从而提高凝乳酶的活性，缩短凝乳时间，促进切割后凝块中乳清的排出。另外，发酵剂在成熟过程中，能够利用本身的各种酶类促进干酪的成熟且防止杂菌的繁殖。

在加入发酵剂时，应根据制品的质量和特征，选择合适的发酵剂种类和组成。加入发酵剂后应进行短时间的发酵，以保证充足的乳酸菌数量，此过程也称为预酸化。

（3）酸度的调整　为防止、抑制产气菌，同时还要加入适量的硝酸盐（要精确计算）。由于发酵酸度很难控制稳定一致，为了保证产品的质量，生产上一般用 1 mol/L 的盐酸将原料酸度调整为 0.21% 左右。

(4)凝乳酶的添加和凝乳的形成　这是干酪加工的一个重要环节，通常按凝乳酶的效价和原料的重量计算出凝乳酶的用量，用 1% 的食盐水将酶配成 2% 的溶液，加入到原料乳中，充分搅拌 2～3 min，加盖，并在 28～30 ℃下保温约 30 min，使乳凝固并达到凝乳要求。

(5)凝块切割　当乳凝固后，凝块达到适当硬度时，用刀在凝乳表面切深为 2 cm、长为 5 cm 的切口称其为凝块切割。切割时需用干酪刀，干酪刀分为水平式和垂直式两种，钢丝刀刃间距一般为 0.79～1.27 cm。先沿着干酪槽长轴用水平式刀平行切割，再用垂直式刀沿长轴垂直切割，再沿短轴垂直切割，使其切成 0.7～1.0 cm^3 的小立方体。

(6)凝块的搅拌及加温　凝块切割后即可用干酪耙或是干酪搅拌器轻轻搅拌，15 min 后搅拌速度可稍微加快。与此同时，在干酪槽的夹层里通入温水渐渐升温，初始时每 3～5 min 升高 1 ℃。当温度升高至 35 ℃时，则每隔 3 min 升高 1 ℃，当温度达到最终要求时(具体根据干酪品种而定)，停止加热，维持此时的温度保持一段时间，并继续搅拌。在整个升温过程中应不停地搅拌，以促进凝块的收缩和乳清的渗出，防止凝块沉淀和相互粘连。另外，升温的速度不宜过快，否则干酪凝块收缩过快，表面形成硬膜，影响乳清的渗出，使成品水分含量过高；在升温过程中还应不断地测定乳清的酸度以便控制升温和搅拌的速度。

(7)排除乳清　在搅拌升温的后期，乳清酸度达 0.17%～0.18% 时，凝块收缩至原来的一半，用手捏干酪粒感觉有适度弹性或用手握一把干酪粒，用力压出水分后放开，如果干酪粒富有弹性，搓开仍能重新分散时即可排除乳清。乳清由干酪槽底部通过金属网排出。排除的乳清脂肪含量一般约为 0.3%，蛋白质 0.9%。若脂肪含量在 0.4% 以上，表明操作不理想，应将乳清回收，作为副产物进行综合加工利用。

(8)堆积　乳清排除后，将干酪粒堆积在干酪槽的一端或专用的堆积槽中，上面用带孔木板或不锈钢板压 5～10 min，压出乳清使其成块，这一过程即为堆积。有的干酪品种在此过程中还要保温，调整排出乳清的酸度，进一步使乳酸菌达到一定的活力，以保证成熟过程对乳酸菌的需要。

(9)压榨成型　压榨成型是指对装在模中的凝乳颗粒施加一定的压力，排除乳清后使凝乳颗粒成块，形成表面变硬的块状物。压榨可利用干酪自身的重量来完成，也可用专门的干酪压榨机来进行。压榨所用的干酪模应该是多孔的，以便乳清能够流出。为保证干酪质量的一致性，压力、时间、温度和酸度等参数在生产每一批干酪的过程中都必须保持恒定，使用压榨机时应以 0.4～0.5 MPa 的压力在 15～20 ℃(有的品种要求在 30 ℃左右)条件下压榨 12～24 h。压榨结束后，从成型器中取出的干酪称为生干酪(Green Cheese)。

(10)加盐　加盐的目的在于改进干酪的风味、组织和外观，排除内部乳清或水分，增加干酪硬度，限制乳酸菌的活力，调节乳酸的生成和干酪的成熟，防止和抑制杂菌的繁殖。加盐的量应按成品的含盐量确定，一般在 1%～3% 范围内。干酪加盐的方法，可以将食盐撒布在干酪料中，并在干酪槽中混合均匀；或将食盐涂布在压榨成形后的干酪表面；或将压榨成形后的干酪置于盐水中腌渍，盐水的浓度第一天到第二天为 17%～18%，以后保持在 20%～23%；或采用上面几种方法混用。

(11)干酪的成熟　将生鲜干酪置于一定温度(10～12 ℃)和湿度(相对湿度 85%～90%)条件下，经一定时期(3～6 个月)，在乳酸菌等有益微生物和凝乳酶的作用下，使干酪发生一系列的物理和生物化学变化的过程，称为干酪的成熟。成熟的主要目的是改善干酪的组织状态和营养价值，增加干酪的特有风味。不同干酪成熟时要求的温度(2～16 ℃)和时间长度(2 ~48个月)差别很大。

①成熟的条件。干酪的成熟通常在成熟库(室)内进行。成熟时低温比高温效果好，一般为5 ~15 ℃。相对湿度，在一般细菌成熟硬质和半硬质干酪为85% ~90%，而软质干酪及霉菌成熟干酪为95%。当相对湿度一定时，硬质干酪在7 ℃条件下需8 个月以上的成熟，在10 ℃时需6 个月以上，而在15 ℃时则需4 个月左右。软质干酪或霉菌成熟干酪需20 ~30 d。

②上色挂蜡。为了防止霉菌生长和增加美观，将前期成熟后的干酪清洗干净后，用食用色素染成红色(也有不染色的)。待色素完全干燥后，在160 ℃的石蜡中进行挂蜡。为了食用方便和防止形成干酪皮，现多采用塑料真空及热缩密封。

③成熟过程中的变化。在成熟过程中，干酪凝块中的微生物和酶水解蛋白质、乳糖以及其他成分，使不溶性的蛋白质变成可溶性的多肽形式，部分脂肪转变成脂肪酸和甘油，形成柔软、有韧性的质地和清香的风味；干酪内部的氧很快被微生物耗尽，在大约两周之内乳糖被转变为其他成分，使成熟干酪中乳糖的含量甚微；成熟过程会有大量水溶性的物质产生，如肽、氨基酸、胺、脂肪酸以及羰基化合物，这些成分以某种特有的数量和比例存在，从而构成了成熟干酪典型的风味。

15.1.5　融化干酪的加工及质量控制

融化干酪(Processed Cheese)，也称杀菌干酪或加工干酪，20 世纪初由瑞士首先生产。融化干酪可以将各种不同组织和不同成熟度的干酪适当配合，添加各种风味物质和营养强化成分，从而形成自己独特的风味，并制成质量一致的产品。其在加工过程中可以进行加热杀菌，产品采用良好的材料密封包装，食用安全卫生，并具有良好的保存特性，较好地满足了消费者的需求。目前，融化干酪的消费量占全世界干酪产量的60% ~70%。

1)生产工艺流程

原料干酪选择→原料预处理→切割→粉碎→加水熔融→加乳化剂→加色素→加热融化→浇灌包装→静置冷却→成熟→成品。

2)主要工序的工艺技术及质量控制

(1)原料干酪的选择　一般要求与天然干酪相同，但可以使用表面颜色、组织状态、大小和形状存在缺陷的天然干酪。有异味、腐败变质的干酪不允许使用，过熟的干酪，由于有的析出氨基酸或乳酸钙结晶，也不宜作原料。应注意各种干酪之间在质地、成熟度、水分含量、风味等的搭配。

(2)原料干酪的预处理　预处理时是去掉干酪的包装材料，刮去表皮，洗涤干酪表面等。

(3)切碎与粉碎　用切碎机将原料干酪切成块状，并用混合机混合，然后用粉碎机将原料干酪粉碎成4 ~5 cm 的面条状，最后用磨碎机处理。

(4)熔融、乳化

①熔融。在熔融釜中加入适量的水，通常为原料干酪重的5% ~10%。成品的含水量为40% ~55%，但还应防止加水过多造成脂肪含量的下降。按配料要求加入适量的调味料、色素等添加物，然后加入预处理粉碎后的原料干酪并加热。当温度达到50 ℃左右，加入1% ~3%的乳化剂，如磷酸钠、柠檬酸钠、偏磷酸钠和酒石酸钠等。乳化剂可以单用，也可以混用。最后将温度升至60 ~70 ℃，保温20 ~30 min，使原料干酪完全融化。

②乳化。加入1% ~3%的乳化剂。乳化剂中，磷酸盐能提高干酪的保水性，可以形成光

滑的组织状态;柠檬酸钠有保持颜色和风味的作用。可单独使用或混合使用乳酸、柠檬酸、醋酸等进行酸度调整,成品的 pH 值控制为 5.6 ~ 5.8,但 pH 值不得低于 5.3。在进行乳化操作时,应加快釜内的搅拌器的转数,使乳化更完全。在乳化过程中应保证杀菌的温度,一般控制为 60 ~ 70 ℃,20 ~ 30 min,或 80 ~ 120 ℃,30 s 等。乳化终了时,应检测水分、pH 值、风味等,然后抽真空进行脱气。

(5)充填、包装　乳化、灭菌后的干酪,应趁热进行充填包装。加工块状干酪,采用缓慢冷却法,以便形成坚实的质地;加工涂布型干酪则需要迅速冷却,以保证良好的涂布性。灌装后在 0 ~ 5 ℃下冷却储藏。包装材料多使用玻璃纸或涂塑性蜡玻璃纸、铝箔、偏氯乙烯薄膜等。

(6)储藏　包装后的融化干酪成品,应静置 10 ℃以下的冷藏库中定型和储藏。

15.2　干酪素的加工

15.2.1　干酪素的概念及种类

干酪素的主要成分是酪蛋白,比重为 1.25 ~ 1.31,白色,无味,具有非结晶性与非吸湿性的特点。25 ℃条件下,在水中可溶解 0.2% ~ 2.0%,但不溶于有机溶剂。干酪素依其凝固条件可分为三类,即酸干酪素、酶干酪素和酪蛋白与乳清蛋白共沉物。酸干酪素又有加酸法与乳酸发酵法之分。酸法中,由于所使用的酸的种类不同,又可分为乳酸、盐酸和硫酸干酪素等。

15.2.2　干酪素的生产原理

干酪素在皱胃酶、酸、酒精或加热至 140 ℃以上时,可从乳中凝固沉淀出来,经干燥后即为成品。工业上使用的干酪素,大多是酸干酪素。它的生产原理是酸使磷酸盐及与蛋白质直接结合的钙游离而使蛋白质沉淀;酶法生产干酪素时酶先使酪蛋白转化为副酪蛋白,副酪蛋白在钙盐存在的情况下凝固,与钙离子形成网状结构而沉淀。酶干酪素的生产一般以皱胃酶为主,但皱胃酶因来源有限,价格昂贵,因此亦可用动物性蛋白酶(如胃蛋白酶)、植物性蛋白酶(如木瓜酶和无花果蛋白酶)、微生物蛋白酶(如微小毛霉凝乳酶)等来代替,尤其是微生物凝乳酶的发展更为迅速,可望成为皱胃酶的代用品。

15.2.3　干酪素的加工

因凝固条件不同加工干酪素的生产工艺也有区别。

1)酸干酪素

(1)乳酸发酵干酪素　乳酸发酵法制造的干酪素具有较好的溶解性和较强的黏结力。

①生产工艺流程:

脱脂乳→发酵→加热搅拌→排除乳清→洗涤→压榨→粉碎→干燥→成品。

②质量控制。乳酸发酵法生产干酪素时对脱脂乳的要求必须新鲜,不含抗生素等药物,且含脂率应在 0.03% 以下。添加发酵剂时的温度应控制在 33 ~ 34 ℃,发酵剂的添加量为

2% ~4%。当发酸度达到 pH 值为 4.6 或滴定酸度0.45% ~0.50%时,即可停止发酵。活力高的发酵剂,经几小时即可达到质量要求。应注意在排除乳清时,要边搅拌、边加热到 50 ℃左右,然后用冷水洗涤凝块,经压榨、粉碎、干燥即为成品。

乳酸发酵法生产干酪素质量控制的关键是发酵酸度,过高或过低的酸度都会造成乳中成分的损失,造成产率较低。

(2)加酸干酪素　在工业用的干酪素中,加酸干酪素最为多见。其加工损失少,含脂率较低。加酸法中,硫酸干酪素的灰分较高,质量较差。因此,以加盐酸最普遍。此外,加酸法干酪素的生产中,又以"颗粒制造法"最为优越。因此法生产中,形成小而均匀的颗粒,不致使酪蛋白形成大而致密的凝块,因而被颗粒所包围的脂肪较少,成品含脂率较低,而且粒状干酪素便于洗涤、压榨和干燥。这种干酪素遇碱易溶,黏结力很强。此法排出的乳清,也很适合制造乳糖。下面以盐酸干酪素为例介绍其加工方法:

①工艺流程:

脱脂乳→加热→加酸凝固→洗涤→脱水→粉碎→干燥→粉碎、分级→成品。

②质量控制。第一,将原料乳加热至 32 ~33 ℃,分离出含脂率在 0.05%以下的脱脂乳。第二,将脱脂乳加热至 34 ~35 ℃。此时加热温度的控制至关重要。如温度过高,则形成较大的颗粒,温度过低则形成软而细的颗粒,甚至无法形成颗粒。第三,加酸凝固,这也是另一关键步骤,所使用的工业浓盐酸(30% ~38%),必须先用 8 ~10 倍的水稀释,然后在搅拌的情况下缓慢加入,或在凝乳罐的底部装以带有很多小孔的耐酸管,稀盐酸由孔内喷出呈雾状,以增加盐酸与脱脂乳的接触面,并形成小而均匀的颗粒。当 pH 值达到 4.6 ~4.8 时,凝块已开始沉淀,应放慢加酸速度,停止加酸后,可排出大约 1/2 的乳清。第四,再加酸至 pH 值为 4.2(乳清酸度),此时,颗粒坚实,但颗粒间松散。第五,排出乳清后,加入与原料脱脂乳等量的温水洗涤,再用冷水洗涤 2 次,然后用布过滤,用离心机或压榨机进行脱水,此时含水量约为 50% ~60%。第六,脱水后的干酪素,用粉碎机粉碎成一定大小的颗粒或置于 20 目的筛板上用刮板使干酪素通过筛孔而粉碎。最后,将粉碎的干酪素迅速干燥。干燥温度不应超过 55 ℃,时间不应超过 6 h。干燥后应进行粉碎分级。

2)酶法干酪素

因微生物凝乳酶的发现,酶法生产干酪素又逐渐盛行。

(1)工艺流程

脱脂乳→加热至 34 ~35 ℃→加酶凝固→切碎→加热至 55 ~60 ℃→排出乳清→洗涤→粉碎→干燥→成品。

(2)质量控制　根据酶的种类、活力的不同,凝乳酶的加入量也不同。生产中一般要求能在 15 ~20 min 凝固即可,其他工艺操作与酸干酪素的生产一致。

15.3　乳糖的加工

15.3.1　工艺流程

乳清加石灰乳→混合加热→沉淀过滤(除去蛋白质)→蒸发浓缩→冷却结晶→分除母液

→洗涤结晶→分除洗水→干燥→粗制乳糖

15.3.2 质量控制

1)以干酪乳清为原料生产粗制乳糖

干酪乳清必须新鲜,其酸度小于20 °T,其化学组成中,含干物质6.5%,乳糖4.8%,脂肪0.4%,灰分0.5%。干酪乳清的干物质中,乳糖的含量约占74%。

(1)乳清脱脂　干酪乳清中约含0.4%的脂肪,因此须先进行脱脂处理。一般是把乳清加热35 ℃左右,经奶油分离机分离出残存的脂肪即可。

(2)乳清蛋白的分离　干酪乳清的滴定酸度为14~20 °T,直接加热至90~92 ℃,加入经发酵处理的酸乳清(150~200 °T),使乳清酸度提高到30~35 °T,重新加热至90 ℃,乳清蛋白凝固,静止,使乳清和蛋白质分离,也可用压滤机使其分离。沉淀出的蛋白质可用来加工食用"乳白蛋白"。

(3)乳清浓缩　将脱脂并除去蛋白质的乳清进行浓缩,以除去大部分水分。乳清的浓缩是在真空浓缩罐中进行。乳清浓缩为10~12倍,使干物质含量达60%~70%,乳糖含量为54%~55%。为防止乳糖焦化,浓缩温度不宜超过70 ℃。浓缩终了时,70 ℃浓缩糖液的比重不应低于40 °Be。

(4)乳糖结晶　乳糖结晶是在浓缩糖液冷却后进行的。乳糖结晶可采用平锅式自然结晶法或采用带夹层水冷却的结晶机中的强制结晶法。平锅式自然结晶法结晶时间不少于30 h。结晶的最初阶段要进行搅拌,待温度下降到30 ℃以后,可停止搅拌;

强制结晶法可分为缓慢结晶和快速结晶两种,都是在带夹层的、可通入冷水冷却并在装有搅拌器的结晶机中完成,这两种方法的间歇搅拌次数,快速结晶法要多于缓慢结晶法。

①缓慢结晶法。在20 h后,冷却到20 ℃,在30~35 h内,逐渐冷却到10~15 ℃。

②快速结晶法。在5 h内,冷却到10 ℃,并在此温度下保持10 h。已结晶好的糖液应具有良好、明显的结晶结构,呈黏稠状,结晶体应为1~2 mm。

(5)脱除母液与乳糖的洗涤　结晶后的乳糖,利用离心脱水机使乳糖晶体与糖蜜分离,加入结晶糖量30%的水洗涤乳糖,以除去残存的母液和大部分盐类。经洗涤脱水后的乳糖称为湿糖,湿糖的含水量15%以下。乳糖洗涤水的温度应低于10 ℃,提高洗涤水的温度,会导致乳糖溶解,影响产量。

(6)乳糖干燥　乳糖干燥可在半沸腾床式干燥机或气流干燥机中进行。干燥机应有搅拌装置,干燥温度不应超过80 ℃。干燥后乳糖中的含水量不应超过1.0%~1.5%,呈乳黄色的分散状态。

(7)母液回收　母液中含乳糖约为牛乳中乳糖总量的1/3,并含有蛋白质和盐类。从母液中回收乳糖的方法是把母液以直接蒸汽加热至沸腾,静止,使蛋白质、盐类等不纯物沉淀。吸取上层母液,在70 ℃的温度下,浓缩母液,使浓度达到42~43 °Be,然后进行结晶、洗涤、干燥。

2)以加酸干酪素乳清生产粗制乳糖

以盐酸、硫酸为沉淀剂制取干酪素后的乳清,其脱脂过程已在牛乳分离成稀奶油和脱脂乳的过程中完成。盐酸、硫酸干酪素乳清的酸度较高(68~70 °T),且含有乳清蛋白。因此,必须进行中和处理,以除去乳清蛋白,获得纯净乳清。生产中一般多以石灰作为乳清的中和剂。石灰用 3 ~4 倍的水调成石灰乳。乳清以直接蒸汽加热至 65 ~70 ℃,加入一定量的石灰乳,继续加热至 90 ℃,取样检查。检查时取少量乳清,加入溴百里酚蓝(BTB)指示剂数滴。若此时乳清呈黄绿色,则石灰乳加入量比较适宜;如出现黄色则石灰乳加入量不足,出现蓝色则石灰乳加入量过多。石灰乳加入量必须适当,其乳清中的蛋白质才能充分凝结。如加入量不足,乳清蛋白不能充分凝结;如加入量过多,则凝结的乳清蛋白呈黑色凝块,并使浓缩糖液变褐,影响产品质量。乳清的浓缩、结晶、洗涤、干燥等均与干酪乳清制粗乳糖的要求相同。

15.4　奶片的加工

奶片是以脱脂奶粉和半脱脂奶粉为原料,添加蔗糖、葡萄糖和其他辅料后经压制而成的片状乳制品。在生产时还可添加微量元素、维生素等加工成增智奶片、多维奶片、加锌奶片等;也可以添加香料制作成薄荷、橘子等风味的奶片。奶片的营养、方便、新颖等特点,为广大消费者所青睐。奶片生产技术早在 20 世纪 60 年代初,欧洲工业发达国家已有了研究。我国于 20 世纪 80 年代初引进了该项技术,现已形成了成熟的生产工艺和完全配套的生产设备,其质量达国际水平。

15.4.1　生产工艺流程

部分基粉、微量元素、维生素 → 一次混料 → 二次混料

二次混料、基粉、葡萄糖、蔗糖→粉碎→过筛→干热灭菌 → 混料→压片→包装→装盒

15.4.2　生产工艺要求

1)辅料预处理

(1)蔗糖、葡萄糖　经锤式粉碎机粉碎,过 80 目筛。

(2)微量元素和维生素　粉剂可直接预混。油剂用喷雾器与部分基粉预混。

2)压片

(1)压片压力　用国产压片机生产 19 mm×19 mm×6 mm 带圆弧角的 2.5 g 重的奶片,最适压力为 2 452 ~2 942 Pa(250 ~300 kg/cm^2)。压力太小,成品易碎;压力过大,不易咀嚼。

(2)压片机的工作环境　控制环境温度在 20 ℃,空气相对湿度 50% ~60%。如温度高、湿度大,容易发生粘冲现象。

(3)清洗　压片机工作结束后,要及时拆下冲头,清洗压片部件,最后用 70% ~75% 的酒精棉球擦拭或火燃灭菌。

3)包装与储藏

(1)包装　奶片的包装可选用 PT/PE 复合膜,也可选用复合的铝塑膜(OPP/AL/PE)。复合膜包装袋厚度在 80 μm 以上,保藏期 6 个月以上;复合袋厚度在 50 μm 以上,保藏期为 3 个月。

(2)储藏　包装箱应放入通风、干燥的仓库储藏。

复习思考题

1. 什么叫干酪?其品种分类和营养价值如何?

2. 什么叫干酪发酵剂?干酵发酵剂的作用和目的是什么?在制备和使用中应注意哪些问题?

3. 简述凝乳酶的作用原理及凝乳形成的影响因素?

4. 简述天然干酪的一般生产工艺和操作过程。

5. 简述融化干酪的生产工艺过程及操作要点。

6. 简述各种干酪素的加工原理。

7. 简述粗制乳糖、精制乳糖的生产工艺及质量控制原理和方法。

8. 试述奶片的生产工艺及质量控制途径。

实　训

实训一　干酪的生产

【目的要求】通过本实训掌握干酪的基本生产过程和操作工艺要点,熟悉干酪的品质控制方法。

【材料与方法】

1)配料

牛奶	7.5 L
干酪发酵剂	75 mL
$CaCl_2$(33%)	2.25 mL
凝乳酶(1/10 000)	65 滴
盐水	18% ~19%

2)器具

干酪刀、干酪容器(可将锅放入水浴锅内代替)、干酪模具(1 kg 干酪用)、温度计、不锈钢直尺、勺子、不锈钢滤网。干酪制作过程中所用每个工具必须先用热碱水清洗,再用 200 mg/kg的次氯酸钠溶液浸泡,使用前用清水冲净。

3)方法与步骤

(1)热处理　原料乳在 65 ℃条件下消毒 30 min(或 72 ℃,15 s),迅速冷至最佳发酵温度 30 ℃。

(2)干酪容器的装填 在30 ℃水浴条件下将乳倾注在干酪容器中,并使干酪容器始终处于30 ℃水浴条件下。

(3)加入发酵剂 加入活化好的发酵剂并搅拌。购买的粉末状干酪发酵剂必须经活化后才能使用,干酪发酵剂是嗜中温发酵剂,活化条件为温度22 ℃、时间18 h,活化后发酵剂的酸度应为0.8%左右。

(4)加入 $CaCl_2$ 加入发酵剂后再加入2.25 mL的 $CaCl_2$ 溶液并搅拌。$CaCl_2$ 要事先配成33%溶液,添加量为100 L原料乳中添加30 mL。

(5)加入凝乳酶 加入发酵剂30 min后,加入65滴凝乳酶。在滴入过程中不断搅动,加完65滴后停止搅动。

(6)凝乳块搅拌和切割 使乳在水浴中再静置30 min后,检验凝乳块是否形成。如果凝乳成功就可以开始切割,否则可以再等一段时间,直至凝乳块形成。开始顺着容器壁切下去,然后再向凝乳块中间切下去,接着向不同方向切,切割时动作要轻,切割过程在大约10 min内完成,直到0.5~1 cm^3 小凝乳块形成。

(7)乳清分离 切割后开始小心搅动,同时从干酪槽中去除乳清,直到物料体积变为最初的1/2。

(8)凝乳块洗涤 洗涤是为了降低乳酸浓度,并获得合适的搅拌温度。洗涤持续20 min,如果时间过长,那么就有过多乳糖和凝乳酶留在凝乳块中的危险。乳清分离后,在不断搅动情况下,加入60~65 ℃经过煮沸的热水,直至凝乳块的温度为33 ℃,使物料体积还原为原来的容量,然后再持续搅动10 min,10 min后盖干酪槽,将其放入36 ℃水浴中持续30 min。

(9)干酪压滤器装填 用手将凝乳块装入干酪模具,使凝乳块达到模具高度的2倍,然后合上模具。

(10)压榨成型 通常一次装好一个1 kg的模具,将模具放在干酪压榨机上,然后持续压榨0.5 h,然后将干酪从模具中取出,翻转,再放回模具中,继续压榨3.5 h。压榨时保证干酪上压强为1 kg/cm^2。

(11)盐腌 压榨成型后,将干酪从压滤器中取出,放入18%~20%、13~14 ℃的盐水中浸泡24 h。

(12)成熟 放在温度12 ℃、湿度85%发酵间中的木制隔板上,持续成熟4周以上。发酵开始约1周内每日翻转干酪1次,并进行整理。1~2周后用专用树脂涂抹,以防表面龟裂。

实训二 农家奶酪的生产

【目的要求】通过本实训掌握奶酪酪的基本生产过程和操作工艺要点,熟悉奶酪的品质控制方法。

【材料与方法】

1)配料

牛奶	7.5 L
干酪发酵剂	75 mL
凝乳酶(1/10 000)	6滴

剁碎的蒜、大葱、洋葱或红辣椒;五香粉、孜然粉、麻辣粉等香料,也可以混入一些莳萝籽、

香菜籽或黑胡椒粉;盐等。

2)器具

干酪刀、干酪容器(可将锅放入水浴锅内代替)、温度计、勺子、干酪布。干酪制作过程中所用每个工具必须先用热碱水清洗,再用 200 mg/kg 的次氯酸钠溶液浸泡,使用前用清水冲净。

3)方法与步骤

(1)热处理　原料乳在 65 ℃条件下消毒 30 min(或 72 ℃、15 s),迅速冷至发酵温度 22 ℃。

(2)加入发酵剂、凝乳酶　将乳倾注在干酪容器中,加入活化好的发酵剂并搅拌。购买的粉末状干酪发酵剂必须经活化后才能使用,干酪发酵剂是嗜中温发酵剂,活化温度为 22 ℃,活化后发酵剂的酸度应为 0.8%左右。同时加入 6 滴凝乳酶,边加入边搅拌均匀。

(3)发酵　然后放入 22 ℃的发酵箱,发酵 18 h。

(4)凝乳块切割和搅拌　凝乳块形成后,就可以开始切割。开始顺着容器壁切下去,然后再向凝乳块中间切下去,接着向不同方向切,切割时动作要轻,切割过程在大约 10 min 内完成,直到 0.5 ~1 cm^3 小凝乳块形成。

(5)乳清分离　切割后开始小心搅动,同时从干酪槽中去除乳清,直到物料体积变为最小。

(6)排干乳清　将凝乳块装入干酪布中吊挂起来,直至乳清不再沥出。

(7)调味　然后将干酪去出,按口味加入各种调味料,可夹入主食面包、烧饼食用。

实训三　软质羊奶奶酪加工

【目的要求】通过本实训掌握奶酪酪的基本生产过程和操作工艺要点,熟悉奶酪的品质控制方法。

【材料与方法】

1)配料

羊奶	7.5 L
干酪发酵剂	75 mL
凝乳酶(1/10 000)	6 滴

剁碎的蒜、大葱、洋葱或红辣椒;五香粉、孜然粉、麻辣粉等香料,也可以混入一些香菜籽或黑胡椒粉;盐等。

2)器具

干酪刀、干酪容器(可将锅放入水浴锅内代替)、温度计、勺子、干酪模具(若没有,可在塑料杯上打上规则的洞,乳清能排出即可)。干酪制作过程中所用每个工具必须先用热碱水清洗干净,再用 200 mg/kg 的次氯酸钠溶液浸泡,使用前用清水冲净。

3)方法与步骤

(1)成熟与凝乳　将巴氏消毒后的全脂羊奶冷却至 22 ℃,加入 1%嗜中温乳酪发酵剂,搅拌均匀。在量杯中放入 5 汤匙凉开水,滴入 6 滴凝乳酶搅匀。在羊奶中加入稀释好的凝乳酶,搅拌均匀。盖上盖子将羊奶置于 22 ℃下 18 h,直到形成凝乳块。

(2)排除乳清　用干酪刀将凝乳块切割成1 cm^3 见方小块，将凝乳块舀入羊奶奶酪模具中。模具满后放到便于排水的地方，让乳清沥出。

(3)食用　2 d后由于乳清排出，奶酪下降至2.5 cm高度并形成坚实的块状物。这时奶酪可以现吃，也可以装入塑料袋放入冰箱储存两周后食用。

(4)加入调味料的奶酪　将凝乳块装入模具时，装一层凝乳块，撒一层调味料(最后可得到一些有特殊风味的羊奶奶酪)。

第三篇　蛋与蛋制品

第16章 蛋的概念、组成及加工特性

本章导读：主要学习蛋的构造和蛋的化学组成及特性。通过学习，要求学生着重掌握蛋的构造和蛋的主要理化性质及特性，为掌握好鲜蛋的储藏与保鲜技术以及鲜蛋的品质鉴定技术打下一定的理论基础。

16.1 蛋的构造

16.1.1 蛋的概念

蛋是禽类繁殖所产的卵，其中包含着自胚胎发育至生长成幼雏所必需的全部营养成分，同时还具有保护这些营养成分的物质，因而成为人们主要的营养食品之一。在各种禽蛋中，以鸡蛋、鸭蛋和鹌鹑蛋为蛋品加工的主要原料。鲜蛋经过加工可以制成各种再制蛋和蛋制品。

16.1.2 蛋的构造

虽然各种禽蛋的大小不同，但其基本构造是大致相同的。一般是由蛋壳、蛋白和蛋黄3大部分构成，蛋的构造如图16.1所示。

1)蛋壳

蛋壳由外蛋壳膜、蛋壳、蛋壳内膜、蛋白膜及气室组成，约占全蛋重的12%。

(1)外蛋壳膜　外蛋壳膜又称壳外膜，是指鲜蛋表面覆盖的一层膜，是由一种无定型结构，无色、透明、可溶性的胶质黏液干燥后形成的膜，其厚度为0.005~0.01 mm。

外蛋壳膜有封闭气孔的作用。完整的外蛋壳膜能阻止蛋内水分蒸发、二氧化碳逸散及外部微生物的侵入，但水洗、受潮或机械摩擦均易使其脱落。因此，该膜对蛋的质量仅能起短时间的保护作用。

(2)蛋壳　蛋壳厚度一般为0.3 mm左右，大多在0.27~0.37 mm范围之内，能经受3 MPa压力而不破裂，具有固定蛋的形态并保护蛋白、蛋黄的作用。蛋壳的纵轴较横轴耐压，因

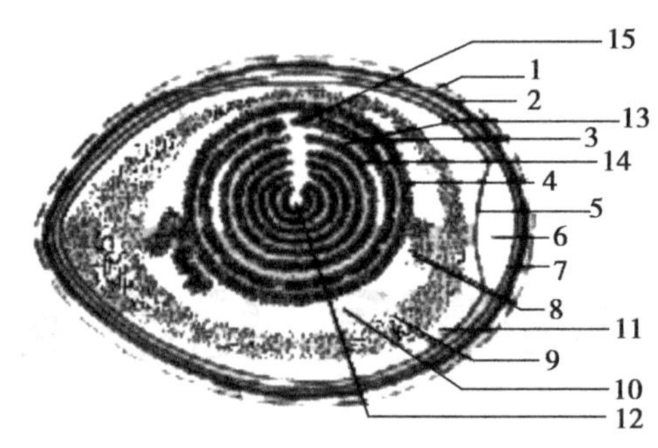

图 16.1 蛋的构造

1. 外蛋壳膜 2. 蛋壳 3. 蛋黄膜 4. 系带层浓蛋白 5. 蛋白膜 6. 气室 7. 蛋壳膜 8. 系带 9. 浓蛋白 10. 内稀蛋白 11. 外稀蛋白 12. 蛋黄芯 13. 黄色蛋黄 14. 白色蛋黄 15. 胚珠或胚盘

此在储藏运输时要将蛋竖放,且大头向上。

蛋壳上有许多肉眼看不见孔隙,称为气孔,总数为 7 000 ~17 000 个/枚,气孔最多的部位在蛋的大头。气孔是禽胚发育时与外界气体交换的通道。在鲜蛋存放过程中,蛋内水分通过气孔蒸发排出,而且外界环境的温度越高,湿度越小,存放时间越长,则蛋的重量损失就会越严重;微生物在外蛋壳膜脱落时,通过气孔侵入蛋内,加速蛋的腐败变质;在加工再制蛋时,气孔是料液进入蛋内的通道;存放蛋的周围有异味时,蛋也易吸附异味。

蛋壳有一定的透视性,在灯光下可以观察到蛋的内部结构。

蛋壳的颜色随家禽的种类、个体、季节、饲料等的不同而不同,一般深色蛋壳比浅色蛋壳坚硬。

(3)蛋壳内膜与蛋白膜　蛋壳内膜与蛋白膜合称壳下膜,由两层紧紧相贴的白色薄膜组成,外层紧贴蛋壳,称为蛋壳内膜,内层包裹蛋白称为蛋白膜。壳下膜是一种水分和气体可以直接通过的薄膜,不溶于水、酸、碱、醇及盐类溶液。微生物可以直接穿过蛋壳内膜但不能直接穿过蛋白膜,在蛋的储藏期间,只有当蛋白酶将蛋白膜破坏后,微生物才能进入蛋白内。因此,壳下膜具有保护蛋内容物不受微生物侵蚀的作用。

(4)气室　未产出的蛋,蛋壳内膜与蛋白膜是紧贴在一起的,没有气室。当蛋产出后,由于外界温度较低,蛋的内容物遇冷发生收缩,在气孔分布较多的大头部位壳下膜分离而形成一个双凸透镜似的空间,称为气室。

新鲜蛋的气室很小,随着蛋存放时间的延长,气室就逐渐增大,蛋的比重也随之变小。气室的大小可反映禽蛋的新鲜程度。

在实际工作中,气室高度是用气室测定器来测量的。它是用透明的角质板或塑料板制成的,其上有刻度,单位为毫米,如图 16.2 所示。气室高度的测量方法是:先将蛋在照蛋器上透视,并用铅笔标出气室的位置,再将蛋大头放入气室测定器的半圆形缺口内,并读出两边刻度数,然后用下式计算出气室的高度值。

气室高度(mm)=(气室左边高度 h_1 +气室右边高度 h_2)/2

2)蛋白

亦称蛋清,是蛋壳与蛋黄之间一种微黄色半透明的胶体物质,约占全蛋重的 45% ~60% 。

禽蛋内蛋白看似一体,实际上以不同浓度分层于蛋内,由外向内分为四层:第一层为外稀

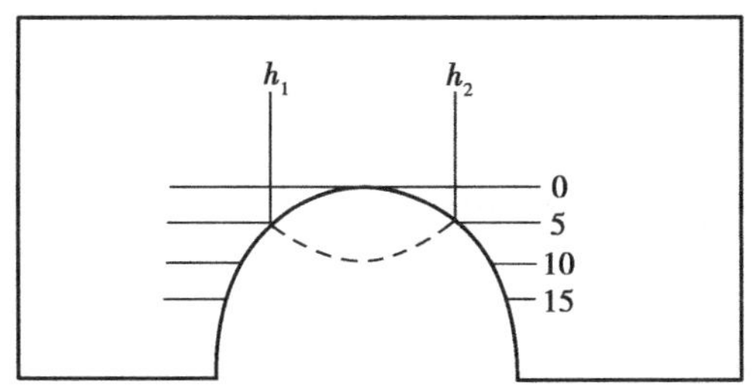

图 16.2 气室高度测定器

h_1. 气室左边高度 h_2. 气室右边高度

蛋白层,贴附在蛋白膜上,约占整个蛋白的 23.3%;第二层为浓蛋白层(亦称中层浓厚蛋白层),约占整个蛋白的 57.2%;第三层为内稀蛋白层,约占整个蛋白的 16.8%;第四层为系带层浓蛋白层,亦称系带膜状层,为一薄层,加上与之连为一体的两端系带,约占整个蛋白的 2.7%。蛋白的这种分布能保持蛋黄位居蛋的中心,使蛋不致很快腐败。浓厚蛋白中含有具有杀菌功能的溶菌酶。随着蛋存放时间的延长,浓蛋白逐渐变稀。因此,可以根据浓蛋白的多少和浓厚程度来判断蛋是否新鲜。

在蛋白中,位于蛋黄两端各有一条向蛋的钝端和尖端延伸的白色扭曲的带状物称为系带,其作用是固定蛋黄的位置,使其悬在蛋的中央。随着鲜蛋存放时间的延长或受到剧烈震动后,系带会逐渐变细甚至断裂或消失,弹性降低,随后出现散黄或蛋黄黏壳的现象。在加工蛋制品时,要将系带部分除去。

3)蛋黄

蛋黄位于蛋的中央,呈圆球形,它是由蛋黄膜、蛋黄液和胚胎所组成,约占全蛋重的 40%。

(1)蛋黄膜 蛋黄膜是包在蛋黄表面一层很薄具有弹性和韧性的透明薄膜,它的厚度为 0.016 mm。它的功能是保护蛋黄液不向蛋白中扩散。新鲜的蛋黄膜富有弹性和韧性,所以蛋黄高高凸起,随着鲜蛋存放时间的延长,它的韧性会减弱,并且蛋黄内逐渐渗水胀大,蛋黄会由球形变为扁平状,最后破裂形成散黄蛋。所以可以根据蛋黄的凸出程度计算蛋黄指数,用来判断蛋的新鲜度。蛋黄指数是指将蛋打到平板上,蛋黄高度 h 与蛋黄直径 d 之比值(h/d),如图 16.3 所示。随着蛋的储藏期的延长,蛋黄指数呈下降趋势。新鲜蛋的蛋黄指数一般为 0.401 ~0.442,当蛋黄指数小于 0.25 时,蛋黄膜易破裂,蛋的质量差。

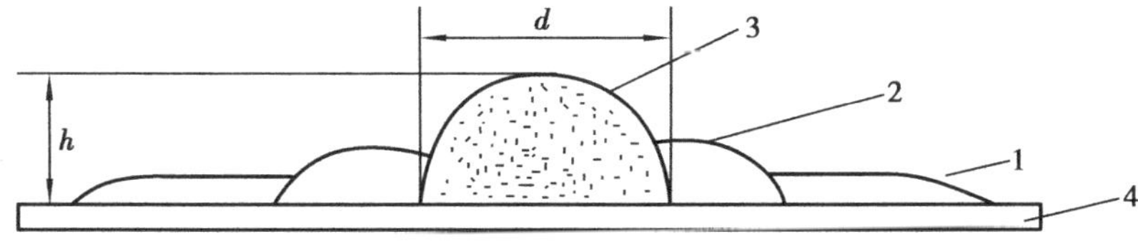

图 16.3 蛋黄指数

1. 蛋白液 2. 黏稠蛋白 3. 蛋黄 4. 平板 h. 蛋黄高度 d. 蛋黄直径

(2)蛋黄液 蛋黄内容物叫蛋黄液,是一种浓稠不透明的半流动乳状液。蛋黄看似为同一颜色,实际是由深、浅两种不同颜色的蛋黄相间组成。

(3)胚胎 蛋黄表面有一小白圆斑,在未受精时,圆斑呈云雾状,称为胚珠,直径为 1.6 ~3.0 mm。受精后的蛋,肉眼可见中央透明的小白圆斑,直径为 3.0 ~5.0 mm,称为胚胎。胚珠或胚胎下部至蛋黄中心有一细长近似白色的部分,叫蛋黄芯。受精蛋的胚胎在适宜的外界温度下,便会很快发育,这样就会降低蛋的耐储性和质量。

16.2 蛋的化学组成及性质

16.2.1 蛋的化学组成

蛋的化学组成,受家禽的种类、品种、饲料、饲养管理条件、产卵时间及其他因素的影响,变化很大。一般鸡蛋、鸭蛋和鹌鹑蛋可食部分的化学组成分别为水分 72.5%、70.8% 和 68.9%,蛋白质 13.3%、12.8% 和 16%,脂肪 11.6%、15.0% 和 12.3%,灰分 1.1%、1.1% 和 0.3%,糖类 1.5%、0.3% 和 2.5%。禽蛋主要构造部分的化学组成如下所述:

1)蛋壳

蛋壳的主要化学成分为碳酸钙,还有少量有机化合物、碳酸镁、磷酸镁、磷酸钙以及色素等。

2)蛋白

各种禽蛋的蛋白化学组成都是相同的,只因品种不同含量有所不同。以鸡蛋白为例,水分约占 86.2%,蛋白质约占 12.7%,脂肪约占 0.2%,碳水化合物约占 0.5%,灰分约占0.6%。蛋白中的碳水化合物主要为葡萄糖,含量虽很小,但与蛋白片、蛋白粉等产品的色泽有密切关系。

3)蛋黄

蛋黄中约含有 49% 的干物质。以鸡蛋黄为例,水分约占 51%,蛋白质约占 16.1%,脂肪约占 31.5%,碳水化合物约占 0.4%,灰分约占 1%。蛋黄中的蛋白质大部分是卵黄球蛋白、卵黄磷蛋白。其次为磷脂类,它对脑组织和神经组织的发育很重要,并具有很强的乳化作用。蛋黄脂类中不饱和脂肪酸较多,易氧化,在蛋品保藏上,即使是蛋黄粉和干全蛋品的储存也应引起充分重视。

蛋黄中含有较多色素,主要有叶黄素、玉米黄质、胡萝卜素、核黄素等,使蛋黄呈黄色或橙黄色。这些色素大部分为脂溶性色素,其含量与饲料有关。

鲜蛋中的维生素主要存在于蛋黄中,不仅种类多而且含量丰富,尤以维生素 A、E、B_2、B_6、泛酸为多,此外还有维生素 D、K、B_1 等。

蛋黄中约含有 1.0% ~1.5% 的灰分,其中以磷最为丰富,钙次之,还含有铁、硫、钾、钠、镁等,且其中的铁很容易被人体吸收。

16.2.2 蛋的主要理化性质

1)比重

禽蛋的品种不同,其比重不同,同种禽蛋,部位不同,比重也有差异。以鸡蛋为例,新鲜全蛋的比重为 1.078 ~1.094,其中蛋壳是 1.741 ~2.134,蛋白是 1.039 ~1.052,蛋黄是 1.028 8 ~1.029 9。蛋黄的比重比蛋白小,当系带变细、松弛或断裂、消失时,蛋黄会因为其比重较蛋白小而上浮。鲜蛋随着存放时间的延长,水分不断挥发,比重会逐渐下降。因此,可以根据蛋比重的大小来鉴别蛋是否新鲜。

2)黏度

禽蛋的部位不同黏度也不相同,其中蛋黄的黏度大于蛋白的黏度。以新鲜鸡蛋为例,蛋白是35～105 Pa·s,蛋黄是1 100～2 500 Pa·s。陈蛋的黏度会显著降低,主要是由于蛋白质的分解及表面张力的降低所致。

3)氢离子浓度

新鲜蛋白的pH值为6.12,新鲜蛋黄的pH值为6.12～7.7。随着储藏时间的延长,蛋内CO_2的逸出,蛋内pH值会逐渐升高,在10 d左右就可以达到9.0以上。

4)热凝固点和冻结点

新鲜鸡蛋的热凝固温度为72.0～77.0 ℃,平均是74.2 ℃,新鲜蛋白的热凝固温度为62～64 ℃,平均为63 ℃,蛋黄为68～71.5 ℃,平均为69.5 ℃。新鲜蛋白的冻结点是-0.45～-0.42 ℃,蛋黄的冻结点是-0.59～-0.57 ℃。

5)蛋黄与蛋白间的渗透作用

在蛋黄与蛋白之间有一层具有渗透作用的蛋黄膜。由于蛋黄与蛋白间的水分和盐类浓度大小不同,形成渗透压差,蛋白中的水分和蛋黄中的盐类物质相互渗透。使在储存过程中蛋黄内的水分逐渐增多,盐类则以相反方向渗透,这种变化随着温度的升高而加快,随着蛋黄体积的增大,超过蛋黄膜的弹性极限时,就会出现散黄现象。

6)蛋壳能被酸腐蚀而溶化变软

蛋壳的主要成分是难溶于水的碳酸盐。碳酸盐遇酸后,会变成易溶于水的物质,使蛋壳消失,只剩下壳下膜。保健食品醋蛋就是利用该性质来进行加工制作的。

7)蛋液受醇、碱作用产生凝固

据此特性,可将鲜蛋加工成糟蛋、皮蛋。

16.2.3　鲜蛋的特性

鲜蛋是一个活的生命体,脱离母体后受到外界环境的影响易发生质变。了解鲜蛋的特性,采取相应措施,有助于减少鲜蛋在运输、储存、检验、加工过程中的损失,降低生产成本,提高经济效益。

鲜蛋的主要特性有:

1)怕高温

存放鲜蛋的适宜温度是0～1 ℃。因为低温有利于抑制蛋内微生物和酶的活动,使鲜蛋的呼吸作用减慢,水分蒸发减少,有利于保持鲜蛋的营养成分和鲜度。在低温情况下鲜蛋一般可以存放5～6个月。气温过高,会引起胚胎和蛋黄膨大,蛋的重量减轻,存放期缩短。

2)怕潮湿、淋雨

蛋若受雨淋、水洗或受潮时,外蛋壳膜被破坏,微生物可以进入蛋内,从而分解蛋白质,加快蛋的腐败。

3)怕冷冻

当室温下降到-2 ℃时,鲜蛋就开始冻结,到-4 ℃时,蛋壳破裂,食用价值降低。

4)怕挤压和撞击

蛋壳易碎,经受撞击、挤压或过度振荡时,都会造成蛋壳破裂,蛋白、蛋黄溢出,这些蛋均为劣质蛋，不能用于蛋品加工。

5）怕闷气、异味和昆虫叮爬

鲜蛋需要有空气进行呼吸，不能放在不通气的地方，也不能同农药、化肥、煤油、鱼类和香烟等带异味带毒的物品一起存放，否则会吸附异味，影响鲜蛋的质量。在昆虫叮吮、爬过鲜蛋时，会分泌一些物质附在蛋上；昆虫肢体所附污物、病菌也会污染鲜蛋，从而使鲜蛋很快变质。

6）怕久存

鲜蛋同其他鲜活商品一样，不能久存。久存的鲜蛋在适宜的温度、湿度条件下，在周围空气中，蛋的品质会发生变化，出现散黄蛋和黏壳蛋。

综上所述，鲜蛋必须存放在清洁、干燥、低温、无异味、湿度适宜的地方，并且应远离农药、化肥和能散发刺激性气味的东西。搬运时，应轻拿轻放，不得碰撞，以防破裂。

复习思考题

1. 试述禽蛋各部分的构造特点。
2. 禽蛋有哪些理化性质？
3. 为什么禽蛋储存时间长了会散黄？
4. 如何判断蛋的新鲜度？
5. 常利用禽蛋的哪些性质加工蛋制品？

第17章 蛋的储藏保鲜

本章导读:主要学习蛋的储藏保鲜方法和蛋的品质鉴定方法。通过学习,要求学生着重掌握蛋储藏保鲜技术和蛋的品质鉴定技术,为能在生产中正确选用新鲜原料蛋来加工良质蛋制品打下一定理论基础,同时要求学生掌握蛋新鲜度的检查方法。

17.1 蛋的储藏保鲜方法

禽蛋属于生鲜类食品,其生产具有较强的季节性,而鲜蛋的销售和蛋制品的加工却是常年性的。产蛋季节一般自开春至秋季,其间须经过一个炎热的夏天,鲜蛋最容易受热变质,故必须有妥善的储藏方法。要解决这一问题,较好的方法就是将产蛋季节所产的蛋储藏起来。禽蛋腐败变质的原因虽然不是单一的,但主要是微生物污染,另外还有蛋中的酶和理化因素也起一定的作用。

17.1.1 鲜蛋保鲜的原则

鲜蛋保鲜过程主要是创造条件,排除或减缓引起禽蛋腐败变质的根源。所以鲜蛋保鲜的原则应该是:

1)保持蛋壳和壳外膜的完整性

蛋壳是蛋本身具有的一层最理想的天然包装材料。分布在蛋壳上的壳外膜可以将蛋壳上的气孔封闭,但这层膜很容易被水溶解而失去作用。所以,无论用什么方法储存鲜蛋,都应当尽量保持蛋壳和壳外膜的完整性。

2)防止微生物的接触与侵入

在禽蛋的储存和流通过程中,要尽量控制环境,减少和外界微生物的接触。同时采取各种方法,防止外界微生物的侵入。如在储存前把严重污染的蛋挑出,另行处理;储蛋库应严格杀菌消毒;用具有抑菌作用的涂料涂抹蛋壳;将蛋浸入具有杀菌作用的溶液中,使蛋与空气隔绝等。

3)抑制微生物的繁殖

蛋在放置过程中不可避免地会被各种微生物污染,污染过程视包装容器和库房的清洁程度而异。鲜蛋在储藏时应尽量设法抑制这些微生物的繁殖,如对蛋壳进行消毒或低温储藏等。

4)保持蛋的新鲜状态

蛋在产出之后,会不断地发生物理化学变化和生物学变化。如水分损失、CO_2 的逸出及氧气的渗入、蛋液 pH 值升高、浓蛋白变稀、蛋黄膜弹性降低、蛋的品质下降等。鲜蛋的储藏过程中应尽量减缓这些变化。通过低温或气调储藏均可收到良好的效果。

5)抑制胚胎发育

胚胎发育会降低蛋的品质,所以在蛋的储藏中必须要想办法抑制胚胎发育。最好采用低温储藏,尤其是在夏季,控制库温非常重要,如库温超过 23 ℃,就有胚胎发育的可能。

6)安全卫生

储存鲜蛋使用的药剂对人体无毒、无害、无副作用、价格低廉、储存效果良好。

17.1.2 鲜蛋的储藏方法

禽蛋储藏保鲜的方法有很多,各有优缺点,常用的方法有以下几种:

1)简易储蛋法

此法是民间常用的一种储蛋方法,如豆类储藏法、谷糠储藏法、大米储藏法、锯末储藏法、稻草储藏法等。它们共同的特点是要求储藏容器和填充材料要清洁干燥,储蛋时在容器底部先放入一层填充物,再放入一层蛋,如此反复,最上一层为填充物。该法要求待储的蛋要新鲜、清洁、无破损、未受潮。在储藏过程中,每隔 1 ~2 个月要翻检一次,可使鲜蛋在室温条件下保鲜 4 ~6 个月。其优点是简便易行,适于家庭少量鲜蛋的短期储藏。

2)冷藏法

是目前国内外储藏鲜蛋的主要方法,它是利用低温来抑制微生物的生长繁殖及蛋内酶的活性,延缓蛋内物质的分解及其他变化,以抑制蛋的腐败变质;同时低温还可以减少蛋内水分的变化、CO_2 的外逸以及防止胚胎的发育。

(1)冷藏前的准备工作

①冷库消毒。鲜蛋入库前,首先要对冷库清扫、消毒和通风换气。可采用漂白粉溶液喷雾消毒、过氧乙酸喷雾消毒、乳酸熏蒸消毒和硫磺熏蒸消毒,可以杀灭冷库中残存的微生物、昆虫及虫卵。冷藏间严禁放置带有异味的物品,以免影响禽蛋的品质。移走这些物品后,至少要通风换气 24 h,然后消毒备用。

②严格选蛋。需要冷藏的鲜蛋必须经过严格的感官检验和光照检验,剔除变质蛋、受精蛋、污染蛋和破损蛋。禽蛋越新鲜,蛋壳越清洁,耐储性越高。

③鲜蛋预冷。选好的鲜蛋在入库前须预冷。因鲜蛋入库前的温度比较高,若直接入库,会使冷库内的温度骤然升高,增加制冷系统的负荷,并影响正在储存的鲜蛋。预冷可在专门的冷却间进行,也可以利用冷库外的过道、穿堂进行,每隔 1 ~2 h 降温 1 ℃,待蛋降温到 1 ~2 ℃时入冷库。

预冷后的禽蛋应立即入库冷藏。鲜蛋在冷库内的堆垛,应适合冷空气的流通与循环,排列整齐。地面上要有垫木,垛与垛、垛与墙、垛与风道之间留有一定的间隔。在冷风入口处的蛋上覆盖一层干净的纸,防止禽蛋冻裂。

(2)入库冷藏　冷库内的温度、湿度和空气流通是影响冷藏效果的关键因素。温度一般控制在 -1 ℃,温度过低,容易使蛋冻裂;温度过高,达不到保鲜效果。温度防止忽高忽低,一般要求在 24 h 内,温度变化不得超过 0.5 ℃。相对湿度以 80% ~85% 为宜,湿度过高,霉菌容易繁殖;湿度过低,会使蛋内水分蒸发,增加蛋的自然损耗。为防止蛋内不良气味影响蛋的品质,冷库内必须定时更换新鲜空气,一般的换气量是每昼夜更换 2 ~4 个库室的容积。换气量过大会增加蛋的干耗量。

(3)定期检查　在冷藏期间要定期翻箱和检查禽蛋的质量。一般库温较高时(0 ℃),每月翻箱 1 次,库温较低时,每 2 ~3 个月翻箱 1 次。每隔 20 d 左右,用照蛋器检查一遍禽蛋,及时剔出不合格蛋和劣质蛋。

(4)出库时升温　当外界环境温度与库温反差较大时,经冷藏的禽蛋在出库时应先进行升温,以防热空气与蛋相遇时在蛋壳表面凝结水珠(俗称“出汗”),破坏壳外膜,使气孔暴露,为微生物的侵入创造条件。一般做法是将禽蛋放在比库温高而比外界温度低的房间内,使蛋的温度缓慢升高,当蛋的温度上升到比外界温度低 3 ~5 ℃时,升温工作结束,即可出库。

(5)特点　冷藏法的优点是操作简便,管理方便,储藏效果好,储藏时间长,可达 4 ~6 个月,可以大批量处理保藏禽蛋,适合规模化经营;缺点是冷库条件要求高,需要一定的设备,一次性投资较大。

3)气调保鲜法

气调保鲜法就是通过改变储藏环境的气体组成进行保鲜的一种方法。常用的气调保鲜方法有如下两种:

(1)二氧化碳储藏法　此法就是指在密封的袋子里充入低浓度的二氧化碳气体,可延长蛋的储藏期。其原理如下:

①提高储藏环境中二氧化碳浓度,同时便降低了氧的浓度,这样可抑制蛋上需氧微生物的生长繁殖。

②高浓度的二氧化碳不仅可以抑制蛋内二氧化碳的外逸,而且可以向蛋内渗透,并溶于蛋白中,使蛋白的 pH 值由原来的 8.5 ~8.8 降到 7 ~7.5,这样可提高蛋白的抗菌能力。

③高浓度的二氧化碳可抑制蛋的呼吸作用和蛋内酶的活性,从而削弱了蛋的新陈代谢和酶促反应,延缓蛋的变质。

此法的具体做法是:先用聚乙烯塑料薄膜做好薄膜底板,再将蛋箱置于其上,然后将分装在尼龙小袋中的吸潮剂(硅胶屑)均匀放在蛋垛上,一般每 5 000 kg 蛋用硅胶屑 100 kg,每小袋装 5 kg;取消毒液(漂白粉)10 kg,一半均匀撒在蛋垛顶部,另一半装袋,每袋 1 kg,挂在货垛四周。之后,将用聚乙烯塑料薄膜做成的置帐从垛顶套下,并与塑料底板热封。封后用真空泵将帐内空气抽出,使帐与蛋箱紧贴,经检验无漏洞后,便可向帐内充入二氧化碳。一般帐内二氧化碳浓度应保持在 25% ~30%。储蛋期间,应定期(约 1 周)检查帐内二氧化碳浓度,若浓度降到 25% 以下时,必须补足。此法还要求蛋库温度要控制在 0 ~ -1 ℃,相对湿度应为 80% ~85%,可让蛋保鲜半年不变质。

(2)充氮气储藏法　是将蛋置于较厚的聚乙烯塑料薄膜袋内,向袋内充入氮气。由于氮气的充入降低了袋内氧的含量,从而可抑制蛋上微生物的生长繁殖及蛋的呼吸作用,延长蛋的储藏期。

4)液浸法

此法是将检验合格的洁净鲜蛋浸泡在一定的溶液中进行储藏的方法。溶液内的物质能附在蛋壳表面,堵塞气孔或所形成的物质能堵塞气孔,减弱蛋内呼吸作用和生化作用,并阻止微生物侵入,达到保存鲜蛋的目的。同时,由于溶液本身呈现一定的碱性,具有杀菌作用。目前常用的液浸法有以下两种:

(1)石灰水储藏法 石灰水的浓度为2% ~3%,再按1%加入食盐,待石灰溶解、凉透、澄清后,取上清液备用。将待储藏的鲜蛋逐个放入缸或水泥池内,然后倒入石灰水浸没鲜蛋,注意石灰水面要高出蛋面15 ~20 cm,加盖储藏,常温下可保鲜5 ~6 个月。

此法简单费用低,效果良好,可以大批量储存。但稍有石灰味,蛋壳色泽较暗,由于有少部分水渗入蛋内,长期储存的鲜蛋,蛋白变稀,蛋黄扩大,颜色变绿。

采用石灰水储藏鲜蛋,在技术管理上应注意以下几点:

①蛋要新鲜,严格剔除破损蛋、次劣蛋,否则,易使石灰水变混变臭,影响蛋的品质。

②溶液温度保持在10 ~15 ℃。库温最高不超过23 ℃,水温不超过21 ℃。

③定期检查库温和水质情况。若发现溶液发浑、发绿、有臭味时,应尽快处理。液面上有漂浮蛋、破壳蛋、臭蛋等,应及时捞出。保持液体表面的碳酸钙薄膜的完整性,有助于防止微生物的侵入。

④经储存的蛋,蛋壳较脆,包装和运输时应轻拿轻放。

(2)水玻璃储蛋法 目前常用3.5 ~4 波美度的水玻璃溶液储藏鲜蛋。市售的水玻璃浓度有56、52、50、45、40 波美度五种。因此,必须稀释,配成符合要求的浓度后才能使用。浸液配制常以1 kg 水玻璃计算,大约每一度能配水0.27 kg。将检验合格洁净的鲜蛋放入池内或缸内,尽量使大头向上,倒入已配制好的水玻璃溶液,使蛋淹没在液面下5 ~10 cm,隔绝鲜蛋与空气接触,最后加盖储藏,常温下可保存4 ~6 个月。

用此法储藏的鲜蛋,取出销售加工之前,应用15 ~20 ℃温水将蛋壳表面的水玻璃洗净晾干,否则,蛋壳黏结、容易破裂。

5)涂膜法

此法是用一种或一种以上具有一定成膜性,且所成薄膜气密性较好的物质涂布于蛋壳表面,形成一层薄膜,堵塞气孔,从而可以避免微生物对蛋的污染及侵入蛋内,也可以减少蛋内水分的蒸发和CO_2的外逸,使蛋内CO_2浓度逐渐积累,从而可以抑制蛋内容物pH值上升、蛋的呼吸作用及酶的活性,防止蛋白水样化、气室增大等,减少蛋在收购运输过程中的损耗,从而达到保鲜的目的。

鲜蛋涂膜的方法主要有手工涂刷法、浸泡涂膜法、喷雾涂膜法等三种。生产上使用较多的涂膜材料主要有液体石蜡、水玻璃(学名硅酸钠)、凡士林、聚乙烯醇等。下面主要介绍液体石蜡涂膜法和水玻璃涂膜法:

(1)液体石蜡涂膜法 液体石蜡涂膜的工艺较为简单,是把液体石蜡倒入缸内,将检验合格的洁净鲜蛋逐个放入缸内,稍等片刻取出晾干后,液体石蜡便在蛋壳上呈现一层薄膜,包裹在鲜蛋的外层。也可采用大型机械化喷涂的方法给鲜蛋涂膜。遂后将经过涂膜的蛋大头向上装入塑料筐内或蛋托中,送入常温库房、防空洞或冷库内,可保鲜7 ~8 个月。

(2)水玻璃涂膜法 用波美56度的水玻璃1 kg,加沸水10 ~15 kg,搅拌使之溶化至波美3 ~4 度,移入缸内冷却备用。将检验合格的洁净鲜蛋,逐个放入缸里,浸泡30 ~60 min,取出晾干,大头向上放入蛋托内,常温下可保鲜 4 ~6 个月。

17.2　蛋的品质鉴定方法

鲜蛋的品质由于受温度、湿度以及运输、保管等条件的影响而发生变化,所以加工前必须对蛋的品质进行鉴别和分级,以保证蛋制品的质量和营养价值。常用来鉴别蛋品质的方法有感官鉴别法、光照鉴别法、比重鉴别法和荧光鉴别法等 4 种方法。

17.2.1　感官鉴别法

此法只能对蛋的质量做出大概的鉴定,适用于蛋的初检。主要是凭检验人员的视觉、听觉、嗅觉、触觉等感觉器官,通过看、听、嗅、摸等方法,从外观来鉴别蛋质量的方法。该方法基本上不需要任何仪器设备、操作简便,因此应用较为广泛,但要求检验人员应具有丰富的实践经验。

1)看

用肉眼观察蛋的大小、形状,蛋壳色泽、壳外膜、蛋壳清洁度、有无霉菌污染和完整情况。新鲜蛋蛋壳比较粗糙,色泽鲜明,表面干净,附有一层霜状胶质薄膜,无裂纹、不流清及咯窝,无凹凸不平现象;如表皮胶质脱落,不清洁,壳色油亮或呈乌灰色,甚至有霉斑、黑点,则为陈蛋。蛋壳表面细腻光滑、气孔显露的蛋多为孵化过的蛋或漂洗过的蛋。

2)听

通常有两种方法,一是敲击法,即从敲击蛋壳发出的声音来判定蛋的新鲜程度、有无裂纹、变质及蛋壳的厚薄程度。新鲜蛋拿到手里沉甸甸的,敲击时声音坚实,清脆似碰击石头;裂纹蛋发声沙哑,有啪啪声;大头有空洞声的是空头蛋,钢壳蛋发声尖细,有“叮叮”响声。二是振摇法,即用拇指、食指和中指捏住蛋的两头,放到耳边上下摇动,新鲜蛋无响声;空头大的蛋有空洞声;陈蛋、变质蛋有水响声,手指有撞击感。

3)嗅

是用鼻子嗅蛋的气味是否正常。新鲜鸡蛋、鹌鹑蛋无异味,新鲜鸭蛋有轻微鸭腥味;霉蛋有霉味,腐败蛋有臭味,污染蛋有污染物异味,如煤油味、农药味、鱼腥味等。

4)摸

即用手触摸蛋的表面是否粗糙,掂量蛋的轻重,把蛋放在手掌心上翻转等,依靠手的感觉进行鉴别。新鲜蛋拿在手中有沉甸感,蛋壳粗糙;孵化过的蛋、陈蛋重量较轻,霉蛋、帖皮蛋外壳发涩,孵化过的蛋外壳细腻光滑。

17.2.2　光照鉴别法

通过灯光透视即照蛋来观察蛋的内容物状况,可知蛋的内部品质的好坏,使感官不能鉴别出的靠黄蛋、贴壳蛋、热伤蛋、黑腐蛋等都可区别开来。简单的照蛋器可用一个 400 mm × 400 mm × 300 mm 的木箱做成,箱面上做 3 ~4 个比蛋小的圆孔,箱内安 60 ~100 W 电灯泡两只,分别位于木箱的两头。检验是在暗室或弱光的环境中,将蛋的大头向上紧贴照蛋孔上,使蛋的纵轴与照蛋器约成30°倾斜。先观察气室的大小和内容物透光程度,然后将蛋迅速转动一周,根据蛋内容物的移动情况来判别蛋的质量。在灯光下,新鲜正常的蛋,气室较小而且固定在蛋的大头不动(高度不超过9 mm),蛋内完全透光,呈淡橘红色。蛋白浓厚、清亮,包裹于蛋黄周围。蛋黄位于中央偏大头一端,呈朦胧暗影,中心色浓,边缘色淡,当蛋迅速转动时蛋黄也随之缓慢转动,蛋内无斑点和斑块。陈蛋,可见气室较大,位置稍移,蛋黄明显且不居中,转动蛋时蛋黄也容易转动。霉蛋,蛋内有黑色斑点、斑块存在。黑帖壳蛋、黑腐蛋除气室外均不透光。孵化蛋可见血环、血筋甚至死雏等。

17.2.3 比重鉴别法

新鲜蛋在存放过程中由于水分蒸发,存放时间越长比重越小,所以可以根据蛋的比重大小来较准确地判别蛋的新鲜度。具体方法是先配制比重分别为1.080、1.073、1.060三种盐溶液(其对应浓度分别为11%、10%、8%),再用比重计测定其比重,并对不符合要求的进行调整。然后将待检的鲜蛋放入盛有盐溶液的缸内,待水面平静后观察蛋在盐溶液中的位置,若在比重为1.080、1.073两种盐溶液中下沉者为新鲜蛋,若在前面两种盐溶液中上浮,但在比重为1.060的盐溶液中下沉者为次鲜蛋,悬浮者是典型的陈旧蛋,漂浮在水面的蛋为臭蛋或严重变质蛋,是完全不能进行加工和食用的,必须剔除。

比重鉴别法简便易行,可对原料蛋进行大批量检验,但经过这种方法检验的蛋一般不耐储存,必须及时加工,所以此法常用于加工盐蛋、皮蛋前原料蛋的检验。

17.2.4 荧光鉴别法

是用紫外光照射禽蛋,使其产生荧光,根据荧光的强度大小来鉴别蛋新鲜程度的一种方法。质量新鲜的蛋,荧光强度弱,而愈陈旧的蛋,荧光强度愈强。据测定,最新鲜的蛋,荧光反应是深红色,随着保存时间的延长逐渐变为红色、淡红色、紫色、淡紫色,等等。根据这些光谱变化来判定蛋质量的好坏。

17.3 鲜蛋的质量指标与分级

17.3.1 鲜蛋的质量指标

蛋的质量指标是各级生产企业和经营者,对鲜蛋进行质量鉴定和评定等级的主要依据,所以在评定蛋的质量时必须使用统一的指标和标准。衡量蛋的质量主要有以下一些指标:

1)蛋壳状况

蛋壳状况是影响禽蛋商品价值的一个主要质量指标,主要从蛋壳的清洁程度、完整状况和色泽等三个方面来鉴定。质量正常的鲜蛋,蛋壳应该是表面清洁、无粪便污染、无草屑及其他污物;蛋壳应该完整、无裂纹、无硌窝、无流清现象等;不同品种蛋的蛋壳应具有不同的色泽,但作为正常的蛋应具有本品种蛋所固有的色泽,且色泽鲜艳,表面无油光发亮等现象。

2) 蛋的形状

蛋的形状常用蛋形指数来表示,是指蛋的长径与短径之比。正常禽蛋的形状应为椭圆形,蛋形指数为 1.30 ~ 1.35。蛋形指数小于 1.30 者为近似球形,大于 1.35 者为细长形,蛋形指数虽不影响其食用价值,但会影响蛋的破损率,其中球形蛋不易破碎,而细长形蛋在储运过程中容易破伤,所以在包装分级时,要根据情况区别对待。

3) 蛋的重量

禽蛋的重量除了与蛋禽的种类、品种有关外,还与蛋的储存时间有较大关系。由于在储存过程中蛋内水分不断向外蒸发,储存时间越长,蛋越轻。所以,蛋的重量也是评定蛋新鲜程度的一个重要指标,外形大小相同的蛋,重量轻的为陈蛋。在禽蛋出口时,蛋的重量还是划分其等级的重要标准。

不同重量的蛋,其蛋壳、蛋白和蛋黄的组成比例也不同,随着蛋重的增大,蛋壳和蛋白比例相应增大,而蛋黄比例则基本稳定,在蛋制品工业中选择原料时要充分重视这一点。

4) 蛋的比重

蛋的比重与蛋的重量无关,而与蛋的存放时间长短、产蛋禽的种类、饲料及产蛋季节有关。鲜蛋比重一般为 1.060 ~ 1.080。若低于 1.050,则表明蛋已陈腐。

5) 蛋白状况

蛋白状况是评定蛋质量好坏的重要指标。随着蛋存放时间的延长,浓厚蛋白会逐渐变为稀薄蛋白,浓厚蛋白所占比例会下降。质量正常的蛋,其蛋白状况应当是浓厚蛋白含量多,约占全部蛋白的 50% ~60%,无色、透明,有时略带淡黄绿色。蛋白的状况可用灯光透视和直接打开两种方法来判断。灯光透视时,若见不到蛋黄的暗影,蛋内透光情况均衡一致,表明浓厚蛋白较多,蛋的质量较好。打开蛋检查时,可用过滤的方法,分别称量浓厚蛋白的重量与稀薄蛋白的重量,以测定蛋白指数。蛋白指数是指浓厚蛋白重量与稀薄蛋白的重量之比,新鲜蛋的蛋白指数为 6∶4 或 5∶5。

6) 蛋黄状况

也是表明蛋的质量好坏的重要指标之一。可以通过灯光透视法或打开检查法来鉴定。

灯光透视时,质量正常的蛋应看不到蛋黄或略见暗影,位于蛋中央。若暗影明显且靠近蛋壳,并且随蛋的转动而移动,表明蛋的质量较差。若光照透视时,发现蛋黄呈云雾状,或整个蛋体透光性降低,则说明蛋黄膜已破裂,蛋黄进入蛋白,甚至与蛋白混为一体,即形成散黄蛋。打开检查时,常用测量蛋黄指数的方法来判定蛋的新鲜程度。新鲜蛋的蛋黄几乎是半球形,蛋黄指数为 0.401 ~0.442,合格蛋的蛋黄指数为 0.3 以上,当蛋黄指数小于 0.25 时,蛋黄膜易破裂,出现散黄,说明蛋的存放较长,是质量较差的蛋。

7) 蛋内容物的气味和滋味

蛋内容物的气味和滋味反映了蛋内容物的成分变化情况。质量正常的蛋,打开后没异味,或许有轻微的腥味,这与蛋禽所采食的饲料有关。质量正常的蛋煮熟后,气室处应无异味,蛋白色白无味,蛋黄味淡而有香气。若打开后能闻到臭气味,则是轻微的腐败蛋。严重腐败的蛋,可以在蛋壳外面闻到内容物成分分解的氨及硫化氢的臭气味,这种蛋称为“臭蛋”。

8) 系带状况

质量正常的蛋,其系带粗白而富有弹性,并位于蛋黄两侧,清晰可见。如果系带变细并与蛋黄脱离甚至消失时,表明蛋的质量降低,蛋黄便会向上浮动,易形成靠黄蛋及不同程度的黏壳蛋。

9)胚胎状况

胚胎状况也是评价蛋质量好坏的常用指标。胚胎状况是对受精蛋而言。质量正常的蛋，胚胎浮于蛋黄表面，光照透视看不见，或为一小斑点。打开后可见一个小白点。鲜蛋的胚胎应无受热或发育现象。受精蛋的胚胎受热后发育，最初产生血环，最后出现树枝状的血管，形成血环蛋或血筋蛋。未受精的蛋受热后，胚珠会发生膨大现象。

10)气室状况

气室状况是评定蛋新鲜度的重要、且应用广泛的质量指标之一，也是灯光透视时要观察的首要指标。新鲜蛋的气室应该是高度小且固定，随着蛋存放时间的延长，气室高度会增大，蛋的质量也相应地降低。

在进行禽蛋质量评定时，要对上述各项指标进行综合分析后，才能做出正确的判断和结论。

17.3.2 蛋的分级标准与分级

1)内销鲜蛋的分级标准

(1)国家卫生标准　参见国家标准总局发布的国家鲜蛋卫生标准GB2748—81。

(2)收购等级标准　目前尚未有全国统一的标准或部颁标准，但有些地区也制订了分级标准。

禽蛋的收购分级标准：

①一级蛋：蛋壳清洁、坚固、完整；气室深度 <7 mm，固定；蛋白浓厚，色泽清而明；蛋黄不明显，在中央不移动，胚胎不发育。

②二级蛋：蛋壳清洁、坚固、完整；气室深度 <9 mm；蛋白较浓厚，色泽清而明；蛋黄较明显，在蛋中央稍移动，胚胎不发育。

③三级蛋：蛋壳坚固、完整、污壳；气室深度不超过蛋高1/3，有时可移动；蛋白稍稀薄，色泽清明；蛋黄明显，略移动，胚胎微发育。

(3)禽蛋的销售分级标准　目前没有全国统一的标准，但各地的标准大同小异，一般是：

①一级蛋：鸡蛋、鸭蛋(除仔蛋外)、鹅蛋不论大小，凡是新鲜、无破损的均按一级蛋销售。成批的仔蛋、裂纹蛋、大血筋蛋。泥污蛋和雨淋蛋，按一级蛋折价销售。

②二级蛋：指硌窝蛋、黏眼蛋、穿眼蛋(小口流清、头照蛋、靠黄蛋)等。

③三级蛋：指大口流清蛋、红贴皮蛋、散黄蛋、外霉蛋等。

其他不能食用的变质蛋一律不准销售。

不同等级的蛋，其销售差价依地区、季节不同而不同。

(4)禽蛋的冷藏蛋分级标准：

①一级蛋：蛋壳清洁、坚固、完整；气室高度 <10 mm，允许微移动；蛋白浓厚、透明；蛋黄紧密、发红、略偏离中央，无胚胎发育。

②二级蛋：蛋壳坚固、完整、有少量污泥或污迹；气室高度 <12 mm，允许移动；蛋白稀薄、透明、允许有水泡；蛋黄稍紧密、发红，偏离中央，胚胎稍膨大。

③三级蛋：蛋壳完整、有污迹、脆薄、较大，但不允许超过蛋的1/4；气室允许移动；蛋白稀薄如水；蛋黄大且扁平，显著发红，明显偏离中央，胚胎明显膨大。

一级冷藏蛋除夏季不可加工为松花蛋、咸蛋外，其他季节均可加工。

二级冷藏蛋可以加工为咸蛋，但只在冬季可以加工为松花蛋。

三级冷藏蛋不宜用于加工松花蛋和咸蛋。

2）出口鲜蛋的分级标准

随着对外贸易的发展以及国际市场的变化，出口禽蛋的质量分级标准也有所变化，对不同国家和地区的分级标准也有所不同。在出口时，要根据国际市场情况和买方的要求，经双方协商，将分级标准具体规定在合同上面。

我国商品检验局根据蛋的保存时间、蛋壳、气室、蛋白、蛋黄及胚胎状况而判定的分级标准：

一级蛋：刚产出不久；蛋壳坚固完整、清洁；气室 <8 mm，不移动；蛋白浓厚、透明；蛋黄位于中央，不明显，胚胎不发育；

二级蛋：可以存放一段时间；蛋壳完整、清洁，允许稍带斑迹；气室 <10 mm，不移动；蛋白略稀、透明；蛋黄稍大，明显，允许偏离中央，胚胎不发育；

三级蛋：存放时间较长；蛋壳脆薄，有污迹、斑迹；气室 >12 mm，允许移动；蛋白较稀、透明；蛋黄大而扁平，显著呈红色，胚胎允许稍发育。

禽蛋出口时，除按质量分级外，还经常要按重量分级。

出口禽蛋重量分级标准：

鸡蛋：

①大超级蛋：每箱 300 枚，16.75 kg 以上；每 1 000 枚蛋重 55.5 kg 以上；

②一级蛋：每箱 300 枚，15 kg 以上；每 1 000 枚蛋重 50 kg 以上；

③二级蛋：每箱 300 枚，14 kg 以上；每 1 000 枚蛋重 46.5 kg 以上；

④三级蛋：每箱 360 枚，15.75 kg 以上；每 1 000 枚蛋重 43.5 kg 以上；

⑤四级蛋：每箱 360 枚，13.75 kg 以上；每 1 000 枚蛋重 38 kg 以上。

鸭蛋：

①大超级蛋：每箱 240 枚，16.75 kg 以上；每 1 000 枚蛋重 70 kg 以上；

②一级蛋：每箱 240 枚，15.25 kg 以上；每 1 000 枚蛋重 64 kg 以上；

③二级蛋：每箱 240 枚，13.5 kg 以上；每 1 000 枚蛋重 56.5 kg 以上；

④三级蛋：每箱 240 枚，12 kg 以上；每 1 000 枚蛋重 50 kg 以上。

3）鲜蛋的分级

鲜蛋按照下列规定分为三等三级，等别规定如下：

一等蛋：每个蛋重在 60 g 以上；

二等蛋：每个蛋重在 50 g 以上；

三等蛋：每个蛋重在 38 g 以上。

级别规定如下：

一级蛋：蛋壳清洁、坚硬、完整，气室深度 0.5 cm 以上者，不得超过 10%，蛋白清明，质浓厚，胚胎无发育；

二级蛋：蛋壳尚清洁、坚硬、完整，气室深度 0.6 cm 以上者，不得超过 10%，蛋白略显明而质尚浓厚，蛋黄略显清明，但仍固定，胚胎无发育；

三级蛋：蛋壳污壳者不得超过 10%，气室深度 0.8 cm 的不得超过 25%，蛋白清明，质稍稀薄,蛋黄显明而移动,胚胎微有发育。

复习思考题

1. 鲜蛋储藏保鲜的原则与方法有哪些?
2. 鲜蛋品质鉴定的方法及其原理有哪些?
3. 衡量禽蛋质量好坏的标准有哪些?

实　训

蛋新鲜度检查

【目的要求】

通过本实验掌握蛋新鲜度的检查方法。

【材料用具】

1)原料(每组计量,8~10 人/组)

不同新鲜度的蛋各 5 枚、食盐、水。

2)用具

蛋托、大烧杯、照蛋器、气室高度测定器(或厚纸板与万能表格)、铅笔、玻璃平皿、游标卡尺、比重为 1.080、1.073、1.060 等三种食盐溶液等。

【实训内容和方法步骤】

1)壳蛋检验

(1)外观检验　用肉眼观察蛋的形状、大小、清洁度和蛋壳表面状态及完整性。

新鲜蛋:蛋壳完整、清洁,蛋型正常,无凸凹不平现象。蛋壳颜色正常,壳面覆有霜状粉层(即为外蛋壳膜)。

陈蛋或变质蛋:壳面污脏,有暗色斑点,外蛋壳膜脱落变为光滑,而且呈暗灰色或青白色。

(2)比重鉴定法　鸡蛋的比重平均为 1.084 5。蛋在存放或储藏过程中,蛋的水分不断的蒸发。水分蒸发的程度与储藏(或存放)的温度、湿度以及储藏的时间有关。因此,测定蛋的比重可推知蛋的新鲜度。

方法:将蛋放于比重 1.080 的食盐溶液中,下沉者认为比重大于 1.080,评定新鲜蛋。将上浮蛋再放于比重 1.073 食盐溶液中,下沉者为普通蛋。将上浮蛋移入比重 1.060 食盐溶液中,上浮者为过陈蛋或腐败蛋,下沉者为合格蛋。但往往霉蛋也会具有新鲜蛋的比重。因此,比重法应配合其他方法使用。

(3)灯光照检法　利用蛋有透光性的特点来检查蛋内容物的特征。从而评定蛋的质量。

方法:用照蛋器观察蛋内容物的颜色、透光性能、气室大小、蛋黄位置等,有无黑斑或黑块以及蛋壳是否完整。

不同品质蛋的光照特征：

新鲜蛋：蛋内呈均匀的浅红色。不能或微能看到蛋黄暗影，气室很小且不移动，蛋内无任何异点或异块。

热伤蛋：蛋白稀薄，蛋黄有火红感，在胚盘附近更明显，气室大。

靠黄蛋：蛋白透光程度较差，呈淡暗红色。转动时可见到一个暗红色影子始终上浮靠近蛋壳，气室较大。

贴壳蛋：蛋黄贴在蛋壳上，是靠黄蛋进一步发展的结果，蛋白稀薄，透光较差。蛋内呈暗红色，转动时有一不动的暗影贴在蛋壳上。但有时稍转动蛋后暗影（蛋黄）则与蛋壳离开而上浮，此为轻度贴壳蛋。否则为重度贴壳蛋。

散黄蛋：气室大小不一，如果属细菌散黄气室则大。散黄原因属机械振动，气室则小。散黄蛋光照时内容物呈云雾状，透光性较差。

霉蛋：某部有不透光的黑点或黑斑，蛋白稀浓情况不一，气室大小不一。蛋黄有的完整，有的破裂。

老黑蛋：这类蛋的壳面呈大理石花纹状。除气室透光外，全部不透光。

孵化蛋：蛋内呈暗红色，有黑色移动影子，影子大小决定于孵化天数。有血丝呈树枝状。

(4)气室大小的测定　蛋在存放过程中，由于蛋内水分的蒸发，气室也随着增大。故测定气室的大小是判断蛋新鲜度的指标之一。

方法：气室大小可用气室高度和气室底部直径大小来表示。

气室高度用气室高度测定器测量。将蛋的大头向上置于测定器半圆形切口内，读出气室两边的刻度数，然后按下式计算：

$$\text{气室高度 } h(\text{mm}) = (\text{气室左边高度 } h_1 + \text{气室右边高度 } h_2)/2$$

式中，h——气室高度，mm；

h_1——气室左边的高度，mm；

h_2——气室右边的高度，mm。

另一种方法是用游标卡尺测气室底部直径。

评定：

最新鲜蛋：气室高度在 3 mm 以下，底部直径 10 ~ 15 mm。

普通蛋：气室高度在 10 mm 以内，底部直径 15 ~ 25 mm。

可食蛋：气室高度在 10 mm 以上，底部直径 30 mm。

2)开蛋检验

(1)感官检验　蛋内容物的感官检验是加工蛋制品时必需而且是很重要的一步。

方法：将蛋打开后将内容物倒在玻璃平皿内进行观察。

不同品质蛋液的特征：

新鲜蛋：蛋白浓厚而包围在蛋黄的周围，稀蛋白极少。蛋黄高高凸起，系带坚固而有弹性。

胚胎发育蛋：蛋白稀，胚盘比原来的增大。蛋黄膜松弛，蛋黄扁平。系带细而无弹性。

靠黄蛋：蛋白较稀，系带很细，蛋黄扁平，无异味。

贴壳蛋：蛋白稀，系带很细，轻度贴壳时，打开蛋后蛋黄扁平，但很快蛋黄膜自行破裂而散黄。重度贴壳时,蛋黄则破裂而成散蛋黄,无异味。

散黄蛋:蛋白和蛋黄混合,浓蛋白极少或没有。轻度散黄者无异味。

霉蛋:除了蛋内有黑点或黑斑外,蛋内容物有的无变化,具备新鲜蛋的特征。有的则稀蛋白多,蛋黄扁平,无异味。

老黑蛋:打开后有臭味。

异物蛋:打开后具备新鲜蛋的特征,但有异物如血块、肉块、虫子之类的东西。

异味蛋:打开后具备新鲜蛋的特征,但有蒜味、葱味、酒味以及其他气味。

孵化蛋:打开后看到有发育不全的胚胎及血筋。

(2)蛋黄指数的测定　蛋黄指数是表示蛋黄体积增大的程度。蛋愈陈,蛋黄指数愈小。新鲜蛋,蛋黄指数为0.4~0.44,蛋黄指数达0.25时,打开即成散蛋黄。

蛋黄指数=蛋黄高度/蛋黄宽度

方法:将蛋打开倒于打蛋台的玻璃板上,用高度游标卡尺和普通游标卡尺分别量蛋黄高度和宽度。以卡尺刚接触蛋黄膜为松紧适度。

评定:

新鲜蛋:蛋黄指数为0.4以上。

普通蛋:蛋黄指数为0.35~0.4。

合格蛋:蛋黄指数为0.3~0.35。

【实训作业】

根据实训内容,按照实际操作写出实训报告,并对蛋的新鲜度进行综合评价。

第18章 腌制蛋的加工

本章导读：主要学习腌制蛋品即皮蛋、咸蛋、糟蛋加工的基本原理、原料蛋及辅料选择，加工工艺过程及质量标准。通过学习，着重掌握皮蛋、咸蛋的加工制作工艺及质量检查，了解糟蛋的加工工艺，为今后就业打下基础。

18.1 皮蛋加工

皮蛋是我国名产，其生产历史悠久，据我国1319年出版的古籍《农桑衣食撮要》一书中就记载了松花蛋的加工情况，由此看来，我国的皮蛋生产至少可以追溯到800多年前的元朝以远。皮蛋以其营养价值高，风味独特，醇香可口，回味甘美，久食不腻，易消化等特点，不仅深受国内消费者的喜爱，在国际市场上销路也很广。根据其加工用料和方法不同，皮蛋可以分为溏心皮蛋和硬心皮蛋两类。

18.1.1 皮蛋的加工原理

鲜蛋之所以可以成为皮蛋，是当鲜蛋浸泡在料液中或包以料泥后，含有较多有机物的蛋白质在强碱的作用下，会发生一系列的变化，蛋内的蛋白质与所用材料中的石灰和纯碱遇水化合生成氢氧化钠作用而成，其化学方程式为：

$$CaO + H_2O \rightarrow Ca(OH)_2$$

$$Ca(OH)_2 + Na_2CO_3 \rightarrow 2NaOH + CaCO_3$$

$$\text{植物灰} + H_2O \rightarrow NaOH + KOH$$

（植物灰中含 Na_2O、K_2O）

皮蛋的形成机理主要是在氢氧化钠的作用下表现为凝固、成色等阶段。

1）蛋白和蛋黄的凝固

（1）凝固原理　当纯碱与熟石灰生成氢氧化钠或直接加入的氢氧化钠，由蛋壳渗透入蛋内，逐步向蛋黄渗入，使蛋白中变性蛋白分子继续凝集或成凝胶状，并有弹性。同时，溶液中的氧化铅、食盐中的钠离子、石灰中的钙离子、植物灰中的钾离子、茶叶中的单宁物质等，都会促使蛋内的蛋白质凝固和沉淀,使蛋黄凝固和收缩。

蛋白和蛋黄的凝固速度和加工时间与温度的高低有关。温度越高,碱性物质作用快;反之,则慢。所以,加工皮蛋需要一定的时间和适宜的温度。但最重要的是碱的用量则是关键,如果碱量过多,时间过长,会使已凝固的蛋白变为液体,称为"碱伤"。因此,在皮蛋加工过程中,应严格掌握碱的使用量,并根据温度掌握好成熟时间。

(2)凝固过程　在皮蛋的成熟过程中,其凝固过程可以分为几个阶段:

①化清阶段:这是鲜蛋泡入料液后发生明显变化的第一阶段。蛋白从黏稠变成稀的透明水样溶液,蛋黄有轻度凝固。其中含碱量为4.4~5.7 mg/g((以 NaOH 计),蛋白质的变性达到完全,蛋白质分子变为分子团胶束状态,卵蛋白在碱性条件及水的参与下发生了强碱变性作用。坚实的刚性蛋白分子变为结构松散的柔性分子,从卷曲状态变为伸直状态,束缚水变成了自由水。但这时蛋白质分子的一、二级结构尚未受到破坏,化清的蛋白还没有失去热凝固性。

②凝固阶段:变性蛋白质分子互相穿插、凝集,并与水分子结合成凝胶状态。卵蛋白从稀的透明水样溶液凝固成具有弹性的透明胶体,蛋白胶体呈现出五色或微黄色,蛋黄凝固厚度为1~3 mm,含碱量为6.1~6.8 mg/g,是凝固过程中含碱量最高的阶段。在 NaOH 的继续作用下,完全变性的蛋白质分子二级结构开始受到破坏,氢链断开,亲水基团增加,使蛋白质分子的亲水能力增强,相互之间作用形成新的弹性极强的胶体。

③转色阶段:此阶段的蛋白呈深黄色透明胶体状,蛋黄凝固厚度为5~10 mm,转色层分别为0.5~2 mm。蛋白含碱度降低到3.0~5.3 mg/g,这时蛋白质分子在 NaOH 和 H_2O 的作用下发生降解,一级结构被破坏,使单个分子质量下降,放出非蛋白质性物质,同时发生了美拉德反应。这些反应的结果使蛋白、蛋黄均开始产生颜色,蛋白胶体的弹性开始下降。

④成熟阶段:这个阶段蛋白全部转变为褐色的半透明凝胶体,仍具有一定的弹性,并出现大量排列成松枝状(由纤维状氢氧化镁水合晶体形成)的晶体族,蛋黄凝固层变为蛋白质分子同 S_2^- 反应的墨绿色或多种色层,中心呈溏心状。全蛋已经具备了皮蛋的特殊风味,已经成熟,可以作为产品出售。此时,蛋内含碱量为3.5 mg/g。

⑤储存阶段:这个阶段发生在产品的货架期。此时蛋的化学反应仍在不断地进行,其含碱量不断下降,游离脂肪酸和氨基酸含量不断增加。为了保持产品不变质或变化较小,应将成品放在相对低温条件下储存。并注意防止细菌侵入和鼠害等。

2)皮蛋的呈色

皮蛋的呈色是一个比较复杂的反应过程,呈色从蛋白开始至蛋黄,直至松花的形成。

(1)蛋白呈褐色或茶色　浸泡前侵入蛋内的少量微生物和蛋内多种酶等发生作用,使蛋白质发生一系列变化,蛋白中的糖类发生变化,一部分与蛋白质结合,另一部分处于游离的状态,如葡萄糖、干露糖和半乳糖,它们的醛基和氨基酸的氨基会发生化学反应,生成褐色或茶色物质。

(2)蛋黄呈草绿或墨绿色　蛋黄中含硫较高的卵黄磷球蛋白,在强碱的作用下,分解产生活性的硫氢基(-SH)和二硫基(-S-S-),与蛋黄中的色素和蛋内所含的金属离子铅、铁相结合,使蛋黄变成草绿色、墨绿色或黑褐色;蛋黄中含有的色素物质在碱性情况下受硫化氢的作用,会变成绿色,此外,红茶末中的色素也有着色作用,因此,皮蛋蛋黄呈现有墨绿、草绿、茶色、暗绿、橙红等色泽,再加上外层蛋白的茶色或黑褐色,便形成了五彩缤纷的彩蛋。

(3)松花的形成 经过一段时间,成熟的皮蛋,剥开壳,在蛋白和蛋黄的表层有朵朵松枝针状的结晶花纹和彩环,称为“松花”。李树青等(1988)分析表明:“松花”是纤维状氢氧化镁水合结晶。当蛋内 Mg^{2+} 浓度达到足以同 OH^- 化合形成大量 $Mg(OH)_2$ 时,在蛋白质凝胶体中形成水合晶体,即松花晶体。并不是民间所说,必须使用松枝、柏枝柴灰包成的蛋才会形成松花。

3)皮蛋的风味

蛋白质在混合料液成分及蛋白分解酶的作用下,一些蛋白质分子发生水解,产生氨基酸,再经氧化产生酮酸,酮酸具有辛辣味。产生的氨基酸中有较多的谷氨酸,同食盐生成谷氨酸钠,是味精的主要成分,具有鲜味;一些含硫蛋白质分解形成了少量的氨和硫化氢,氨和硫化氢的存在是皮蛋特殊风味的又一原因,使其具有一种淡淡的臭味;添加的食盐渗入蛋内产生咸味;茶叶成分使皮蛋具有香味;因此,各种气味、滋味的综合,使皮蛋成为具有鲜味、咸味、清凉爽口的独特风味食品。

18.1.2 加工皮蛋原料和辅料的选择

1)原料蛋的挑选

皮蛋质量的优劣,与加工技术和辅料的选择、用量有密切的关系,但加工只能在鲜鸭蛋原有品质的基础上发挥良好的技术作用,如果鸭蛋在加工前已经变质,不管你的辅料用量有多大,质量有多好,都不可能把变质蛋加工成优质皮蛋。故在加工前必须对用来加工的鲜蛋逐一进行质量检查和挑选,以保证加工质量,减少废品或次品的产生,从而降低生产成本,提高经济效益。

加工皮蛋的原料蛋主要是选鸭蛋。亦有选择鸡蛋、鹅蛋、鹌鹑蛋进行皮蛋生产的。在生产过程中鲜蛋的挑选主要采用:

(1)观察外表 新鲜的鸭蛋,蛋壳上有光泽,蛋壳坚固完整,具有外壳膜。久储的蛋则光泽消失,陈腐的蛋,蛋壳上有霉斑。经过孵化的蛋,蛋壳表面比较光滑,由于水分损失较多,故手感较轻。

(2)透视内部 经过外观检查的原料蛋,还需进行灯光透视检查。透视时,蛋的气室高度小于9 mm,内容物有浓稠感,呈均匀一致的微红色,蛋黄不见或略见暗影,将蛋迅速转动蛋黄也随之缓缓转动的蛋是合格蛋,可以作为加工蛋。

凡是机械损伤蛋、钢壳蛋、血环蛋、沙壳蛋、散黄蛋、贴壳蛋、霉变蛋、孵化蛋、气泡蛋(俗称水花蛋)等均不能作为加工原料蛋。

2)辅料的作用及选择

加工皮蛋所用的辅料对皮蛋的质量起着决定性的作用,辅料的种类很多,作用各异,常用辅料主要有以下几种:

(1)纯碱($NaCO_3$) 俗称大苏打,纯碱是加工皮蛋的主要辅料,其主要作用是它与熟石灰化合生成氢氧化钠和碳酸钙,促使皮蛋凝固和促进蛋黄、蛋白的颜色变化。纯碱的用量决定了料液、料泥的氢氧化钠的浓度,直接影响到皮蛋的质量和成熟期。要求色白、粉细、碳酸钠含量在96%以上。该物质容易受潮结块,降低效力,影响皮蛋的成形,因此,使用时,要现用现购,如果没有使用完,要密封保管,切忌与酸性物质接触,以免失效。

(2)生石灰(CaO) 生石灰主要与纯碱、水反应生成氢氧化钠。此外,游离的碳酸钙有促进皮蛋凝胶和使皮蛋味道凉爽的效能，沉淀的碳酸钙可阻止料液进入蛋内，并减少出缸洗蛋时的破损率。加工皮蛋所用的生石灰品质要求是白色、体轻、块大、无杂质，有效氧化钙的含量不得低于75%。

生石灰如受潮成粉末状，则表明质地已经发生了变化，不能很好地与碱作用，制作的皮蛋会有不良的辣味。该物质容易吸收空气中的水蒸气而失效，因此，备料最好现购现用，暂时用不完的要密封保存妥善保管，切忌与酸性物质接触，以免失效。

(3)食盐(NaCl) 食盐主要起防腐、调味作用，还可抑制微生物活动，加快蛋的化清和凝固，利于凝固、离壳、防回潮等。加工皮蛋的食盐要求纯度96%以上的海盐或精盐。食盐在溶液中的浓度一般为3% ~4%，过高会妨碍蛋白凝固和使蛋黄变硬，过低则影响调味。注意：一定要使用符合国家标准的食用盐，不得使用对人体有毒有害的工业盐。

(4)氧化铅(PbO) 俗称金生粉、黄丹粉。呈黄色或浅红色金属粉末或小块状。主要促进氢氧化钠渗入蛋内，使蛋白质分子结构解体，起加速皮蛋的凝固、成熟、增色、离壳和除去碱味、抑制烂头、易于保存等作用，是制作京彩蛋的重要的辅料，该辅料使用量较少，故使用时必须捣碎，过140 ~160 目筛后才使用。由于铅对人体有害，国家规定，皮蛋含铅量不得超过3 PPm。

(5)硫酸锌($ZnSO_4.7H_2O$) 俗称皓矾，为无色斜方结晶。是氧化铅的替代品，用锌盐取代铅盐，还可缩短皮蛋成熟期约1/4，使用时需捣碎。

(6)茶叶 主要作用是增加蛋白色泽，此外有提高风味、促进蛋白质的凝固作用。红茶叶中所含鞣质色素、单宁、芳香油、生物碱等物质比绿茶多，因此，在加工时主要选择红茶。要求使用品质新鲜的茶叶，不得使用发霉变质的和有异味的茶叶。

(7)烧碱 即氢氧化钠，可代替纯碱和生石灰加工皮蛋。要求白色、纯净，呈片状或块状。由于该物质具有强烈的腐蚀性，故在配料和操作时应注意防止皮肤烧伤和腐烂衣服。

(8)草木灰 草木灰中由于其含有Na_2O、K_2O，它是加工皮蛋不可缺少的辅料，主要作用是防止料泥流失、蛋与蛋之间粘连，还可促进皮蛋成熟。要求选择质地干燥、纯净、新鲜无异味，使用前需过筛去除杂质。

(9)黄泥或红泥 黄泥和红泥的作用，一是帮助其他辅料粘附在蛋壳上；二是能减缓氢氧化钠渗入蛋内的速度；三是控制蛋内外空气流通，减少蛋内水分蒸发。要求使用清洁、无异味，含沙量少，具有黏性，最好在地表30 cm以下挖掘，不得使用不卫生的淤泥。

此外，加工皮蛋还需要水，主要作用是调和制蛋辅料和保持湿度。水质应符合生活饮用水的卫生标准。另外，还需要谷糠或刷木面，主要作用也是防止蛋与蛋之间的粘连，要求干燥、无霉。

3)加工场地与工具

(1)鲜蛋的堆储场地 制作再制蛋，应根据加工规模大小选用加工场地。不管规模大小，在加工厂内，堆放原料蛋的场地应该避免阳光直晒，相对湿度应控制在80% ~85%之间，温度不低于0 ℃，不高于28 ℃为宜。在堆储场附近，不应堆放农药、化肥以及其他能产生刺激性气味的东西，例如：大蒜、洋葱之类，并与厕所保持一定的距离。

(2)制作与储放场地 鲜蛋包裹上制蛋材料后，要经过一定时间储放，才能变化为成品。因此，要选择专门的储放间，储放间温度应不低于0 ℃，不高于28 ℃为宜。一般采用缸或瓮、水泥池等储存。

(3)常用工具　再制蛋对生产机械设备、工用具的要求不很高,必需的机械和工具有以下几种:筐和篓、缸或瓮、桶盆瓢、手套或取蛋钳、照蛋器和料搅拌机等。

4)原料蛋的初步处理

经过挑选的合格原料,还要经过下面两道工序:分级,清洗;为加工制作做好充分准备。

(1)分级　分级是按照蛋的个头大小为标准进行的。将大小一致的蛋作为一批制作,可以保证成品的成熟期一致。如果蛋个头大小悬殊,可能造成小蛋先熟而大蛋尚未成熟的状况,影响产品质量和信誉。出口松花蛋的重量分级标准,如表 18.1 所示。

表 18.1　出口松花蛋的重量分级标准

等　级	标　准(kg/1 000 枚)
一	不低于 75
二	70 ~ 75
三	65 ~ 70
四	60 ~ 65
五	55 ~ 60

在每个等级中,蛋的大小应基本均匀,平均单个蛋重应在该等级规定的等级范围内,但允许有不超过 10% 的邻级蛋。

对一般非出口蛋,等级划分则不那么严格。用目测法进行分级,检出特大、特小的分别堆放,留下中等的,分为三级就可以了。

(2)蛋壳清洗　制作松花蛋和咸蛋的原料蛋,加工前必须进行清洗。一般鸭蛋表面的污物,主要是鸭的粪便,以及破损蛋流出的蛋清和蛋黄的干结物,如不除去,污物及所附病菌有可能随制蛋材料渗入蛋内,使产品受到污染;蛋清干膜也可能阻挡制蛋材料的渗入,降低产品质量。清洗原料蛋通常用清水或 1% 碳酸钠溶液直接洗擦。蛋经过清洗后,外壳膜已被除去,不耐储藏,必须迅速加工,以保证原料蛋的质量。

原料蛋经过以上工序的处理,就可以进入制作阶段了。

18.1.3　皮蛋的加工方法

皮蛋的加工方法,根据加工工艺及产品特点分为硬心皮蛋和溏心皮蛋。硬心皮蛋一般采用生包法,溏心皮蛋一般采用浸泡法。

1)纯碱、生石灰浸泡法

其加工过程如下:

(1)料液配比　用此法生产的皮蛋为溏心皮蛋。各地生产溏心皮蛋的料液配比有一定的差异,现将我国部分地区加工溏心皮蛋的料液配方,如表 18.2 所示。

配制料液时,可以选择熬制和冲制两种方法。熬制在生产过程中又分为两种:一种是先把茶叶熬成茶汁,同时放入碱、盐、氧化铅搅匀,然后倒入放有生石灰的另一容器中,待其作用完全,搅拌均匀,捞出石灰渣,放冷待用。另一种是先把水、碱、茶叶、食盐同时倒入锅内,将其煮沸,然后倒入盛有氧化铅和石灰的缸内,搅拌均匀,放冷待用。

冲制法是先把茶末、纯碱放在缸底,将水烧开倒入缸内,随即投放氧化铅,经搅拌溶解,再投入石灰,最后投入食盐,搅拌均匀,使之充分溶化,放冷待用(注意:在制料时,生石灰投入水中会产生热量，石灰渣外溅，应防止烫伤人）。

表 18.2 部分地区加工溏心皮蛋的料液配方（kg）

地区	开水	纯碱	生石灰	氧化铅	食盐	红茶末	松柏枝	柴灰	黄土	鸭蛋/枚
北京	100	7.2	28	0.75	4.0	3.0	0.5	2.0	1.0	2 000
上海	100	5.45	21	0.42	5.45	1.3		6.4		2 000
湖南	100	6.5	30	0.25	5.0	2.5		5.0		2 000
浙江	100	6.25	16	0.25	3.5	0.63		6.0		2 000
江苏	100	5.3	21.1	0.35	5.5	1.27		7.63		2 000

（2）料液测定　用 5 mL 吸管吸取澄清液 4 mL，注入 300 mL 的三角烧瓶中，加水 100 mL，加 10% 氯化钡 10 mL，摇匀后静置片刻，加 0.5% 酚酞指示剂 3 滴，用 1 mol/L 盐酸标准溶液滴定至溶液呈粉红色恰好消退为止。耗去 1 mol/L 盐酸标准溶液的毫升数即相当于氢氧化钠含量的百分数。料液中的氢氧化钠含量要求达到 5% ~8%，（视气温的高低而调整，气温高比例下降）若浓度过高应加水稀释，若浓度过低应加烧碱提高料液的浓度。

不具备化学分析条件的企业，可采用蛋白凝固试验方法。取配制好的料液少许，把鲜蛋白放入其内，经 15 min 后观察蛋白凝固的情况，再放入碗中观察 1 h，如蛋白化成稀水，说明料液正常；半小时内蛋白即化成稀水，说明料液浓度太大；如果蛋白不发生凝固或虽凝固但过 1 h不化成稀水，说明料液不足。如果料液测定不合要求时，应进行调整，直至合格。

（3）装缸与灌料　将经过检验合格的原料蛋，轻轻地放在缸内，将凉冷至 17 ~20 ℃的料液充分搅拌，慢慢地倒入缸内，直至鸭蛋全部浸泡在料液中，用竹篦盖盖好，防止鸭蛋上浮，加盖密封。贴上标签，填写好加工记录，即可入库。

（4）出缸　皮蛋在成熟过程中，需要的最适宜温度是 20 ~25 ℃，如果在这个温度下，经过 30 ~40 d 时，可选择其中一枚蛋用手抛检，若有轻微弹性震动感觉，用灯光透视时蛋内呈灰黑色，小端呈红色，剥开后蛋白凝固光洁，不粘壳，成墨绿色，蛋黄呈褐绿色，即可出缸进行质量检查，合格者可以出售。

2）烧碱溶液浸泡法

利用氢氧化钠加工皮蛋，是根据松花蛋的加工原理而研制的新工艺。因为用氢氧化钠代替了石灰和纯碱，使料液中没有碳酸钙沉淀，成为澄清液，便于机械输送，为松花蛋的机械化生产打下了基础，可以减少劳动强度，可以提高生产效率。

（1）料液配方　原料蛋 1 000 个，烧碱 1.5 ~2 kg、食盐 2.5 ~3.5 kg、红茶末 1.2 ~1.4 kg、沸水 50 kg、氧化铅 0.1 ~0.15 kg（可用也可不用）。

（2）操作工艺

①将红茶末加水煮沸，滤去茶叶，待稍凉后，加入烧碱、食盐，氧化铅研成细粉一并加入，搅拌，使其全部溶解，晾冷待用。

②将检验合格的鲜鸭蛋洗净晾干，逐个放入缸中，压上竹篦网。灌入配制好放凉的浸泡液至离缸口 5 cm 处，密封缸口，入库保存。

③浸泡 15 d 后应抽样检查，如果蛋白凝固光洁，不粘壳，呈棕褐色，蛋黄呈黑青色，即可取出包泥。如果蛋白软化不坚实，可推迟几天出缸。

④涂泥包糠。将已经基本成形的蛋包上料泥（用浸泡液加黄泥调成糨糊状）和谷糠，密封

缸口，再经过20 d成熟，进行质量检查后可以出售。

3)生包法

将辅料配成料泥，包裹在原料蛋上，封缸储存一段时间即变成成品的一种蛋制品。由于生包法加工出来的皮蛋，大多数都是硬心，所以称为硬心皮蛋加工法。

(1)配料　配料的选择，与蛋的等级、加工时间等因素不同而略有差别，现将各地加工硬心皮蛋的料液配方介绍如下：

配方一：鲜鸭蛋1 000枚、生石灰6 kg、纯碱1.2～1.6 kg、红茶末0.5～1 kg、食盐1.5～1.75 kg、水20～25 kg。

配方二：鲜鸭蛋1 000枚、生石灰6.2 kg、纯碱2 kg、红茶末1.2 kg、食盐1 kg、草木灰8 kg，水25～28 kg。

配方三：鲜鸭蛋1 000枚、生石灰4.5 kg、纯碱1.5 kg、红茶末1 kg、食盐1.2 kg、水17.5 kg。

(2)制料　先将红茶末加水熬制，捞出茶叶，留20%茶汁备用，投入生石灰溶解，捞出石灰渣，并按量补足石灰，用预留的茶叶汁冲洗石灰渣，防止其带走碱份，再加入其他辅料搅拌均匀，晾冷，把冷却的料泥，用和料机或人工和料至发黏成熟状态即可包蛋，要求料泥调至细腻、均匀、起黏、无块。

(3)验料　取料泥一小块，放于盘或碟中，表面抹平抹光，将鸭蛋蛋白滴在料泥上，10 min后观看蛋白在料泥上凝固的情况。用手指摸料泥上的蛋白，如果摸上去凝固成粒状或片状带黏性的感觉，证明料泥正常，可以使用。如摸上去蛋白不凝固，没有粒状或片状，不带黏性，说明料泥碱性过重，如果摸上去像粉末，说明料泥碱性不足。后两种情况都需要进行料泥碱量的调整。

(4)包泥搓蛋　加工人员戴好布手套，把经过检验合格的鲜蛋放在左手心中，用灰刀取料泥45～50 g放在蛋上，两手搓滚鸭蛋，使料泥均匀粘附在蛋壳上，再粘裹稻壳或柴灰。包泥时，要求不松不紧，厚薄均匀，不得露白，不能包得太薄。

(5)装缸封缸　包好料泥稻壳后的蛋及时整齐装于干净的缸中或塑料袋中，装至离缸口5 cm为宜。装后约15 min，再送入蛋库加盖，密封、贴上标签，并注名时间、批次、级别、数量、加工人员姓名、代号。自加工后的第三天起，由于蛋白开始液化，切不能搬动、震动和摇动，以免影响皮蛋的质量。

(6)出缸检查　皮蛋储存在20～25 ℃条件下，夏季经16～18 d，春、秋季经20～22 d便成熟。成熟出缸后，要进行成品质量检查，剔除次、劣蛋。

(7)包装入库　经过检验合格的皮蛋，可以放在缸、竹筐、木箱、纸箱中储存。

4)滚灰皮蛋加工

此法加工皮蛋方法简单实用，先把配料研成粉末状，再以滚粉的方式粘在鲜蛋的表面，经过一定时间储存，即成为成品蛋。

(1)配方　原料蛋1 000枚，生石灰1 kg、纯碱0.825 kg、精盐0.675 kg、黄泥3 kg、水适量。

(2)制作工艺

①黄泥加水3倍，浸透后搅成糨糊状，备用。

②生石灰喷少量水后，即化成粉末，过筛。

③将石灰粉、纯碱、精盐混合，放在铁锅中加热，保持灼热状态。

④把经过检验合格的原料蛋放入泥浆中，均匀粘满薄薄的一层泥浆，然后在热的粉料中轻轻滚动一周，使蛋身泥浆附上一层粉料，随手装入缸内，密封储存。

⑤经过25～30 d(春秋季)或20 d(夏季)后，开封检验，合格者即可出厂。

此法加工虽然简单易学，但粉料粘附时候不易控制，会造成皮蛋质量不稳定，因此，需要操作者多次反复试验，以此掌握适宜的粘附粉料。

5)鸡蛋、鹅蛋、鹌鹑皮蛋加工

虽然在生产中加工皮蛋使用的原料蛋一般采用鸭蛋，但也有用鸡蛋、鹅蛋、鹌鹑蛋加工皮蛋的。其加工基本原理、蛋的挑选、分类方法、加工工艺基本与制作鸭蛋相同。但是这三种蛋也有自己的特点，比如，蛋壳的厚度、蛋的重量等。因此，要加工出满意的产品，必须考虑这些特点，采取相应的措施。

下面将3种禽蛋制作皮蛋的配方、成熟时间列举，供参考，如表18.3所示。

表18.3 三种禽蛋的制作配方

鲜蛋名称		鸡蛋	鹅蛋	鹌鹑蛋
配方	数量/个	100	50	1 000/g
	生石灰/g	100	100	14
	纯碱/g	100	100	14
	食盐/g	300	300	35
	黄泥/g	500	500	70
储放时间/d	春秋	7	10	6
	夏	5	7	4

以上3类禽蛋的加工工艺可采用生包法，与生包鸭蛋加工相同。

18.1.4 皮蛋成品质量检验

1)外观检查

眼观：仔细检查皮蛋的表面的完整程度，看是否有因挤压而变形、破裂，包泥是否完整，有无霉变。刮泥后，观察蛋壳的完整状况，注意是否有裂纹，剔除破损和裂纹蛋。

2)振动检查

(1)抛检　在刮泥之前，用手将皮蛋抛起15～20 cm高，用心感觉皮蛋回落在手中的情况。如果抛检蛋回落时出现弹颤沉重感，为成熟良好的皮蛋，若无此感觉，为次劣蛋。

(2)听声音　用手拿起皮蛋，在耳边轻轻地摇动，若听不见响水声的为凝固好的皮蛋。若听到蛋内有响水声，便是碱化不足，没有凝固，称为响水蛋(流体松花蛋除外)。这种蛋，如果制作时间尚短，可以重新裹料，还有凝固希望，如果时间已久，蛋白已变化，则重新裹料也无凝固的可能，加热烫煮后，还是可以食用的。如果不凝固是由于加工前已腐败所致，则蛋白凝固的可能就是重新裹料也没有办法挽救；如果加温也容易爆裂，散发出浓烈的硫化氢气味，这种皮蛋不能吃，否则容易引起中毒，应废弃。

流体松花蛋有响水声，是正常现象。如果听起来还有固体撞击，说明液化尚未完成。若内部有“辟噗”声是已经开始凝结，但碱化尚不足。这种蛋很软嫩，滋味不错。

振动检查法要求检验者有丰富的经验，才能将蛋内的微小差别感觉出来。因此，只要经常练习就能掌握此法。

3）剥壳检查

鉴定皮蛋的质量的优劣，全凭手、眼感觉不甚准确，剥壳观察和品尝，最为可靠，一般采取抽样检查。

样品的抽取方法是：将一缸蛋分为上、中、下三层，每层按梅花点取样法，随机取出 5 个蛋作为样品蛋。注意取样应有代表性。

将样品蛋刮去包泥，敲开蛋壳，检查蛋白的透明度、色泽、弹性、气味，检查蛋黄的形状、色泽、气味。发现异常，应增加取样比率。去壳后，蛋形完整，蛋白有弹性，光润半透明，呈棕褐色、黑绿色或茶褐色，有松花。蛋黄呈暗绿色、茶色、橙色的硬心，亦可以为溏心。口味醇香略咸，略带辛辣味，不夹口，无异味。

（1）本味松花蛋的质量规格

正品：蛋白凝固，并富有弹性。用手指轻轻按去，不粘手指，不稀糟，有回力。有松花。颜色黄或黑均可，但必须反光、发亮、透明。品尝味道，无碱气、涩味，滋味清凉、鲜香。蛋黄在初成熟时为流体。储存时间稍久，则变成半流体。品尝味道，滋味应回甜、清香，无腥气。

如果蛋白嫩软，但有一定韧性，蛋黄为流体，破壳后竖立不起，是碱化时间不足的象征。只要蛋白有弹性，仍是优质皮蛋，且味道特甜。

次品：蛋白透明而稀糟，剥壳时会粘住蛋壳，用手指按去，要沾在手指上。有时小端蛋白有少部分化清，有碱气，有涩味。

废品：蛋白化清，成为流体；蛋黄腐蚀似泥团，未腐蚀部分则硬化如橡皮球。入口时有强烈的碱气，刺疼舌面。若蛋白全部化清，即使加热也不能使其凝固。

（2）盐味松花蛋的质量规格

正品：蛋白状况如同本味松花蛋。蛋黄软嫩，像品质好的豆腐乳，细腻而不流动。颜色黑得油润发亮，有光泽。品尝味道，鲜美清香，口感细腻、软嫩。全无碱气和涩味。如仅仅是蛋白有些涩味，通风 1 ~2 d，涩味即消失。有少量蛋黄有硬心，吃时粘牙，但入口无涩味，说明成熟，不应作次品对待。过两三天后，再行检查，硬心将会软化。

次品：蛋白稀糟，颜色黑红，蛋黄老硬。入口不鲜不香，有碱气和涩味。如因碱化不足，蛋白尚未凝固，可以加温，使其成为固体，滋味尚可。

废品：蛋白化清，蛋黄老硬，或被腐蚀。闻之碱气扑鼻，入口则感到辛辣，舌面有刺痛感。

4）皮蛋的理化指标和细菌指标

如表 18.4、表 18.5 所示。

表 18.4　皮蛋的理化指标

项　目		指　标
铅（以计 pb）(mg/kg)	<	3
砷（以 AS 计）(mg/kg)	<	0.5
pH 值(1:15 稀释)	>	9.5

表 18.5 皮蛋的细菌指标

项 目		指 标
细菌总数(个/g)	<	500
大肠菌群(个/100 g)	<	30
致病菌(系指沙门氏菌)		不得检出

18.1.5 皮蛋的储藏方法

松花蛋生产出来后,不可能一下销售完,因此,这就涉及松花蛋的储藏方法问题。

松花蛋储藏是否妥善,是保证质量的重要环节。质量良好的成品,还需要妥善的储藏。

鲜蛋变成松花蛋后,不是就稳定不变了,而是在继续变化着。变化的方向,与料浆含碱量、涂层的厚薄、储藏方法,以及储藏过程中的温湿度等,都有密切关系。例如,松花蛋刚凝固时,不免微涩、微苦。若食用前取出,通风 1 ~2 d,碱涩味变可完全消失。若成品无须立即食用,只要正确储藏 2 周后,碱气和涩味也会自行消失。储藏不当,成品便会腐烂,在高温季节损失更严重。质量优质的松花蛋,受到烈日暴晒,蛋白会化清。因此,掌握正确的松花蛋储藏方法,是十分必要的。松花蛋储藏需要的基本条件是:

1)温度

松花蛋在 0 ℃的低温下,储藏的效果最好,如果没有制冷及冷藏设施,就尽量保持较低,将储存缸放在较为阴暗的角落。大批生产时,把储藏缸下部 1/3 ~2/3 埋入土中,既降低了缸沿高度,有利于操作,又能利用地温少变的特点。

2)湿度

储藏松花蛋,一定要注意涂层湿润,但也不能过湿。过湿会使涂层下流,缸底积水,造成上下部蛋品的品质差异,缸内的相对湿度,以保持在 80% ~85%之间为宜,这是储藏质量的关键。按前述方法裹涂的松花蛋,将缸封好,成熟后置于阴凉处,一般即可自行控制在最佳湿度内。

3)储藏容器

一些微生物能在碱性条件下活动,造成蛋品腐败。因此,装缸之前,要清洁储藏容器,并进行消毒处理。一般可用 1% 灭菌灵液或饱和石灰水清洗容器。

只要掌握了松花蛋的正确储藏方法,就可延长皮蛋的货架期,有利于满足淡旺季的市场供应和消费者的需求。

18.1.6 皮蛋家常菜谱

皮蛋去壳即能食用,一般作为凉菜,即剥皮切片放在盘中,浇上香油、酱油、醋、撒些姜末就是一道很好的佐餐小菜。还能做出许多具有特色的凉菜和热菜。比如,皮蛋拌时蔬、皮蛋豆腐、三色蛋、皮蛋炒青椒、糖醋皮蛋、皮蛋握寿司、五味皮蛋脆花生、皮蛋瘦肉粥、翡翠皮蛋羹、皮蛋花生冰、皮蛋鱼片等多种菜系。

下面介绍皮蛋瘦肉粥和鱼片皮蛋汤的通常作法。

1)皮蛋瘦肉粥

材料:皮蛋 3 个、鸡胸肉 150 g、大米 250 g、油条或饼适量(半个为宜)、葱末少许、姜丝少许、鸡骨 1 付、香油 1 小勺、盐适量、胡椒粉少许。

做法:

①将鸡骨以沸水煮 30 s,去血水,洗净;

②鸡胸肉切成薄片,加入盐腌约 10 min;

③取约 10 碗水至锅中煮沸,加入鸡骨(以热水川烫过)加热 30 min,捞去鸡骨;

④再加入洗净的米,以中火加热煮至米熟透成粥状,再加入姜丝、鸡胸肉,煮至肉片变色,加入盐、胡椒粉调味;

⑤食用时加入皮蛋(切成块)、切碎油条或油饼,葱末,香油拌匀即可。

2)鱼片皮蛋汤

材料:鲜鱼片 2 两、皮蛋 2 个、盐适量、胡椒粉少许、香油 1 小勺、香菜少许。

做法:

①把鱼切成片(越薄越好);

②清水入锅(不用加油)煮沸;

③沸水入鱼片,然后皮蛋(切块)、盐、味精一一加入,加盖炖煮;

④约 5 min,放入香菜、撒入胡椒粉,起锅就行。皮蛋除可以直接食用外,还可用来制作月饼和制成美味菜肴,现推荐几款。

3)松花蛋拌烧青椒

主料:松花蛋 4 个,青椒 100 g。

调料:酱油 15 g、食盐 5 g、醋 15 g、白糖 15 g、味精 1 g。

制作:

①将青椒洗净烧熟或煸熟撕成细条放入碗中,倒入其余调料和匀;

②将松花蛋剥壳,沿纵轴切成 6 块,摆放在盘中;

③将拌和好的青椒丝撒在蛋块上即成;

特点:酸、辣、甜、香俱全。

4)松花蛋拌粉丝

主料:松花蛋 3 个,粉丝 100 g。

调料:食盐 10 g、白糖 15 g、味精 5 g、香油 10 g、香葱 15 g、胡椒粉 1 g。

制作:

①香葱洗净,切成葱花;

②将粉丝煮熟,放进凉水中浸一下捞出,放进小盆,加入食盐、糖、味精、香油、葱花;

③将松花蛋剥壳,切成丁,倒入粉丝中,搅和均匀,装入盘中;

④将胡椒粉撒在菜面上即成。

5)溏心松花蛋拌泡姜

主料:溏心松花蛋 2 个,嫩泡姜 100 g。

做法:

①松花蛋剥壳后,切成小块,在每块中间划一刀,但不要切断;

②泡姜切成薄片,插入松花蛋中,依次摆好即成。

特点:微酸可口,适宜夏天做稀饭、馒头的配菜。

18.2 咸蛋加工

咸蛋又称盐蛋、腌蛋、味蛋等,是一种旅游居家两宜的方便食品,也是一种风味特殊、食用方便的再制蛋。

咸蛋加工方法简单,费用低廉,加工时间比较短,故全国各地均有生产,我国最著名咸蛋要数江苏高邮咸蛋和沙湖咸蛋。尤以高邮咸蛋,以个头大且具有鲜、细、嫩、松、沙、油六大特点为上品。因此,高邮咸蛋除供应国内各大城市外,还远销我国港澳地区和东南亚各国,驰名中外。

18.2.1 咸蛋的加工原理

咸蛋的腌制原理比较简单,主要是利用食盐通过渗透作用和扩散,并最终使蛋液中的食盐浓度与料泥或食盐水溶液中的食盐浓度基本相近而使蛋白、蛋黄具有咸味的过程。食盐具有一定的防腐能力,可以抑制微生物的生长发育,使蛋内容物的分解和变化速度延缓,因此,咸蛋的保存期较长。食盐中含氯化钠的成分越多,渗透的速度越快,蛋内水分的渗出,是从蛋黄通过蛋白逐渐移到盐水中,食盐则通过蛋白逐渐移到蛋黄内。在蛋的成熟过程中,食盐对蛋白和蛋黄的作用不相同。对蛋白可使其黏度逐渐减低而变稀;对蛋黄则黏度逐渐增加而变稠变硬(这就是生咸蛋检查摇动时为什么会有响水声的原理所在)。腌制时间越长,内容物的水分越少,干物质中的食盐就越多,尤以蛋白的减少程度比蛋黄更为显著。

18.2.2 加工咸蛋所需辅料

咸蛋加工所需的辅料比较皮蛋来说,要少一些。主要为食盐、黄泥、草木灰、水、另外有的地区加工还需要五香粉、味精、白酒、辣酱等。用于腌制咸蛋的食盐,要求白色、无杂质、氯化钠含量在96%以上,符合标准的食用盐,不得使用有毒的工业盐。咸蛋主要用食盐腌制而成。腌制咸蛋的用盐量,因地区、习惯不同而异。使用高浓度的盐溶液时,渗透压大,水分流失快,味过咸而口感不新鲜;用盐量低于7%则防腐能力较差,同时,浸渍时间延长,成熟期推迟,营养价值降低。总之,用盐量过多,有碍成品风味,过少则达不到防腐目的。若以蛋的重量计,用盐量一般在10%左右,可根据当地习惯适当调整。

黄泥应选择深层的黄泥或红泥,必须无异味,有黏性。草木灰要求纯净、均匀,无霉味。加工咸蛋的水必须是符合卫生标准的饮用水。白酒也必须符合饮用标准,不得使用劣质的勾兑白酒。

18.2.3 咸蛋的加工方法

咸蛋的加工方法很多,主要有草灰法、盐泥涂布法和盐水浸渍法等。

1)草灰法

草灰法又分为提浆裹灰法和灰料包蛋法两种。

(1)提浆裹灰法　是我国出口咸蛋较多采用的加工方法。

①工艺过程。配料打浆→原料蛋挑选→提浆裹灰→捏灰→包装→腌制→成品。

②配方(1 000 枚鸭蛋)。稻草灰15~25 kg、食盐5~7 kg、清水13~15 kg。配料标准要根据内外销区别、加工季节和南北方口味不同而适当调整。

③制作过程。打浆时要先将食盐溶于水,再将草灰加入,用打浆机打搅成不流、不起水、不成块、不成团下坠、放入盘内不起泡的不稀不稠灰浆。过夜后即可使用。提浆时即将挑选好的原料蛋,在经过静置搅熟的灰浆内翻转一下,使蛋壳表面均匀地粘上一层2 mm厚的灰浆。裹灰是将提浆后的蛋尽快在干燥草灰内滚动,使其粘上2 mm厚的干灰。如过薄则蛋外灰料发湿,易导致蛋与蛋的粘连;如过厚则会降低蛋壳外灰料中的水分,影响成熟时间。裹灰后还要捏灰,即用手将灰料紧压在蛋上。捏灰要松紧适宜,滚搓光滑,无厚薄不均匀或凸凹不平现象。捏灰后的蛋即可点数入缸或装篓。出口咸蛋一般使用尼龙袋或纸箱包装。

用此法腌制的咸蛋,夏季20~30 d,春秋季40~50 d即成。

(2)灰料包蛋法

①配方(1 000 枚鸭蛋)。食盐3.5~4 kg、稻草灰50 kg、清水适量。

②制作过程。

将食盐用清水溶解后,加入稻草灰中,充分搅拌使灰料成团块;将选好的蛋洗净晾干后,即可用灰料均匀地逐个包裹,然后放入缸内,夏季约15 d,春秋季约30 d,冬季30~40 d即可腌成咸蛋。

2)盐泥涂布法

盐泥咸蛋是在传统的盐水浸泡的基础之上改革而成的工艺,它与盐水浸泡相比较,成本更加低廉、制作简便,成熟后蛋壳表面没有任何变化,白净,深受消费者喜爱。

盐泥咸蛋就是用食盐加黄泥调成泥浆包裹后经腌制而成。

(1)配料　鲜鸭蛋1 000 枚、食盐6 kg、干黄土6 kg、冷开水4~4.5 kg、油菜籽或植物油1 kg。

(2)泥浆调制　将干黄泥放在容器里,加水发胀,用木棍搅拌成糨糊状,加入食盐和植物油或油菜籽(应炒香冲烂)(增加蛋黄的油性),继续搅拌均匀,泥浆的稠度以放一个鸭蛋在其中,若鸭蛋的一半浮在泥浆上面,一半沉在泥浆里,则说明泥浆的浓稠度刚好合适。

(3)腌制　将经检查合格的鲜蛋,清洗晾干(因鲜鸭蛋上粘附有污物,腌制时,其污物会随着食盐的渗透一起进入蛋内),放入调制好的泥浆中,使蛋壳上全部黏满盐泥后,为了使泥浆咸蛋不粘连,外形美观,也可在泥浆外再滚上一层草木灰,点数入缸或箱内,装满后将剩余的盐泥倒在容器中咸蛋的上面,加盖,防止水分蒸发。

盐泥咸蛋夏季经25~30 d,春、秋季30~40 d就可成熟出缸销售。

3)盐酒腌制法

鲜鸭蛋1 000 枚,白酒(60°以上)3 kg,精制食盐5 kg(研成细末)。

将要腌制的蛋品逐个在白酒中浸一下,再放到细盐中滚一层盐,然后放入坛中(或塑料袋中密封),最后将多余的细盐撒在最上层,加盖密封,储放于阴凉干燥处,30 d左右即可食用。

注意:这种方法加工咸蛋,操作简单,成熟期较短,蛋白醇香洁白,但成本相对要高。久储藏后,盐水积存在缸底,淹没下部的蛋。使上下层咸味不均匀,上层的蛋因失去盐粒变成光身,易被霉菌污染,因此,用此法生产的咸蛋,要及时销售和食用。

4)辣椒酱腌法

鲜鸭蛋 5 kg、辣椒酱 5 kg、细盐 1 kg、白酒 0.02 kg。将辣椒酱与白酒调匀,然后将蛋逐个放入,滚上一层糊,再放到盐里黏上一层细盐,然后放入容器中,最后把多余的辣椒酱和细盐放在一起拌匀,覆盖到最上面。容器用塑料薄膜密封,放在阴凉干燥处,40 d 左右即可食用。这是专为喜欢吃辣椒的人群提供的方法,风味独特。

5)五香咸蛋包制法

配方(100 枚鸭蛋):食盐 2.5 ~ 3 kg、水 5 kg、桂皮 0.15 kg、山茶 0.17 kg、茴香 65 g、辣椒粉 0.1 kg、甘草 0.125 kg、黄泥适量。

将以上辅料放在一起煎煮 1 h,滤出渣滓,加入黄泥拌成糊状,然后用糊泥将蛋包住,腌制 30 d 即可食用。

6)浸泡法

是将鸭蛋直接浸泡在盐水、泥浆或灰浆水中,是一种成熟速度较快的方法。包括盐水浸泡沫和灰浆、泥浆浸泡法两种。

(1)盐水浸泡法　根据 1 kg 鲜蛋用 1 kg 盐水的原则,配制浓度为 20% 的食盐水冷却待用。将挑选好的鲜鸭蛋,用冷开水洗净晾干,放入缸或罐内,再用稀眼竹盖压住,然后灌入盐溶液,以能浸没蛋为止。夏季一般 15 ~ 20 d,冬季 30 d 左右即可食用。但这种咸蛋不宜久存,特别是在夏季,更要特别注意。

盐水浸泡腌蛋,方法简单,成熟快,用过的盐水再追加部分食盐后还可重复使用,成本也较低,适合城乡居民和厂矿企业的食堂采用。与盐泥咸蛋相比,用此法腌制的咸蛋,操作简单,成本低廉,用过的盐水追加部分食盐后可重复使用,易于掌握,但成品不耐储藏,咸味逐日增加,直至苦涩。成品蛋壳表面有褐色斑,不美观。现除家庭加工仍在使用此法外,工厂化的生产已经使用的较少。

(2)泥浆、灰浆浸泡法　在 20% 的盐水中加入 5% 的干黄泥细粉或干稻草灰,搅拌调成稀浆状,然后进行泡蛋,其他工艺与盐水浸泡法相同,但成熟时间稍长。一般要 35 ~ 45 d 才可成熟。

泥浆、灰浆浸泡咸蛋比盐水浸泡咸蛋的存放时间长,蛋壳不会出现黑斑,风味也更特别。

18.2.4　咸蛋的储藏

原料蛋上料浆之后,需要储藏一段时间,才会变为成品。储藏时间,因蛋的情况而异。正常蛋约需 20 d,薄壳蛋需 16 ~ 18 d,破损蛋(包括特意敲破的)约 15 d。冬季时间要长些,夏季要短些。

咸蛋入缸后约 10 d,缸底会积蓄一些盐水,淹没下层的蛋。这部分被淹没的蛋,久后可能变黑。虽无变质的危险,味道却会变咸。需要久储的蛋,可在 30 d 后翻一次缸,这样,缸底就不会有积蓄盐水。如果使用特制的下方有孔的缸,两周排一次积水,只需排两次就可封孔,大大减少翻缸的劳动强度。

只要长期保持咸蛋料浆涂层的湿润度,则蛋内水分不易散失,加工好的咸蛋可保存 2 年,不腐败不变质,煮熟后也不会出现一端空头的现象。用破损蛋加工的产品,因蛋壳上有裂纹,易进入微生物,所以,这一类蛋不宜久储应及时出缸,及时销售。

1) 生咸蛋防腐

咸蛋出缸后,可在料泥外裹上一层稻壳或草粉,便于储存或按小包装装在塑料袋中储存或出售,便于顾客携带。

2) 熟咸蛋防腐

生咸蛋不能直接使用,必须煮熟才能食用。在一般家庭中,现煮现食不成问题,暂时吃不完,可放冰箱中储存。但是,要做长途旅行,带生咸蛋不仅容易破裂,而且途中不好加工。所以一般采取带熟咸蛋旅行。但在夏天,熟咸蛋容易腐败,要解决这一问题,可裹上一层魔芋浆防腐。

①魔芋浆的制备。魔芋别名花杆莲,为单子叶植物天南星科植物,广泛分布与云南、贵州、四川、湖北、甘肃、陕西等地。野生或人工栽培。地下茎扁球形,富含淀粉,粉质细腻。采回来切片晒干保存,也可直接鲜用。

每 100 枚咸蛋,需用魔芋片 20 g,按魔芋片与清水之比为 1:50 称取,先用一半浸泡魔芋片,泡透之后,放入磨浆机中磨成浆,再加入 1‰丙酸钠,以加强防腐效果。若不加丙酸钠,只能现制现用。

②操作方法。将刚煮熟的咸蛋,趁热浸入魔芋浆中,随即取出,防腐剂马上干涸,凝固于蛋壳表面形成一层极薄的保护膜。如果魔芋浆不十分浓,所形成的膜层极薄,不易被看出;用极浓的魔芋浆涂裹后,蛋壳上会出现白色光泽,颇为美观。

热咸蛋从魔芋浆中取出后,可直接装入食品袋内,封好口。经这样处理的熟咸蛋,在室温下可保存 3 个月,不会变质。

注意:凡是有裂缝的咸蛋,不宜做防腐处理。

18.2.5　咸蛋成品质量检验

咸蛋出缸后,应抽取 1%(春、秋、冬季)或 3%(夏季)进行检验,以确定成品是否符合使用要求。评定咸蛋的质量指标,包括蛋壳状况、气室大小、蛋白状况(色泽、是否有斑点、细嫩程度)、蛋黄(色泽、是否起油、起沙)和滋味等。经过检验,将制品分为优质、次质和变质三类。

咸蛋的检验方法及具体标准如下:

1) 外观检查

蛋壳无裂纹,无霉斑,轻摇有轻度水样感,这是优质成品,可以做较长时间保存。若蛋壳有裂纹(包括速成的人为的裂纹),则不能久存。如果蛋壳有霉斑,壳外隐约可见蛋液呈水样,表明成品已经腐败,不可食用。

2) 灯光照检

用照蛋器照检时,若蛋的气室小,蛋白透明,红亮清晰,蛋黄缩小,靠近一边蛋壳,表明这是优质咸蛋。

如果蛋白尚清晰透明,蛋黄发黑坚硬,这是次品咸蛋。

要是蛋白混浊,蛋黄变稀淡,转动时蛋黄粘滞,表明咸蛋已经腐败。

3) 敲开检查

将 1/2 的样品从中部横剖,将凝固的内容物放在干净碗中,可见到优质咸蛋的蛋白稀薄,透明无色,蛋黄浓缩,黏实,呈红色。

4)煮熟剖检

把咸蛋放入锅中,加适量清水将蛋淹没,如果蛋不露出水面或仅在水面上露出一直径为24 mm 的小顶(如五分硬币大小),是优质成品;露出越多,质量越次。如果蛋横卧水面,露出2/3 以上,说明成品已经变质,

加热煮蛋,如果蛋壳炸裂,散发出浓烈的硫化氢气味,这是变质咸蛋,加热沸腾 20 min 后,取出未炸裂的蛋,用刀沿纵轴剖开。优质咸蛋会散发出咸蛋应有的香气;蛋白洁白细腻,无斑点,蛋黄有松沙感,浸出油脂。

如果蛋白略带灰色,蛋黄变黑,有轻度臭味,这是次品咸蛋。

如果蛋白灰暗或变为浅黄色,蛋黄变黑,边缘不清晰,有浓烈臭味,这是变质咸蛋。

在以上分出的三类咸蛋中,优质咸蛋储存较长时间也不会变质。次品咸蛋经充分煮熟后方可食用,而且不耐储存,必须尽快处理,变质咸蛋不能食用,应废弃。

18.2.6 咸蛋家常菜谱

咸蛋除了可以直接食用外,还可适合加工高级蛋黄月饼和做其他高级点心的原料,也可加工成美味菜肴。

1)咸蛋蒸肉饼

主料:咸蛋 2 个,肥瘦猪肉 250 g。

调料:湿淀粉 10 g、白酱油 10 g、高汤 50 g,香油 10 g,精盐 5 g,味精 1 g,花椒面 0.5 g。

做法:

①猪肉洗净,剁碎,放入碗中,加湿淀粉搅拌至有黏性。

②上笼,旺火蒸 15 min 后取出。往炒勺内加少许高汤,开后加酱油、味精,调匀淋在肉饼上即成。

特点:鲜香味浓。

2)蟹黄

主料:咸蛋 2 个,鸡蛋 3 个。

调料:食盐 3 g,食油 50 g。

做法:

①鸡蛋敲破,倒入碗中。

②生咸蛋敲破,取蛋黄夹碎,与鸡蛋混合,加盐搅打成糨糊状。

③将植物油倒入煎锅内,烧至八成熟,倒入蛋糊急炒至熟,起锅装盘即可。

特点:色如蟹黄(故名),具有鲜鸡蛋和咸蛋的香味,鲜嫩可口。

3)松花蛋、咸蛋拌笋干

主料:松花蛋 2 个,咸蛋 2 个,笋干 100 g。

配料:酱油 10 g,精盐 5 g,味精 2 g。

做法:

①将笋干用清水浸泡 24 h,充分泡发,掐去老、硬部分,在清水中煮 30 min,至熟透,在凉开水中过一下,切成 1 cm 长的节。加入酱油、味精、精盐,拌匀。

②将松花蛋和咸蛋洗净,与笋干同时下锅煮,20 min 后先将笋干捞出,放入冷开水内浸一下,剥壳,切成 1 cm^2 的丁。

③将笋干与蛋丁一起拌匀，装盘即可。

特点：味鲜，耐咀爵，宜佐酒。

18.3　糟蛋加工

它是选用新鲜的鸭蛋人工裂壳后经优质糯米酒酿糟渍而成。是我国著名传统的特产食品，营养丰富，质地柔软、醇厚鲜美、沙甜可口，余味绵绵、独具风味，深受我国人民的喜爱，还远销国外。我国著名的糟蛋有浙江的平湖糟蛋和四川省宜宾市生产的叙府糟蛋。

18.3.1　糟蛋的加工原理

糯米在酿制过程中，糖化菌将淀粉分解成糖类，糖类再经酵母酒精发酵产生醇类（主要为乙醇），同时部分醇氧化生成乙酸（醋酸）。这些酒糟中存在的酸、醇、糖和添加的食盐，通过渗透和扩散作用进入蛋内，使蛋白和蛋黄变性凝固，从而使成品蛋蛋白呈乳白色，胶冻状；蛋黄呈橘红色，半凝固状，有酒香味和微甜味。

蛋在糟制过程中，受糟中醋酸的作用，蛋壳中的碳酸钙溶解，蛋壳变软；渗入蛋内的食盐可使蛋内容物脱水，促进蛋白质凝固，也有调味作用，还可使蛋黄中的脂肪游离，使蛋黄脱水起沙；鲜蛋在长时间糟渍时，糟中有机物渗入蛋内，使成品变得膨大而饱满，重量增加。糟中乙醇含量虽仅达 15%，但在长时间糟制过程中，蛋中的微生物，特别是致病菌均被杀死，所以糟蛋可生食。

在糟渍过程中，加入的醇和食盐等物质通过渗透和扩散作用，逐步进入蛋内，使蛋白和蛋黄发生凝固和变性，给产品带来香甜可口的滋味和易于消化吸收的特点，另外，醇可以产生醋酸，使蛋壳中的主要成分碳酸钙变成醋酸钙，醋酸钙易溶解，故糟蛋壳质软薄。

鸭蛋在酒酿发酵过程中，分解为多种氨基酸，并产生鲜味，此鲜味与醇香、脂香融合为一种复杂的鲜美滋味。经科学鉴定，每 100 g 糟蛋含蛋白质 15.8 g、脂肪 13.1 g、碳水化合物 11.7 g、钙 327 mg、磷 152 mg、铁 3.1 mg、并含有 18 种氨基酸和维生素 A、C 等，其中人体必需的氨基酸含量极为丰富。尤其是钙的含量是其他蛋类的四倍以上，是人们理想的营养食品之一。

18.3.2　加工糟蛋的原料和辅料的选择

1）原料蛋要求

原料必须是经感官检查和灯光照检合格的新鲜鸭蛋。

2）辅料要求

（1）糯米　是酿糟的原料，它的质量的好坏直接影响酒糟的品质。要求米粒丰满、整齐、颜色应心白、腹白（中心，腹部边缘白色不透明），无霉味和其他异味，杂质少，含淀粉多。

（2）酒药　又叫酒曲，是酿酒的菌种，内含根霉、毛霉、酵母及其他菌类。它们主要起发酵和糖化作用。

（3）食盐　食盐应洁白、纯净，符合卫生标准。

(4)水　应无色透明、无味、无臭,符合饮用水卫生标准要求。

(5)红砂糖　加工糟蛋时,使用的红砂糖,应符合食糖卫生标准。

18.3.3　糟蛋的加工方法

1)平湖软壳糟蛋加工

浙江平湖市软壳糟蛋始于清雍正年间,距今约有270多年历史,“有中国饮食文化一绝”之美称,被誉为“天下第一蛋”。乾隆年间曾被列为宫庭贡品。平湖糟蛋在继承和发展传统特色的基础上,经过几代人的不断努力,产品质量进一步提高、创新,1988年,平湖糟蛋荣获全国首届食品博览会金奖,1999年以来连续被评定为浙江和嘉兴旅游产品,2004年又被评为浙江名牌产品,平湖糟蛋是世界饮食文化中的一朵奇葩,历史上先后在英国伦敦博览会和巴拿马国际博览会都获得过奖牌,远销日本、越南、菲律宾、印尼等国家,在国内外享有盛名。

工艺流程:糯米清洗→浸米→蒸饭→淋饭→拌酒药→酿糟蒸坛→装坛→封坛→检验→成鲜鸭蛋→检验分级→洗蛋→晾蛋→去蛋破壳熟→成品。

(1)蒸饭制糟　平湖糟蛋加工时间最好在产蛋旺季3、4月份之间,如果在夏季进行加工,天气一热,质量难于保证。因此,制糟时间应提前在2月份开始。

原料以制糟蛋100枚计,一般用上好糯米9.75 kg。酒药是决定酒糟的关键,长期使用的有绍药、甜药和糠药三种。绍药系绍兴黄酒所用,酿制的糟,香气极佳,淮酒偏辣,须与甜药配合使用。甜药以安徽省生产的为好,也可用制甜酒酿的普通酒药代替。甜药药性淡,酿成的糟有甜味。如纯用甜药酿糟,糟中酒精含量不足,不易久存,须与绍药配合使用。浙江桐乡生产的糠药系用无锡白泥、芦黍粉加辣蓼草、一丈红等制成,性醇和,味略甜,可代替上述两药使用。

制糟分4个步骤进行:

①浸米。先将糯米淘洗,置缸中用冷水浸泡。浸泡时间视气温而定,气温12 ℃时,浸泡24 h;气温4 ℃时,浸泡28 h;气温22~30 ℃时,浸泡20 h。气温每增减两度,时间可相差1 h。生产实践中应根据米质的好坏、涨性大小灵活掌握。

②蒸饭。将浸好的米用清水冲洗一次,入蒸桶蒸熟。一般37.5 kg为一桶,米面摊平,开始不加盖,待蒸气透过米层上冒气时,取冷水一盆(约1 kg),用炊帚蘸水洒在蒸桶内,防止上层糯米吸水不足,米粒不涨,形成僵饭。然后加盖蒸约10 min,揭开盖子,用木棒将米搅拌。搅拌完后盖好盖子,再蒸5 min,糯米熟透,还可稍延长几分钟。注意,蒸饭时烧火切忌忽高忽低,这样容易做成僵饭。一般出饭率达146%为适中。

③淋饭。将蒸熟的米饭盛在蔑制淘箩中(一锅饭分放四箩),淋饭以冷开水为宜,使米饭的温度降至35 ℃左右(用手插入饭中不觉烫手为度)。

④制糟。淋水后的糯米饭,沥去水分,拌药入缸,这时温度大约应在30 ℃左右。每两锅饭可做一缸糟(75 kg米制得米饭110 kg)。拌药量当气温5~8 ℃时,用绍药0.325 kg、甜药0.15 kg(若单用糠药,大约0.8 kg);14~18 ℃时用绍药0.28 kg、甜药0.115 kg;24 ℃以上用绍药0.25 kg、甜药90 g。拌前将酒药研细,而后将饭与药拌均匀,入缸,铺平拍紧,中央挖一穴,深达缸底,穴径33 cm,穴底不留饭。米饭落缸,缸外包以草席,缸口盖以干燥草盖。随着米饭糖化,糟温升高,过1~2 d可达35 ℃,开始有酒液流集穴中。待酒液深达3 cm时应将草盖一边支起10 cm,否则糟要热伤。色发红,味带苦,酒液减少。一周之内当勤查糟温情况,做

好记录。一般糖化高潮约一周,但要经三周,一切变化才告完成。糟性稳定后,方可供制糟蛋。好糟的标准是色白、味香、带甜味,含乙醇量 15% 左右。

(2)选蛋破壳

①选蛋。选蛋应在收购时进行。加工糟蛋的鸭蛋要求较高,应选择蛋壳鲜明、清洁、坚固、无斑点、无裂纹;灯光透视时,气室要小(不超过 7 ~ 8 mm),除气室稍发暗外,蛋内完全透光,呈淡橘红色;每 100 枚蛋重 6.5 ~ 7.5 kg。选择好的制糟蛋,在加工前应用清水刷洗置于阴凉通风处晾干。

②击蛋。击蛋破壳的目的是使糟味易于渗透进蛋内。击蛋的方法是将蛋放在左手掌中,右手持竹片,对准蛋的纵侧,向大头处轻轻一击,然后将蛋转半周,照样一击,使蛋壳略有裂痕而蛋膜不破。

(3)装坛糟渍

①蒸坛。选择坚实,不破不漏的坛子作为糟蛋坛。在使用前应检查有无裂缝和漏气,并进行清洗消毒,冷凉后即可使用。

②装坛。坛底铺一层成熟酒糟(3 ~ 4 kg),将击破的蛋小头向下,大头向上,直插进糟内。蛋与蛋之间不宜过紧,以蛋在糟中能旋动自如为宜。第一层蛋放妥后,再铺酒糟 4 kg,如此方法再放一层蛋,每坛可放蛋 100 ~ 120 枚。如第二层蛋放齐后还有余蛋,可将蛋放在面上,然后用 9 kg 酒糟盖面,并将盐均匀撒在最上一层糟上。盐浮在糟上,逐步溶解,其溶液与蛋发生作用。糟蛋 120 枚,用糟量为 14 ~ 17 kg,用盐量为 1.9 kg。

③封坛。撒过盐后,立即封口。用牛皮纸两张,以猪血黏上,将坛口密封,牛皮纸外再包以笋箬壳,并用麻线沿口扎紧。做好记录,注明落坛日期、数量、级别、糟的质量等,以便检查总结。

④糟渍成熟。鸭蛋在坛中由于醇和盐作用,蛋白与蛋黄发生凝固和变性,这个过程十分缓慢,一般要经四个半月至五个月,其中还须经较长的炎夏天气促其成熟。因此,落坛时间以清明前后为最好,以求糟蛋在秋凉前成熟。否则,天气转凉而糟蛋尚未成熟,糟渍时间延长至秋后,蛋白、蛋黄虽能凝固,但香味要大为逊色。

⑤整理分级。九月上中旬,糟蛋成熟,需要整理分级。先把坛打开,进行逐个挑选。成品糟蛋,气味芬芳,味道鲜美;蛋壳脱落,蛋衣不破;蛋白呈乳白色,质稠如糊状;蛋黄呈橘红色或黄色。其规格按 1 000 枚糟蛋的重量计算,特级为 75 ~ 85 kg;一级为 70 ~ 74.5 kg;二级为 65 ~ 69.5 kg。在分级时,应剔出各种次劣糟蛋,如"矾蛋"(糟和蛋及蛋壳粘连在一起)、"水晶蛋"(蛋内全部或大部是水)、"空头蛋"(蛋内只有萎缩的蛋黄,没有蛋白)等,凡是次劣糟蛋,一律应另做处理。

糟蛋经整理分级后,按所分级别规格分别装入坛内,每坛 150 枚,放上原糟,封好坛口,封口方法与落坛糟渍相同。坛口应表明级别、数量,坛底及四周用草绳捆扎,再用竹篰包装,即可调运市场销售,保存期为 6 个月。

2)宜宾叙府糟蛋加工

叙府糟蛋产于四川省宜宾市,宜宾曾称叙府,故其糟蛋称为叙府糟蛋,已有 130 多年的生产历史。深受消费者喜爱。金鸭牌糟蛋生产工艺获国家专利,多次荣获优质产品称号。该产品具有工艺精湛、壳内膜不破、蛋质软嫩、气味芳香、色泽红黄、色泽红亮,醇香味长,营养丰富、爽口助食等特点,是旅游、休闲、宴会、馈赠、佐酒助膳之佳肴。

其加工工艺如下：

(1)击蛋破壳　经检验合格的新鲜鸭蛋，先用清水洗干净蛋壳，再用0.5%的漂白粉消毒5 min，最后用清水冲洗，洗去漂白粉味，在通风处晾干。然后击蛋破壳，目的是使糟味容易渗入蛋内，击破蛋壳法：将鸭蛋握于左掌心，右手持竹片，对准蛋的纵侧，从蛋的大头部分轻轻敲击直至小头，使蛋壳破裂，敲击时只要求蛋壳破，而蛋壳内膜与蛋白膜不能破裂，以免蛋白外溢。

(2)配料装坛　糟制糟蛋的主要材料，用当地上等糯米和甜酒药，酿制成的甜酒糟。叙府糟蛋的配料，除甜醪糟外，还要加入红砂糖，64°白酒及食盐等。糟渍糟蛋150枚，用料量是：甜醪糟5 kg，红砂糖1 kg，白酒(64°)1 kg，食盐1.5 kg。

以上材料混合均匀，将全量的1/4左右，铺于洗净消毒的坛子底部，将击破壳的鸭蛋40个，大头向上，竖立在甜糟里；再加甜糟约1/4，铺平后再如法放入鸭蛋70个；再加入甜糟约1/4，仍入上法放入剩下的40个蛋，最后加入剩下的甜糟，铺平，用塑料布密封坛口，勿使其漏气，在室温下存放。

(3)翻坛去壳　上述加工落坛的蛋，在室温下作用3个月左右，将蛋取出，逐个剥去蛋壳(这是与平湖糟蛋的区别)，注意切勿将蛋壳膜剥破，剥好成无壳的壳膜蛋。

(4)白酒浸泡　将剥壳蛋逐个又放入坛内，倒入高度白酒，每150个蛋约需白酒4 kg，浸泡1～2 d，这时蛋黄、蛋白均呈半凝固状。

(5)加料装坛　用白酒浸泡过的蛋，逐个取出，再次装入容量为150个蛋的坛内。装坛时，除用原有醪糟外，再加入红糟1 kg，食盐0.5 kg，陈皮25 g，熬糖2 kg(用红糖2 kg，加水适量，放锅内熬到红糖能拉成丝状为止，冷却后加入坛内)，充分搅拌均匀，按以上装坛方法，一层糟一层蛋，最后加盖密封。保存在阴凉干燥的房间里。

(6)再翻坛　以上装坛的蛋，储存2～3个月时，必须再次翻坛，就是将下面的蛋翻到上面，上面的蛋翻到下面。同时检查蛋的质量，剔除次劣蛋或壳膜破损的蛋。翻坛后的蛋仍均匀地浸泡在糟料内，加盖密封。储存在室内。从加工开始至糟蛋成熟，约需要1年的时间。

(7)分装与销售　糟渍成熟的糟蛋，经最后抽验合格，即可原装销售。为便于零售，也可分装于有盖的玻璃瓶或瓷缸内，并加入适量的原糟料。

3)硬壳糟蛋

(1)原料

配方：鸭蛋100枚、绍兴酒酒糟23 kg、食盐1.8 kg、黄酒4.5 kg(酒精浓度13°～15°)、菜油50 mL。

(2)加工方法　将生糟放在缸内，用手压平，松紧适宜，然后用油纸封好，在油纸上铺约5 cm厚的砻糠，然后，盖上稻草保温，使酒糟发酵20～30 d，至糟松软，再将糟分批翻入另一缸内，边翻边加入食盐。用酒拌匀捣烂，即可用来糟制鸭蛋。

鸭蛋经挑选后，洗净晾干。一层糟一层蛋，蛋与蛋的间隔以3 cm左右为度，蛋面盖糟，撒食盐0.1 kg左右，再滴上50 mL菜油，封口，储放5～6个月，至蛋摇动时不发出响声则为成熟。这种糟蛋加工期及储存期较平湖软壳糟蛋长。

4)熟蛋糟蛋

(1)原料

配方：鸭蛋100枚、绍兴酒酒糟10 kg、食盐3 kg、醋0.2 kg。

(2)加工方法

①将酒糟放在缸中,加入食盐和醋,充分搅拌混合均匀备用。

②鸭蛋挑选、洗净后放于锅中,加入清水,以淹没蛋为度。煮沸约 5 min 至熟,冷水冷却后剥去外壳,保留壳膜。逐渐埋入酒糟里,密封好坛口,经 40 d 左右即成熟。

特点:清凉爽口,味道鲜美。

18.3.4　糟蛋的质量指标

1)感官指标

色泽:蛋白乳白色或棕红色(叙府糟蛋加工时加入了红糖所致),蛋黄橘红色或黄色。

外形:蛋壳脱落或基本脱落,蛋膜不破,蛋形完整,蛋质柔软。

组织状态:蛋白呈糊状,蛋黄半凝固状。

滋味:醇香、味鲜,有回味。

杂质:蛋内不允许有杂质存在。

2)卫生指标

细菌个数(个/g)	<500
大肠杆菌(个/100 g)	<30
致病菌(指沙门氏菌)	不得检出

18.3.5　糟蛋的感官检查方法

糟蛋的质量检查以感官检查为主,主要是观察蛋壳脱落情况,蛋清、蛋黄颜色和凝固状态,以及嗅、尝其气味和滋味。食用时只需把糟蛋取出,放在碗或碟内,用小刀轻轻划破糟蛋壳内膜,取少量慢食,醇香可口,回味悠长。

1)不同质量糟蛋的感官特征

(1)良质糟蛋　形态完整,蛋壳全脱落或基本脱落,壳内膜完整,蛋大而丰满,蛋清呈乳白色胶胨状,蛋黄呈橘红色半凝固状态,香味浓厚,稍带甜味。

(2)次质糟蛋　形态完整,蛋壳脱落不好,壳内膜完整,蛋内容物凝固不良,蛋清为液体状态,香味不浓或有轻微异味。

(3)劣质糟蛋

①矾蛋。就是糟与蛋及蛋壳粘连结在一起,如烧过的矾一样,这种糟蛋是因酒糟含醇量低或蛋坛有漏缝所致。

②水晶蛋。蛋内全部或者大部分都是水,色由白转红,蛋黄硬实,有异味。

③空头蛋。蛋内只有萎缩了的蛋黄,没有蛋白。

2)卫生处理

次质糟蛋应尽快食用,劣质糟蛋均不能食用。

复习思考题

1. 加工皮蛋需要选择哪些辅料?
2. 简述皮蛋的加工机理。
3. 怎样进行硬心皮蛋加工?
4. 简述盐泥咸蛋的加工方法及要点。
5. 糟蛋加工工艺与皮蛋的加工工艺有哪些异同?

实 训

实训一 皮蛋加工

【目的要求】

通过实训,初步掌握原、辅料的选择及溏心、硬心皮蛋的加工工艺及操作要点以及皮蛋的质量检查。

【材料与用具】

鲜鸭蛋、台称、天平、照蛋器、纯碱、生石灰、食盐、一氧化铅、柴灰、红茶末、黄泥、稻壳或锯木面、酸式滴定管、滴定架、三角少平、量筒、电炉、缸、桶、瓢、盆、木棒、胶手套、锅、刮刀、塑料袋等。

【方法步骤】

可根据各个学校的实习条件和当地风俗习惯选择开以下实验。

1)料液浸泡法

(1)原料蛋照检 将要进行加工的原料蛋,逐一进行灯光透视,合格者才能进行加工。

(2)料液配制 原料蛋1 000枚,开水100 kg、纯碱7.2 kg、生石灰28 kg、氧化铅0.75 kg、食盐4.0 kg、红茶末3.0 kg、松柏灰0.5 kg、柴灰2.0 kg、黄土1.0 kg(可根据加工数量的多少进行配料)。先将红茶末加水放锅中熬制10 min,把纯碱、食盐放入缸内,将熬好的茶汁倒入缸内,搅拌均匀,再分批放入生石灰,搅拌,使其完全反应,待料液温度降至50 ℃左右,将硫酸铜(锌)化水倒入缸内,捞出不溶解的石灰块并补加等量的生石灰,冷却后备用。

(3)料液碱度测定

用5 mL吸管吸取澄清液4 mL,注入300 mL的三角烧瓶中,加水100 mL,加10%氯化钡10 mL,摇匀后静置片刻,加0.5%酚酞指示剂3滴,用1 mol/L盐酸标准溶液滴定至溶液的粉红色恰好消退为止。耗去1 mol/L盐酸标准溶液的毫升数即相当于氢氧化钠含量的百分数。料液中的氢氧化钠含量要求达到4左右,(视气温的高低而调整,气温高比例下降)若浓度过高应加水稀释,若浓度过低应加烧碱提高料液的NaOH浓度。

(4)装缸、灌料泡制　将检验合格的鲜鸭蛋放入缸内,装蛋至离缸口 15 ~ 20 cm,用竹篦盖封。然后将配制好的料液徐徐地倒入缸内,使蛋全部浸没在料液中。

(5)浸泡期的管理　皮蛋浸泡期间保持室温 16 ~ 28 ℃,适宜温度应该在 20 ~ 25 ℃,浸泡时间为 25 ~ 40 d,在浸泡期间要经常进行检查。

(6)出缸与成品检查　皮蛋浸泡到成熟后,用特制捞子将皮蛋捞起,用料液的上清液洗净放入竹筐中,置于通风阴凉处晾干。

(7)涂泥包糠　用使用过的料液加黄泥调成糨糊状的包泥,包泥时,双手戴上手套,左手抓稻壳,右手用刮泥刀取 40 ~ 50 g 的黄泥放在左手的稻壳上,用泥刀压平,然后将蛋放在泥糠上,双手团搓几下,使皮蛋完全被泥糠包埋,包好的皮蛋放缸内或塑料袋中密封储存。

2)生包法

(1)原料蛋照检　将要进行加工的原料蛋,逐一进行灯光透视,合格者才能进行加工。

(2)配料　原料蛋 100 枚,生石灰 0.6 kg、纯碱 0.6 ~ 0.8 kg,食盐 0.15 ~ 0.17 kg,红茶末 0.1 kg,草木灰 1.5 kg,沸水 2 000 ~ 2 400 mL。

(3)料泥测定　取料泥一小块,放于盘或碟中,表面抹平抹光,将鸭蛋蛋白滴在料泥上,10 min 后观看蛋白在料泥上凝固的情况。用手指摸料泥上的蛋白,如果摸上去凝固成粒状或片状带黏性的感觉,证明料泥正常,可以使用。如摸上去蛋白不凝固,没有粒状或片状,不带黏性,说明料泥碱性过重,如果摸上去像粉末,说明料泥碱性不足。后两种情况都需要进行料泥碱量的调整。

(4)料泥制作　将红茶末加水入锅煮沸,倒入容器中,加入生石灰让其溶解(注意,生石灰加入水中会放热,产生飞溅,加工人员应离远一点,以免烫伤),捞出石灰渣,再加入纯碱和食盐,搅匀,最后加入柴灰搅拌均匀,至起粘,无块。待料泥冷至室温时,取出放入石臼或桶中,捣成糨糊状。

(5)包泥搓蛋　取中 45 ~ 50 g 料泥一团,包裹一个蛋,搓匀,不能留有空白,不显出蛋壳,放入簸箕中,待有 10 个蛋时,轻摇簸箕,使每个蛋外料泥上均匀粘上一层谷壳或柴灰。

(6)封缸储存　将包好的蛋装缸或放入塑料袋中,封缸(口)。储藏 12 ~ 14 d 后,敞开缸口(袋口),3 d 后进行质量检查,合格者即可出厂。

【实训作业】

按照实际操作写出皮蛋的加工工艺要点及质量检查结果。

实训二　咸蛋加工

【目的要求】

通过实验,要求同学们掌握几种咸蛋的加工方法,了解咸蛋质量标准及检查方法。

【材料与用具】

鲜鸭蛋、食盐、草木灰、黄泥、白酒、植物油或油菜籽、净水、水桶、缸、盆、塑料袋、木棒、筛子、竹篦、竹片等。

【方法与步骤】

1)黄泥咸蛋加工

(1)原料蛋照检　将要进行加工的原料蛋,逐一进行灯光透视,合格者才能进行加工,然后进行清洗,晾干。

(2)配料　鲜鸭蛋1 000枚,食盐6.5 kg、黄泥8.6 kg、水4 kg。

(3)制作工艺　将黄泥捣碎过筛后用少量水在缸内发胀,再加入食盐和剩余的水,用木棒充分搅拌,使成稀薄的泥糊状,其标准以一个蛋放进泥浆中,一半浮在泥浆上面,一半沉在泥浆内为宜。将检验合格的蛋逐个放入泥浆中,使其粘满泥浆后取出放入缸中或塑料袋中,最后将剩余泥浆倒在蛋上,上面撒上柴灰,加盖或封口储存,经30~40 d即可成熟。

2)盐酒咸蛋加工

(1)原料蛋照检　将要进行加工的原料蛋,逐一进行灯光透视,合格者才能进行加工。

(2)配料　鲜鸭蛋1 000枚,白酒3 kg,精制食盐5 kg(研成细末)。

(3)制作工艺　将原料蛋洗干净,晾干,放白酒中浸湿后取出,在食盐末中滚裹一趟,使蛋壳均匀粘附盐粒,随手放入缸中或塑料袋中封存。10 d后既有咸味,30 d后蛋黄起沙、出油。

3)草灰咸蛋加工

(1)原料蛋照检　将要进行加工的原料蛋,逐一进行灯光透视,合格者才能进行加工。

(2)配方　鲜鸭蛋1000枚、稻草灰20 kg、食盐6 kg、黄泥1.5 kg、水18 kg。

(3)制作工艺　先将食盐和水放入拌料缸内,搅拌使食盐溶化,再分批加入筛过的稻草灰和黄泥,边加边搅拌,直至全部搅拌均匀,灰浆发黏为止。将检验合格的蛋放在灰浆内翻裹一下,使蛋壳表面均匀粘上灰浆后,再取出在灰盘中滚上一层干灰,然后将灰料捏紧后点数入缸或塑料袋中,封好缸口或袋口,置阴凉通风储存,经过40~45 d即为成品。

4)盐水咸蛋加工

(1)原料蛋照检　将要进行加工的原料蛋,逐一进行灯光透视,合格者才能进行加工。

(2)配方　鲜鸭蛋1 000枚,食盐12.5 kg、水50 kg。

(3)制作工艺　先将水烧沸倒入缸中,加入食盐搅拌,直至盐粒完全溶化为止,自然冷却备用,将合格鸭蛋整齐地放在缸内,摆放至缸口5~6 cm处,盖上一个竹篦,竹篦上压几根竹片或小木棍卡住,防止蛋上浮。再将凉冷至室温的盐水徐徐地倒入缸内,使蛋全部淹没在盐水中,经过20~30 d即可食用。

【实训作业】

按照实际操作写出实习报告(盐泥咸蛋、盐酒咸蛋、草灰咸蛋、盐水咸蛋的加工方法与步骤、结果分析等)。

第19章 干蛋制品

本章导读:干蛋制品是将新鲜蛋液经过干燥脱水处理后的一类蛋制品,具有体积小、质量稳定、便于储存和运输等优点。根据加工方法不同,干蛋制品分为干蛋白片和干蛋粉两种。我国目前主要生产干蛋白片、全蛋粉及蛋黄粉。通过学习,了解干蛋制品的种类及其用途,掌握干蛋白片、蛋黄粉、全蛋粉的加工工艺流程及质量控制措施。

鸡蛋中含有大量的水分,如蛋黄约含 50%、全蛋约含 75%、蛋白约含 88% 的水分。将含水分高的全蛋、蛋黄或蛋白进行冷藏或运输,既不经济,而且易变质。干燥是储藏蛋的很好方法,早在 20 世纪初我国即有了干燥蛋(dried egg)。当时由我国出口美国的干蛋白片,其起泡性很好并且耐储藏。1952 年新中国成立了中国食品出口公司,蛋品的生产和出口逐年增加;1954 年中央召开了蛋品技术出口资料编纂会议,把多年的生产技术和经验加以总结;1956 年成立了中国蛋品品质改进委员会,制订了一系列加工操作规程和卫生制度,使蛋品生产面貌一新,产品质量特别是卫生质量有了很大改观。

近年干燥蛋制品工业有了很大发展,已成为蛋制品加工业中的重要组成部分。我国现代化蛋品工业起步较晚,20 世纪 80 年代引进了很多成套加工设备,但由于蛋源短缺及干燥蛋成本过高,其作用没有完全得到发挥。目前,国内外生产的干燥蛋制品种类很多,但根据原料的不同,干燥蛋制品主要包括干蛋白、干全蛋和干蛋黄。我国主要生产干蛋白片、全蛋粉及蛋黄粉。

19.1 蛋 白 片

蛋白片又称干蛋白,是指鲜鸡蛋的蛋白液经搅拌过滤、发酵、干燥等加工处理制成的薄片状制品。

19.1.1 蛋白片加工工艺流程

蛋白液→搅拌→过滤→发酵→中和→烘制→晾干→储藏→包装。

19.1.2 蛋白片质量控制

1)蛋白液的搅拌、过滤

蛋白液在发酵前必须进行搅拌过滤,使浓、稀蛋白均匀混合,有利于发酵,缩短发酵时间。搅拌、过滤的方法,根据设备不同有两种:

(1)搅拌器　蛋白液在搅拌器内以 30 r/min 的速度进行搅拌。搅拌速度过快,产生泡沫影响出品率,要严格控制搅拌时间。春、冬季蛋质好,浓蛋白多,需搅 8 ~ 10 min。夏、秋季节稀蛋白多,搅 3 ~ 5 min。搅拌后的蛋白液可用铜丝筛过滤。筛目的选择依蛋质而定,春、冬季用 12 ~ 16 目,夏、秋季用 8 ~ 10 目的筛过滤。

(2)离心泵　鲜蛋液用离心泵抽至过滤器,施加压力,使蛋白液通过过滤器上的过滤孔(孔径为 2 mm)使浓蛋白和稀蛋白均匀混合,还可除去杂质。压力的大小与蛋质有关。浓蛋白多的蛋白液所需用压力较大,夏、秋季的蛋白液稀蛋白多,压力相对要小。

2)蛋白液的发酵

蛋白液的发酵是通过细菌、酵母菌及酶制剂等的作用,使蛋白液中的糖分解。蛋白发酵的过程是复杂的生物化学变化过程,是干蛋白加工的关键工序。我国生产干蛋白一般采用自然发酵,即通过细菌、酵母菌及酶的作用使蛋白液中的糖分解转化,同时使蛋白质分解变成水样状态。

(1)发酵用设备　用来发酵蛋白的传统设备是木桶或陶制缸,发酵室内设有蒸气排放管,通过蒸气开关调节发酵温度,桶的下端边缘处装一开关。

(2)发酵　将搅拌过滤后的蛋白液移入桶内,其量为桶容量的 75%。过满会由于发酵产生泡沫而溢出桶外。发酵温度的高低与发酵时间、蛋白液的浓厚度和蛋白液的初菌数有关。一般发酵室温度应保持在 26 ~ 30 ℃。温度高,虽发酵期短,但过高会使蛋白液发生腐败变质。

(3)发酵成熟的鉴定　蛋白液发酵的好坏直接影响成品的质量。因此,成熟度的鉴定极为重要,一般采用综合鉴定法。

①泡沫。当蛋白液开始发酵时,会产生大量泡沫于蛋白液表面。当蛋白液成熟时,泡沫不再上升,反而开始下榻,表面裂开,裂开处有一层白色小泡沫出现。②澄清度。用试管取约 30 mL蛋白液密封,将试管反复倒置,经 5 ~ 6 s 后,观察有无气泡上升。若无气泡上升,蛋白液呈澄清的半透明淡黄色则已发酵成熟。③滋味。取少量蛋白液,以拇指和食指沾蛋白液对摸,如无黏滑性,有轻微的甘蔗汁气味和酸甜味,无生蛋白味即为成熟的标志。④pH 值。蛋白液在发酵过程中,其 pH 值随蛋白液中糖的分解、乳酸的增加而变化。发酵 24 h,蛋白液的 pH 值变化不明显,称为发酵缓慢期。48 h 时,蛋液 pH 值变化较大,能达 5.6 左右,称为对数期。发酵到 49 ~ 96 h,由于酸度过高,抑制了某些细菌的繁殖,所以 pH 值变化不大,称为稳定期或衰亡期。一般蛋白液 pH 值达 5.2 ~ 5.4 时即发酵充分。⑤打擦度。用霍勃脱氏打擦度机测定,其方法是取蛋白液 284 mL,加水 146 mL,放入该机内,以 2、3 号转速各搅拌 1.5 min,削平泡沫,测量泡沫高度。其高度在 16 cm 以上者为成熟的标志,但要参考其他指标确定。

(4)放浆　发酵成熟后打开发酵桶下部边缘的开关,放出发酵好的蛋白液称之为放浆。放浆分三次进行,第一次放出总量的 75%,再澄清 3 ~ 6 h 后放第二次、第三次,每次放出 10%。最后剩下的 5% 为杂质及发酵产物不能使用。第一次放出的浆为透明的淡黄色,质量最好。为了避免余下的蛋白液过度发酵而使颜色变成暗赤色和出现臭味，可在第一次放浆后，将发酵室温度降低至 12 ℃以下并静置 3 ~6 h，抑制杂菌生长繁殖，达到保证蛋白液继续澄清而无臭味的目的，并可降低次品率。

3）蛋白液的中和

发酵后的蛋白液在放浆的同时进行过滤、中和。过滤是为了除去发酵液中的杂质，中和则是调整蛋白液的 pH 值为中性或弱碱性。因为发酵后蛋白液呈酸性，若不进行中和，成品酸度高、品质差，且酸性的发酵蛋白液在烘干中易产生气泡，这对成品的外观和透明度有影响。酸性成品在储藏过程中颜色会逐渐变深，水溶物的含量逐渐减少，降低了成品的质量。因此，蛋白液在烘干前必须进行中和。常用比重为 0.98 的纯净氨水进行中和，使发酵后的蛋白液呈中性或微碱性。

蛋白中和时，先除去蛋白液表面的泡沫，然后加入纯净的氨水使溶液最终 pH 值达到 7.0 ~8.4，并进行适度搅拌，但速度不宜过快，以防产生大量泡沫。氨水的添加量与蛋白液的酸度和所需要的 pH 值有关。因此在批量生产时，中和前需进行小试。

4）烘干

在不使蛋白液凝固变性的前提下，利用适当的温度，使蛋白液在水浴上逐渐除去水分，烘制成透明的薄晶片。蛋白片的烘干在我国采用热流水浇盘烘干法。

（1）浇浆前的准备工作　浇浆前，提高流水温度至 70 ℃，以达烘烤灭菌的目的。然后降温，使水温控制在 50 ~56 ℃。再用消毒白布擦干烘盘，用白凡士林涂盘，称为擦盘上油。涂油须均匀、适量。过多则烘制时上浮产生油麻片的次品，过少则揭片困难，破损多，片面无光，影响质量。

（2）浇浆　将中和后的蛋白液浇于盘中。

（3）除水及油沫　蛋白液在烘制过程中会产生泡沫，使盘底的凡士林受热上浮于液面形成油污，影响蛋白片的光泽和透明度。因此须用水沫板刮去泡沫。打水沫在浇浆 2 h 后即可进行，打油沫在浇浆 7 ~9 h 后，刮出的水沫或油沫分别存放，另行处理。

（4）揭蛋白片　揭蛋白片，要求准确掌握好揭片的厚度和时间，而烘干的时间又取决于水温。因此准确控制水温极为重要。揭片一般分 3 ~4 次进行。在正常的情况下，浇浆后 11 ~13 h（打油沫后 2 ~4 h），蛋白液表面开始逐渐地凝结成一层薄片。再经过 1 ~2 h，薄片加厚约为 1 mm 时，揭第一张蛋白片。第一次揭片后经 45 ~60 min，即可进行第二次揭片。再经 20 ~40 min 进行第三次揭片。一般可揭两次大片，余下揭得的为不完整的碎片。

当成片状的蛋白片揭完后，将盘内剩下的蛋白液继续干燥，取出放于镀锌铁盘内，送往晾白车间进行晾干，再用竹刮板刮去盘内和烘架上的碎屑，送往成品车间。最后，用鬃刷刷下烘盘内及烘架上剩余碎屑粉末。

（5）烘干时的水温　烘干水温的高低直接影响成品的颜色、透明度，甚至会出现蛋白质凝固，降低水溶性物质的含量。烘制水温过低，不仅会延长烘干时间，而且会腐败变质。因此，烘干过程中要严格控制流水温度和蛋白液的温度。

①浇浆开始时，进水温度应保持在 56 ℃左右，出水口温度由于受凉浆的影响而降低，但逐渐升高。2 h 内，出水口水温保持 55 ℃。当浆液温度升高到 51 ~52 ℃时，出水口处浆液温度为 50 ~51 ℃。浆液为浅豆绿色、澄清状。②浇浆后 2 ~4 h 出水口处浆液温度上升到 52 ℃，浆液色泽同上。③浇浆后 4 ~6 h 应使出水口处的浆液温度提高到 53 ~54 ℃，这样的

温度保持到第一次揭片为止,同时可达到杀菌的目的。④第一次揭片后,水温逐渐降低,先将进水口水温降到约 55 ℃;第二次揭片时再下降 10 ℃;第三次揭片时水温可降到 53 ℃。烘制过程不应超过 22 h,烘干全程应在 24 h 内结束。

5)晾白

烘干揭出的蛋白片仍含有 24% 的水分,因此须晾干,俗称晾白。晾白室温度调至 40 ~ 50 ℃,然后将大张蛋白片湿面向外搭成人字形,或湿面向上,平铺在布棚上进行晾干。4 ~ 5 h 后含水量大约为 15%,取下放于盘内送至拣选车间。

烘干时的碎屑用 10 × 10 目的竹筛进行过筛。筛上面的碎片放于布棚上晾干,筛下粉末可送包装车间。

6)拣选

晾白后的蛋白送入拣选室按不同规格、不同质量分开处理。

①拣大片。将大片蛋白裂成 20 mm 大小的小片,同时将厚片、潮块、含浆块、无光片等拣出返回晾白车间,继续晾干,再次拣选。优质小片送入储藏车间进行储藏。②拣大屑。清盘所得的碎片用孔径 2 mm 的竹筛,筛下碎屑与筛上晶粒分开存放。③拣碎屑。烘干和清盘时的碎屑用孔径 1 mm 的铜筛筛去粉末,拣出杂质,分别存放。④次品处理。将拣出的杂质、粉末等用水溶解、过滤,再次烘干成片作次品处理。

7)焐藏

焐藏是将不同规格的产品分别放在铝箱内,上面盖上白布,再将箱置于木架上 48 ~ 72 h,使成品水分蒸发或吸收,以达水分平衡、均匀一致的目的,称为焐藏。焐藏的时间与温度和湿度有关,因此要随时抽样检查含水量、打擦度和水溶物含量等,达标后进行包装。

8)包装与储藏

干蛋白的包装是将不同规格的产品按照蛋白片 85%、晶粒 1.0% ~ 1.5%、碎屑 13.5% ~ 14.0% 比例包装,外包装用马口铁箱。箱外注明商标、品名、规格、净重等标志。包装好的产品应存放于清洁、干燥、通风的良好仓库内,不能与有异味的物品堆放在一起,库温应控制在 24 ℃以下。

9)产品质量要求

产品呈晶片状,均匀浅黄色,具有蛋白片的正常气味、无异味、无杂质;水分≤16 g/100 g,酸度(以乳酸计)1.2 g/100 g,汞(以 Hg 计)≤0.03 mg/kg;致病菌不得检出。

19.1.3 蛋白片的用途

蛋白片不仅是营养丰富的食品,而且在工业上用途很广。在于食品工业上可用于制造多种食品(如糖果、糕点、巧克力粉、冰淇淋等),可广泛用作纺织印染工业的固着剂,皮革工业的光泽剂,造纸工业的施胶剂,印刷制版用的感光剂及胶着剂,制印画纸用的涂料液;此外,它还可用于医药工业制造药品(如蛋白银、鞣酸蛋白、蛋白铁液、细菌培养基等),用于制造人造象牙、发光漆、化妆品等。因此,蛋白片具有非常广泛的用途,是工业上使用的重要原料。

19.2 蛋 粉

蛋粉是以蛋液为原料,经喷雾干燥法除去蛋液中的水分而制得的粉末状蛋制品。蛋粉种类很多,但加工方法基本相同。我国主要生产全蛋粉和蛋黄粉。下面介绍蛋粉的喷雾干燥加工方法:

19.2.1 蛋粉加工工艺流程

蛋液→搅拌→过滤→巴氏杀菌→喷雾干燥→出粉→冷却→筛粉→包装。

19.2.2 蛋粉质量控制

1)蛋液的搅拌、过滤和巴氏杀菌

蛋液的搅拌、过滤及巴氏杀菌方法见冰蛋加工部分。

2)喷雾干燥

通常采用压力喷雾干燥法或离心喷雾干燥法,其中离心喷雾干燥较好。喷雾干燥的优点是干燥速度快,对产品的色、香、味、营养成分影响小,成品的冲调性好。同乳粉的喷雾干燥相似。一般在未喷雾前,干燥塔的温度应在120~140 ℃。在喷雾过程中,热风温度应控制在150~200 ℃,蛋粉温度在60~80 ℃范围之内。

3)二次干燥

1940年美国农业部曾规定干燥全蛋的水分须在2%以下,而当时一般的喷雾干燥装置不能达到该标准。因此需进行二次干燥,使水分进一步降低。某些喷雾式干燥装置可进行二次干燥,其方法是将制品堆积在热空气中,使水分再次蒸发。

4)蛋粉造粒化、筛粉和包装

为了使干燥后的蛋粉速溶,需要将干燥的蛋粉富集。通常采用的方法是先加水使蛋粉回潮后再予以干燥。为了使蛋白粉造粒化,可加入蔗糖或乳糖。蛋白粉造粒化后在水中即能迅速分散。干燥塔中卸出的蛋粉必须晾凉、过筛,使产品均匀,然后进行包装。蛋粉用马口铁箱包装为宜。

5)喷雾干燥和储藏对成品质量的影响

喷雾干燥及在随后的储存期间,干燥全蛋、蛋黄和蛋清会发生一系列化学和物理变化,使溶解度或分散度下降,色泽变劣,起泡能力下降和产生异味等。未经储存的喷雾干燥的全蛋粉溶解性很好(在10% KCl中分散程度可达95%~98%),但加工蛋糕时其起泡能力仅为新鲜全蛋的一半。起泡力的下降显然是因为释放出游离脂肪的缘故。显微镜研究发现,全蛋粉中有大的脂肪颗粒,但在天然全蛋中却没有。全蛋喷雾干燥后储放仅3 h,其复水后的起泡能力几乎完全丧失。

喷雾干燥的全蛋在27 ℃储放3~4个月,通常产生褐色和异味,且分散度降低。包括葡萄糖和磷脂酸乙醇胺的氨基在内的美拉德反应影响了色泽和风味。在干燥之前,用酵母发酵除去全蛋中天然存在的葡萄糖会延缓变色和分散度的损失。由于磷脂中脂肪酸的氧化,储存后的全蛋粉仍会产生异味。在喷雾干燥之前加入蔗糖和固体玉米糖浆,可以延缓全蛋黄干制品储存期间的美拉德反应和降低由于干燥引起的起泡能力的丧失。当蔗糖增加到5%或玉米糖浆增加到10%时,会逐渐改善风味的稳定性。在糖的含量更高时(10% ~15%),鸡蛋脂类自动氧化加快,异味也逐渐产生。喷雾干燥蛋黄复水物的起泡能力比天然蛋黄低。此外,蛋黄在13 ℃储藏4个月会产生异味。喷雾干燥的蛋黄会导致低密度脂蛋白结构发生不可逆变化,其结果是产生能抑制起泡的脂类。当加入蔗糖的浓度增加至15%时,复水的喷雾干燥的蛋黄的起泡能力有所增加,这是由于低密度脂蛋白在干燥时受到了蔗糖的保护所致。在喷雾干燥过程中,蛋清的功能性质无明显的改变。然而,在储存期间,干燥蛋白发生褐变,溶解性也降低,在制作蛋糕时保持体积的能力下降。干蛋白在40 ℃储存2周以上,用其加工的蛋糕体积减少26%。如果干燥之前除去葡萄糖,那么,在正常储藏中不再出现上述的变化。

6)产品质量要求

巴氏杀菌全蛋粉质量要求:呈粉末状或极易松散之块状,均匀淡黄色,具有全鸡蛋粉的正常气味、无异味、无杂质;水分≤4.5 g/100 g,脂肪≤42 g/100 g,游离脂肪酸≤4.5 g/100 g,汞(以Hg计)≤0.03 mg/kg;菌落总数≤10 000 efu/g,大肠菌群≤90 MPN/100 g,致病菌不得检出。

蛋黄粉质量要求:呈粉末状或极易松散之块状,均匀黄色,具有鸡蛋黄粉的正常气味、无异味、无杂质;水分≤4.0 g/100 g,脂肪≤60 g/100 g,游离脂肪酸≤4.5 g/100 g,汞(以Hg计)≤0.03 mg/kg;菌落总数≤50 000 efu/g,大肠菌群≤40 MPN/100 g,致病菌不得检出。

19.2.3 蛋粉的用途

蛋粉的用途较广泛,除食用外,还可用于食品工业制造蛋制品和含蛋食品,也可以代替鲜蛋用于各种食品,如制造糖果、饼干、面包、奶糕、方便面、冰淇淋、鸡精等。蛋黄粉还可提炼蛋黄素供医药工业用,提炼蛋黄油用于油画、化妆品、肥皂等,蛋黄油还可以治疗湿气和溃疡、疗效很好。蛋黄粉提炼卵磷脂,卵磷脂是一种科技含量很高的高科技产品,市场销售前景非常好。

19.3 干燥全蛋

19.3.1 干燥全蛋加工工艺流程

原料蛋检验→预冷→清洗→杀菌→晾干→照蛋→去壳→低温杀菌→脱糖→过滤→干燥→包装→成品。

19.3.2 干燥全蛋质量控制

1)脱糖

全蛋、蛋白和蛋黄分别含有约0.3%、0.4%和0.2%的葡萄糖。如果直接把蛋液加以干燥,在干燥后储藏期间,葡萄糖与蛋白质的氨基会发生美拉德反应,还会和蛋黄内磷脂(主要是卵磷脂)反应,使产品褐变、溶解度下降、变味及质量降低。因此,蛋液(尤其是蛋白液)在干燥前必须除去葡萄糖,俗称脱糖。脱糖的方法有以下几种:

(1)自然发酵法 该法仅适用于蛋白的脱糖,是依靠蛋白液中所存有的发酵细菌(主要是乳酸菌)在适宜的温度下发酵,生成乳酸等,从而达到脱糖的目的。在自然发酵过程中生成的乳酸,能降低蛋白的pH值,使卵黏蛋白凝固析出而上浮或下沉,同时还可以把系带及其他不纯物澄清。发酵生成的CO_2,其小部分在蛋白中溶解,使pH值下降,大部分则以气体形式逸出,促进蛋白析出及固形物上浮,使蛋白净化。自然发酵由于原料蛋白液中初菌数不同,发酵很难保持稳定状态,而且可能含有沙门氏菌等病原菌。由于打蛋去壳过程高度卫生,原料蛋白中初菌数少,不易发酵,因此当今世界各国都改用其他方法。

(2)细菌发酵法 细菌发酵法一般只用于蛋白发酵。它是用发酵剂在蛋白中进行发酵而达到脱糖的目的。所使用的细菌有产气杆菌、乳酸链球菌、粪链球菌、弗氏埃希氏菌、阴沟气杆菌。研究证明,如果蛋白液中卵黄脂未除净,用乳酸链球菌和粪链球菌发酵就不产生气体,成品风味不好。如果pH值低,发酵时间长,起泡力也较差。用产气杆菌发酵则产生大量气体(CO_2),使pH值降低,有特殊的甜酸味,起泡力好。现在欧美国家通常采用这种发酵方法。但若使用粪链球菌发酵,在低温杀菌或干热杀菌时,则难以使菌数减少。

我国研究发现,引起蛋白发酵的主要微生物是非正型大肠杆菌,并从发酵蛋白液中分离出两种优良的发酵菌种,即弗氏埃希氏菌和阴沟气杆菌。用这两种菌可使发酵时间缩短12~24 h,而且发酵终点容易判断,成品质量好。

随着发酵的进行,蛋液pH值会下降。当pH值达5.6~6.0时,则发酵完毕。过度发酵会导致细菌对蛋白质的进一步分解,影响质量。若在发酵完成后继续发酵,则蛋白液pH值会上升,则导致上浮或下沉的粗蛋白再度溶解而影响透明度。细菌发酵法在27 ℃时,大约3.5 d即可完成除糖。

(3)酵母发酵法 酵母发酵既可用于蛋白发酵,也可用于全蛋液或蛋黄液发酵。常用的酵母有面包酵母、圆酵母。这种发酵仅产生醇和CO_2,不产酸。CO_2部分溶于蛋白液中,使蛋白液pH值有所下降。但在干燥过程中CO_2会逸出,因此单独使用酵母发酵蛋白制得的干燥蛋品pH值非常高。为解决这一问题,依据酵母适于在弱酸性生长的特点,在酵母发酵时,可用有机酸将蛋白液的pH值调至7.5左右,或加柠檬酸铵等热分解性中性盐,通过干燥使其分解成柠檬酸和氨,氨被蒸发,仅残留柠檬酸维持pH值呈中性。

酵母发酵只需数小时,但它不具备分解蛋白的能力,使中层的黏蛋白析出不充分,下沉或上浮也不完全,所以制品中常含有黏蛋白的白色沉淀物。另外,酵母发酵不具分解脂肪能力,所以制成的干燥蛋白通常起泡力较低。为使黏蛋白全部析出,可将蛋白pH值调整到6.2进行发酵,但此法所得最终产品pH值达9或10以上,商品价值降低。为此,可添加柠檬酸铵等在加热时能分解成氨及柠檬酸的中性盐,氨逸出后使pH值维持中性。另外,为改进酵母发酵不具有蛋白质及脂肪分解力的缺点,可在酵母发酵前添加胰酶或胰蛋白酶等,以分解部分蛋白质及混入的蛋黄脂肪。酵母发酵的产率高,但产品有酵母味,应用方面受到一定限制。

蛋黄液或全蛋液进行酵母发酵时,可直接使用酵母发酵,也可加水稀释蛋白液,降低黏度后再加入酵母发酵。蛋白酶发酵时,则先用10%的有机酸将pH值调至7.5左右,再用少量水把占蛋白液量0.15%~0.20%的面包酵母制成悬浊液,加入到蛋白液中,在30 ℃左右,保持数小时即可完成发酵。

(4)酶法脱糖法　酶法完全适用于蛋白液、全蛋液和蛋黄液的脱糖，是一种利用葡萄糖氧化酶把蛋液中葡萄糖氧化成葡萄糖酸而脱糖的方法。

$C_6H_{12}O_6$(葡萄糖) + O_2 + (葡萄糖氧化酶)→$C_6H_{12}O_7$(葡萄糖酸) + H_2O

葡萄糖氧化酶的最适 pH 值为 3 ~ 8，一般以 6.7 ~ 7.2 为最好。目前使用的酶制剂，除葡萄糖氧化酶外还有过氧化氢酶，但需不断向蛋液中加过氧化氢，也可不加过氧化氢而直接吹入氧。

酶法脱糖应先用10%的有机酸调蛋白液(蛋黄液或全蛋液不必加酸)pH 值至 7.0 左右，然后加 0.01% ~0.04% 的葡萄糖氧化酶，缓慢搅拌，同时加 0.35% 的 7% 的过氧化氢，每隔 1 h加入同等量的过氧化氢。发酵温度一般采用 30 ℃或 10 ~ 15 ℃两种。蛋白酶除糖需5 ~ 6 h。蛋黄用酶除糖时，其 pH 值约为 6.5，故不必调整 pH 值即可在 3.5 h 内完成脱糖。全蛋液调整 pH 值至 7.0 ~ 7.3 后，4 h 内即可除糖完毕。用葡萄糖氧化酶除糖时，添加过氧化氢溶液具有杀菌作用，因此蛋液中细菌数有减少的趋势。

(5)除糖方法的比较

①自然发酵或细菌发酵使葡萄糖变成非挥发性的乳酸，产酸量多，pH 值下降大，不必再调酸。酶法则使葡萄糖变成葡萄糖酸，要添加少量的有机酸以调整 pH 值，但酵母发酵时产生 CO_2 与乙醇，当其干燥时 CO_2 逸散，所以最终制品 pH 值较高，故除糖时应加较多的有机酸。②使用自然发酵及细菌发酵时，即使不添加任何有机酸也可加工，而使用酶除糖，则需添加有机酸调 pH 值至 7.0 左右。③自然发酵或细菌发酵可以改善制品的起泡力，而使用酵母发酵或酶法均无此效果。有人认为混入蛋白中的微量蛋黄可与自然发酵或细菌发酵同析出的黏蛋白及 CO_2 一起上浮，如未产气则会沉淀而除去；还有人认为自然发酵或细菌发酵能使蛋白部分分解生成低分子蛋白质，蛋黄脂肪因细菌产生的解脂酶作用而分解。④由于细菌及自然发酵能分解脂肪，故不能用于全蛋液或蛋黄液发酵。

在欧美等国对需要起泡性的制品如干燥蛋白多用细菌发酵除糖，而不需起泡性的干燥蛋制品则用酶法除糖。

2)蛋液的杀菌与干燥

除糖的蛋液须经过孔径 0.44 mm(40 目)的过滤器过滤，再移入杀菌装置中低温杀菌，或经过滤后不杀菌而干燥后再予以干热杀菌。

(1)低温杀菌　蛋白在自然发酵、细菌发酵或酵母发酵除糖后蛋液中微生物很多，低温杀菌效果不理想。使用葡萄糖氧化酶除糖的全蛋或蛋黄液菌数少，可使用低温杀菌法。若干热杀菌，则易使其脂肪氧化。低温杀菌时，液蛋中的革兰氏阴性杆菌或酵母等较易杀灭，而芽孢杆菌或球菌类等在一般条件下极难杀灭。发酵除糖后的蛋液杀菌条件同液蛋加工杀菌条件及要求，但发酵后细菌数增殖，杀菌更为困难。

(2)干热杀菌　干热杀菌是将干燥后的制品放于密封室，保持 50 ~ 70 ℃，经过一定时间而杀菌的方法。由于干燥蛋在较高温度加热也不凝固，而且其中的细菌须在较高温度及长时间方可被杀灭，故干燥蛋的杀菌多采用干热处理。干热处理在欧美广泛使用，其方法是 44 ℃保持 3 个月；55 ℃保持 14 d；57 ℃保持 7 d 及 63 ℃保持 5 d 等。另外，也有将干燥蛋白在 54 ℃保持 60 d 的试验，其结果表明这种杀菌方法不影响干燥蛋白的特性。蛋白使用自然发酵、细菌发酵或酵母发酵除糖时，蛋液细菌较多，所以多采用干燥后的干热处理杀菌。干燥全蛋与蛋黄在干热处理时，其脂肪易氧化而形成不良风味，且干燥前的液体状态杀菌相当有效，故不采用干热杀菌。

以不同方法干燥的蛋白，其干热杀菌的条件也不同。例如，用浅盘式干燥的蛋白含水分稍多，故较喷雾干燥蛋白容易引起蛋白质变性，因此干热杀菌时温度较低，时间稍长。干燥蛋白在干热处理时，杀菌效果因菌种而异，例如，革兰氏阴性菌中的芽孢杆菌几乎不被杀死，肠道球菌的杀死速度很缓慢，而革兰氏阴性菌如大肠菌群、沙门氏菌等的杀灭速度较快。干燥蛋白经干热杀菌后其 pH 值会稍微降低，而起泡性则会增大，因此干热杀菌较适合于干燥蛋白杀菌。

3）干燥

蛋液在除糖、杀菌后即进行干燥。目前大部分的全蛋、蛋白及蛋黄均使用喷雾干燥，少部分蛋品使用真空干燥、浅盘干燥、滚筒干燥等。

（1）喷雾干燥　1901 年美国开始使用喷雾干燥制成干燥全蛋及蛋黄。喷雾干燥法是在压力或离心力的作用下，通过雾化器将蛋液喷成高度分散的雾状微粒。微粒直径为 10 ~ 50 μm，从而大大增加了蛋液的表面积，从而增加了水分蒸发速度，使微细雾滴瞬间干燥变成球形粉末，落于干燥室底部，水蒸汽被热风带走。全部干燥过程仅需 15 ~ 30 s 即可完成。

喷雾干燥法生产蛋粉干燥速度快，蛋白质受热时间短，不易使蛋白质发生变性。其他成分亦影响极微。由于干燥快，受热低，因此，蛋粉复原性好、色正、味好；喷雾干燥在密闭条件下进行，粉粒小，不必粉碎，可保证产品的卫生质量；喷雾干燥法生产蛋粉，易机械化、自动化连续生产。

（2）冷冻干燥　用冷冻干燥所得的干燥全蛋或蛋黄，其溶解度高且溶解迅速，干燥臭少，起泡性及香味俱佳，但干燥成本高。英国与澳大利亚有较大规模的冷冻干燥全蛋加工厂。冷冻干燥易使蛋黄因低温而变性，故在 30 ~ 50 ℃使蛋黄呈薄膜状真空干燥时，可得到质量高的制品。

冷冻干燥全蛋加工工艺：

全蛋液（蛋固形物 2.5%）→冷却（4 ℃，1 h）→加稳定剂、乳化剂→浓缩（固形物 45%）→降温（37 ℃）→注入浅盘→冻结（ -25 ℃）→真空干燥。

（3）带状干燥　带状干燥（belt drying）是将蛋白涂布于箱式干燥室内铝制平带上，使其在热风中移动干燥。当蛋白干燥至一定厚度时，用刮刀刮离而成。

另一种形式的带状干燥称起毛干燥（fluff drying）或称泡沫干燥（foan drying），在美国常用来加工干燥蛋白粉。泡沫干燥是将蛋液打成固定的泡沫，然后涂布在连续的平带上，进行热风干燥。改良法是将泡沫涂于有孔的带上，热空气由下方喷出进行干燥，再经粉碎制成。此法制成的成品黏度适中，易于加水复原成蛋白液。

泡沫喷雾干燥时须先将 CO_2、N_2、空气等气体用泵注入蛋液。此法制成的干燥全蛋以及蛋黄溶解快。若用喷雾干燥装置将泡沫喷雾干燥，其干燥效果、效率进一步改善。

（4）滚筒干燥　滚筒干燥（drum drying）是将蛋液涂布在圆筒上而干燥的方法。

带状干燥或滚筒干燥均可制成薄片状或颗粒状干燥蛋白，但所制成的干燥全蛋或蛋黄颜色、香味均差，故这两种制品多用喷雾干燥法。

蛋液的干燥，除喷雾干燥具有一定杀菌作用外，其他干燥法会使细菌数增加。

复习思考题

1. 发酵对干蛋白片加工有什么重要作用?
2. 在生产蛋白片时,如何鉴定蛋白液发酵是否成熟?
3. 发酵蛋白液为什么要进行中和?
4. 蛋白液怎样进行烘干?
5. 蛋白片加工工艺流程是什么?
6. 蛋粉加工工艺流程是什么?

第20章 湿蛋制品

本章导读:湿蛋制品是指将检验合格的鲜蛋去壳后,经特定加工工艺生产出的一类含水量较高的蛋制品,它是食品工业及其他工业上广泛应用的原料。湿蛋制品可分为蛋液、冰蛋和湿蛋品等。通过学习,了解湿蛋品的种类及其应用,掌握蛋液、冰蛋、湿蛋黄加工的工艺流程及质量控制措施。

湿蛋制品是指将新鲜鸡蛋清洗、消毒、去壳后,将蛋清与蛋黄分离(或不分离),搅匀过滤后经杀菌或添加防腐剂(有些制品还经浓缩)后制成的一类蛋制品。这类蛋制品易于运输,储藏期长,一般用作食品原料,主要包括蛋液、冰蛋、湿蛋黄、浓缩液蛋等蛋制品。

20.1 蛋 液

液蛋是指将鲜鸡蛋经去壳、杀菌、包装等工艺后制成的液体蛋制品。蛋液分全蛋液、蛋白液、蛋黄液三种,其加工原理、方法基本相同。

20.1.1 蛋液加工工艺流程

蛋的选择→整理→照蛋→洗蛋→消毒→晾蛋→打蛋、去壳→混合过滤→预冷→杀菌→冷却→包装。

20.1.2 蛋液质量控制

1)原料蛋的选择与检验

为了保证蛋液的品质,加工蛋液的鲜蛋必须新鲜、清洁而无破损。因此,进入工厂的原料蛋,首先要经过严格的检验和挑选。经初步选择之后,对原料蛋还应进行整理。整理时要将各种填充材料(垫草或谷糠)清除干净,剔除破损蛋、脏污蛋等。再将挑选出的合格鲜蛋逐个在灯光下照检,并剔除不能加工的次劣蛋,以确保产品的质量。

2)蛋壳的清洗、消毒

蛋壳上含有大量微生物,是造成打蛋厂微生物污染的主要原因。为防止蛋壳上微生物进入蛋液内,需在打蛋前将蛋壳洗净并杀菌。

洗蛋通常在洗蛋室中进行。选择好的蛋装入箱或蛋盘内运至洗蛋室(现代化蛋品加工厂使用真空吸蛋器取蛋后放入洗蛋槽)洗蛋。槽内水温应较蛋温高7 ℃以上,避免洗蛋水被吸入蛋内。同时,蛋温升高,在打蛋时蛋白与蛋黄容易分离,减少蛋壳内蛋白残留量,提高蛋液的出品率。洗蛋用水中加入洗洁剂或含有氯的杀菌剂。洗涤过的蛋壳上还有很多细菌,因此须进行消毒。常用的蛋壳消毒方法有3种:

(1)漂白粉液消毒　用于蛋壳消毒的漂白粉溶液浓度对洁壳蛋有效氯含量为 $100\times10^{-6}\sim200\times10^{-6}$,对污壳蛋为 $800\times10^{-6}\sim1\ 000\times10^{-6}$。使用时将该溶液加热至32 ℃左右,至少要高于蛋温20 ℃,可将洗涤后的蛋在该溶液中浸泡5 min,或采用喷淋方式进行消毒。消毒可使蛋壳上的细菌减少99%以上,其中肠道致病菌可完全被杀灭。经漂白粉溶液消毒的蛋再用清水洗涤,除去蛋壳表面的余氯。

(2)氢氧化钠消毒法　在pH值为9的水溶液中,蛋壳上的沙门氏菌随着时间的延长而逐渐减少,pH值大于11,则细菌数量减少更快。因此,通常用0.4% NaOH溶液浸泡洗涤5min。

(3)热水消毒法　热水消毒法是将清洗后的蛋在78~80 ℃热水中浸泡6~8 min,杀菌效果良好。但此法水温和杀菌时间稍有不当,易发生蛋白凝固。经消毒后的蛋用温水清洗,然后迅速晾干。

3)晾蛋

经温水浸后的鲜蛋应及时晾干水分,其目的是防止蛋外细菌随水分进入蛋内,并使打蛋时蛋液不受水滴中微生物的污染,从而提高蛋液的品质。晾蛋时间不能太长,否则空气中大量的微生物会使蛋壳表面的细菌数增加,从而影响蛋液的质量。晾蛋车间应高大、空旷,并设有通风设备以加速水分的蒸发。如果大规模生产时,也可采用烘干隧道烘干的方法,在46~50 ℃约经5 min即可全部烘干。

4)打蛋

打蛋就是将蛋壳击破,取出蛋液的过程,它一般分为打全蛋和打分蛋两种,打全蛋就是将蛋壳打开后,把蛋黄、蛋白混装在一个容器内;打分蛋就是用打蛋器将蛋白、蛋黄分开,分别放于两个容器中。打蛋是蛋液生产中最关键的工序,生产中主要应注意减少对蛋液的污染,提高产品的质量和出品率。

(1)打蛋的方法　打蛋一般分手工打蛋和机械打蛋两种方法。手工打蛋采用人工打蛋去壳,并将蛋白、蛋黄分开,它主要使用打蛋台和打蛋器两种器具。手工打蛋的工作效率低,不适合大规模生产蛋液,但这种方法可以减少蛋白混入蛋黄或蛋黄混入蛋白的现象。机械打蛋使用的主要设备是打蛋机,可以使蛋的清洗、消毒、晾干、打蛋和杀菌等过程连续化进行。根据我国目前的实际情况,在生产中采用机械打蛋的同时配合以手工打蛋是较为合理的做法,这样可以保证蛋液的质量。

(2)卫生管理要求　打蛋工序是蛋液生产中最重要的环节,如果生产中卫生不符合要求、操作不当等都会严重影响成品的质量,因此,在蛋液生产上,必须严格执行各项相应的卫生管理制度。

①打蛋车间的卫生要求。打蛋车间除了具备一般食品加工车间的基本要求以外,还应光线充足,无阳光直射,能防止蚊、蝇、老鼠等的侵入。车间内应安装空调设备,室内温度一般控

制在 12 ℃左右，最高不能超过 18 ℃。

②打蛋设备及用具的卫生要求。车间内的固定打蛋设备，必须做到每一班次生产结束时进行彻底清洗，使用前再进行消毒；所有打蛋用具也必须经严格清洗、消毒后才能使用。例如，打蛋机与原料蛋输送带每隔 4 h 应停止并进行一次清洗与杀菌；人工打蛋所使用的受蛋杯等器具每隔 2.5 h 应清洗、杀菌一次。

③操作人员的卫生。打蛋人员进入车间前应洗澡，换上已消毒的工作服和工作鞋帽，戴上口罩，然后将手洗净，并用酒精消毒。打蛋操作人员每隔 2 h 应洗手和消毒一次。在打蛋时，如果遇到异味蛋或陈旧蛋，除了要更换打蛋的器具外，还要将手彻底清洗干净并消毒。此外，打蛋人员在上班时不能涂抹化妆品，应勤剪指甲，定期进行身体检查。

(3)打蛋操作的注意事项　为了达到生产上的要求，提高蛋液的质量，打蛋时应注意以下几个问题：

①打蛋时应通过感官检查迅速判定蛋的质量状况，若遇污壳蛋、破损蛋、变质蛋等应将它们剔除，另行处理。

②打蛋时应尽量避免蛋壳混入蛋液之中。若有混入，应立即用消毒过的镊子夹出。

③打分蛋时要尽量把蛋白与蛋黄分开，不能相互混杂。

④为了提高蛋液的出品率，黏附于蛋壳内壁的蛋清必须用压缩空气吹风嘴吹干，另外，不少工厂将蛋打后的蛋壳收集并采用离心法回收残留的蛋液，这样又进一步减少了打蛋时蛋液的损失。

⑤打出的蛋液应及时收集，并转入冷库进行及时降温，切勿在打蛋车间积压，否则蛋液中的微生物会大量生长繁殖，使产品的质量下降。

5)液蛋的搅拌与过滤

搅拌与过滤的方法由于搅拌与过滤的设备不同而有差异。目前蛋液的过滤多使用压送式过滤机，但是在欧洲也有使用离心分离机以除去系带、碎蛋壳的方法。由于蛋液在搅拌、过滤前后均须冷却，而冷却会使蛋白与蛋黄因比重差呈不均匀分布，故需通过均质机或胶体磨，或添加食用乳化剂使其能均匀混合。

6)蛋液的预冷

经搅拌过滤的蛋液应及时进行预冷，以防止蛋液中微生物生长繁殖。预冷是在预冷罐中进行。预冷罐内装有蛇形管，管内有冷媒（-8 ℃的氯化钙水溶液），蛋液在罐内冷却至 4 ℃左右即可。如不进行巴氏杀菌时，可直接包装。

7)杀菌

原料蛋在洗蛋、打蛋去壳以及蛋液混合、过滤处理过程中，均可能受微生物的污染，而且蛋经打蛋去壳后即失去了部分防御体系，因此生液蛋须经杀菌。

最初，蛋液使用缸杀菌法冷却。随后发现蛋液也可像牛乳那样用板式热交换器高温短时连续杀菌，因此各国纷纷采用高温短时杀菌。但是，蛋液中蛋白极易受热变性，并发生凝固，因此各国学者一直在探讨比较适宜的蛋液巴氏杀菌条件。

蛋液巴氏杀菌时，美国农业部要求全蛋液至少应加热到 60 ℃，保持 3.5 min；英国采用 64.4 ℃，2.5 min 杀菌；我国对全蛋液巴氏杀菌要求 64.5 ℃，3 min。对蛋白的杀菌至今仍没有令人满意的方法。

蛋中的 α-淀粉酶在 64.4 ℃，2.5 min 加热后即完全失去活性，因此在英国以测定该酶的活性来判定蛋液是否实施低温杀菌。在美国因为杀菌温度较低，故不用α-淀粉酶法，而用测定60 ℃加热即失去活性的β-N-乙酸葡萄糖胺酶来作为判定的依据。

用于巴氏杀菌的蛋液分为全蛋液、蛋白液和蛋黄液及添加糖、盐的蛋液，其化学成分不同，干物质含量不一样，对热的抵抗力也有差异，因此，采用的巴氏杀菌条件各异。

(1)全蛋的巴氏杀菌　巴氏杀菌的全蛋液有经搅拌均匀的和不经搅拌的普通全蛋液，也有加糖、盐等添加剂的特殊用途的全蛋液，其巴氏杀菌条件各不相同。我国一般采用的全蛋液杀菌温度为64.5 ℃，保持3 min的低温巴氏杀菌法。

(2)蛋黄的巴氏杀菌　蛋液中主要的病原菌是沙门氏菌，该菌在蛋黄中的热抗性比在蛋清、全蛋液中高，这是由于蛋黄pH值较低，沙门氏菌在低pH值环境中对热不敏感，并且蛋黄中干物质含量高，且相比较热敏性较低，因此，蛋黄液的巴氏杀菌温度要比蛋白液稍高。例如，美国蛋白液杀菌温度56.7 ℃，时间1.75 min，而蛋黄液杀菌温度60 ℃，时间3.1 min，德国相应参数为56 ℃，8 min和58 ℃，3.5 min。

添加糖或盐于蛋黄中能增加蛋黄中微生物的耐热性，且盐之增加高于糖，但Cotterll(1971)指出这种耐热性受盐存在的时间影响。在蛋黄中添加乙酸可以降低微生物对热的抵抗能力。

热处理对蛋黄制品的乳化力影响很小。加盐蛋黄在65.6～68.9 ℃下加热后，用来制造的蛋黄酱及糕点其乳化力受影响很小。但将加盐蛋黄pH值从6.2调到5.0时，在60 ℃下杀菌，则乳化力会损失。

(3)蛋清的巴氏杀菌

①蛋清的热处理。蛋清中的蛋白质更容易受热变性。因此，对蛋清的巴氏杀菌是很困难的。有报道指出蛋清在57.2 ℃瞬间加热，其发泡力也会下降。Kllne等人(1965)用小型商业板式加热器加热蛋清，流速固定，发现加热温度在60 ℃以上时则蛋清黏度和浑浊度增加，甚至粘附到加热片上。但在56.1～56.7 ℃加热2 min，蛋清没有发生机械变化和物理变化，而在57.2～57.8 ℃加热2 min，则蛋清黏度和浑浊度增加。另外，蛋清pH值越高，蛋白热变性越大。当蛋清pH值为9时，加热到56.7～57.2 ℃则黏度增加，加热到60 ℃时迅速凝固变性。可见，对蛋清加热灭菌时要考虑流速、蛋清黏度、加热温度和时间及添加剂的影响。

②添加乳酸和硫酸铝(pH值为7)。使用这种方法可以大大提高蛋清的热稳定性，从而可以对蛋清采用与全蛋液一致的巴氏杀菌条件(60～61.7 ℃，3.5～4.0 min)，从而提高巴氏杀菌效果。蛋清中伴白蛋白在pH值为7以下会发生变性，但如果金属铁或铝等与伴白蛋白结合形成复合物后，能提高伴白蛋白的热稳定性。因此，通过加乳酸降低pH值使铁或铝盐与伴白蛋白结合而提高热稳定性。加工时首先制备乳酸—硫酸铝溶液。将14 g硫酸铝溶解在16 kg的25%的乳酸中。巴氏杀菌前，在1 000 kg蛋清液中加约6.54 g该溶液。添加时要缓慢但需迅速搅拌，以避免局部高浓度酸或铝离子使蛋白质沉淀。添加后蛋清pH值应为6.0～7.0，然后进入巴氏杀菌器杀菌。如果可能，可以在乳酸—硫酸铝的溶液中加适当的助发泡剂，这种助发泡剂先制成的浓度为7%，最终在蛋清中浓度为0.05%。

③添加过氧化氢。过氧化氢很早就应用到蛋液杀菌中，但因过氧化氢在热处理过程中，分解出氧气而产生大量的泡沫。同时，过氧化氢在蛋中有残留。因此，该方法长期未用于生产，近年的研究结果使该方法成为生产中可接受的蛋清巴氏杀菌方法。Arnlollr和Conlpany提出把蛋清热处理和添加过氧化氢结合起来杀菌的方法，蛋清在正常pH值下，加热到51.7～

53.3 ℃,保持 1.5 min,使蛋内固有的过氧化氢酶失活,因此消除了额外因加过氧化氢形成的泡沫。然后加入足量浓度为 10% 的过氧化氢溶液,蛋清中过氧化氢的最终浓度达0.075% ~ 0.100%。在 51.7 ~53.3 ℃温度下反应 2 min,然后冷却蛋清液,加入过氧化氢酶分解残留的过氧化氢。该方法对蛋清的杀菌效果极好。用过氧化氢杀菌还有一种形式,即在蛋清中加过氧化氢,使其在蛋清中浓度达到 0.087 5%,保持 3.5 min 以上。在添加过氧化氢前蛋清中固有过氧化氢酶并没减少,但是过量的过氧化氢可以补偿该酶对过氧化氢的前期破坏部分。随后加热至 51.7 ~53.3 ℃,保持 2 min,促进过氧化氢杀菌作用,然后冷却蛋清,再向蛋清中加过氧化氢酶分解残留的过氧化氢。

④真空加热。在加热前对蛋清进行真空处理,一般真空度为 5.1 ~6.0 kPa(38 ~45 mmHg),然后加热蛋清至 56.7 ℃,保持 3.5 min。真空处理可以除去蛋清中的空气,增加蛋液内微生物对热处理的敏感性,使之在较低温下加热可以得到同样的杀菌效果。

(4)巴氏杀菌蛋液杀菌效果的测定　经巴氏杀菌后的蛋液应进行杀菌效果的检查,一般直接检查蛋液中的微生物。但这需要很长时间,因此,常通过检测其中固有的磷酸酶、α-淀粉酶及过氧化氢酶活性来反应巴氏杀菌效果。但磷酸酶活性在 60°加热 20 min,70 ℃加热5 min仍能保持活性,因此不适合蛋液巴氏杀菌检查。全蛋液中的 α-淀粉酶失活的临界热处理条件是 64.5 ℃、2.5 min,因此,在英国用该酶活性存在状况检查全蛋液巴氏杀菌效果。我国全蛋液的巴氏杀菌条件是 64.56 ℃,3 min,也可用此法检测。蛋白或全蛋中的过氧化氢酶在加热到 54.5 ℃时,活力大幅度下降。因这种酶的活力随着加热温度升高而下降,因此可以通过检查该酶活力来反映全蛋或蛋清液加热情况。但因蛋清或全蛋液中过氧化氢酶含量因原料蛋不同而有差异,故需在蛋液杀菌前后都检查,以便能反映酶活力变化的情况。

8)液蛋的冷却

杀菌之后的蛋液必须迅速冷却。如果本厂使用,可冷却至 15 ℃左右;若以冷却蛋(chill egg)或冷冻蛋(frozen egg)出售,则须迅速冷却至 2 ℃左右,然后再充填至适当容器中。根据 FAC/WHO 的建议,液蛋在杀菌后急速冷却至 5 ℃时,可以储藏 24 h;若迅速冷却至 7 ℃则仅能储藏 8 h。

如生产加盐或加糖液蛋,则在充填前先将液蛋移入搅拌器中,再加入一定量食盐(一般10%左右)或砂糖(10% ~50%)。

液蛋容易起泡,加入食盐或砂糖后搅拌,使用真空搅拌器为宜。欧美各国有在液蛋中加甘油或丙二醇以维持其乳化力,并加入安息香酸、苯甲酸等防腐剂。加盐或糖尽可能在杀菌前,以避免制品再次污染,但加盐、糖会使液蛋黏度升高,使杀菌操作困难。

9)液蛋的充填、包装

包装液蛋通常用 12.5 ~20.0 kg 装的方型或圆形马口铁罐,其内壁镀锌或衬聚乙烯袋。空罐在充填前必须水洗、干燥。如衬聚乙烯袋,则充入液蛋封口后再加罐盖。为了方便零用,目前出现了塑料袋包装或纸板包装,一般为 2 ~4 kg。

欧美的液蛋工厂多使用液蛋车或大型货柜运送液蛋。液蛋车备有冷却或保温槽,其内可以隔成小槽以便能同时运送液蛋白、液蛋黄及全液蛋。液蛋车槽可以保持液蛋最低温度为 0 ~2 ℃,一般运送液蛋温度应在 12.2 ℃以下,长途运送则应在 4 ℃以下。使用的液蛋冷却或保温槽每日均需清洗、杀菌一次,以防止微生物污染繁殖。

20.2 冰蛋品

冰蛋品是鲜鸡蛋去壳、预处理、冷冻后制成的蛋制品。冰蛋品分为冰全蛋、冰蛋黄、冰蛋白三种，其加工原理、方法基本相同。

20.2.1 冰蛋加工工艺流程

蛋壳清洗→消毒→打蛋、去壳→蛋液→搅拌→过滤→预冷（巴氏杀菌）→装听→急冻→包装→冷藏。

20.2.2 冰蛋质量控制

1）蛋壳清洗、消毒、打蛋、去壳

蛋壳清洗、消毒、打蛋、去壳要求见液蛋加工部分。

2）搅拌与过滤

搅拌与过滤的目的是将打出的蛋液混匀，以保证冰蛋品的组织状态均匀，除去碎蛋壳、蛋壳膜以及系带等杂物。搅拌与过滤是经过 3 ~4 个自动连续不断的操作过程，由输送带经过注入器注入蛋液过滤槽，进行第一次过滤，初步清除蛋液中的杂质并割破蛋黄，随即蛋液自动流入搅拌器内，进行第二次过滤。蛋液经螺旋桨搅拌后混合均匀，而其中的蛋黄膜、系带及蛋壳膜等杂质被清除。然后蛋液再自动流入过滤箱，进行第三次过滤。最后由离心泵将蛋液抽至装有蓬头的过滤装置中进行最后一次过滤，以除去蛋液内所有杂质。纯净的蛋液经过漏斗打入储罐准备巴氏灭菌或直接打入预冷罐内进行冷却。

3）预冷

预冷在预冷罐内进行，由于罐内装有盘旋管（或蛇形管），管内循环流动载冷剂（ -8 ℃的氯化钙水溶液）冷却蛋液。一般蛋液冷却到 4 ℃左右预冷结束，如不进行巴氏消毒，即可直接装听。

4）蛋液的巴氏杀菌

蛋液的巴氏杀菌是在尽量保持蛋的营养成分的条件下，彻底杀灭蛋中的致病菌，最大限度地减少杂菌数的杀菌方法。英国、德国等国较早地应用低温巴氏杀菌法对蛋液进行消毒，我国近年来在大型蛋品加工厂生产冰蛋品时，也应用巴氏杀菌法。国内外生产冰蛋品的实践充分证明，蛋液经巴氏低温杀菌效果良好。

蛋液的巴氏低温杀菌一般用板式热交换器。我国一般采用 64.5 ℃的杀菌温度，经 3 min 即可达到国家标准规定的细菌指标的要求。

5）装听

杀菌后蛋液冷却至 4 ℃以下即可装听。装听的目的是便于速冻与冷藏。一般优级品装入马口铁听内，一、二级冰蛋品装入纸盒内。马口铁罐的装量一般有 5 kg、10 kg、20 kg 等三种，灌装容器使用前必须洗净并用 121 ℃蒸汽消毒 30 min，待干燥后备用。为了便于销售，蛋液也可采用塑料袋灌装，塑料袋的装量通常分 0.5 kg、1 kg、2 kg、5 kg 等几种规格。

6)急冻

蛋液装听后,送入急冻间,并顺次排列在氨气排管上进行急冻。放置时听与听之间要留有一定的间隙,以利于冷气流通。冷冻间温度应保持在 -20 ℃以下,冷冻 36 h 后,将听(桶)倒置,使听内蛋液冻结匀实,以防止听身膨胀,并缩短急冻时间。在急冻间温度为 -23 ℃下,速冻时间不超过 72 h,听内中心温度应降到 -18 ~ -15 ℃方可取出进行包装。在日本采用 -30 ℃以下的冻结温度进行急冻,以更有效地抑制微生物的繁殖。

7)包装

急冻好的冰蛋品,应迅速进行包装。一般马口铁听用包装纸箱,盘状冰蛋脱盘后用蜡纸包装,用塑料袋灌装的产品也应在其外面加硬纸盒包装,以便于保管和运输。

8)冷藏

冰蛋品包装后送至冷库冷藏。冷藏库内的库温应保持在 -18 ℃,同时要求冷藏库温不能上下波动过大。如果是冰蛋黄可放于 -8 ℃左右的冷库中冷藏,冰蛋的冷藏期一般为6个月以上。

9)冰蛋品的解冻

冰蛋品的解冻是冻结的逆过程。解冻的目的在于将冰蛋品的温度回升到所需要的温度,使其恢复到冻结前的良好流体状态,获得最大限度的可逆性。

(1)解冻的方法　冰蛋品的解冻方法有以下几种:

①常温解冻。常温解冻是将冰蛋放置在常温下进行解冻的方法。该法操作比较方便,但解冻较缓慢,解冻时间较长。

②低温解冻。低温解冻是将冰蛋品从冷藏库移到低温库解冻的方法,在国外常在5 ℃以下的低温库中48 h 或在10 ℃以下24 h 内解冻。

③水解冻。水解冻法分为水浸式解冻、流水解冻、喷淋解冻、加碎冰解冻等方法。对冰蛋品的解冻主要应用流水解冻法,即将盛冰蛋品的容器置入15 ~20 ℃的流水中,不仅可以在短时间内解冻,而且可以防止微生物的污染。

④加温解冻。把冰蛋品移入室温保持在30 ~50 ℃的保温库中,可用风机连续送风使空气循环,在短时间内可以达到解冻目的。在日本常对加入食盐或砂糖的冰蛋品采用加温解冻,但对于温度必须严格地进行控制并加强管理。

⑤微波解冻。微波解冻能保持食品的色、香、味,而且微波解冻时间只是常规时间的十分之一到百分之几。冰蛋品采用微波解冻不会发生蛋白质变性,可以保证产品的质量。但是微波解冻法投资大,设备和技术水平要求较高。

上述几种解冻方法解冻所需要的时间,因冰蛋品的种类而有差异。加盐冰蛋和加糖冰蛋,由于其冰点下降,解冻较快。在一般冰蛋品中,冰蛋黄可在短时间内解冻,而冰蛋白则需要较长解冻时间。在解冻过程中细菌的繁殖状况也因冰蛋品的种类与解冻方法不同而异。例如,同一室温中解冻,细菌总数在蛋黄中比蛋白中增加的速度快。同一种冰蛋品,室温解冻比流水解冻的细菌数高。

(2)冷冻对蛋黄质量的影响　储存于 -6 ℃的冷冻蛋黄在解冻后其黏度远大于天然未冷冻的蛋黄。这种流动性的不可逆变化称作“凝胶作用”。在凝胶作用中,蛋黄的功能性质发生改变。例如,用凝胶化蛋黄制作的蛋糕体积比未冷冻蛋黄生产的蛋糕体积小得多。

蛋黄凝胶化的速度与程度取决于冷冻速度、温度和冷冻期及解冻的速度。在液氮中快速冷冻蛋黄,只要冷冻制品迅速解冻就能有效地制止凝胶作用。当冻藏的温度从 -6 ℃降至 -50 ℃,凝胶作用速度加快。

通过预冷冻处理,如加入冷冻保护剂或蛋白酶,或应用胶体磨,可使蛋黄的凝胶作用减小到最低程度。10%的糖,如蔗糖、葡萄糖和半乳糖是有效的冷冻保护剂(抗凝胶作用),不会使未冷冻的蛋黄的黏度发生明显的改变。1% ~10%的 NaCl 虽然会增加未冷冻蛋黄的黏度,但在冷冻过程中能防止凝胶作用。在 LDL 溶液中加入 NaCl,通过生成(LDL-水-NaCl)络合物可明显地增加未冻结水的含量。

以蛋白酶,如胰蛋白酶和木瓜蛋白酶处理天然蛋黄是冷冻加工中防止凝胶作用的另一途径。与未处理的蛋黄相比,酶处理过的蛋黄乳化作用较低,因而不利于此法在工业上的使用。胶体磨处理可以减少但不能阻止蛋黄的凝胶作用。

有人研究发现,诱发蛋黄凝胶作用的基本条件是冰晶的生成以及使保藏温度低于 -6 ℃(蛋黄凝固点在 -0.58 ℃左右)。在 -6 ℃时,蛋黄中大约81%的水分结冰。在 -6 ℃时,冷冻蛋黄中可溶盐浓度增加了5倍,这可能是导致蛋黄凝胶作用的部分原因。冷冻亦减少了未冻结相中反应物如脂蛋白间的平均间距,从而增强了聚集作用。原生质和颗粒中的组分都与凝胶作用有关。

10)产品质量要求

巴氏杀菌冰全蛋质量要求:坚洁均匀,呈黄色或淡黄色,具有冰全蛋的正常气味、无异味、无杂质;水分≤76 g/100 g,脂肪≤10 g/100 g,游离脂肪酸≤4.0 g/100 g,汞(以 Hg 计)≤0.03 mg/kg;菌落总数≤5 000 cfu/g,大肠菌群≤1 000 MPN/100 g,致病菌不得检出。

冰蛋黄质量要求:坚洁均匀,呈黄色,具有冰蛋黄的正常气味、无异味、无杂质;水分≤55 g/100 g,脂肪≤26 g/100 g,游离脂肪酸≤4.0 g/100 g,汞(以 Hg 计)≤0.03 mg/kg;菌落总数≤10^6 cfu/g,大肠菌群≤10^6 MPN/100 g,致病菌不得检出。

冰蛋白质量要求:坚洁均匀,呈白色或乳白色,具有冰蛋白的正常气味、无异味、无杂质;水分≤88.5 g/100 g,汞(以 Hg 计)≤0.03 mg/kg;菌落总数≤10^6 cfu/g,大肠菌群≤10^6 MPN/100 g,致病菌不得检出。

20.2.3 冰蛋品的用途

冰蛋品主要用于食品工业,如用于生产面包、饼干、糕点、鸡蛋面、冰淇淋、糖果、布丁、肉制品等。冰蛋品还可将蛋在淡季投放市场,弥补鲜蛋供应的不足,以满足消费者对蛋品的需求。

20.3 湿蛋品

湿蛋品是以蛋液为原料,加入不同的防腐剂而制成的一类含水量较高的蛋制品。湿蛋品既是食品工业的原料,又是其他工业的辅助材料。我国主要以蛋黄液为原料生产少量湿蛋黄。湿蛋黄分为无盐湿蛋黄(在蛋黄液中加入1.5%的硼酸或0.75%的苯甲酸钠)、有盐湿蛋黄(在蛋黄液中加入1.5% ~2.0%的硼酸及10% ~12%的精盐或0.75%的苯甲酸钠及

10% ~12% 的精盐)和蜜蛋黄(在蛋黄液中加入10%的优质甘油并烘去其中1/3的水分使之呈鲜橘红色)等三种。根据使用防腐剂的不同,湿蛋黄制品分为新粉盐黄、老粉盐黄和蜜黄等三种。新粉盐黄以苯甲酸钠为防腐剂,老粉盐黄以硼酸为防腐剂,蜜黄湿蛋黄制品的防腐剂为甘油。由于湿蛋黄中加入了防腐剂,其使用越来越受到了限制,目前这类产品在国内只有少量生产。

20.3.1 湿蛋黄加工工艺流程

蛋黄液→搅拌过滤→加防腐剂→静置沉淀→装桶→成品。

20.3.2 湿蛋黄质量控制

1)蛋黄的搅拌过滤

搅拌过滤的目的是割破蛋黄膜,使蛋黄液均匀,色泽一致,除去系带、蛋黄除去膜、碎蛋壳等杂质。搅拌可用搅拌器,过滤可用离心过滤器,也可用每2.54 cm^2 面积上有18、24、32孔的铜丝筛三次过滤,以除去蛋黄液中的碎蛋壳、蛋黄膜等杂物,使蛋黄液的组织状态均匀、色泽一致。过滤后的纯净蛋黄液存于储槽内。

2)加防腐剂

(1)湿蛋黄制品中常用的防腐剂　湿蛋黄中添加防腐剂的主要作用在于抑制细菌的生长繁殖,防止产品过早出现变质现象,以延长湿蛋黄的保质期。防腐剂的使用应根据湿蛋黄的品种而定。湿蛋黄制品中常采用混合防腐剂,其防腐效果比单一防腐剂好,持续时间长。常用的有以下几种:

①加蛋黄液量0.5% ~1.0%苯甲酸钠和8% ~10%的精盐,此为新粉盐黄。②加蛋黄液量1% ~2%硼酸及10% ~12%的精盐,此为老粉盐黄。③蛋黄液中加10%的上等甘油,此为蜜黄。④加0.75%安息香酸钠和10% ~12%精盐。

生产老粉盐黄所用的硼酸防腐性较强,但多食或少量而常食均可引起肾脏疾病。因此,老粉盐黄主要供工业用。国家标准中规定只有苯甲酸、苯甲酸钠、山梨酸钾、二氧化硫可作防腐剂。

(2)添加防腐剂的方法　根据蛋黄液量计算加防腐剂量,同时可根据蛋液质量加入1% ~4%的水后进行搅拌5 ~10 min,搅拌速度120 r/min为宜。过快会产生大量气泡,延长沉淀时间。

3)静置沉淀

加防腐剂后的蛋黄液应静置3 ~5 d,使泡沫消失,精盐溶解,杂质沉淀,待蛋黄液与防腐剂、食盐完全混匀后即可装桶、密封储藏。

4)装桶储藏

传统的湿蛋黄制品用榆木、柞木制作的木桶包装。桶外加有5 ~6道铁箍,桶侧面中部一小孔为装蛋黄液孔。木桶使用前必须洗净、消毒,然后将60 ~65 ℃的石蜡涂于桶内壁。

蛋液静置、沉淀后,将上面泡沫除去,经28孔筛过滤于木桶内,每桶装100 kg,用木塞塞住桶口封闭,送于仓库储藏,库温以不高于25 ℃为宜,最好在20 ℃以下。湿蛋黄在储藏期间应经常翻动,以保证产品的均匀性,防止蛋黄液面生霉变质。在夏季,一般每5 ~7 d要将桶翻转一次;在低温季节,每隔10 ~15 d翻桶一次。

5)产品质量要求

新粉盐黄质量要求:状态均匀,色泽橙黄,气味正常,无杂质,水分≤52%,油量(三氯甲烷冷浸出物)≥26%,游离脂肪酸(以油酸计)≤7%,氯化钠6%~8%苯甲酸钠0.5%~1.0%,肠道致病菌不得检出,不能有微生物引起的腐败和变质现象。

老粉盐黄质量要求:状态均匀,色泽橙黄,气味正常,无杂质,水分≤52%,油量(三氯甲烷冷浸出物)≥24%,游离脂肪酸(以油酸计)≤7%,氯化钠8%~12%,硼酸1%~2%,肠道致病菌不得检出,不能有微生物引起的腐败和变质现象。

20.4 浓缩液蛋

液蛋的水分含量高,容易腐败,因此仅能低温短时间储藏。为使液蛋方便运输或使其在常温下增加储藏时间,近年来加工生产浓缩蛋液(concentrated liquid egg)。浓缩液蛋分为两种:一种是蛋白浓缩液;一种是以全蛋加糖或盐后浓缩使其水分活性降低,因而可在室温或较低温度下运输储藏。

20.4.1 浓缩液蛋加工工艺流程

原料蛋→检验→预冷→洗蛋及干燥→照蛋检查→打蛋→全蛋或分离蛋液→过滤→加糖或盐→低温杀菌→浓缩→浓缩液蛋。

20.4.2 浓缩液蛋质量控制

1)浓缩蛋白

蛋白含有88%的水分,12%的固形物。用浓缩方法将蛋白的部分水分除去,可节省其包装、储藏及运输费用。目前,蛋白的浓缩利用反渗透法或超滤法,一般将蛋白浓缩至含固形物为24%。

经浓缩的蛋白,部分葡萄糖、灰分等低分子化合物与水一同被透过膜而除去。用反渗透法浓缩的蛋白由于失去了钠,因此在加水还原时其起泡所需时间延长,泡沫容积小,所调制的蛋糕容积也小。

2)浓缩全蛋、浓缩蛋黄

鸡蛋的热稳定性差,一般采用加糖浓缩方法。全蛋液在60~70 ℃范围内开始凝固,而加糖后的全蛋液,其凝固温度会有很大的提高。加糖蛋液的凝固温度随蔗糖添加量的增加而升高。当添加蔗糖的量为50%时,凝固温度为85 ℃,添加蔗糖量为100%,凝固温度上升到95 ℃。全蛋液中水分占75%,固形物占25%。全蛋液中加入50%的蔗糖,均质后在60~65 ℃的温度下减压浓缩至总固形物为72%左右。浓缩后在70~75 ℃温度下加热杀菌,然后热装罐、密封。浓缩全蛋的水分占25%,鸡蛋固形物占25%,蔗糖占50%。

在生产加糖浓缩蛋液时,蔗糖量为53.3%时封罐后4周开罐检查发现有微生物生长,而蔗糖量为72.7%时则有蔗糖析出,最适量为66.7%。生产加糖浓缩蛋时,不能使用葡萄糖、果糖或其混合物,因这些糖可使制品在长期储藏后颜色变黑。加盐浓缩全蛋与加糖浓缩全蛋加工工艺相同,一般加盐浓缩全蛋固形物 50%,其中食盐 9%。

复习思考题

1. 加工蛋液时,为什么要对原料蛋进行清洗消毒?
2. 加工蛋液时,如何提高产品的卫生质量?
3. 如何进行蛋液的巴氏消毒?
4. 冷冻对蛋黄液有什么不利影响?
5. 巴氏杀菌冰全蛋加工工艺流程是什么?
6. 湿蛋黄的加工方法是什么?

参考文献

[1] 周光宏. 畜产品加工学[M]. 北京:中国农业大学出版社,2002.
[2] 闵连吉. 肉类食品工艺学[M]. 北京:中国商业出版社,1992.
[3] 张富新,杨宝进. 畜产品加工技术[M]. 北京:中国轻工业出版社,2000.
[4] 石永福,张才林. 肉制品配方 1800 例[M]. 北京:中国轻工业出版社,1999.
[5] 葛长荣,马美湖. 肉与肉制品工艺学[M]. 北京:中国轻工业出版社,2002.
[6] 蒋爱民. 畜产食品工艺学[M]. 北京:中国农业出版社,2001.
[7] 孔保华. 肉品科学与技术[M]. 北京:中国轻工业出版社,2003.
[8] 周光宏. 肉品学[M]. 北京:中国农业科学出版社,1999.
[9] 孔保华. 肉制品工艺学[M]. 哈尔滨:黑龙江科学技术出版社,1996.
[10] 陈伯祥. 肉与肉制品工艺学[M]. 南京:江苏科学技术出版社,1993.
[11] 高道兴. 畜产品加工学[M]. 北京:中国农业出版社,1995.
[12] 骆承庠. 乳与乳制品工艺学[M]. 2 版. 北京:中国农业出版社,1999.
[13] 金世林. 乳品工业手册[M]. 北京:中国轻工业出版社,1987.
[14] 张胜善. 乳与乳制品[M]. 台北:长河出版社,1983.
[15] 阿法-拉法. 乳品手册[M]. 北京:中国农业出版社,1985.
[16] 郭本恒. 乳制品[M]. 北京:化学工业出版社,2001.
[17] 谢继志,范立冬,赵平. 液态乳制品科学与技术[M]. 北京:中国轻工业出版社,1999.
[18] 顾瑞霞. 乳与乳制品的生理功能特性[M]. 北京:中国轻工业出版社,2000.
[19] 嘎尔迪. 乳及乳制品加工工艺[M]. 呼和浩特:内蒙古人民出版社,1992.
[20] 王福兆. 乳牛学[M]. 北京:科学技术文献出版社,1987.
[21] 赵晋府. 食品工艺学[M]. 北京:中国轻工业出版社,1999.
[22] 凌代文. 乳酸细菌分类鉴定及实验方法[M]. 北京:中国轻工业出版社,1999.
[23] 国标 GB 10765—10767—1997,GB 10769—10770—1997:婴幼儿食品[S]. 国家技术监督局.
[24] 万国余. 冷饮生产工艺与配方[M]. 北京:中国轻工业出版社,1998.
[25] 李基洪. 饮料和冷饮生产技术 260 问[M]. 北京:中国轻工业出版社,1995.
[26] 冯力更. 冷饮配方精选与设计[M]. 北京:中国轻工业出版社,2000.
[27] 杨洁彬. 乳酸菌—生物学基础及应用[M]. 北京:中国轻工业出版社,1999.

[28] 王玉田,畜产品加工[M].北京:中国农业出版社,2005.
[29] 汤炯吾.家庭巧制松花蛋[M].成都:四川科学技术出版社,1992.
[30] 朱耀.禽蛋保鲜加工及商品知识[M].成都:四川科学技术出版社,1985.
[31] 浙江省杭州农业学校主编.畜产品加工[M].北京:中国农业出版社,1991.
[32] 马美湖.现代畜产品加工学[M].长沙:湖南科学技术出版社,2001.
[33] 高真.蛋制品工艺学[M].北京:中国商业出版社,1992.
[34] 周永昌.蛋与蛋制品工艺学[M].北京:中国农业出版社,1995.